冷热源工程

主　编　张丽娜

副主编　（排名不分先后）

涂　虬　李　浙　李国良

余志锋　毛艳辉　郭秀娟

赵志达　武校刚　魏莉莉

孙钦荣　王立娟　何妍秋

张静红

参　编　（排名不分先后）

陈孝欣　高悦悦　陆维贤

钟晨阳　黄余泽　易丙旺

侯富民　余清杰　程路易

ZHEJIANG UNIVERSITY PRESS

浙江大学出版社

·杭州·

图书在版编目（CIP）数据

冷热源工程/张丽娜主编. — 杭州 ：浙江大学出版社，2022.6

ISBN 978-7-308-21416-2

Ⅰ. ①冷… Ⅱ. ①张… Ⅲ. ①制冷工程②热力工程 Ⅳ. ①TB6②TK1

中国版本图书馆CIP数据核字(2021)第099332号

冷热源工程

LENGREYUAN GONGCHENG

张丽娜　主编

责任编辑　吴昌雷
责任校对　王　波
封面设计　周　灵
出版发行　浙江大学出版社
（杭州市天目山路148号　邮政编码310007）
（网址：http：//www.zjupress.com）
排　　版　杭州朝曦图文设计有限公司
印　　刷　广东虎彩云印刷有限公司绍兴分公司
开　　本　787mm×1092mm　1/16
印　　张　22.25
字　　数　472千
版 印 次　2022年6月第1版　2022年6月第1次印刷
书　　号　ISBN 978-7-308-21416-2
定　　价　49.00元

前 言

“冷热源工程”是建筑环境与能源应用工程专业的一门主要专业课程，内容涵盖了制冷、热泵、锅炉、冷热源综合系统及冷热源系统设计等技术领域，课程内容不仅对营造健康舒适的室内环境有重要指导意义，也是实现暖通空调工程节能降碳的重要技术核心。

本书基于应用型人才培养目标，根据专业最新的教学培养计划，结合目前交通领域等移动空间的冷热源需求，整合了冷源、热源等课程内容，增加了冷热源综合应用系统、冷热源运行维护及冷热源机房设计等内容。总体上，使课程结构紧跟专业发展步伐，体现行业技术更新动态。

系统介绍冷热源设备的基本知识，基本原理及冷热源相关系统的特点及其设计方法。全书共分为四大部分。第一部分介绍冷源及冷源设备；第二部分介绍热源及热源设备；第三部分介绍冷热源一体化设备；第四部分为冷热源系统运行维护及冷热源机房设计。

本书由张丽娜主编，并编写了第1～5、10章；赵志达编写了第6章、第12章；郭秀娟编写了第7章；毛艳辉编写了第8章；涂虬编写了第9章；李国良编写了第11.1、11.2节；余志锋编写了11.3节；武校刚、魏莉莉、孙钦荣、王立娟、何妍秋、张静红编写了第13章；李浙编写了第14章。本书由浙江大学韩晓红教授主审，韩教授对本书的完善提出了许多宝贵意见，谨至谢意。

本书可作为建筑环境与能源应用工程专业的本科生教材，也可作为工程设计人员的学习参考书。同时，还可作为相关设备安装、管理调试、维修人员的培训和自学教材。为便于读者学习，本书结合各章节内容配套了讲解视频，扫描书中二维码即可观看。

本书的出版得到了多方面的支持与帮助。宁波工程学院的陈孝欣、高悦悦、陆维贤、钟晨阳、黄余泽、易丙旺、侯富民、余清杰、程路易对本书的排版付出了大量劳动，浙江大学出版社的吴昌雷编辑对本书的编写与出版提供了帮助。借此一隅表示感谢。

限于作者的水平，难免有错误和不妥之处，恳请批评指正。

宁波工程学院 副教授
张丽娜
2021.06

目　录

第1章　绪　论

绪论

1.1　人工环境与冷热源

人类的生产生活离不开舒适、健康的人工环境。随着时代的发展,人们对工作、生活的环境要求愈来愈高,要求室内有适宜的温度、湿度、空气流通速度和有利于健康的空气品质。实现对人工环境控制的技术是供暖通风与空气调节(简称暖通空调)。人工环境中与我们密切相关的就是建筑环境。暖通空调系统在对建筑环境进行控制时,有时需要从建筑内移出多余的热量和湿量,有时需要向建筑内部供入热量和湿量。

冷源可以提供一种温度较低的介质进而从建筑内移出多余的热量和湿量。低温介质可以从自然界中获得,如温度较低的地下水、在冬季制造或储存的天然冰融化得到的低温水等。这类在自然界中存在的低温物质称之为天然冷源。然而,天然冷源受地理、气候条件等因素的限制不可多得,大多需要依靠人工的方法来制取低温介质。这种人工制取低温介质的装置称为人工冷源。由此可见,对于室内有多余热量或湿量的建筑物,必须有冷源(人工的或天然的)提供低温介质,以移出建筑内多余的热量或湿量,从而维持室内的温度和湿度,能量是不变的,建筑中的热量被空调设备吸收后,最后经冷源排到环境中去。

1.1.1　制冷

制冷技术是研究人工冷却的一门学科。首先了解一下与制冷相关的概念。

制冷:用人工的方法对某物或对象进行冷却,使其温度降到环境温度以下。

途径:从低于环境温度的空间或物体吸热。

实质:使热量从低温传递到高温。

制冷机:实现制冷所需的机器和设备。其特点是必须消耗能量——电能、机械能等。

制冷剂:制冷机中把热量从被冷却介质传给环境介质的内部循环流动的工作介质。

制冷循环:在制冷机中,制冷剂周而复始吸热、放热的流动循环。

1.1.2　制冷方法

液体汽化制冷:利用液体汽化吸热原理进行制冷。如:蒸气压缩式制冷、吸收式制冷、蒸气喷射式制冷。

气体膨胀制冷:将高压气体做绝热膨胀,使其压力、温度下降,利用降温后的气体来吸取被冷却物体的热量从而制冷。

热电制冷:利用某种半导体材料的热电效应来制冷。

1.1.3 制冷分类

根据消耗机械功分:水冷式、风冷式、冷水机组、空调机。

根据消耗热能(吸收式制冷)分:蒸气型、热水型、直燃型、烟气型、烟气热水型。

制冷技术一般按温度范围来划分,可分为:

·120K(-153℃)以上——普通制冷;

·120K～20K(-153～-253℃)——深温制冷;

·20K～0.3K(-253～-273℃)——低温制冷;

·0.3K(-273℃)以下——超低温制冷;

·绝对温度T(K)=摄氏温度t(℃)+273;

·华氏温度F(℉)=1.8×摄氏温度t(℃)+32。

制冷不同温区应用举例如表1-1所示。制冷技术应用范围如图1-1所示。空调用制冷技术属于普通制冷。

表1-1 制冷不同温区应用举例

温度范围		应用举例
K	℃	
300~273	27~0	热泵、冷却装置、空调装置
273~263	0~-10	苛性钾结晶;冷藏运输、运动场的滑冰装置
263~240	-10~-33	冷冻运输、食品长期保鲜、燃气(丙烷等)液化装置
240~223	-33~-50	滚筒装置的光滑冻结、矿井工作面冻结
223~200	-50~-73	低温环境实验室、制取固体CO_2(干冰)
200~150	-73~-123	乙烷、乙烯液化、低温医学和低温生物学
150~100	-123~-173	天然气液化
100~50	-173~-223	空气液化、分离,稀有气体分离,合成气分离,氢及氩气还原,液氧、液氦、空间低温环境模拟(热沉)
50~15	-223~-258	氖和氢液化,宇航员出舱空间真空环境模拟(氦低温泵)
15~4	-258~-269	超导、氦液化
$4\sim10^{-6}$	-269~-273.15	^3He的液化,^4He超流动性,Josephson效应、测量技术、物理研究

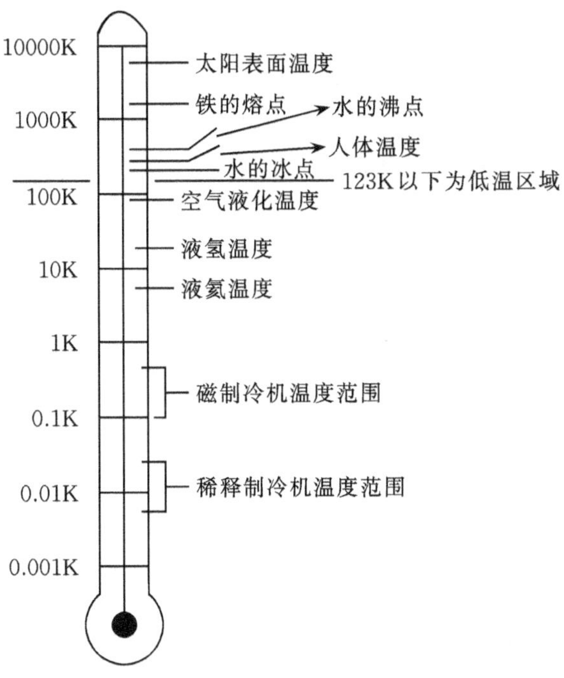

图1-1 制冷技术应用范围

1.1.4 制冷技术发展历史

人类“制冷技术”的发展，经历了“自然冷却”和“人工制冷”两个阶段。

建筑的供冷需求自古至今历史悠久。人类居所(原始时期还称不上建筑)的避暑降温始于建筑被动式的通风、遮阳、隔热等措施，在距今两千多年的吐鲁番交河故城，古车师人在房屋侧壁上开凿了通风口与旁边的水井相通，利用深井水蒸发冷却产生的凉气来防暑降温。我国《艺文志》记载，秦国“以水晶为柱拱，内实以冰”建造了五宫殿，并“遇夏开放”，这可谓我国最早的主动式“空调房间”。中世纪西班牙摩尔王在其宫殿中采用了溪水蒸发冷却降温技术。上述用于室内降温的深井水、溪水和冰均来自自然界，称为天然冷源。此外，室外冷空气、雪、海水等也可以作为天然冷源用于室内降温。

近代自然冷却技术在各领域得到全面发展。

1755年，化学家库仑(William Cullen)在爱丁堡利用乙醚蒸发制造出冰，这是人类首次人工制冷；

1834年，美国发明家珀金斯(Jacob Perkins)在伦敦造出了第一台以乙醚为工质的蒸气压缩机；

1844年，美国医生高里(John Corrie)在佛罗里达州利用空气冷机制造出了第一台空调器，并于1851年获得美国专利；

1910年，第一台以氨为工质的冰箱问世；

1920年，美国开利公司制造出第一台开启式压缩机的卧式柜型空调器；

1930年，第一台以氟利昂为工质(R12)的制冷机问世；

1951年，第一台窗式空调器正式问世；

1964年，我国第一台“双鹿”牌——窗式空调器问世；

20世纪80年代末，我国电冰箱产量占全世界第一位；

20世纪90年代中期，我国空调器产量占全世界第一位。

我国已发展成制冷空调产品的大国，注重科技形成自己的开发能力，提高制冷空调产品的整体水平，以增强国际竞争力。

1.1.5 制冷技术的应用

1.制冷在空调中的作用

制冷和空调的关系，相互联系又独立，如图1-2所示。

制冷方式有以下几种：

(1)干式冷却；

(2)减湿冷却；

(3)减湿与干式冷却混合方式。

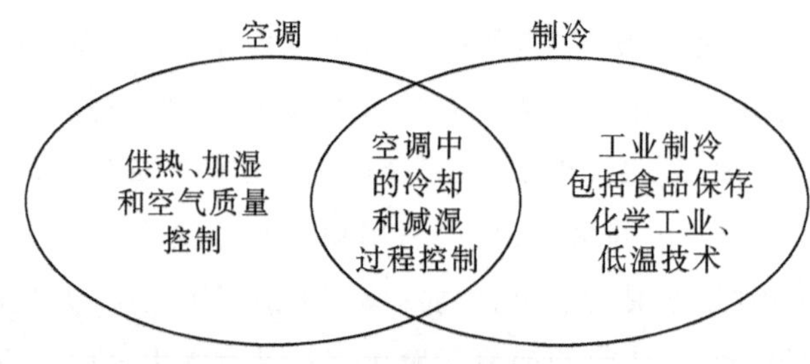

图1-2 制冷与空调的关系图

2.人工环境

用人工方法构成各种人们所希望达到的环境条件，包括地面的各种气候变化和高空宇宙及其他特殊的要求。

与制冷有关的人工环境试验有以下几种：

(1)低温环境试验；

(2)湿热试验；

(3)盐雾试验；

(4)多种气候试验；

(5)空间模拟试验。

3.食品冷冻与冷冻干燥

根据对食品处理方式不同,食品低温处理工艺可分为3类:

(1)食品的冷藏与冷却;

(2)食品的冻结与冻藏;

(3)冷冻干燥。

4.低温生物医学技术

低温生物学是研究低温对生物体产生的影响及应用的学科。

低温医学是研究温度降低对人类生命过程的影响,以及低温技术在人类同疾病做斗争中的应用的学科。

低温生物医学为低温生物学和低温医学的统称。

典型应用例子如下:

(1)细胞组织程序冷却的低温保存;

(2)超快速的玻璃化低温保存方法;

(3)利用低温器械使病灶细胞和组织低温损伤而坏死的低温外科。

5.低温电子技术

微波激射器:必须冷到液氮或液氦温度,以使放大器元素原子的热振荡不至于严重干扰微波的吸收与发射。

超导量子干涉器,被用在相当灵敏的数字式磁力计和伏安表上。在MHD(Magneto Hydro dynamic,磁流体动力学)系统、线性加速器和托克马克装置中,超导磁体被用来产生强磁场。

6.机械设计

运用与超导电性有关的迈斯纳(Meissner)效应,用磁场代替油或空气作润滑剂,可以制成无摩擦轴承。

在船用推进系统中,无电力损失的超导电机已获得应用。偏差极小的超导陀螺也已经被研制出来。时速500km/h的低温超导磁悬浮列车已经在日本投入试验运行。

7.红外遥感技术

采用红外光学镜头可以拍摄热源外形,并可以对热源进行跟踪。一些红外材料往往工作在120K以下的低温下,使得热源遥感信号更为清晰,为了拍摄高灵敏度的信号往往需要更低的温度。一般红外卫星需要70～120K的低温,往往通过斯特林制冷机、脉冲管制冷机、辐射制冷器来实现。空间远红外观测则需要2K以下的温度,往往通过超流氦的冷却技术来实现。

8.火箭推力系统与高能物理

所有大型的发射飞行器均使用液氧作氧化剂;宇宙飞船的推进也使用液氧和液氢;观察研究大型粒子加速器产生的粒子的氢泡室要用到液氢。液氧和液氢分别需用制冷技术来实现。

热源可以提供一种温度较高的介质，通过换热器与室内空气进行换热，从而向建筑提供热量。自然界中天然存在的热介质有地热水，我们称它为天然热源，但它不可多得。建筑中普遍应用的热介质是人工制备的，它可以利用其他能源转换获得，这类以供热为目的，制取高温介质的装置称为人工热源。在自然界中还存在许多低品位（温度较低）的天然热源，如江河湖水、地下水、海水等均含有大量的热能，但它温度偏低而无法直接利用，这时可以利用人工冷源装置（称热泵）将这些热能转移到温度较高的建筑中，因此，热泵也是建筑中的热源之一，作为热源的还有工艺过程中产生的本是废弃的温度较高的余热。

建筑热源除了为建筑的暖通空调提供热量外，还有以下其他用途：

（1）热水供应用热。旅馆、宿舍、医院、疗养院、幼儿园、体育场馆、公共浴室、公共食堂等场所都需要热水供应，用于洗浴、盥洗、饮用（开水）。

（2）工厂的工艺过程用热。食品厂、制药厂、纺织厂、造纸厂、卷烟厂等的工艺过程需要大量热量。工艺用热通常要求供应蒸气。

（3）其他。如游泳池需要热量对池水加热；洗衣房中洗衣机、烘干机、烫平机、干洗机等设备需要蒸气。

在建筑中各种用热（包括暖通空调用热）可能用同一热源，也可能分别设置热源。

1.2 冷源与热源的种类

1.2.1 冷源的种类

空调用冷源有两大类——天然冷源和人工冷源。天然冷源有天然冰、深井水、深湖水、水库的底层水等。人工冷源按消耗的能量分为消耗机械功实现制冷的冷源和消耗热能实现制冷的冷源。

1.消耗机械功实现制冷的冷源

蒸气压缩式制冷机（蒸气压缩式制冷装置）是消耗机械功实现制冷的冷源。机械功可以由电动机提供，实质上是消耗电能，也可称为电动制冷机；机械功可以由发动机（燃气机、柴油机等）来提供，这类制冷机目前应用很少。制冷机从被冷却物体中吸取热量，并得到了机械功，按热力学第一定律，必须有等量的能量排出，也就是说制冷机必须有冷却介质将这些能量带走。因此，制冷机可按冷却介质来分类，在空调中应用的制冷机有两类：①水冷式制冷机——利用水（称为冷却水）带走热量；②风冷式制冷机——利用室外空气带走热量。按供冷方式不同，空调中应用的制冷机又可分为两类：①冷水机组——制冷机制取冷水，通过冷水把冷量传递给空调系统的空气处理设备;②空调机(器)——制冷机的冷量直接用于对室内空气进行冷却、除湿处理,这实质上是冷源与空调一体化设备,或是说自带冷源的空调设备。

2.消耗热能实现制冷的冷源

吸收式制冷机是消耗热能实现制冷的冷源,在空调中吸收式制冷机常用溴化锂水溶液作工质对,因此称为溴化锂吸收式制冷机。按携带热能的介质不同可分为:

(1)蒸气型溴化锂吸收式制冷机——利用一定压力的蒸气驱动的吸收式制冷机。

(2)热水型溴化锂吸收式制冷机——利用一定温度的热水驱动的吸收式制冷机。

(3)直燃型溴化锂吸收式冷热水机组——直接利用燃油或燃气的燃烧获得的热量驱动的吸收式制冷机;机组中的带有燃油或燃气的制热设备,相当于燃油或燃气锅炉,因此可以作热源,即这个装置既可作冷源,又可作热源,故称“冷热水机组”。

(4)烟气型溴化锂吸收式冷热水机组——利用工业中300~500℃的废气、烟气驱动的吸收式制冷机,也有供热功能。

(5)烟气热水型溴化锂吸收式冷热水机组——同时利用烟气和热水的吸收式制冷机,也有供热功能。

1.2.2 热源的种类

天然热源:地热水。地热水是可以直接利用的天然热源。

人工热源:燃料燃烧(化学能转变成热能)、太阳能热源、热泵、电能、余热。在建筑中大量应用的热源都是需要用其他能源直接转换或采用制冷的方法获取热能的人工热源。

按获取热能的原理不同可分为以下几类:

1.通过燃料燃烧将化学能转换为热能的热源

通过燃料燃烧将化学能转换为热能的热源按消耗燃料的品种可分为:

(1)燃煤型热源。以煤为燃料的热源,有以下两种类型:

燃煤锅炉——以煤为燃料制备热水或蒸气的装置,是目前应用广泛的一种热源。

燃煤热风炉——以煤为燃料制备热风(加热的空气)的装置,通常用做生产工艺过程的热源,如用于粮食烘干。这类设备本书不再介绍。

(2)燃油型热源。以燃油(轻油或重油)为燃料的热源,有以下三种类型:

燃油锅炉——以燃油为燃料制备热水或蒸气的装置,是目前建筑中应用较多的一种热源,通常用轻油作燃料。

燃油暖风机——以燃油的燃烧直接加热空气的装置,可直接置于厂房、养猪场、养鸡场等处作供暖用,也可以用于工艺过程中。

燃油直燃型溴化锂吸收式冷热水机组——它既是热源又是冷源。

(3)燃气型热源。以燃气(天然气、人工气、液化石油气等)为燃料的热源,有以下几种类型:

燃气锅炉——以燃气为燃料制备热水或蒸气的装置,是建筑中应用较多的一种热源。

燃气暖风机——以燃气的燃烧直接加热空气的装置,它可直接用于厂房、养猪场、养鸡场等处的供暖,也可在工艺过程中应用。

燃气辐射器——用于工业厂房辐射供暖的器具,实际上是热源与供暖设备组合成一体的设备。

燃气热水器——以燃气为燃料制备热水的小型装置,用于单户供暖或热水供应。

燃气直燃型溴化锂吸收式冷热水机组——它既是热源又是冷源。

2.太阳能热源

利用太阳能生产热能的热源,以作为建筑供暖、热水供应和用作制冷设备的热源。

3.利用低位能量的热源——热泵

在上节中已经指出,制冷机在制冷的同时伴随着热量排出,因此可用做热源。当用做热源时,制冷机(制冷装置)称为热泵机组,或简称热泵。热泵是从低位热源处提取热量并提高温度后进行供热的装置。因此它是利用低位能量进行供热的装置。根据热泵驱动的能量不同,可分为蒸气压缩式热泵和吸收式热泵。蒸气压缩式热泵又可分为两类:

(1)电动热泵——消耗电能,以电动机驱动的热泵。

(2)燃气热泵和柴油机热泵——以燃气机或柴油机驱动的热泵。

4.电能直接转换为热能的热源

由电能直接转换为热能的热源,或称电热设备,目前应用的有以下几种:

(1)电热水锅炉和电蒸气锅炉——可用于建筑中作空调、供暖的热源。

(2)电热水器——可用于单户的供暖或热水供应。

(3)电热风器、电暖气等,通常用于房间补充加热或临时性供暖用,这类器具实际上是带热源的供暖设备。

电能是高品位能量,一般不宜直接转换为热能来应用。

5.余热热源

余热(又称废热)是指生产过程中被废弃的热能。余热的种类有:烟气、热废气或排气、废热水、废蒸气、被加热的金属、焦炭等固体余热和被加热的流体等。只有无有害物质的、温度适宜的热水才能直接作热源应用。大部分的余热需要采用余热锅炉等换热设备进行热回收才能作为热源应用。

1.2.3 人工冷、热源按供冷、供热方式分类

根据人工冷源和热源向所控制的建筑环境供冷和供热方式不同可分为以下两类：

(1)冷、热源通过冷媒或热媒将冷量或热量传递给环境控制系统(暖通空调系统),实现对室内环境温、湿度控制。例如冷水机组、溴化锂吸收式制冷机、燃气锅炉等就是这类设备,它们通常用于供暖空调的集中式系统中。这种集中式的冷、热源系统可以为多个房间、一幢建筑、多幢建筑提供冷量或热量。

(2)冷、热源直接向室内供冷或供热,实质上是冷、热源与供暖空调组合成一体的设备,或是说自带冷、热源的供暖空调设备,如上面介绍的空调机(器)、燃气暖风机、燃气辐射器、电暖暖风器等。这类设备通常直接置于室内或邻室内应用。

冷热源的种类很多,本书将重点阐述建筑中常用于集中式系统中的冷热源——蒸气压缩式制冷机、溴化锂吸收式制冷机、热泵、各种燃料型锅炉及其组成的系统;也介绍其他的冷热源设备及其系统,尤其是可再生能源的应用。

1.3 冷热源系统基本组成

冷热源系统是指由制冷机、锅炉等冷热源设备与相配套的各种子系统共同组成的一个综合系统,实现供冷与供热的目的。

用于集中式系统的冷源或热源,除了生产冷量或热量的制冷装置、锅炉、热泵或其他冷热源设备外,还必须配套各种子系统,才能向建筑供冷或供热。例如一套电动制冷设备,必须有向用户输送冷量的系统,还需有向环境排放冷凝热量的冷却系统以及配电系统,这样才能向建筑提供冷量。又如,一台燃料型锅炉,还需配套有向用户输送热量的系统、燃料供给系统、烟气系统、燃烧用空气供应系统、补水系统、配电系统,这样才能向建筑提供热量。上述所举的各种子系统共同组合成的一个综合系统,实现供冷与供热的目的。由于冷热源设备的种类不同,系统的组成也不同,下面介绍5类冷热源设备的系统组成。

1.3.1 冷源系统

图1-3示例了以电动制冷机、蒸气型或热水型溴化锂吸收式制冷机、直燃型溴化锂吸收式冷热水机组(简称直燃机)为核心组成的冷热源系统(图1-3中点划线所围的区域)。图1-3(a)中虚线所围的是生产冷量的设备及系统。冷源系统中都有将热量排出的冷却系统,图中所示的是采用冷却塔的冷却系统;任何冷源都有动力电系统,电动制冷机靠电力拖动,且需较大的电功率;吸收式制冷机中的溶液泵、直燃机中的风机都需要配电;另外冷却塔、各种水路系统中的水泵(图中均未标出)等都需配电。有关冷热源系统中的电力系统不属本书

范畴,请参阅其他书籍。蒸气或热水型的溴化锂吸收式制冷机(图1-3(b))还需要由外部热源供应蒸气或热水,因此有相应的蒸气供应及凝结水回收系统或热水供回水系统。直燃型溴化锂吸收式冷热水机组(图1-3(c))有燃气或燃油供应系统和烟气排出系统。机组自己带有供应空气的系统。冷源生产的冷量通过冷媒供给建筑冷用户(空调设备)。因此在冷源与冷用户之间需要有冷媒系统。冷媒系统中冷量的应用不属本书的范畴,请参阅《暖通空调》等有关书籍。冷媒系统上附设有补水系统相应的水处理设备。图1-3(c)中的机组也可以供热,因此该系统实质上是冷热源系统。

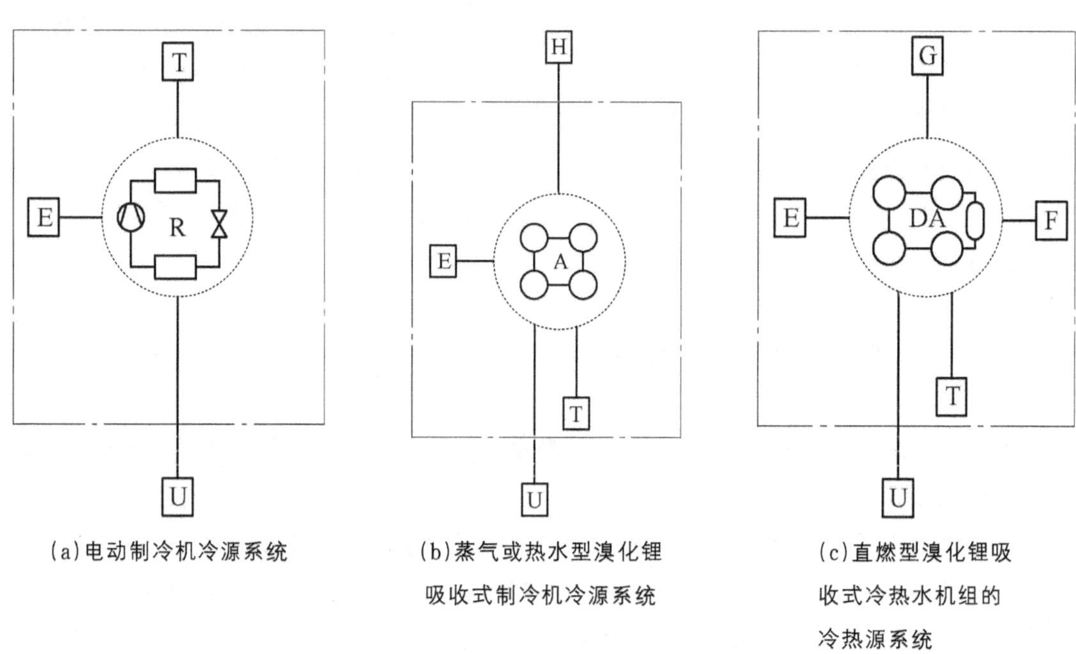

(a)电动制冷机冷源系统

(b)蒸气或热水型溴化锂吸收式制冷机冷源系统

(c)直燃型溴化锂吸收式冷热水机组的冷热源系统

图1-3　典型制冷机组成的冷源系统

U—建筑冷热用户;R—电动制冷机;A—蒸气或热水型溴化锂吸收式制冷机;DA—直燃型溴化锂吸收式制冷机;E—电源;T—冷却塔;H—外部热源;G—烟气;F—燃料

1.3.2　热源系统

图1-4示例了以燃煤锅炉和电动热泵为核心组成的热源系统(图1-4中点划线所围区域)。图1-4(a)是以燃煤锅炉为核心的热源系统。该系统中除锅炉本体外(图中虚线所围设备),还有燃料(煤)供给系统、燃烧用空气供应系统、排烟系统、给水系统、动力电系统、热媒系统和除灰渣系统等7个子系统。有的锅炉不设空气供给系统,靠锅炉内负压吸入。给水系统是指向蒸气锅炉中注入凝结水和补充水的系统,包括相应的水处理设备。以燃气、燃油锅炉为核心的热源系统,无除灰渣的子系统,钢炉自带供应空气的系统。

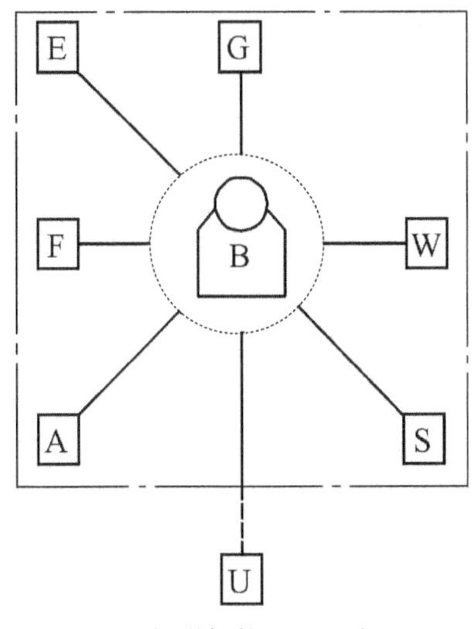

(a)燃煤锅炉热源系统

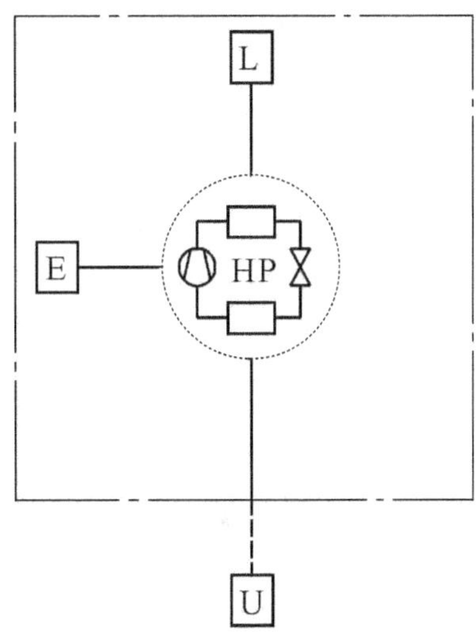

(b)电动热泵热源系统

图1-4 典型热源组成的热源系统

B—燃煤锅炉;HP—电动热泵;A—供空气;W—给水;L—低位热源;S—灰渣;其他符号同图1-3

图1-4(b)是以电动热泵机组(图虚线所圈设备及系统)为核心的热源系统。该系统组成与图1-3(a)中的电动制冷机的热源系统类似。不同点是原排热用的冷却系统现为向热用户供热的热媒系统,而原供给用户的冷媒系统现为从低位热源(如地下水、河水、湖水、海水、空气等)取热的系统。对于以热泵为核心的热源系统,经常是在冬季供热,而在夏季供冷,这时以热泵为核心的系统实质上是冷热源系统。

上述给出的5种冷热源系统是目前经常应用的系统。其他形式的冷热源设备所组成的冷热源系统都大同小异,将在今后相关章节中叙述。本书将主要叙述图中点划线方框内所涉及的设备与各子系统(除动力电系统外)。

思考题与习题

1—1 请叙述冷源与热源分别有哪些种类?

1—2 冷热源系统是暖通空调运行的主要能耗来源,碳达峰碳中和背景下,为了减少暖通空调系统运行碳排放,请查阅国家工程建设技术规范,了解有哪些与冷热源系统能效水平相关的技术标准。

第2章　蒸气压缩式制冷的热力学原理

蒸气压缩制冷概述

2.1　蒸气压缩制冷概述

液体汽化过程需要吸收汽化潜热，而且其沸点(饱和温度)与压力有关，压力越低，饱和温度也越低。例如，氨在绝对压力为497.48kPa时的饱和温度为4℃，汽化时需要吸收1247.9kJ/kg的热量。而在101.33kPa(一个标准大气压力)下的饱和温度为-33.3℃，汽化时需要吸收1369.59kJ/kg的热量。因此，只要创造一定的低压条件，就可以利用液体的汽化获取所需的低温。这种用于汽化制冷的液体被称为制冷剂(或制冷工质)。

液体汽化制冷的工艺流程如图2-1所示。图中制冷剂从冷凝器经膨胀阀节流，降低压力和温度；低温低压的液态制冷剂在蒸发器中吸收周围被冷却介质或物体的热量而汽化，从而降低被冷却介质或物体的温度，达到制冷的目的。为了使制冷剂重新恢复吸热汽化的能力，需将蒸发器出来的气态制冷剂经压缩机增压进入冷凝器中液化。图2-1所示的制冷系统采用压缩机使气态制冷剂增压，故称这种制冷方式为蒸气压缩式制冷。

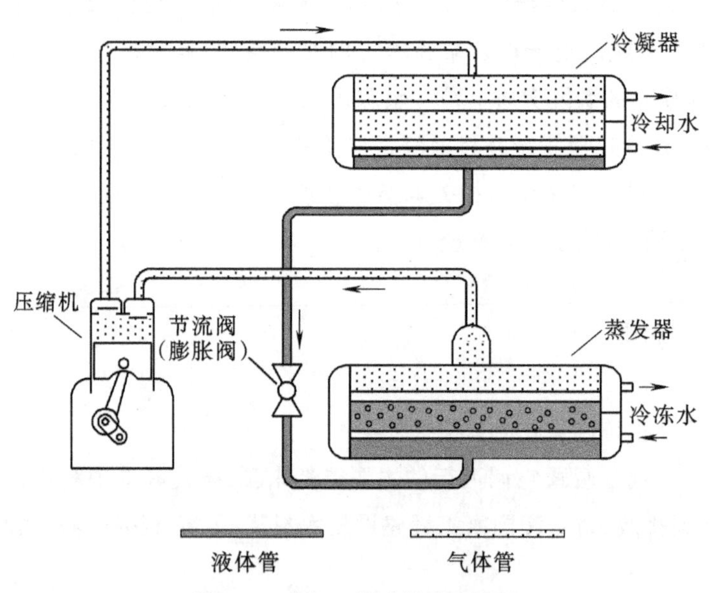

图2-1　蒸气压缩式制冷原理图

从图2-1可以看出，蒸气压缩式制冷的工作原理是使制冷剂在压缩机、冷凝器、膨胀阀和蒸发器等热力设备中进行压缩、放热冷凝、节流和吸热蒸发四个主要热力过程，从而完成制冷循环，获得对被冷却介质进行制冷的效果。

2.2　蒸气压缩制冷的饱和循环

2.2.1　逆卡诺循环

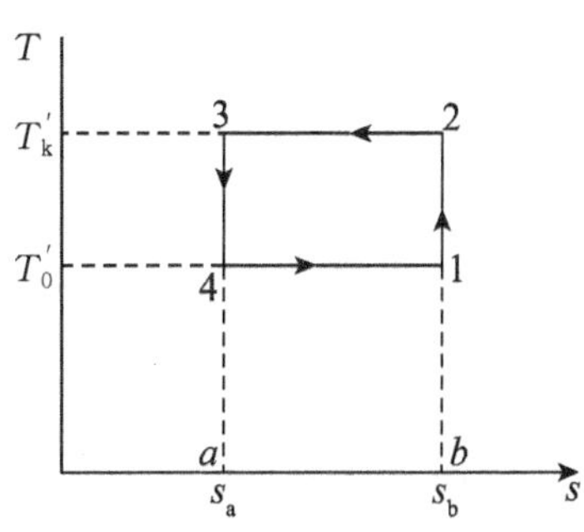

图 2-2　逆卡诺循环

工程热力学中指出，若低温热源的温度为 T_0'(K)，高温热源的温度为 T_k'(K)，将热量从低温热源传递到高温热源的理想循环是逆卡诺循环，它具有最大的性能系数。逆卡诺循环是由四个热力过程组成，其中两个等温过程，两个等熵过程。逆卡诺循环温熵图(T-s图)如图 2-2 所示。在逆卡诺循环 1→2→3→4→1 中，制冷剂沿等熵线 3→4 绝热膨胀(采用膨胀机)，温度从 T_k'降至 T_0'；然后，在低温热源温度 T_0'下，沿等温线 4→1 吸热膨胀，从低温热源吸收热量 q_0；制冷剂再沿等熵线 1→2 被绝热压缩(采用压缩机)，温度从 T_0'升至 T_k'；最后，制冷剂在高温热源温度 T_k'下，沿等温线 2→3 进行放热压缩，向高温热源放热。每一制冷循环，通过 1kg 制冷剂将热量 q_0 从低温热源(被冷却物)转移至高温热源(冷却剂)，同时，将所消耗的功量 $\sum w$ 也转化为热量传给高温热源，即

$$q_k = q_0 + \sum w \tag{2-1}$$

制冷循环的性能指标用制冷系数 ε 表示，制冷系数为单位耗功量所获取的冷量，即

$$\varepsilon = \frac{q_0}{\sum w} \tag{2-2}$$

对于逆卡诺循环而言，所消耗的功量等于压缩机的耗功量 w_c 与膨胀机的得功量 w_e 之差，即

$$\sum w = w_c - w_e = (T_k' - T_0')(s_a - s_b)$$

制冷量为

$$q_0 = T_0'(s_a - s_b)$$

此时的制冷系数如果用 COP_C 表示，则

$$COP_C = \frac{T_0'}{T_k' - T_0'} \tag{2-3}$$

此外，制冷循环也可用来获得供热效果。例如，冬季制冷剂在蒸发器内吸收室外较冷空气(或水体等)中的热量，而通过冷凝器加热空气(或水体)向室内供热，这种装置称为热泵。热泵循环的性能指标用供热系数 $COP_{h,c}$ 表示，供热系数为单位耗功量所获取的热量，即

$$COP_{h,c} = \frac{q_k}{\sum w} = COP_C + 1 \tag{2-4}$$

上述逆卡诺循环有以下特点：

(1)逆卡诺循环的性能系数只与高温热源(冷却剂)和低温热源(被冷却物)的温度有关，与制冷剂的性质无关。

(2)逆卡诺循环的性能系数随着低温热源的温度 T_0' 的升高而增加，随着高温热源的温度 T_k' 的升高而降低，并可证明 T_0' 对性能系数的影响比 T_k' 大。

(3)热泵的逆卡诺循环的制热性能系数总是大于1；制冷剂的逆卡诺循环的制冷性能系数实际上也都大于1。

(4)在高低温热源间的所有循环中，逆卡诺循环的性能系数最大。

(5)所有热力过程都是可逆的，即传热时没有温差(热源温度与工质温度相同)，工质在压缩、膨胀、流动等过程中均无摩擦、涡流或扰动。

2.2.2 蒸气压缩式制冷的理想循环

逆卡诺循环的关键是两个可逆等温过程，而纯工质或共沸混合工质的定压蒸发和冷凝是等温过程，因此，利用此类工质，在其湿蒸气区内进行制冷循环有可能实现逆卡诺循环。如图2-3所示。这个循环就是蒸气压缩式的理想循环。

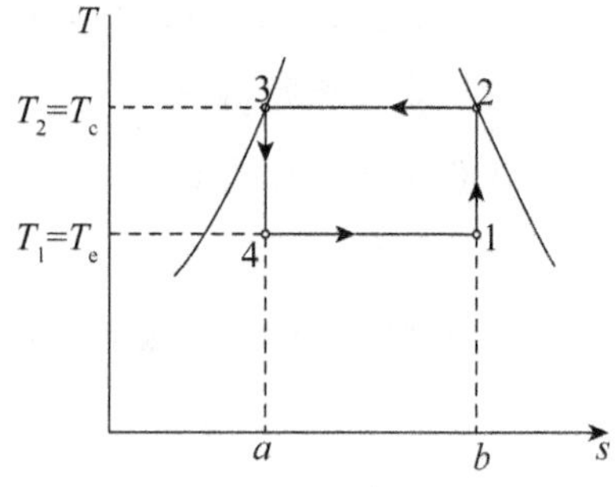

图2-3 在湿蒸气区中的逆卡诺循环

实际过程中此循环不能实现，因为：

(1)制冷剂与低温热源或高温热源间无温差传热，这意味着有无限大的传热面积和无限长的传热时间，但实际中这样是行不通的。因此，必然 $T_C > T_2$, $T_e < T_1$。

(2)等熵压缩过程1→2在湿蒸气区进行的危害性很大，因为液体的不可压缩性，在湿蒸气区压缩(称湿压缩)可能引起液击而损坏机器。

(3)等熵膨胀过程3→4所用的膨胀机尺寸很小，制造不易，这是因为状态3的比容 V_3 比状态1的比容 V_1 小很多。例如制冷剂为R134a的制冷系统，若冷凝温度 $T_C = 40$℃，蒸发温度 $T_e = 0$℃，则 $V_3 : V_1 \approx 1:79$，这就意味着膨胀机的体积比压缩机的体积小70多倍，制造上就困难很多。

(4)蒸发器中到状态1实际也很难控制，因为在湿蒸气区中所有状态的温度和压力均相等，区别只在干度，干度很难检测，也就不易控制。

2.2.3　蒸气压缩式制冷的理论循环(饱和循环)

实际采用的蒸气压缩式制冷的理论循环是由两个等压过程、一个等熵过程和一个绝热节流过程组成,如图2-4所示。它与理想制冷循环相比,有以下三个特点:

(1)用膨胀阀代替膨胀机;

(2)蒸气的压缩在过热区进行,而不是在湿蒸气区内进行;

(3)两个传热过程均为等压过程,且热源和制冷剂之间具有传热温差。

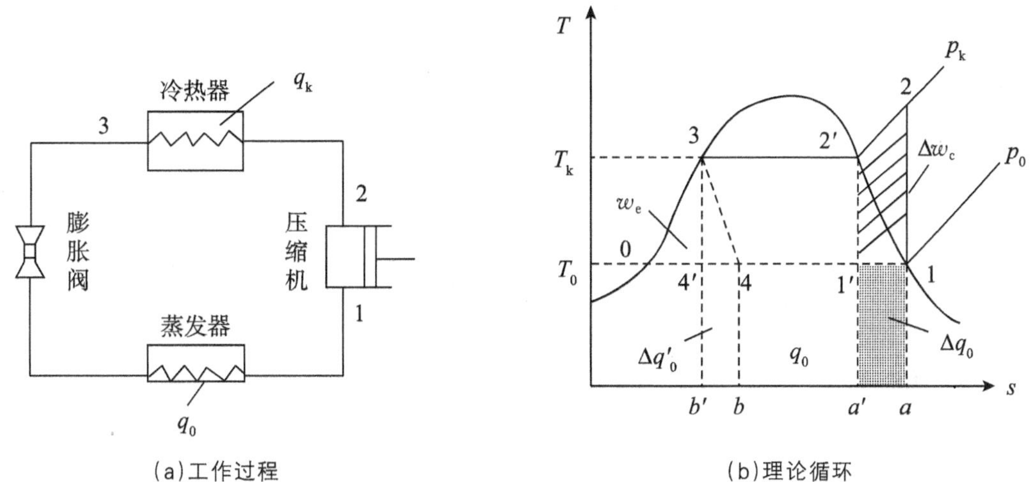

(a)工作过程　　(b)理论循环

图2-4　蒸气压缩制冷的理论循环

为什么采用这样的制冷循环?我们从如下几点分析其原因。

1.膨胀阀代替膨胀机

理想制冷循环为了利用制冷剂从高压变为低压状态的膨胀功,设有膨胀机,这在理论上是经济的,但是,对于常规蒸气压缩式制冷的实现并不合理。因为,液态制冷剂膨胀过程的膨胀功不大,而且机件小、摩擦损失又相对比较大。所以,为了简化制冷装置以及便于调节进入蒸发器的制冷剂流量,故采用膨胀阀代替膨胀机,参见图2-4(a)。

如图2-4(b)所示,从理论上讲,在相同蒸发温度和冷凝温度条件下,与理想循环1′→2′→3→4′→1′相比,理论制冷循环1→2→3→4→1存在两部分损失:

(1)节流过程3→4是不可逆过程,制冷剂吸收摩擦热,产生无益汽化,降低了有效制冷能力。每1kg制冷剂蒸发所能吸收的热量(称为单位质量制冷能力)减少$\triangle q'_0$。$\triangle q'_0$可用虚线多边形面积$44'b'b4$表示。

(2)损失了膨胀功w_c。在制冷循环中,每1kg制冷剂消耗的功量就是压缩机的耗功量。采用膨胀阀时,压缩机的耗功量为w_c(用面积$0321'0$表示),比理想制冷循环多消耗功量w_e(用面积$034'0$表示)。可以认为,这部分膨胀功转化为热量抵消了制冷能力(即面积$034'0$等于面积44′b′b4),从而导致有效制冷能力的减小。显然,采用膨胀阀代替膨胀机,制冷系数有所降低,其降低程度称为节流损失。节流损失的大小除随冷凝温度与蒸发温度之差(T_k-T_0)的增加而加大外,还与制冷剂的物理性质有关,由温熵图可见,饱和液线越平缓(即液态制冷剂比热越大)或者制冷剂的比潜热越小,其节流损失越大。

2. 干压缩过程

湿压缩时,压缩机吸入的是湿蒸气(如1′点),它有两个缺点:

(1)压缩机吸入湿蒸气,低温湿蒸气与热的气缸壁之间发生强烈热交换,特别是与气缸壁接触的液珠更会迅速蒸发,占据气缸的有效空间,致使压缩机吸入的制冷剂质量大为减少,制冷量显著降低。

(2)过多液珠进入压缩机气缸后,很难立即汽化,这样,既破坏压缩机的润滑,又会造成液击,使压缩机遭到破坏。

因此,蒸气压缩式制冷装置运行时,严禁发生湿压缩现象,要求进入压缩机的制冷剂为饱和蒸气或过热蒸气,这种压缩过程称为干压缩过程。

为了压缩机实现干压缩过程,有两种措施可以实现:

(1)采用可调节制冷剂流量的节流装置,使蒸发器出口的制冷剂为饱和蒸气或过热蒸气。

(2)在蒸发器出口增设气液分离器,气体制冷剂进入其中,速度降低,气流运动方向改变,使气流中混有较重的液滴分离并沉于分离器底部,分离器上部的饱和蒸气则被吸入压缩机。

采用上述措施后,压缩机的绝热压缩过程就可在过热蒸气区进行,压缩终状态点2也为过热蒸气,故制冷剂在冷凝器中并非等温冷凝过程而是一个等压冷却、冷凝过程。

由图2-4(b)可以看出,采用干压缩过程后,虽然可以增加单位质量制冷能力$\triangle q_0$(用长方形面积a11′a′a表示),但由于压缩终状态点2为过热蒸气,故压缩耗功增大$\triangle w_c$(用多边形面积122′1′1表示),制冷系数亦将有所降低。其降低程度称为过热损失,过热损失的大小与制冷剂物理性质有关,一般来说,节流损失大的制冷剂,过热损失较小。

3. 关于热交换过程的传热温差

理想制冷循环的重要条件之一就是制冷剂与冷源(被冷却物)和热源(冷却剂)之间必须在无温差条件下进行可逆换热。然而,实际换热都是在有温差的情况下进行的,否则理论上将要求蒸发器和冷凝器应有无限大的传热面积,这显然是不合实际的。这样,有温差传热的制冷循环的冷凝温度必然高于冷却剂的温度,蒸发温度必然低于被冷却物的温度。因此,相比无温差的理想循环,其制冷系数必将降低,传热温差越大,制冷系数降低越多。在实际应用中,应在满足实际需求(如需要除湿的空调器,其蒸发温度不应高于室内空气的露点温度)前提下进行技术经济分析,以选择合理的传热温差,使初投资和运行费的综合值最为经济。

4. 饱和循环与理想循环比较

蒸气压缩制冷(热泵)饱和循环是一个可行的最简单的热力循环,但它的制冷性能系数

（制热性能系数）比理想循环（湿蒸气区的逆卡诺循环）要小。引起差异的原因有三点：1)用干压缩取代了湿压缩，所谓干压缩是指压缩过程在过热蒸气区进行，从而避免了湿压缩的弊病；2)取消膨胀机，用节流阀取代，从而使系统简化；3)在蒸发器和冷凝器中保持一定的传热温差，且都是等压过程，当然在湿蒸气区是等温过程。由于上述原因导致性能系数下降。下面我们讨论与理想循环的性能系数差多大。蒸发器、冷凝器传热温差大小是一个技术经济指标。传热温差小，传热面积大，设备造价高，好处是性能系数提高，运行时耗电少，运行费用低。下面的分析暂不考虑传热温差对性能系数的影响。假设理想循环（逆卡诺循环）在冷凝温度（T_c）和蒸发温度（T_e）下实现循环。图2-5在T-s图上表示了在T_c/T_e温度区间饱和循环和逆卡诺循环的比较。循环1-2-3-4-1是饱和循环；循环1-5-3-6-1是理想循环（逆卡诺循环）。

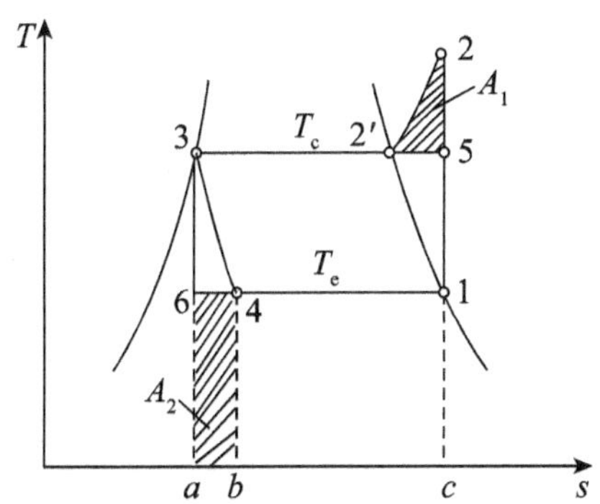

图2-5　饱和循环和逆卡诺循环在T-s上的比较

从图2-5可以看到：

(1)采用干压缩后，且压缩到冷凝压力，压缩终了的排汽温度$T_2 > T_c$，压缩多消耗了功。

(2)取消膨胀机后，损失了膨胀功，而且单位质量制冷量减少了。

T-s图过程线下的面积代表过程的热量。表2-1中用面积表示了饱和循环与逆卡诺循环的差异。表中差值指饱和循环值减逆卡诺循环值。从表中可以看到，饱和循环的单位质量制冷量q_e减少了A_2，这是采用节流阀代替膨胀机造成的；单位压缩功增加了(A_1+A_2)，A_1为采用干压缩代替湿压缩，并压缩到冷凝压力P_C造成的；A_2为由于节流阀代替膨胀机而未能回收膨胀功造成的。制冷技术中，把由于采用干压缩，并压缩到P_C造成的w增加称为过热损失；把由于节流阀取代膨胀机而使w增加和q_e减少称为节流损失，由于有过热损失和节流损失，导致性能系数下降。通常用制冷循环效率来衡量各种制冷循环接近逆卡诺循环的程度，制冷循环效率定义为：

$$\eta_R = \frac{COP}{COP_c} \tag{2-5}$$

表2-1　饱和循环与卡诺循环的比较

	逆卡诺循环	饱和循环	差值
单位制冷量 q_e	面积6-1-c-a-6	面积4-1-c-b-4	$-A_2$
单位冷凝热量 q_c	面积5-3-a-c-5	面积2-2′-3-a-c-2	$+A_1$
单位压缩功 w	面积1-5-3-6-1	面积1-2-2′-3-a-b-4-1	A_1+A_2

注：w的面积按$w=q_c-q_e$确定。

2.2.4　蒸气压缩式制冷饱和循环的热力计算

1.压焓图及制冷循环在压焓图中的表示方法

表示制冷剂状态参数的图线有几种。前面分析蒸气压缩式制冷循环时使用了温熵图，此图的特点是热力过程线下面的面积即为该过程所收受的热量，便于直观分析。但是，由于定压过程的换热量及压缩过程的压缩机耗功量都可以用过程的初、终状态比焓差表示。所以，进行制冷循环热力计算时常使用图2-6所示的压焓图（也称莫里尔图或$\lg p$-h图）。

压焓图的纵坐标是压力，为了清楚地表示低压部分，采用对数坐标，即$\lg p$；横坐标是比焓h。图上绘有等压线(p)、等比焓线(h)、等温线(t)、等比熵线(s)、等比容线(v)和等干度线(x)，箭头表示各参数的增值方向。干度$x=0$的曲线是饱和液线，$x=1$的曲线是饱和蒸气线，两条线的交点k为制冷剂的临界点，这两条线将图分为三个区：饱和液线左侧为再冷液体区，饱和蒸气线右侧为过热蒸气区，两线之间为湿蒸气区（或气液两相区）。

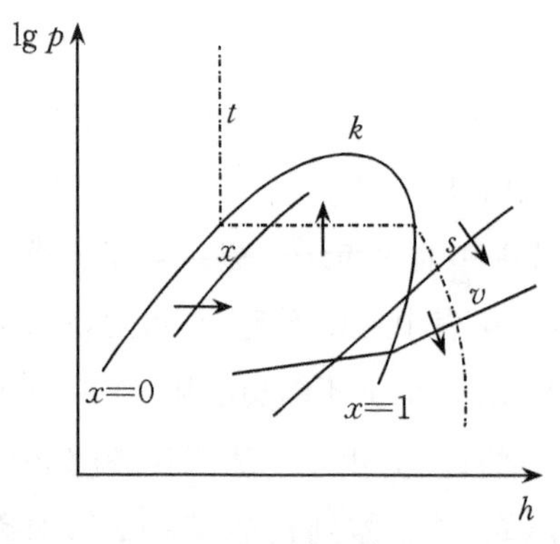

图2-6　压焓图

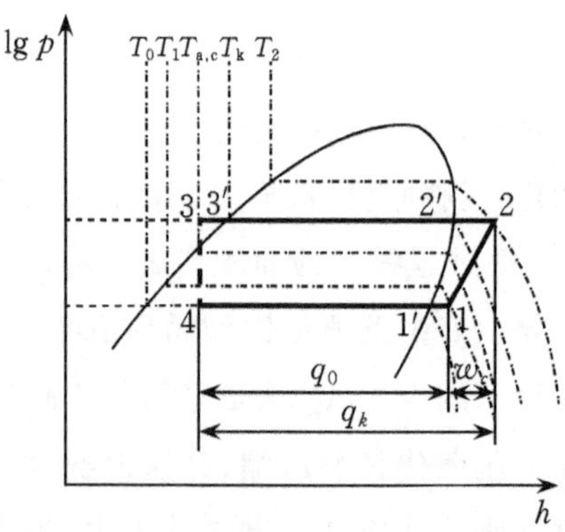

图2-7　蒸气压缩式制冷理论循环

由于制冷剂的热力参数h、s都是相对值，因此，在使用压焓图和物性表时，必须注意它们之间的h、s基准点是否一致，对于基准点取值不同或单位不一致的图表，最好不要混用，否则必须进行换算。例如，R22、R134a国际单位制的图表（参见附录1、2、4、5、7、8），一般规定0℃时饱和液$h'=200$k/kg，$s'=1.00$kJ/(kg·K)。图2-7是在压焓图上表示的蒸气压缩式制冷的理论循环。1→2为等熵压缩过程；2→3为制冷剂在冷凝器中的等压放热过程，其中2→2′放出过热区显热。$2'\rightarrow3'$放出比潜热，$3'\rightarrow3$是液体再冷却放出的热量；$3\rightarrow4$为节流过程，绝热节流前后制冷剂的比焓不变，故为垂直线(由于节流过程是不可逆过程，且也不是等焓过程，故用虚线表示)；$4\rightarrow1$为制冷剂在蒸发器内的等压吸热过程。根据稳定流动能量方程式可得：

蒸发器中等压吸热过程，单位质量制冷剂的制冷能力(或称为单位制冷量)为

$$q_0 = h_1 - h_4 \ \text{kJ/kg} \tag{2-6}$$

冷凝器中等压放热过程，单位质量制冷剂的冷凝负荷为

$$q_k = h_2 - h_3 \ \text{kJ/kg} \tag{2-7}$$

单位质量制冷剂在压缩机中被绝热压缩时，压缩机的耗功量为

$$w_c = h_2 - h_1 \ \text{kJ/kg} \tag{2-8}$$

节流前、后制冷剂的比焓相等，即

$$h_3 = h_4 \ \text{kJ/kg}$$

由于压焓图上的比焓差用过程线在横坐标轴上的投影长度表示，故从图中可以明显地看出

$$w_c = q_k - q_0 \ \text{kJ/kg} \tag{2-9}$$

2.饱和循环的热力计算

制冷循环的热力计算是根据所确定的蒸发温度、冷凝温度、液态制冷剂的再冷度和压缩机的吸气温度等已知条件，求出图2-7中各状态点的状态参数，并计算下列数值：

单级压缩制冷理论计算

(1)制冷剂单位质量制冷能力和单位容积制冷能力(或称为单位容积制冷量)q_v。单位容积制冷能力是指压缩机吸入1m^3制冷剂所产生的冷量

$$q_v = \frac{q_0}{v_1} = \frac{h_1 - h_4}{v_1} \ \text{kJ/m}^3 \tag{2-10}$$

式中，v_1——压缩机入口气态制冷剂的比容，m^3/kg。

(2)制冷系统中制冷剂的质量流量M_r及体积流量V_r(即压缩机每秒钟实际吸入的气态制冷剂的体积量)

$$M_r = \frac{\varphi_0}{q_0} \ \text{kg/s} \tag{2-11}$$

$$V_r = M_r v_1 = \frac{\varphi_0}{q_v} \ \text{m}^3/\text{s} \tag{2-12}$$

式中，φ_0——制冷系统的制冷量，kJ/s或kW。

(3)冷凝器的热负荷(即冷凝负荷)φ_k

$$\varphi_k = M_r q_k = M_r(h_2 - h_3) \ \text{kW} \tag{2-13}$$

(4)压缩机的理论耗功率 P_{th}

$$P_{th}=M_r w_c=M_r(h_2-h_1)\ \text{kW} \tag{2-14}$$

(5)理论制冷系数 ε_{th}

$$\varepsilon_{th}=\frac{\varphi_0}{P_{th}}=\frac{q_0}{w_c}=\frac{h_1-h_4}{h_2-h_1} \tag{2-15}$$

(6)制冷效率 η_R

制冷效率 η_R 是理论制冷循环的制冷系数 ε_{th} 与考虑了传热温差的理想制冷循环的制冷系数 $\varepsilon_c(T_k,T_0)$ 或 $\varepsilon_1(T_{km},T_{0m})$ 的比值，即

$$\varepsilon_R=\frac{\varepsilon_{th}}{\varepsilon_c}\text{或}\frac{\varepsilon_{th}}{\varepsilon_1} \tag{2-16}$$

用 η_R 可以评价一个制冷循环与工作温度完全相同的理想制冷循环的接近程度；还可以评价制冷剂热力性能对制冷系数的影响程度，选用制冷效率较高的制冷剂，可以提高制冷循环的经济性。

对于采用蒸气压缩式制冷循环进行供热的热泵系统而言，热泵循环的理论供热系数 μ_{th}（通常称为热泵的性能系数）是指单位理论耗功率的供热量，即

$$\mu_{th}=\frac{\varphi_k}{P_{th}}=\frac{q_k}{w_c}=\frac{h_2-h_3}{h_2-h_1} \tag{2-17a}$$

可也简化为

$$\mu_{th}=1+\varepsilon_{th} \tag{2-17b}$$

必须注意的是：式(2-17a)是热泵循环供热系数的通用表达式，只有当热泵循环的工况，即冷凝温度、蒸发温度、再冷度、过热度完全相同时，理论供热系数 μ_{th} 和理论制冷系数 ε_{th} 之间才具有(2-17b)所示的关系。

2.3 蒸气压缩式制冷饱和循环的改善

蒸气压缩式制冷饱和循环存在节流损失和过热损失，因此，采取措施减少这两种损失对于提高制冷系数、节省能量消耗非常重要，采用液态制冷剂再冷却可以减少节流损失；采用膨胀机回收膨胀功可以降低所消耗的功率；采用多级压缩可以减少过热损失。

2.3.1 过冷循环

为了使膨胀阀前液态制冷剂得到再冷却，可以采用再冷却器，对于一些制冷剂还可以采用回热循环。

图2-8(a)为具有再冷却器的单级蒸气压缩式制冷的工作流程。从图中可以看出，冷却

水先经过设置在冷凝器下游的再冷却器，然后进入冷凝器，就可以实现液态制冷剂的再冷却。

图2-8(b)中的3-3′就是高压液态制冷剂再冷过程线，其所达到的温度$T_{s,c}$称为再冷却温度，冷凝温度T_k与它的差值$\triangle t_{s,c}$称为再冷度。从图中还可以明显看出，由于高压液态制冷剂得到再冷却，在压缩机耗功量不变的情况下，单位质量制冷能力增加$\triangle q_0$(面积$a44'ba$)，因此，节流损失减少，制冷系数有所提高。

由于冷凝器出口高压液体的比焓降低量可获得温度更低的等量制冷量，故应尽可能采用自然环境中温度低于冷凝温度的冷却剂为高压液体降温；同时，在经济性允许的条件下，也可采用另一套蒸发温度更高的制冷装置作为再冷却器。但一般空调用制冷装置并不单独设置再冷却器，而是适当增大冷凝器面积，并使这部分冷凝器面积中的冷却剂与制冷剂呈逆流换热，以达到再冷目的。

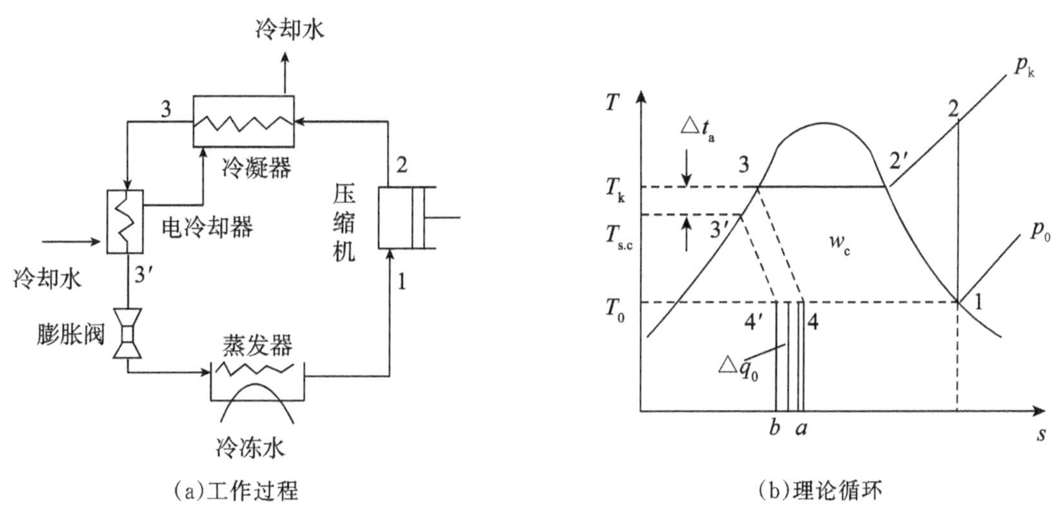

(a)工作过程　　(b)理论循环

图2-8　具有再冷却器的蒸气压缩式制冷循环

2.3.2 回热循环

为了使膨胀阀前液态制冷剂有较大的再冷度，同时又能保证压缩机吸入具有一定过热度的蒸气，常常采用回热循环。

严格说液体等压线与饱和液线并不重合，但相差不大，故再冷过程线3→3′近似落在饱和液线上。由图2-9可以看出，来自蒸发器的低压气态制冷剂1在进入压缩机前先经过一个热交换器——回热器，在回热器中与来自冷凝器的高压饱和液3(也可以是再冷液)进行热交换，低温蒸气1等压过热至状态1′，而高压液体3被等压再冷却至状态3′，从而实现蒸气回热循环，如图2-9(b)的循环过程1′→2′→3→3′→4′→1→1′。1→1′为低压蒸气的等压加热过程，1′点的温度$T_{s,h}$称为过热热度，其与饱和蒸气温度T_1的差值$\triangle t_{s,h}$称过热度。

由于流经回热器的液态制冷剂与气态制冷剂的质量流量相等,因此,在对外无热交换的情况下,每千克液态制冷剂放出的热量等于每千克气态制冷剂吸收的热量。也就是说单位质量制冷剂因再冷却所增加的制冷能力$\triangle q_0$(面积$b'b44'b'$),等于单位质量气态制冷剂所吸收的热量$\triangle q$(面积$aa'1'1a$)。这样,采用蒸气回热循环虽然单位质量制冷能力有所增加,但是压缩机的耗功量也增加了Δw_c(面积$11'2'21$)。因此,该种循环的理论制冷系数是否提高,与制冷剂的热物理性质有关,一般而言,对于节流损失大的制冷剂氟利昂R134a、R744等是有利的,而对于制冷剂氨则不利。

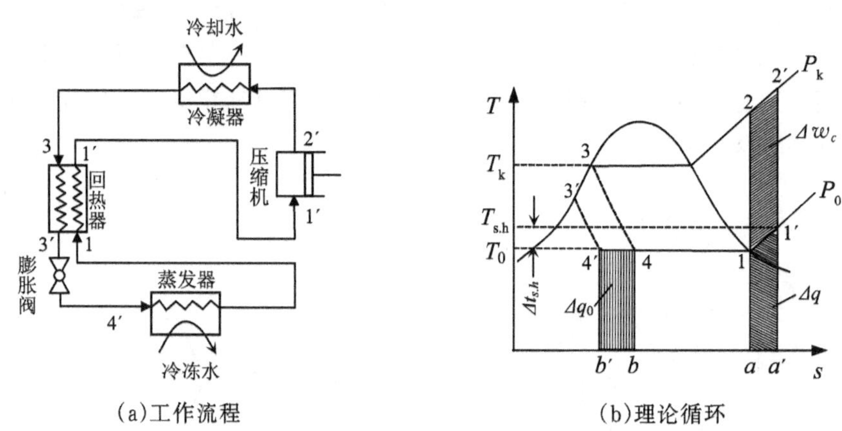

(a)工作流程　　　　(b)理论循环

图2-9　回热式蒸气压缩制冷循环

2.3.3　回收膨胀功

在蒸气压缩式制冷装置中,为简化结构、降低成本,通常用膨胀阀取代膨胀机。然而,在大容量制冷装置中,由于膨胀机的容量较大,不会出现因机件过小导致加工方面的困难,此时采用膨胀机对高压液体进行膨胀降压,并回收该过程的膨胀功,是降低能量消耗、提高制冷系数的有效方法。

图2-10是采用膨胀机的蒸气压缩式制冷循环。与图2-4采用膨胀阀时相比,采用膨胀机后,一方面回收了膨胀功w_e(用面积0430表示),使制冷循环的耗功量减小至w_{ce}(用多边形面积$122'341$表示);另一方面,单位质量制冷能力增加了$\triangle q_0$(用多边形面积$bb'4'4b$表示),使其增大至q_{0e}(用面积$a14ba$表示)。两方面的有益影响,有效地改善了制冷循环性能:

单位质量制冷能力增大:$q_{0e}=q_0+\Delta q_0>q_0$

压缩机理论耗功率减小:$w_{ce}=w_c-w_e<w_c$

理论制冷系数提高:$\varepsilon_{the}=\dfrac{q_{0e}}{w_{ce}}=\dfrac{q_0+\Delta q_0}{w_c-w_e}>\dfrac{q_0}{w_e}=\varepsilon_{th}$

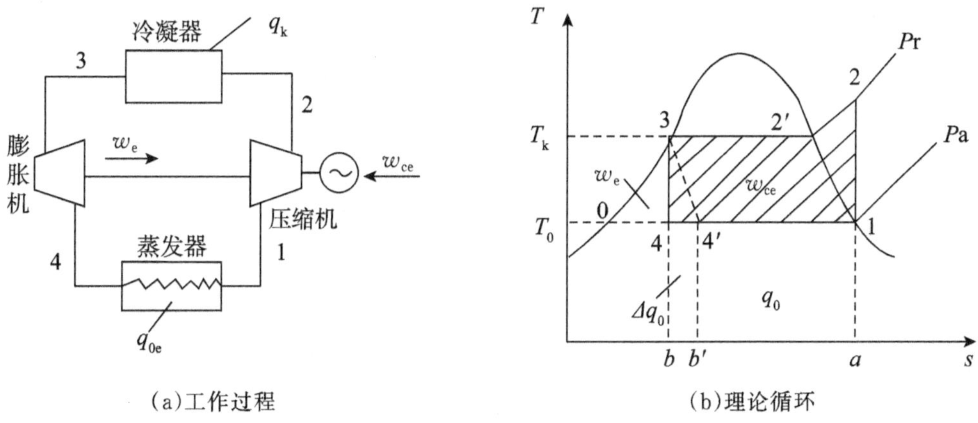

(a)工作过程　　　　(b)理论循环

图2-10　采用膨胀机的蒸气压缩式制冷循环

在上面三式中 q_{0e}、w_{ce} 和 ε_{the} 分别表示采用膨胀机时制冷循环的单位质量制冷能力、循环的理论耗功量和理论制冷系数，q_0、w_c 和 ε_{th} 则分别表示采用膨胀阀时的单位质量制冷能力、压缩机理论耗功量和理论制冷系数。由此可以看出，采用膨胀机回收高压液体膨胀、降压时产生的膨胀功后，制冷循环的单位质量制冷能力与理论制冷系数均比采用热力膨胀阀时有明显的改善。

2.3.4　多级压缩制冷循环

为了减少过热损失，可采用具有中间冷却的多级缩制冷循环，如图2-11中的制冷循环1→2′→2″→2‴→2→3→4→1。低压饱和蒸气1先从压力 p_0 被压缩至中间压力 p_1，经等压冷却后再被压缩至中间压力 p_2，再经冷却……最后被压缩至冷凝压力 p_k。这种多级压缩制冷循环，不但降低了压缩机的排气温度，而且还减少了过热损失和压缩机的总耗功量。高低压差越大，或者说蒸发温度越低或冷凝温度越高，其节能效果越明显。

双级压缩制冷循环

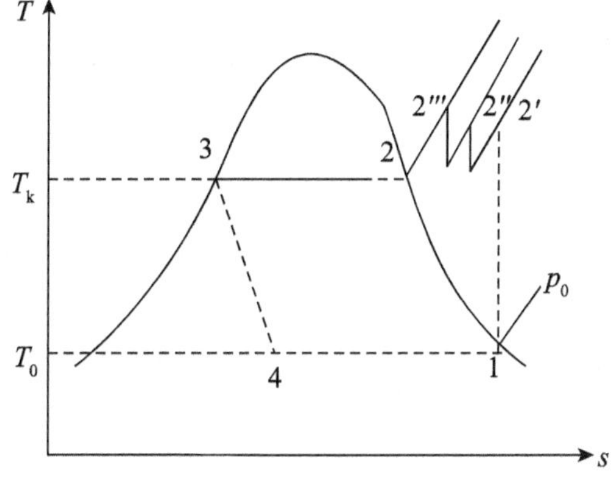

图2-11　多级压缩制冷循环

多级压缩制冷循环虽然可以提高循环的制冷系数，却要增加压缩机等设备的投资和系统的复杂程度，一般压缩比p_k/p_0大于8时采用，且多采用双级压缩。

对于双级压缩制冷循环，根据高压级压缩机的吸气状态不同，有完全中间冷却和不完全中间冷却两种形式，当高压级压缩机吸入饱和蒸气时称为完全中间冷却，而吸入过热蒸气时则为不完全中间冷却；根据高压液态制冷剂到蒸发压力之间的节流次数，又分为一次节流和二次节流，所谓一次节流就是指高压液体只经过一次节流就进入蒸发器，而二次节流则是高压液体先节流至中间压力p_m，中压液态制冷剂再经过一次节流才进入蒸发器。因此，双级压缩制冷循环具有四种基本形式：一次节流完全中间冷却、一次节流不完全中间冷却、二次节流完全中间冷却、二次节流不完全中间冷却，需根据制冷剂特点和产品工艺与技术要求选择适宜的循环形式。

多级压缩制冷循环需要利用制冷剂冷却低压级压缩机的排气，一般采用中间冷却器和闪发蒸气分离器两种形式来实现。

中间冷却器可将低压级压缩机的排气温度冷却至中间压力下的饱和蒸气状态，达到完全中间冷却。此外，中间冷却器内还可设有液体冷却盘管，使来自冷凝器的高压液获得较大的再冷度，既有节能作用，又利于制冷系统的稳定运行。

闪发蒸气分离器是将节流至中间压力后闪发出的饱和蒸气分离出来的设备，该饱和蒸气与低压级压缩机的中压排气混合，使低压级压缩机排气降温后再进入高压级压缩机，故只能使低压级压缩机的排气温度稍有下降，高压级压缩机的吸气仍为过热蒸气状态，因此属于不完全中间冷却，不适用于氨制冷系统。

各种压缩机均容易实现双级压缩，由于螺杆式和涡旋式压缩机能够较为方便地实现中间补气，故空调用冷(热)水机组虽然压缩比不高，但也较多采用中间补气的双级压缩系统。

鉴于双级压缩系统具有良好的技术经济性能，故目前已在双工况(制冷与制冰)冰蓄冷空调机组、寒冷地区用空气源热泵等系统中得到广泛应用。

1.采用中间冷却器的双级压缩制冷循环

图2-12为一次节流完全中间冷却的双级压缩制冷循环原理图，常用于制冷剂绝热指数大、压缩比大的制冷系统(如：氨冷库制冷系统)。其工作流程如下：一部分(少部分)来自冷凝器的高压液态制冷剂5经过膨胀阀①节流至中压状态6，进入中间冷却器冷却低压级压缩机排气2至状态点3，同时使另一部分(大部分)高压制冷剂再冷至状态点7；再冷液7经膨胀阀②节流至状态8进入蒸发器，吸收被冷却物的热量而蒸发，低压饱和蒸气1经低压级压缩机压缩至状态2，再进入中间冷却器；经一次节流后的闪发蒸气和被冷却至饱和状态的低压级排气一同进入高压级压缩机，进而在冷凝器中被冷却成饱和或具有一定再冷度的高压液体5，从而完成双级压缩制冷循环。

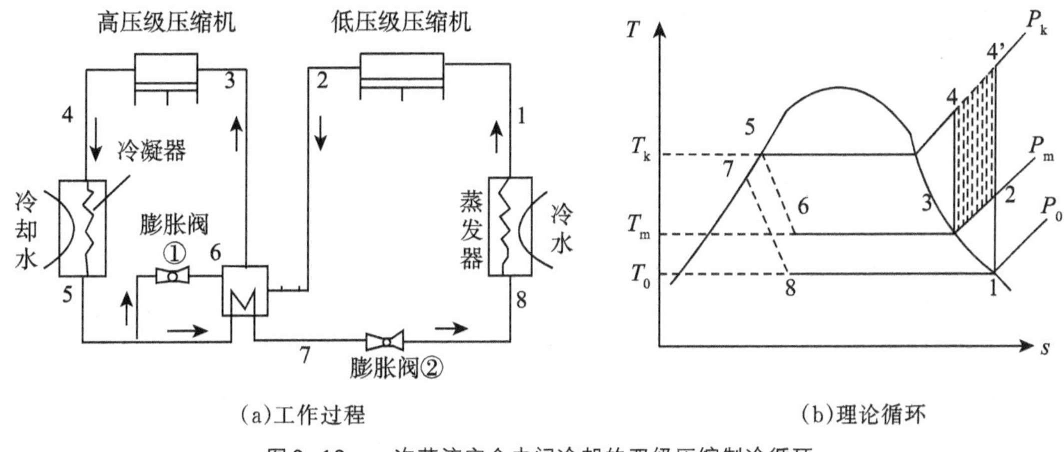

(a)工作过程　　(b)理论循环

图2-12　一次节流完全中间冷却的双级压缩制冷循环

图2-13示出了一次节流不完全中间冷却的双级压缩制冷循环原理图。它与图2-12的区别在于，低压级压缩机的排气不是送入中间冷却器内使之冷却至中压饱和状态，而是中间冷却器中分离出的饱和蒸气与低压级压缩机排气混合降温后进入高压级压缩机被压缩，故高压级压缩机吸入的是过热气，称为“不完全中间冷却”，常用于制冷剂绝热指数较小，压缩比不太大的制冷系统。此外，该循环采用了回热循环(饱和蒸气0与再冷液体7进行换热)。

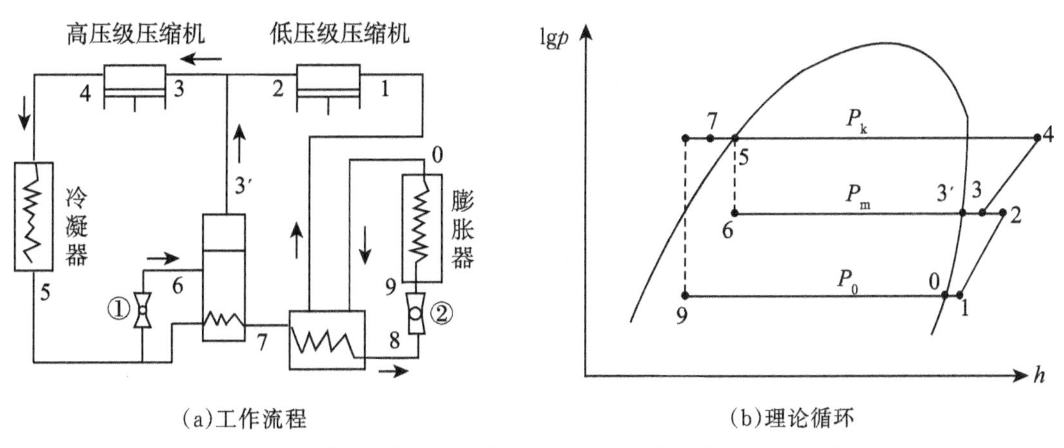

(a)工作流程　　(b)理论循环

图2-13　带回热器的一次节流不完全中间冷却的双级压缩循环

2.采用闪发蒸气分离器的双级压缩制冷循环

将来自冷凝器的高压液态制冷剂节流降压至某中间压力p_m，将闪发蒸气分离出来，与低压级压缩机排气一道送入高压级压缩机进行压缩，也可达到节约压缩机功耗的目的，此时采用闪发蒸气分离器，由于采用闪发蒸气分离器减少了循环的过热损失，从而降低压缩机的功耗，故也称闪发蒸气分离器为经济器(Economizer)。

在图2-12、图2-13中，高压级和低压级的压缩任务分别是在两台压缩机中完成的，故该类循环称为双级压缩循环，其特点是中间压力为定值，且各级压缩机在压缩过程中的质量不变(不考虑内部泄漏)。对于具有连续压缩特点的螺杆式、涡旋式等回转式压缩机,可以较为方便地采用中间补气方式实现双级压缩,但由于在制冷剂补气过程中,压缩腔内制冷剂的质量和压力都在连续地增加,因此,该双级循环有别于高、低压级独立压缩的双级压缩循环,故称为“准双级压缩”制冷循环。

图2-14(a)示出了螺杆式或涡旋式冷水机组常用的采用闪发蒸气分离器的“准双级压缩”制冷循环流程图。来自冷凝器的高压液态制冷剂5先经过膨胀阀①,降压至状态6进入闪发蒸气分离器,在分离器中,只要蒸气上升速度小于0.5m/s,就可使因节流闪发的气态制冷剂从液态制冷剂中充分分离出来。这样,饱和液7再经膨胀阀②节流至状态8进入蒸发器,来自蒸发器的低压饱和蒸气1进入压缩机,经过初压缩(压缩至状态点2)、喷射压缩(补入状态点3的饱和蒸气与状态2的过热蒸气混合至2′)和再压缩过程(压缩至状态点4),再进入冷凝器被冷凝。该循环属于二次节流中间不完全冷却双级压缩制冷循环,因在喷射(补气)压缩过程中,腔内制冷剂压力和质量逐渐增大(不是一个定值),故其压焓图与采用两台压缩机时不同。为便于热力计算,可将该准双级压缩制冷循环压焓图简化为图2-14(b)。

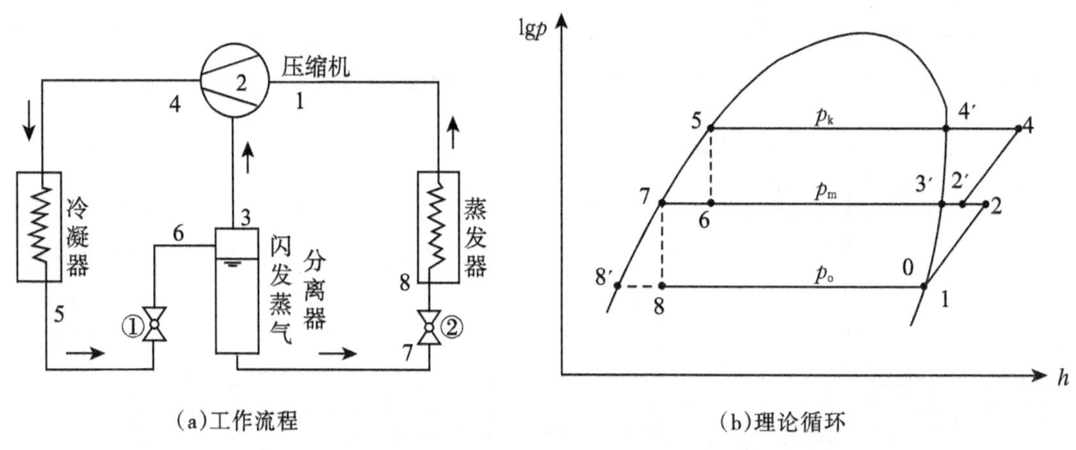

图2-14　带闪发蒸气分离器的双级压缩制冷循环

3.双级压缩制冷循环的热力计算

对于双级压缩制冷循环来说,需要合理地选择中间压力,以使高压级和低压级压缩机耗功量之和最小;此外,双级压缩制冷循环与单级压缩制冷循环不同,就是流经各部件的制冷剂质量流量并不都相等,因此,进行热力计算时必须首先计算流经各部件的制冷剂质量流量,然后才能计算各换热器的换热量、各级压缩机的耗功量以及循环的制冷系数等。

(1)双级蒸气压缩制冷循环的中间压力。在设计双级压缩制冷系统时,选定适宜的中间压力,可以获得良好的经济效益。一般应以制冷系数最大作为确定中间压力的原则,这样得出的中间压力称为最佳中间压力,由于制冷循环形式或压缩机排气量配置不同,很难用一个统一表达式进行最佳中间压力的计算,设计时应选择几个中间压力值进行试算,以求得最佳值。通常也有以高、低压级压缩机的压缩比相等为原则确定双级压缩制冷循环的中间压力，这样得到的结果，虽然制冷系数不是最大值，但可使压缩机气缸工作容积的利用程度较高，具有实用价值。此时，中间压力的计算式为

$$p_m=\sqrt{p_0\cdot p_k} \tag{2-18}$$

（2）关于制冷剂的质量流量。对于图2-12给出的一次节流完全中间冷却的双级压缩制冷循环来说，当已知需要的制冷量为φ_0，则通过蒸发器的制冷剂质量流量（也就是进入低压级压缩机的制冷剂质量流量）M_{r1}为

$$M_{r1}=\frac{\varphi_0}{h_1-h_8} \tag{2-19}$$

进入高压级压缩机的制冷剂质量流量M_r应为M_{r1}与来自膨胀阀①的制冷剂质量流量M_{r2}之和；而来自膨胀阀①的制冷剂，一方面使来自低压级压缩机的排气完全冷却至饱和状态，另一方面还要使膨胀阀②前的液态制冷剂由状态5再冷却至状态7。因此，根据中间冷却器的热平衡方程，可得

$$M_{r1}h_5+M_{r1}h_2+M_{r2}h_6=(M_{r1}+M_{r2})h_3+M_{r1}h_7 \tag{2-20}$$

因$h_5=h_6$，$h_7=h_8$，故

$$M_{r2}=\frac{(h_2-h_3)+(h_5-h_7)}{h_3-h_5}M_{r1} \tag{2-21}$$

高压级压缩机吸入的饱和蒸气量为

$$\begin{aligned}M_r&=M_{r1}+M_{r2}=\left[1+\frac{(h_2-h_3)+(h_5-h_7)}{h_3-h_6}\right]M_{r1}=\frac{h_2-h_7}{h_3-h_5}M_{r1}\\&=\frac{h_2-h_8}{(h_3-h_5)(h_1-h_8)}\varphi_0\quad \text{kg/s}\end{aligned} \tag{2-22}$$

对于图2-13给出的一次节流不完全中间冷却的双级压缩制冷循环来说，在进行热力循环计算时，必须确定高压级压缩机的吸气状态点3的状态参数，以及膨胀阀①通过的制冷剂质量流量M_{r2}。因为，状态3是由状态2和状态3′混合而成，根据热平衡

$$M_{r1}h_2+M_{r2}h_3'=(M_{r1}+M_{r2})h_3$$

式中，M_{r1}为进入蒸发器的制冷剂质量流量。

所以

$$h_3=h_3'+\frac{M_{r1}}{M_{r1}+M_{r2}}(h_2-h_3') \tag{2-23}$$

而M_{r2}可由中间冷却器的热平衡决定，

由于

$$M_{r1}(h_5-h_7)=M_{r2}(h_{3'}-h_6)$$

所以

$$M_{r2}=\frac{h_5-h_7}{h_{3'}-h_6}M_{r1}$$

通过高压级压缩机的制冷剂质量流量为

$$M_r=M_{r1}+M_{r2}=(1+\frac{h_5-h_7}{h_3'-h_6})M_{r1}=\frac{h_{3'}-h_7}{(h_{3'}-h_6)(h_0-h_8)}\varphi_0 \tag{2-24}$$

2.3.5 复叠式制冷循环

复叠式制冷循环

多级压缩不仅能够改善制冷循环的经济性能(即在获得相同低温条件下提高循环的性能系数),同时也是改善其低温性能(即获取更低的温度)的重要途径。

(1)对于采用氨、R134a或R22等制冷剂的蒸气压缩式制冷装置,尽管采用多级压缩比采用单级压缩可以获得更低的温度,而且可以降低压缩机的排气温度、减少压缩机的总耗功量,但是由于受到制冷剂本身物理性质的限制,能够达到的最低蒸发温度有一定限度,这是因为:蒸发温度必须高于制冷剂的凝固点,否则制冷剂无法进行制冷循环。如:氨的凝固点为-77.7℃,不能制取更低的温度。

(2)制冷剂的蒸发温度过低时,其相应的蒸发压力也非常低,空气容易渗入系统,严重影响制冷循环的正常运行。如氨:t_0=-65℃,p_0=0.1565bar;R134a:t_0=-62℃,p_0=0.144bar;R22:t_0=-75℃,p_0=0.148bar。

(3)蒸发压力很低时,气态制冷剂的比容很大,单位容积制冷能力大为降低,势必要求压缩机的体积流量很大。

此外,多级压缩时必须采用更多的压缩级数,无疑将增大系统的复杂度和调控难度;但级数过少时,每级节流后的制冷剂干度大,节流损失大,导致单位质量制冷能力小,压缩机成本增加,制冷系数很低。

所以,为获得低于-70~-60℃的低温,就不宜采用氨等中温制冷剂,而需要采用R23等低温制冷剂。低温制冷剂的凝固点和沸点低,在低温条件下的饱和压力仍然很高。例如,R23的凝固点为-155℃,沸点为-82.1℃,当t_0=-80℃时,其p_0=1.14bar。但是,这类制冷剂的临界温度很低,R23的临界温度为26.13℃,而临界压力高达48.273bar。

若采用一般冷却水或自然界的空气作为冷却介质,由于水和空气的温度接近制冷剂的临界温度,使气态制冷剂难以冷凝,即使被冷凝,也接近临界点,不但冷凝温度高,而且比潜热很小,制冷效率很低。因此,为了降低冷凝压力,就必须附设人造冷源,使这种制冷剂冷凝,这就是所谓的复叠式蒸气压缩制冷。复叠式蒸气压缩制冷有两种类型,其一是由中温制冷剂和低温制冷剂两套或多套独立制冷循环嵌套而成的多系统复叠式制冷循环(Refrigeration Cascade system),简称复叠式制冷循环,另一类则是采用非共沸混合制冷剂的单系统内复叠制冷循环(Auto-Refrigeration Cascade system)。

1.复叠式制冷循环

图2-15(a)是复叠式蒸气压缩制冷的工作流程图。由图可见,复叠式制冷循环是由两个独立制冷循环组成,左端为高温级制冷循环,制冷剂为R22;右端为低温级制冷循环,制冷剂采用R23。蒸发冷凝器既是高温级的蒸发器,又是低温级的冷凝器,也就是说,靠高温级制冷剂的蒸发吸收低温级制冷剂的冷凝热。

图2-15(b)是R22和R23组成的复叠式蒸气压缩制冷循环的压焓图。由于两种制冷剂物理性质不同,故高温级制冷循环的压焓图(R22)位于低温级(R23)的上方。图中,低温级R23制冷循环的蒸发温度为-80℃,相应的蒸发压力为1.14bar;冷凝温度为25℃,冷凝压力为11.94bar。为了保证R23的冷凝温度,则要求高温级R22制冷循环的蒸发温度必须低于低温级的冷凝温度,一般为3～5℃的传热温差,如果取为5℃,此时,高温级R22制冷循环的蒸发温度应为-30℃,相应的蒸发压力为1.64bar,如果R22的冷凝温度为30℃,冷凝压力为11.92bar,其压缩比为7.27,故采用单级压缩即可。从这里可以看出,由于复叠式制冷循环发挥了R22和R23各自的优点,又克服了它们的不足,使得制取很低的温度成为可能。

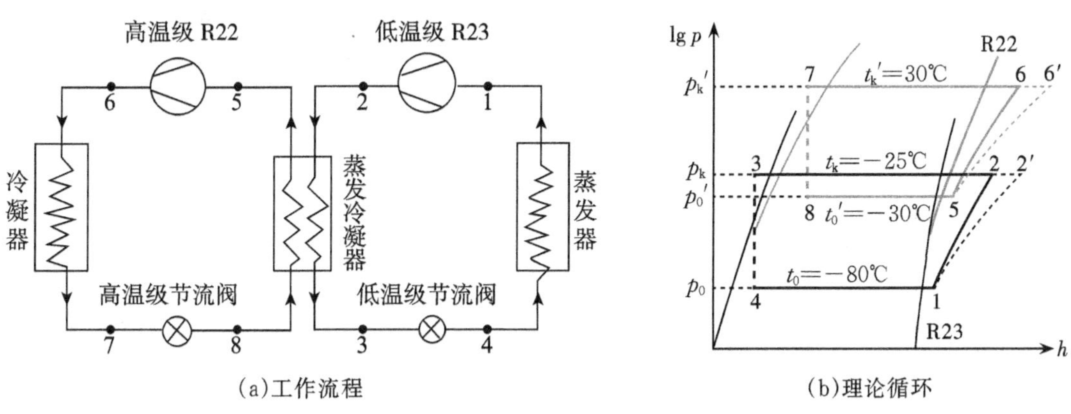

(a)工作流程　　　(b)理论循环

图2-15　复叠式蒸气压缩制冷循环

对于温度高于-50℃的低温冷库,为提高制冷系统效率、减少NH_3的充灌量,目前其制冷系统也开始采用NH_3/CO_2复叠式蒸气压缩制冷,循环中NH_3(R717)作为高温级制冷系统的制冷剂,CO_2(R744)作为低温级制冷剂,推动了高GWP制冷剂的替代步伐。

R23、CO_2等低温制冷剂在常温下的压力很高,为防止复叠式制冷系统在停机时制冷系统的压力过高,常在低温级制冷系统中设置容积较大膨胀容器,以增大低温级制冷系统的内容积,避免停机时压力过高;也可以利用伺服制冷系统(复叠式制冷系统停机后启动)使低温级高压贮液器内的低温制冷剂降温,从而防止其压力升高,确保系统安全。

2.内复叠制冷循环

内复叠制冷循环系统是一种采用多元非共沸混合制冷剂(R134a/R23等)的制冷系统,

如图 2-16 所示，它使用单台压缩机，混合制冷剂经压缩后在循环过程中经过一次或多次的气液分离，使得整个制冷循环中有两种以上成分的混合制冷剂同时流动和传递能量，在高沸点组分和低沸点组分之间实现复叠，从而达到制取低温(-60℃以下)的目的。对于沸点差距较大的制冷剂，在一定的温度下，采用气液分离器就能在同一个系统中的混合制冷剂分离出气、液两相的不同组分，然后利用高沸点制冷剂的蒸发吸热来冷凝的气态制冷剂，低沸点制冷剂经过节流蒸发获得低温，从而完成常规制冷循环中要两级(或多级)压缩和双系统(或多系统)复叠才能达到或甚至无法达到的低温。此类系统简单，投资成本降低。

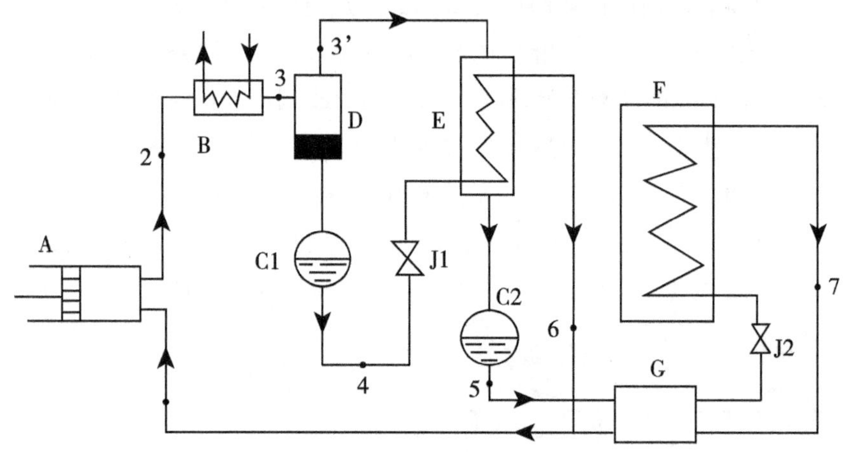

图 2-16　内复叠制冷循环系统原理图

A—压缩机；B—冷凝器；C1—高沸点制冷剂贮液器；C2—低沸点制冷剂贮液器；D—气液分离器；E—蒸发冷凝器；F—蒸发器；G—回热器；J1、J2—节流装置

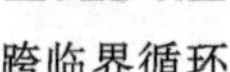

跨临界循环

2.4　跨临界制冷循环

对于高温与中温制冷剂，在普通制冷范围内，由于制冷循环的冷凝压力远低于制冷剂的临界压力，故称之为亚临界循环。亚临界循环是目前制冷、空调领域广泛应用的循环形式。然而，一些低温制冷剂在普通制冷范围内，利用冷却水或室外空气作为冷却介质时压缩机的排气压力位于制冷剂临界压力之上，而蒸发压力位于临界压力之下。此类循环跨越了临界点，故将其称为跨临界循环(Transcritical Cycle)或超临界循环(Supercritical Cycle)，例如，以 CO_2 为制冷剂的空气源热泵热水器就采用跨临界循环。

2.4.1　CO_2 跨临界制冷循环

CO_2 跨临界循环与常规亚临界 CO_2 循环均属于蒸气压缩制冷范畴，它与常规冷循环基本相似，图 2-17 给出单级 CO_2 跨临界制冷循环原理图和压焓图，其循环过程为 1→2→3→4

→1。压缩机的吸气压力低于临界压力，蒸发温度也低于临界温度，循环的吸热过程在亚临界条件下进行，依靠液体蒸发制冷；但压缩机的排气压力高于临界压力，制冷剂在超临界区定压放热，与常规亚临界状态下的冷凝过程不同，换热过程依靠显热交换来完成，此时制冷剂高压侧热交换器不再称为冷凝器（Condenser），而称为气体冷却器（Gas Coooler）。

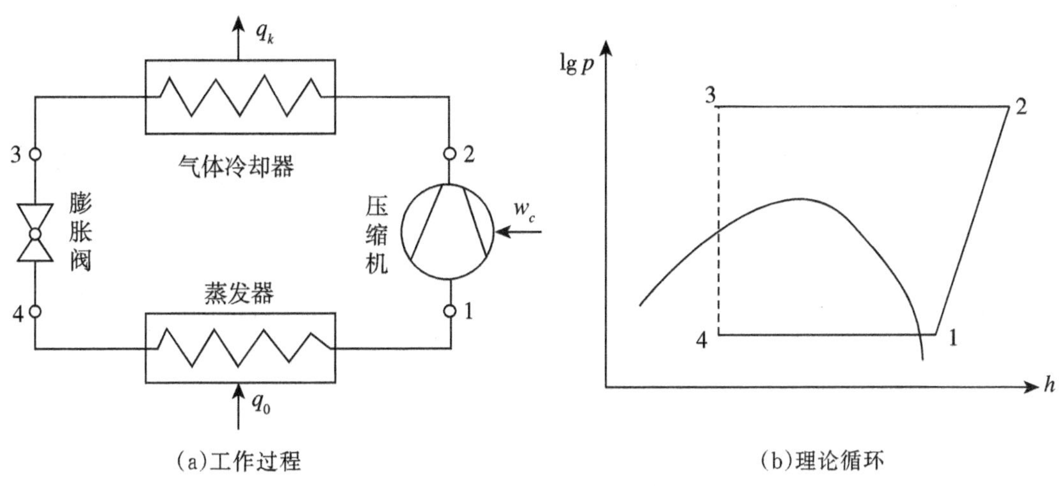

（a）工作过程　　（b）理论循环

图2-17　单级CO_2跨临界制冷循环

由于CO_2在超临界条件下具有特殊的物理性质，其流动和换热性能优良；在气体冷却器中采用逆流换热方式，不仅可减少高压侧不可逆传热损失，而且还可以获得较高的排气温度和较大的温度变化，因而跨临界制冷循环在较大温差变温热源时具有独特的优势。正因为如此，CO_2跨临界制冷循环热泵热水器不仅可以制取温度较高的热水，同时还具有良好的性能。

跨临界制冷循环的热力计算与常规亚临界制冷循环完全相同，对于图2-17(b)所示的CO_2跨临界制冷循环，根据稳定流动能量方程式可得：

蒸发器中等压吸热过程，单位质量制冷剂的制冷能力为

$$q_0 = h_1 - h_4 \text{ kJ/kg} \tag{2-25}$$

单位质量制冷剂在压缩机中被绝热压缩时，压缩机的耗功量为

$$w_0 = h_2 - h_1 \text{ kJ/kg} \tag{2-26}$$

制冷剂在气体冷却器中等压放热过程，单位质量制冷剂的冷却负荷为

$$q_k = h_2 - h_3 \text{ kJ/kg} \tag{2-27}$$

节流前后，制冷剂的比焓不变，即

$$h_3 = h_4 \text{ kJ/kg}$$

根据制冷循环的能量平衡方程有

$$w_c = q_k - q_0 \text{ kJ/kg}$$

制冷循环的理论性能系数ε_{th}

$$\varepsilon_{th}=\frac{q_0}{w_c}=\frac{h_1-h_4}{h_2-h_1} \tag{2-28}$$

在常规亚临界制冷循环中，冷凝器出口的制冷剂焓值只是温度的函数，但在跨临界循环中，温度和压力共同影响着气体冷却器出口制冷剂的焓值。在超临界压力下，CO_2无饱和状态，由于温度与压力彼此独立，改变高压侧压力将影响制冷量、压缩机耗功量以及循环的制冷系数。当蒸发温度t_0，气体冷却器出口温度t_3保持恒定时，随着高压侧压力p_2(或压缩比p_2/p_1)的升高，单位质量耗功量呈直线规律上升，而单位质量制冷量的上升幅度却有逐渐减小的趋势，二者综合作用的结果使得制冷系数ε_{th}先逐渐升高再逐渐下降，在某压力p_2下出现最大值ε_{thm}，对应于ε_{thm}的压力称之为最优高压侧压力p_{2pot}。研究表明，p_{2pot}受气体冷却器出口温度t_3的影响较大，几乎呈线性递增函数的变化规律，但蒸发温度t_0对其的影响并不明显。

根据极值存在条件和公式(2-15)，可通过求解下列方程

$$\frac{\partial\varepsilon_{th}}{\partial p_2}=\frac{-(\frac{\partial h_3}{p_2})_{t_3}(h_2-h_1)-(\frac{\partial h_2}{\partial p_2})_s(h_1-h_3)}{(h_2-h_1)^2}=0 \tag{2-29}$$

方程(2-29)可整理成如下关系式

$$-\frac{(\frac{\partial h_3}{\partial p_2})_{t_3}}{h_1-h_3}=\frac{(\frac{\partial h_2}{\partial p_2})_s}{h_2-h_1} \tag{2-29a}$$

根据状态方程和热力学关系式，原则上可以从方程(2-29a)确定不同条件下的p_{2pot}，但由于公式中温度和压力以隐式形式出现，难以直接应用，而由此整理出的半经验公式使用更为方便。当不考虑吸气过热度的影响时，P_{2pot}可以采用如下公式计算

$$p_{2pot}=(2.778-0.015t_0)t_3+(0.381t_0-9.34) \tag{2-30}$$

式中，p_{2pot}—最优高压侧压力，100kPa；

t_3—气体冷却器出口温度，℃；

t_0—蒸发温度，℃。

2.4.2 CO_2跨临界循环的改善

1.蒸气回热循环

在单级CO_2跨临界制冷循环中，来自气体冷却器的气态制冷剂经过膨胀阀时动能增大，压力下降，在此过程中产生了两部分损失：(1)由于节流过程是不可逆过程，流体吸收摩擦热产生无益汽化，降低了有效制冷量，使得单位质量制冷量减少；(2)损失了膨胀功。节流过程中不可逆损失的大小与蒸发温度t_0和气体冷却器出口(膨胀阀入口)制冷剂的温度t_3有关，

当其他条件不变时，循环的理论性能系数ε_{th}随t_3的增大而迅速下降。研究表明，CO_2跨临界制冷循环采用回热循环是减少节流损失、提高性能系数的有效途径之一。

图2-18是带有回热器的CO_2跨临界制冷循环的工作原理图。与常规亚临界循环的回热循环相似，通过回热器，利用蒸发器出口的低温低压气态CO_2使气体冷却器出口的高温高压气态CO_2得到进一步冷却，以降低膨胀阀入口CO_2的温度t_3，从而提高制冷循环的理论性能系数ε_{th}。两股流体在回热器中进行热交换，因此，由图2-18(b)可知，单位质量制冷剂的回热量为：

$$q_{re}=h_1-h_{1'}=h_{3'}-h_3 \text{ kJ/kg} \tag{2-31}$$

此时，制冷循环的理论性能系数

$$\varepsilon_{thre}=\frac{q_0}{w_c}\doteq\frac{h_{1'}-h_4}{h_2-h_1} \tag{2-32}$$

在公式(2-31)与(2-32)中，$h_{1'}$、h_1、$h_{3'}$、h_3分别表示蒸发器出口、压缩机入口、气体冷却器出口与膨胀阀入口制冷剂的比焓，kJ/kg。

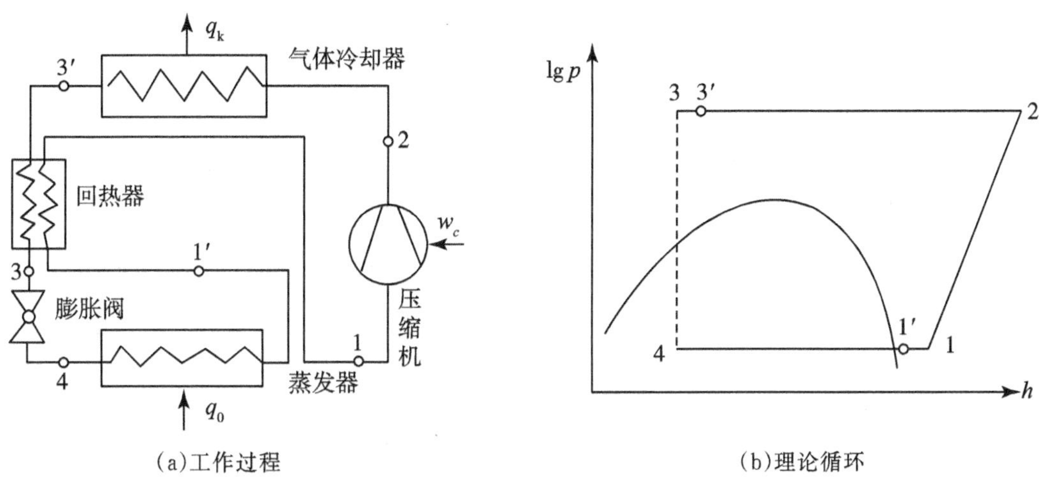

(a)工作过程　　(b)理论循环

图2-18　带回热器的CO_2跨临界制冷循环

2. 双级压缩回热循环

在CO_2跨临界制冷循环中，采用回热循环可以降低节流过程的不可逆损失，改善循环性能，但势必导致压缩机吸、排气温度升高，吸、排气压差增大，制冷剂循环量减少，压缩机的不可逆损失增大。在回热循环的基础上，采用双级压缩有利于降低压缩机排气并提高系统性能，同时有利于压缩机安全运行。

如图2-19给出了带回热器的双级压缩跨临界制冷循环工作原理图。蒸发器出口的低温气态CO_2状态点1′，经过回热器加热至状态1点后进入低压级压缩机，被压缩至状态点2′后进入第一气体冷却器，使气态CO_2定压冷却至状态点2″，再通过高压级压缩机压缩至状态点2,然后进入第二气体冷却器;高压气态CO_2在第二气体冷却器中冷却至状态点3′后进入回热器,被蒸发器出口的低温气态CO_2冷却至状态点3;状态3的气态CO_2经膨胀阀节流降压至两相区呈湿蒸气状态4,最后在蒸发器中定压吸热蒸发,直至蒸发器出口状态1′点。

值得注意的是,与双级压缩亚临界循环相比不同,由于CO_2系统的排气温度较高,故在双级压缩跨临界制冷循环中,无需中间冷却器或闪发蒸气分离器,仅通过冷却水或常温空气作为冷却介质即可实现低压级压缩机排气的充分冷却。

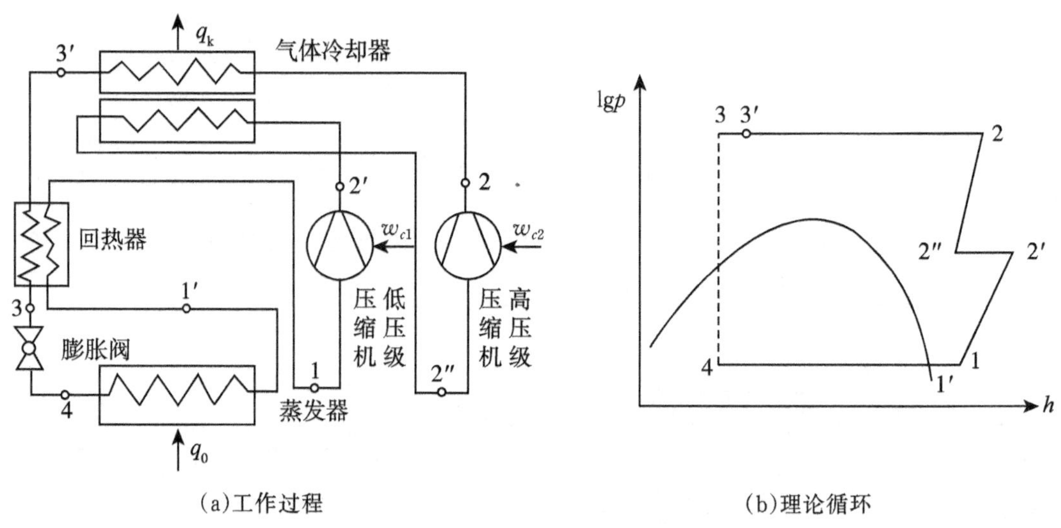

(a)工作过程 (b)理论循环

图2-19 带回热器的CO_2跨临界双级压缩制冷循环

与单级制冷循环相似,对于双级压缩CO_2跨临界制冷循环,在给定蒸发温度条件下,高压级压缩机出口仍然存在一个最优高压侧压力p_{2pot},使系统的制冷系数达到最大值ε_{thm}。此外,对于采用膨胀阀节流的双级压缩循环,过热度取15℃为宜,中间压力取吸排气压力的比例中项,即

$$p_{2'}=\sqrt{p_1 \cdot p_2} \tag{2-33}$$

3.膨胀机回收膨胀功

在典型夏季工况下,CO_2用于空调、制冷时,均采用跨临界制冷循环。分析表明双级压缩回热循环的制冷系数仅为常规制冷剂(R22、R134a)制冷循环的70%~80%,即使采用双级压缩回热循环,其ε仍然较R22、R134a系统低。为提高CO_2跨临界循环的ε值,一种思路就是利用膨胀机代替膨胀阀,回收制冷剂从高压到低压过程的膨胀功;CO_2的膨胀比较低(2~4),膨胀功的回收率较高,采用膨胀机循环更具有经济性。分析表明,带膨胀机的单级压缩CO_2跨临界循环的制冷系数可超过相同工作条件下R2和Rl34a的单级压缩循环。

图2-20(a)是采用膨胀机的单级CO_2跨临界制冷循环原理图。CO_2在膨胀过程中出现气液相变,体积变化不大,主要靠压力势能和气体相变输出膨胀功。此过程是自发过程,伴

随有压力波的传递。由于汽化核心的产生和气泡的生长有时间滞后，膨胀过程中将出现“过热液体”的亚稳态现象；当有一定过热度后，才产生足够多的汽化核心，并可能产生爆炸式闪蒸。这种汽化滞后，将导致膨胀机效率下降，甚至无轴功输出，实际过程应尽量避免这种现象，使CO_2液体在膨胀机内瞬时汽化。

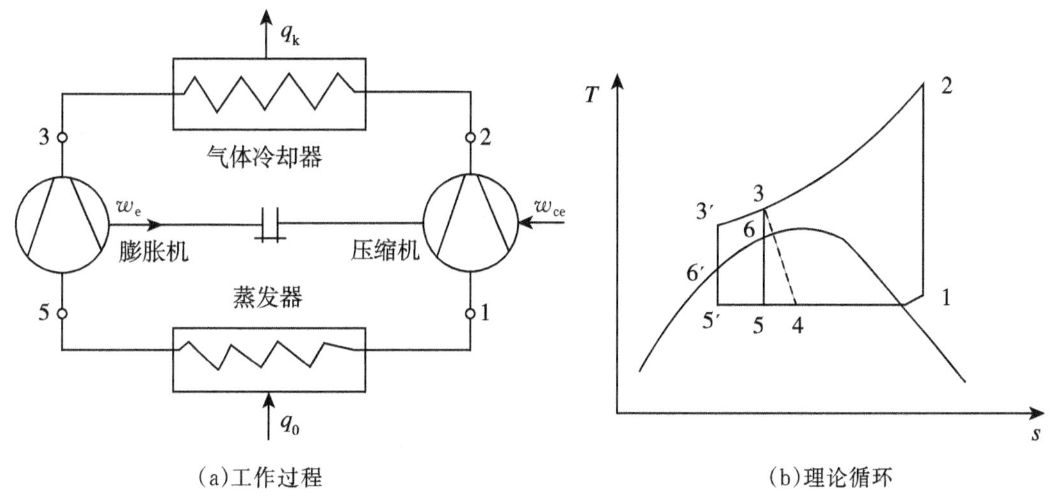

图2-20　采用膨胀机的单级CO_2跨临界制冷循环

图2-20(b)给出了膨胀机在不同入口状态下的膨胀过程温熵图。过程3→5表示膨胀机内部的等熵膨胀过程(3→4虚线表示采用膨胀阀的节流过程)，单位质量制冷剂输出的轴功等于状态3与状态5的比焓差Δh，包括比内能差$\triangle u$和比流动功差$\triangle(pv)$。CO_2输出的轴功由两部分组成：一部分是超临界流体转变为饱和液体过程中输出的轴功(3→6)，该过程没有相变，可称其为液体功。

另一部分是在膨胀过程中出现相变，由气液两相流体的容积膨胀输出的轴功(6→5)，该过程有气泡产生，可称其为相变功。这两部分的比例随着气体冷却器出口流体的状态变化而变化，随着气体冷却器出口温度t_3的降低，液体功所占的比例将增大，如图中3′→6′。在通常情况下t_3较高，输出的轴功主要是由相变功提供。

如果膨胀机的效率为0.65，压缩机的指示效率为0.9，在其他参数完全相同的条件下，分别采用上述四种循环形式：①单级压缩循环(图2-17)；②单级压缩回热循环(图2-18)；③双级压缩回热循环(图2-19)；④采用膨胀机的单级压缩循环(图2-20)时，其实际制冷系数依次提高，如图2-21所示。由此可见，采用蒸气回热、双级压缩以及用膨胀机回收膨胀功均能有效地改善跨临界制冷循环的性能，特别是采用膨胀机的双级压缩蒸气回热循环，其系统性能将得到明显改善。

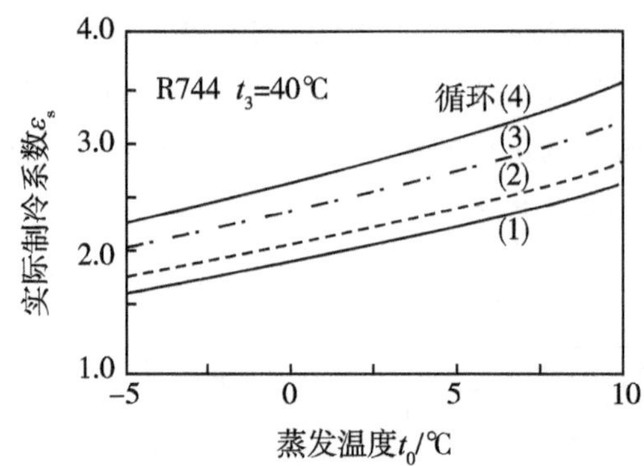

图 2-21　四种 CO_2 跨临界制冷循环的实际制冷系数随蒸发温度 t_0 的变化关系

2.5　蒸气压缩式制冷的实际循环

前面讨论了亚临界与跨临界蒸气压缩式制冷的理论循环及其性能改善途径，而理论循环与实际循环相比，忽略了以下三方面问题：

(1)在压缩机中，气体内部、气体与气缸壁之间的摩擦，气体与外部的热交换。

(2)制冷剂流经压缩机进、排气阀时的压力损失。

(3)制冷剂流经管道、冷凝器(或气体冷却器)和蒸发器等设备时，制冷剂与管壁或器壁之间的摩擦，以及与外部的热交换。

当然，离开冷凝器的液体常有一定再冷度，而离开蒸发器的蒸气有时也是过热蒸气，这也会使实际循环与理论循环存在一定差异。

下面以目前广泛应用的亚临界蒸气压缩式制冷循环的实际过程为例进行分析，以说明实际循环与理论循环的差异。

2.5.1　实际循环过程分析

在图 2-22 中，过程线 1→2→3→4→1 所组成的循环是蒸发压力为 p_0、冷凝压力为 p_k 的蒸气压缩式制冷理论循环。如果蒸发器入口制冷剂压力仍为 p_0，冷凝器出口制冷剂压力仍为 p_k。并考虑有再冷与过热，当采用活塞式制冷压缩机时，其实际循环应为 $1'\to1''\to a\to b\to c'\to c\to d\to2'\to3\to3'\to4'\to1'$。

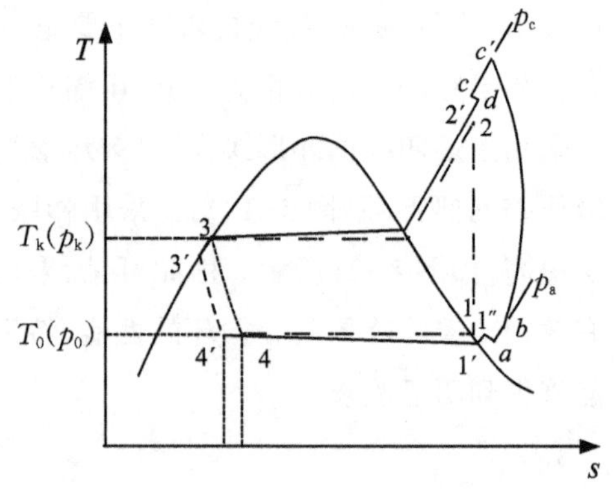

图 2-22　蒸气压缩式制冷的实际循环

(1)过程线 $1'\to1''$：来自蒸发器的低压制冷剂饱和或过热蒸气，经管道流至压缩机，由于沿途存在摩擦阻力、局部阻力以及吸收外界的热量，制冷剂压力稍有降低，温度有所升高。

(2)过程线1″→a：低压气态制冷剂通过压缩机吸气阀时被节流，压力降至p_a。

(3)过程线a→b：低压气态制冷剂进入气缸，吸收气缸热量，温度有所上升，而压力仍为p_a。

(4)过程线b→c'：这是气态制冷剂在压缩机中的实际压缩过程线；压缩初期，由于制冷剂内部以及与气缸壁之间有摩擦，而且制冷剂温度低于气缸壁温度，所以是吸热压缩过程，比熵有所增加；当制冷剂被压缩至高于气缸壁温度以后，则变为放热压缩过程，直至压力升至p_c，比熵有所减少。气缸头部冷却效果越好，制冷剂比熵减少越多，如图中c'→c过程线。

(5)过程线c→d：制冷剂经过压缩机排气阀，被节流，比焓基本不变，压力有所降低。

(6)过程线d→2′：制冷剂从压缩机经管道至冷凝器的过程，由于阻力与热交换的存在，制冷剂压力与温度均有所降低。

(7)过程线2′→3→3′：制冷剂在冷凝器中由于有摩擦和涡流存在，所以，冷凝过程并非等压过程，根据冷凝器形式的不同，其压力有不同程度的降低，出口还有一定的再冷(3→3′)。

(8)过程线3′→4′：制冷剂节流过程，温度不断降低，同时，在进入蒸发器前，将从外界吸收一些热量，比焓略有增加。

(9)过程线4′→1′：与冷凝器类似，蒸发过程也不是等压过程，随蒸发器形式的不同，压力有不同程度的降低。

2.5.2　实际循环的性能参数

从上述分析可以看出，在实际循环中，如果蒸发器入口制冷剂压力仍为p_0，冷凝器出口制冷剂压力仍为p_k时，由于冷凝器和蒸发器沿程存在阻力，与理论循环相比，平均冷凝压力将有所升高，平均蒸发压力也有所降低。图2-23是保留实际制冷循环的主要特征而抽象出的压焓图。其中，1′→2′→3→3′→4′→1′为实际循环；1→2→3→4→1则为理论循环。

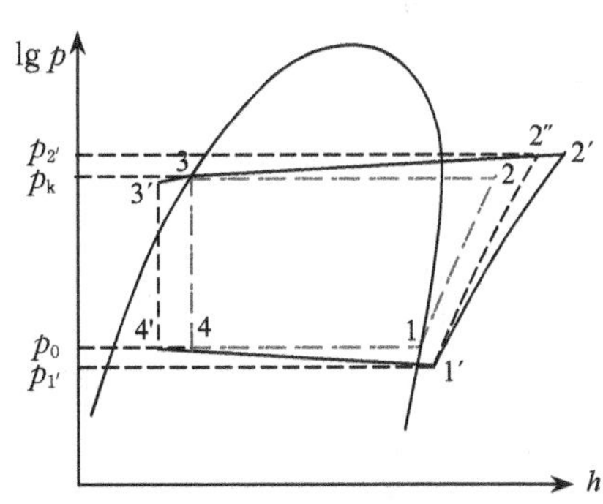

图2-23　蒸气压缩式制冷的实际lg$p$-h图

在实际制冷循环中，压缩机的压缩过程并非等熵过程(1′→2″)，而是压缩指数不断变化的多变过程的实际循环(1′→2′)。而且，由于压缩机气缸中存在余隙容积，气体经过吸、排气阀及通道会产生热量交换及流动阻力，气体通过活塞与气缸壁间隙处会产生泄漏等，这些因素都会使压缩机的输气量减少、制冷量下降，消耗功率增加，排气温度升高。

描述实际制冷循环性能的主要参数包括制冷量、输入功率和制冷系数。对于热泵循环，则应考察从冷凝器中放出的热量(冷凝负荷)和供热系数。为简化循环计算，将实际循环先

按 $1' \rightarrow 2'' \rightarrow 3'' \rightarrow 4'' \rightarrow 1'$ 的理论循环(蒸发、冷凝压力分别等于压缩机吸、排气压力,节流前的比焓值与实际循环相同)进行计算,然后再进行修正。

1.制冷量

各种损失引起压缩机输气量的减少可用容积效率 η_v 来表示,容积效率是压缩机实际输气量 V_r 与理论输气量 V_h 之比。则压缩机的实际输气量

$$V_r = \eta_v V_h \quad m^3/s \tag{2-34}$$

理论输气量 V_h 仅与压缩机的结构参数和转速有关,对于确定的压缩机而言,V_h 为定值。

在图 2-23 所示的实际循环中,制冷量为流经蒸发器的制冷剂质量流量 M_{re} 与单位质量制冷能力 q_0 的乘积,即

$$\varphi_0 = M_{re} q_0 = M_{re}(h_{1'} - h_{4''}) \quad kW \tag{2-35}$$

M_{re} 也是单级压缩制冷循环流经压缩机(或多级压缩制冷循环流经低压级压缩机)的实际输气量 V_r 下对应的制冷剂质量流量 M_{rcop},故

$$M_{re} = M_{rcop} = \frac{V_r}{v_{1'}} = \frac{\eta_v V_h}{v_{1'}} \quad kg/s \tag{2-36}$$

其中 $v_{1'}$—压缩机入口气态制冷剂的比容(也称为“吸气比容”),m^3/kg。

2.输入功率

制冷剂在等熵压缩时的理论耗功率 P_{th} 由(2-37)式给出,即

$$P_{th} = M_{rcop} w_c = M_{rcop}(h_{2''} - h_{1'}) \quad kW \tag{2-37}$$

式中 $h_{2''}$—等熵压缩的排气比焓值,kJ/kg。

在实际压缩过程中,由于存在各种损失,压缩机电动机的输入功率 P_{in} 大于理论耗率 P_{th},可表示为

$$P_{in} = \frac{P_{th}}{\eta_{el}} \quad kW \tag{2-38}$$

式中 η_{el}—压缩机的电效率,$\eta_{el} = P_{th}/P_{in}$,是压缩机的理论耗功率 P_{th} 与压缩机输出功率 P_{in} 之比,因封闭式和开启式压缩机的结构不同,压缩机输入功率 P_{in} 所包含的部分也不同。

3.冷凝负荷

制冷循环的冷凝负荷(或热泵循环的制热量)是制冷循环从冷凝器中排放的热量 φ_k。当忽略压缩机壳体和排气管等部位的热量损失时,由能量守恒可知,φ_k 应为制冷量 φ_0 与(循环中全部)压缩机提供给制冷剂的功率之和。对于单级压缩制冷循环,则

$$\varphi_k = \varphi_0 + P_{in} = \varphi_0 + P_{th}/\eta_{el} \quad kW \tag{2-39}$$

同时,φ_k 也等于流经冷凝器的制冷剂质量流量 M_{re} 与单位冷凝负荷 q_k 的乘积

$$\varphi_k = M_{re} q_k = M_{re}(h_{2'} - h_{3''}) \quad kW \tag{2-40}$$

式中，$h_{2'}$—实际压缩过程的排气比焓值，kJ/kg。

由于制冷循环形式的种类繁多，M_{re}不一定与流经蒸发器的制冷剂质量流量相等，需通过质量守恒方程确定。

4.性能系数

实际制冷与热泵循环的性能优劣常用实际制冷系数ε_s和实际供热系数μ_s来评价，它是实际制冷量或制热量与循环中所消耗的压缩机功率之比。

对于单级制冷循环而言，根据ε_s的定义和公式(2-35)、(2-37)、(2-38)，且$M_{re}=M_{rcop}$可知，其实际制冷系数ε_s为

$$\varepsilon_s=\frac{\varphi_k}{P_{in}}=\eta_{el}\frac{h_{1'}-h_{4''}}{h_{2''}-h_{1'}}=\eta_{el}\mu_{th} \tag{2-41}$$

同理，单级热泵循环的实际供热系数μ_s是热泵循环的制热量(即冷凝负荷)与压缩机的输入功率之比，$M_{re}=M_{rcop}$，故

$$\mu_s=\frac{\varphi_k}{P_{in}}=\eta_{el}\frac{h_{2'}-h_{3''}}{h_{2''}-h_{1'}}=\eta_{el}\mu_{th} \tag{2-42}$$

公式(2-41)、(2-42)中的ε_{th}和μ_{th}表示蒸发、冷凝压力分别为压缩机吸、排气压力，再冷度、过热度与实际循环相同的理论循环的制冷与供热系数。由上可知，由于实际制冷系统存在各种损失，故实际制冷系数ε_s小于理论循环制冷系数ε_{th}，实际供热系数μ_s也是如此。

2.5.3　制冷(热泵)设备的性能系数

在上述制冷或热泵循环的性能系数计算中，只计入了压缩机消耗的功率，而对于实际制冷与热泵设备而言，则应采用输入制冷设备消耗的总功率。在产品标准中，因设备种类不同，其消耗总功率所包含的耗电环节也不同，例如：房间空调器的耗电环节包括压缩机、冷凝器风扇、蒸发器风扇和控制器的总功率，而水冷式冷水机组则只包括压缩机和控制器的总功率。

在实际工程中，制冷与热泵设备的性能系数常用COP(coefficient of performance，单位：W/W)表示。制冷与制热性能系数分别用COP_c(cooling coefficient of performance)与COP_h(heating coefficient of performance)表示；但也有些产品也将COP_c称为制冷能效比，用EER(energy efficiency ratio)表示，而将COP_h记为COP，这是由于各类产品的标准体系不同所致，虽然符号不统一，但意义完全相同。

思考题与习题

2－1 蒸发器的作用是什么？

2－2 单级压缩制冷压缩机的压力比一般不应超过多少？

2－3 R22制冷机，按饱和循环进行，已知t_c=40℃，t_e=5℃，容积流量为0.15m^3/s，求制冷机制冷量、消耗功率、冷凝热量和制冷系数。

第3章 制冷剂、冷媒和热媒

制冷剂是制冷或热泵系统中完成制冷或制热循环的工作流体，又称为“制冷工质”。制冷剂的性质影响了系统的制冷、制热效果、能耗、经济性和安全性。

冷媒和热媒是传递冷量或热量的中间介质。建筑的冷媒与热媒将冷热源的冷量和热量输送并分配到各用户。冷媒、热媒的性质影响了输送系统的投资、输送能耗与运行费用。

3.1 制冷剂概述

制冷剂概述

自1834年JacobPerkins获得了采用乙醚为制冷剂的蒸气压缩式制冷装置发明专利后，人们尝试采用CO_2、NH_3、SO_2作为制冷剂；到20世纪初，一些碳氢化合物也被用作制冷剂，如乙烷、丙烷、氯甲烷、二氯乙烯、异丁烷等；直到1928年Midgley和Henne研发出最早使用的制冷剂乙醚，它的标准蒸发温度是34.5℃。用乙醚做制冷剂时，蒸发压力低于大气压力，容易让空气进入系统，引发爆炸，因而，查尔斯·泰勒(Charles Tellier)用二甲基乙醚做制冷剂，其沸点为−23.6℃，蒸发压力也远高于乙醚。1866年威德豪森(Wind Hausen)提出使用CO_2作为制冷剂。1870年，卡尔·林德(Carl linde)使用NH_3作为制冷剂，此后，NH_3在大型制冷系统中得到广泛使用。1874年，拉乌尔·皮克特使用SO_2作为制冷剂，之后，CO_2和SO_2一直作为主要的制冷剂被使用。因SO_2毒性大，CO_2在使用温度下，工作压力特别高，致使其设备笨重。1929−1930年，汤姆斯·米杰里(Thomes Midgley)首先提出使用氟利昂作为制冷剂，最早使用的是R12，氟利昂族制冷剂引起制冷技术真正的革新，人类开始从采用天然制冷剂步入采用合成制冷剂时代。20世纪50年代出现了共沸混合工质，如R502等；20世纪60年代开始研究与试用非共沸混合工质。但是，20世纪70年代发现含氯或溴的合成制冷剂对大气臭氧层有破坏作用，而且造成温室效应的程度非常严重。所以，环境保护特性是当今选用制冷剂的重要考虑因素。

3.1.1 对制冷剂的基本要求

1.热力学性质

(1)制冷效率高。不同的制冷剂具有不同的制冷效率，如R22的制冷效率就高于R134a。选用制冷效率较高的制冷剂可以提高制冷的经济性。

(2)压力适中。在饱和状态下，制冷剂的压力与温度有着对应关系。在同一温度条件下，当采用不同制冷剂时，其系统内的压力水平相差很大。表3-1给出了在空调、制冷工程中常见的制冷剂蒸发温度和冷凝温度下的饱和压力。制冷剂的压力水平通常用标准沸点来区分。

所谓标准沸点是指在标准大气压(101.3kPa)下的沸点。标准沸点高的制冷剂的压力水平低，标准沸点低的制冷剂的压力水平高。表3-1中非共沸混合制冷剂R407C在同一压力下的沸点是变化的，表中的标准沸点是指标准大气压下的泡点，饱和压力是指泡点对应的压力。

表3-1 几种制冷剂标准沸点和不同温度下的饱和压力

制冷剂	标准沸点/℃	在下列温度下的饱和压力/MPa			
		-15℃	5℃	30℃	55℃
R123	27.87	0.016	0.041	0.11	0.247
R134a	-26.16	0.164	0.243	0.77	1.491
R717	-33.3	0.237	0.517	1.169	2.31
R22	-40.76	0.296	0.584	1.192	2.174
R407C	-40.79	0.338	0.665	1.356	2.475
R23	-82.1	1.632	2.853		

制冷剂在低温侧的饱和压力最好略高于大气压力。因为蒸发压力低于大气压力时，空气易于渗入、不易排除，这不仅影响蒸发器、冷凝器的传热效果，而且增加压缩机的耗功量。同时，因制冷系统一般均采用水或空气作为冷却介质使制冷剂凝结成液态，故希望常温下制冷剂的冷凝压力也不应过高，最好不超过1.2~1.5MPa，这样可以减少制冷装置承受的压力，也可减少制冷剂向外渗漏的可能性。

(3)单位容积制冷能力大。制冷剂单位容积制冷能力越大，产生一定制冷量时，所需制冷剂的体积循环量越小，就可以减少压缩机尺寸。一般而言，制冷剂在标准大气压力下的沸点(标准沸点)越低，单位容积制冷能力越大。例如，当蒸发温度t_0=0℃，冷凝温度t_k=50℃，膨胀阀前制冷剂再冷度$\triangle t_{s\cdot c}$=0℃，吸气过热度$\triangle t_{s\cdot h}$=0℃时，常用制冷剂的单位容积制冷能力见图3-1。

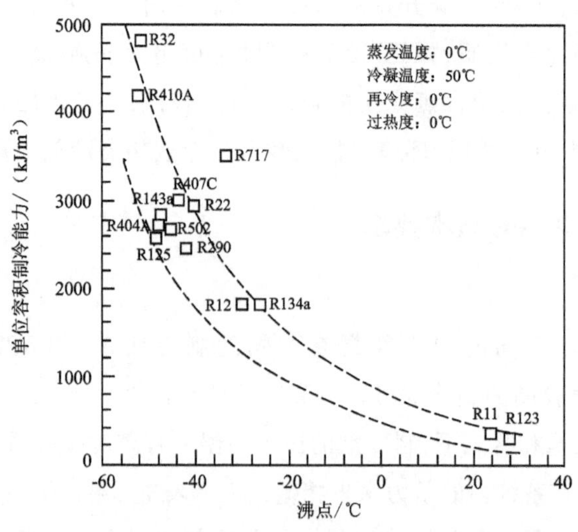

图3-1 制冷剂的单位容积制冷能力与标准沸点的关系

当然，应辩证地看问题，对于大中型制冷压缩机希望压缩机尺寸尽可能小，故要求制冷剂的单位容积制冷能力尽可能大，是合理的；但是，对于小型制冷压缩机或高速运行的离心式制冷压缩机而言，有时尺寸过小反而导致制造上的困难，要求制冷剂单位容积制冷能力小一些反而更为合理。

(4)临界温度高。临界温度是物质在临界点的温度。它是制冷剂不可以通过加压液化的最低温度。低温制冷剂的临界温度低，高温制冷剂的临界温度高。常规的蒸发制冷循环中，冷凝温度应远离临界温度。因为冷凝温度超过制冷剂的临界温度时，无法凝结；冷凝温度低于临界温度时，虽然可以凝结，但节流损失大，系统性能系数降低。

制冷剂的临界温度高，便于用一般冷却水或空气进行制冷剂的冷却、冷凝；此外，制冷循环的工作区域远离临界点，制冷循环一般越接近逆卡诺循环，节流损失越小，制冷系数较高。

当然，在一些特殊场合还需利用制冷剂临界温度较低的特点，制造满足特殊要求的产品，如采用跨临界制冷循环的CO_2热泵热水器，利用压缩机排出的高温制冷剂与冷水进行逆流换热，制取高温热水。

2.物理化学性质

(1)与润滑油的互溶性。制冷剂与润滑油相溶与否，是制冷剂一个重要特性。在制冷压缩机中，润滑油在润滑的摩擦面、密封面或传动的啮合面都会与制冷剂接触，及制冷剂与润滑油都直接接触。根据制冷剂在润滑油中的溶解性，可分为有限溶于润滑油的制冷剂和无限溶于润滑油的制冷剂。

有限溶于润滑油的制冷剂的溶解性与温度有关，当高于某一温度时，与油完全溶解，制冷剂与油溶解成均匀液体；低于某温度时，制冷剂与油只在一定含油量范围内是溶解的，超过该含油量范围，油会分离出来，像R22、R134a等制冷剂。NH_3在润滑油中的溶解度(质量百分比)一般不超过1%。如果加入较多的润滑油，则二者分为两层，一层为润滑油，另一层为含有很少润滑油的制冷剂。因此，制冷系统中需设置油分离器、集油器，再采取措施将润滑油送回压缩机。

无限溶于润滑油的制冷剂，处于再冷状态时，可与任何比例的润滑油组成溶液；在饱和状态下，溶液的浓度则与压力、温度有关，有可能转化为有限溶于润滑油的制冷剂。制冷剂与油相溶解，则溶解于制冷剂中的润滑油会随制冷剂渗透到压缩机的各部件，形成良好的润滑条件；在换热器的传热表面上不会形成妨碍传热的油膜。但是制冷剂与油溶解使润滑油黏度降低，导致润滑表面油膜太薄或形成不了油膜；制冷剂中含油较多时，引起蒸发温度升高，沸腾时泡沫多，造成满液式蒸发器的液面不稳定。在设计采用无限溶于润滑油的制冷剂的制冷系统时，需采取措施使进入制冷系统中的润滑油与制冷剂一同返回压缩机。

(2)导热系数、放热系数高。制冷剂的导热系数和放热系数要高，这样可以减小蒸发器、冷凝器等热交换设备的传热面积，缩小设备尺寸。

(3)密度、黏度小。制冷剂的密度和黏度小,可以减小制冷剂管道口径和流动阻力。

(4)相容性好。制冷剂对金属和其他材料(如橡胶,塑料等)应无腐蚀与侵蚀作用。

【例3-1】纯氨对钢铁几乎无腐蚀,对铝、铜或铜合金有轻微的腐蚀作用。但如果氨中含有水时,则对铜及铜合金(磷青铜除外)有强烈的腐蚀作用。

【例3-2】纯氟利昂几乎对所有金属(镁和含镁2%以上的铝合金除外)无腐蚀作用,但氟利昂中含有水分时,同水缓慢地反应,发生水解作用,生成酸,这种酸与油起反应,使油质劣化,生成沉淀物,同时发生对金属材料的腐蚀现象和"镀铜"现象。氟利昂设备中的密封材料和电器绝缘材料,不能使用天然橡胶、树脂化合物,而要用耐氟利昂的材料,如氯丁乙烯、氯丁橡胶、尼龙或耐氟塑料。

3.其他

制冷剂应无毒、不燃烧、不爆炸,而且易购价廉。

3.1.2 制冷剂的命名

国际上一般采用ISO标准《制冷剂—编号和安全性分类》ISO 817:2014对制冷剂进行编号和安全性分类。我国已修订的国家标准《制冷剂编号方法和安全性分类》GB/T 7778也同样采用了ISO标准。

目前使用的制冷剂有很多种,归纳起来可分四类,即氟利昂、碳氢化合物、无机化合物以及混合溶液。对制冷剂进行分类与编号的目的在于建立对各种通用制冷剂的简单表示方法,以取代使用其化学名称,要求其编号要使化合物的结构可以从制冷剂的编号推导出来,反之亦然,且不致产生模棱两可的判断。制冷剂采用技术性前缀符号和非技术性前缀符号(即成分标识前缀符号)两种方式进行编号。技术性前缀符号为"R"(制冷剂英文单词refrigeration的字头),如$CHClF_2$,用R22表示,主要应用于技术出版物、设备铭牌、样本以及使用维护说明书中;非技术性前缀符号是体现制冷剂化学成分的符号,如含有碳、氟、氯、氢,则分别用C、F、Cl、H表示,如R22用HCFC22表示,主要应用在有关臭氧层保护与制冷剂替代的非技术性、科普读物以及有关宣传类出版物中。

制冷剂的编号规则如下:

1.碳氢化合物与氟利昂

(1)饱和碳氢化合物及其氟利昂。甲烷、乙烷、丙烷等饱和碳氢化合物的化学分子式为C_mH_{2m+2},这些烷烃的卤族衍生物称为氟利昂,故氟利昂的化学分子式可表示为$C_mH_nF_xCl_yBr_z$,其原子数之间有下列关系

$$2m+2=n+x+y+z$$

该类制冷剂编号为"RXXXBX"。第一位数字为碳(C)原子数减1($m-1$),此值为0时则

省略不写；第二位数字为氢(H)原子数加1($n+1$)；第三位数字为氟(F)原子数(x)；第四位数字为溴原子个数(z)，如为零，则与字母“B”一同省略。根据上述命名规则可知：

①甲烷族卤化物为“RXX”系列，例如，一氯二氟甲烷分子式为CHF_2Cl，因为$m-1=0$，$n+1=2$，$x=2$，$z=0$，故编号为R22(或HCFC-22)，称为氟利昂22。

②乙烷族卤化物为“R1XX”系列，例如，四氟乙烷分子式为$C_2H_2F_4$，因为$m-1=1$，$n+1=3$、$x=4$，故编号为R134，称为氟利昂134。乙烷系同分异构体都具有相同的编号，但最对称的一种用编号后面不带任何字母来表示；随着同分异构体变得越来越不对称时，就应附加a、b、c等字母，如CH_2FCF_3为R134a。

③丙烷族卤化物为“R2XX”系列，例如，丙烷分子式为C_3H_8，因为$m-1=2$，$n+1=9$，$x=0$，故编号为R290。丙烷系的同分异构体都具有相同的编号，它们通过后面加上两个小写字母进行区别，其中所加的第一个字母表示中间碳原子(C2)上的取代基的类型。

(2)其他有机化合物

①环状衍生物的编号方法与饱和碳氢化合物相同，但在制冷剂的识别编号之前使用字母“C”。例如，八氟环丁烷分子式为$CF_2CF_2CF_2CF_2$，因为$m-1=3$，$n+1=1$，$x=8$，故编号RC318。

②非饱和碳氢化合物采用“RXXXX”的系列编号。其与饱和碳氢化合物编号方法相同，第一位数为非饱和碳键的个数，第二、三、四位数分别为$m-1$，$n+1$和x。例如，乙烯(C_2H_4)编号为R1150，氟乙烯(C_2H_3F)编号为R1141。

③其他各类有机化合物在“R6XX”系列中进行编号。对于带有4～8个碳原子的饱和烃类，被分配的编号应是600加碳原子数减4，直链或“正”烃没有后缀，其同分异构体则根据其不对称程度附加a、b、c等字母标示。例如，正丁烷是R600，异丁烷是R600a。

2.无机化合物

对于各种无机化合物为“R7XX”系列编号。该系列编号的最后两位数为该化合物的分子量，例如，氨(NH_3)分子量为17，故编号为R717，二氧化碳(CO_2)编号为R744。当两种或多种无机制冷剂具有相同分子量时，则用A、B、C等字母予以区别。

3.混合溶液

混合溶液又称为混合制冷剂，在400和500系列号中进行编号。

(1)对于已商业化的非共沸混合物采用“R4XX”系列编号。该系列编号的最后两位数，并无特殊含义，例如，R407C由R32/R125/R134a组成，质量百分比分别为23/25/52。

(2)对于已商业化的共沸混合物采用“R5XX”系列编号，该系列编号的最后两位数并无特殊含义，例如，R507A由质量百分比各50%的R125a和R143a组成。

3.2 制冷剂环保与安全

制冷剂环保与安全

3.2.1 环境友好性能

研究表明,含有氯原子的卤代烃制冷剂(CFC和HCFC)散发到大气的平流层后,在强烈的太阳光作用下,释放出氯原子,氯原子从臭氧(O_3)中夺取氧原子,使臭氧变化成普通氧分子,从而破坏平流层的臭氧层。臭氧层是人类及生物免受紫外线伤害的保护伞。已被证实,臭氧层损耗造成臭氧空洞,导致人类患皮肤癌、白内障增多,农产品减产,破坏水生物食物链。国际上已对此取得共识,各国签署了《关于消耗臭氧层物质的蒙特利尔议定书》(以下简称蒙特利尔议定书),规定各国分类、分期限制和停用这些物质。议定书已多次修改,加速对环境影响的制冷剂的淘汰。目前CFC已完全淘汰。根据议定书缔约国19次会议,发达国家要于2020年完成对HCFC的淘汰,但在2020—2030年间允许5%的生产量和消费量。发展中国家要在2030年完成对HCFC的淘汰,在2015年HCFC的生产量与消费量削减15%(按2009年和2010年平均生产量和消费量计);2020年削减35%;2025年削减67.5%;2030—2040年允许2.5%的生产量和消费量。制冷剂对大气臭氧层的破坏作用用臭氧消耗潜能值ODP(Ozone Depletion Potenta)作指标,它是一个相对值,采用CFC11(R11)作比较基准,规定CFC11的ODP=1.0。此外,许多制冷剂还是导致地球温室效应的物质。温室效应使全球变暖,给生态环境带来严重的威胁。为此,国际上采用全球变暖潜能值GWP(Global Warming Potential)来衡量物质减少地球向外辐射的能力,GWP以CO_2作为基准的相对指标,规定CO_2的GWP=1.0。GWP是指在一特定长时间内的累积影响,如100年、500年。表3-2给出几种制冷剂的ODP值和GWP值(100年)。从表中可以看到,一些制冷剂的GWP值相当高,是温室性气体。1997年12月,联合国气候变化框架公约缔约国第三次会议通过了《京都议定书》,将CO_2、CH_4、N_2O、HFC、PFC和SF6列为限制排放的温室气体,其中包括对臭氧层有破坏作用的HFC制冷剂。

表3-2 几种制冷剂的ODP和GWP值①

制冷剂	R11	R22	R32	R123	R134a	R152a	R407C	R507A
ODP	1.0	0.034	0	0.012	0	0	0	0
GWP	4600	1700	550	120	1300	120	1700	3900

①摘自文献[4]第五章表1和表2。

3.2.2　安全性分类与稳定性

制冷剂的毒性、燃烧性和爆炸性都是评价其安全性的重要指标，各国都规定了最低安全程度的标准，如ANSI/ASHRAE15－1992等。

1.毒性

美国工业与环境卫生专家大会用TLVs(Threshold Limit Values)指标作为制冷剂毒性标准，美国杜邦公司用AEL(Allowable Exposure Limit)指标作为毒性标准，反映了制冷剂毒性的大小，若指标超过1000，则可认为制冷剂无毒。表3-3给出了常用制冷剂TLVs值或AEL值。

表3-3　制冷剂的毒性指标

制冷剂编号	TLVs或AEL	制冷剂编号	TLVs或AEL	制冷剂编号	TLVs或AEL	制冷剂编号	TLVs或AEL
R11	1000	R123	10	R143a	1000	R600a	1000
R12	1000	R124	500	R152a	1000	R717	25
R22	1000	R125	1000	R290	1000	R718	5000
R23	1000	R134a	1000	R500	1000	R744	4000
R32	1000	R142b	1000	R502	1000		

另外，尽管有些氟利昂制冷剂的毒性较低，但在高温或火焰作用下可能会分解出极毒的光气，这在使用时要特别注意。

2.燃烧性和爆炸性

易燃的制冷剂在空气中的含量达到一定范围时，遇明火就会爆炸。因此，应尽量避免使用易燃和易爆炸的制冷剂。如必须使用时，必须要有防火防爆安全措施。易燃制冷剂的爆炸特性见表3-4，其中，None表示不燃烧，na表示未知，爆炸极限表示在空气中发生燃烧或爆炸的体积百分比，下限值越小，表示越易燃；下限值相同，则范围越宽越易燃。

表3-4　制冷剂的易燃易爆特性

制冷剂	爆炸极限体积分数/%	制冷剂	爆炸极限体积分数/%	制冷剂	爆炸极限体积分数/%	制冷剂	爆炸极限体积分数/%
R11	None	R123	None	R143a	6.0～na	R502	None
R12	None	R124	None	R152a	3.9～16.9	R600a	1.8～8.4
R22	None	R125	None	R290	2.3～7.3	R717	16.0～25.0
R23	None	R134a	None	R500	None	R718	None
R32	14～31	R142b	6.7～14.9				

3.安全分类

国际标准ISO 5149－93和美国标准ANSI/ASHRAE 34－92对制冷剂划分了6个安全等级，表3-5、表3-6给出了一些制冷剂的安全分类。

表3-5 ASHRAE 34-92以毒性和可燃性为界限的安全分类

毒性可燃性		TLVs值确定或一定的系数，制冷剂体积分数≥4X10^{-4}	TLVs值确定或一定的系数，制冷剂体积分数＜4X10^{-4}
无火焰传播	不燃	A1	B1
制冷剂LFL＞0.1kg/m^3，燃烧热＜19000kJ/kg	低度可燃性	A2	B2
制冷剂LFL≤0.1kg/m，燃烧热≥19000kJ/kg	高度可燃性	A3	B3
		低毒性	高毒性

注：LFL为燃烧下限，即在指定的实验条件下，能够在制冷剂和空气组成的均匀混合物中传播火焰的制冷剂最小浓度(单位为kg/m^3)。

表3-6 一些制冷剂的安全分类

制冷剂	安全分类	制冷剂	安全分类	制冷剂	安全分类	制冷剂	安全分类
R11	A1	R123	B1	R143a	A2	R502	A1
R12	A1	R124	A1	R152a	A2	R600a	A3
R22	A1	R125	A1	R290	A3	R717	B2
R23	A1	R134a	A1	R500	A1	R718	A1
R32	A2	R142b	A2				

4.热稳定性

通常，制冷剂因受热而发生化学分解的温度远高于其工作温度，因此在正常运转条件下制冷剂是不会发生分解的。但在温度较高又有油、钢铁、铜存在时，长时间使用会发生变质甚至热解。如，当温度超过250℃时，氨就会分解成氮和氢；R12在与铁、铜等金属接触时，在410～430℃时会分解，并生成氢、氟和极毒的光气。R22在与铁相接触时，达到550℃并开始分解。

3.3 常用制冷剂

常用制冷剂

制冷剂的标准沸点是绝对压力为1个大气压时的沸点，它与其分子组成、临界温度等有关。在给定蒸发温度和冷凝温度条件下，各种制冷剂的蒸发压力、冷凝压力和单位容积制冷能力q，与其标准沸点之间存在一定关系，即一般标准沸点越低，蒸发压力、冷凝压力越高，单位容积制冷能力越大，见图3-1和表3-1。标准沸点越低的制冷剂在常温下的饱和压力越高，反之亦然，故可根据标准沸点的高低，将制冷剂分为三类：

(1)高温制冷剂：标准沸点大于0℃时的制冷剂，由于其在常温下的饱和压力低，故也称之为低压制冷剂；

(2)中温制冷剂：标准沸点不低于-60℃且不高于0℃的制冷剂，也称为中压制冷剂；

(3)低温制冷剂：标准沸点低于-60℃的制冷剂，也称为高压制冷剂。

在空气调节用制冷设备中，通常采用中温和高温制冷剂。表3-7给出几种常用制冷剂的热力性质。一些常用制冷剂的详细物性参数参见表3-8。

表3-7(a) 低温、中温与高温制冷剂

编号	化学式	标准沸点/℃	绝对压力/MPa		q_v/(kJ/m³)	压缩比	制冷系数	排气温度/℃
			-15℃	30℃				
R744	CO_2	-78.40	2.291	7.208	15429.9	3.15	2.96	70
R125	C_2HF_5	-48.57	0.536	1.570	2227.4	3.93	3.68	42
R502	R22/115	-45.40	0.349	1.319	2087.8	3.78	4.43	37
R290	C_3H_8	-42.09	0.291	1.077	1815.1	3.71	4.74	47
R22	$CHClF_2$	-40.76	0.296	1.192	2099.0	4.03	4.75	53
R717	NH_3	-33.30	0.236	1.164	2158.7	4.94	4.84	98
R12	CCl_2F_2	-29.79	0.183	0.754	1275.5	4.07	4.69	38
R134a	CF_3CH_2F	-26.16	0.160	0.770	1231.3	4.81	4.42	43
R124	$CHClFCF_3$	-13.19	0.090	0.440	695.0	4.89	4.47	28
R600a	C_4H_{10}	-11.73	0.089	0.407	652.4	4.60	4.55	45
R600	C_4H_{10}	-0.50	0.056	0.283	439.7	5.05	4.68	45
R11	CCl_3F	23.82	0.020	0.126	204.5	6.24	5.09	40
R123	$CHCl_2CF_3$	27.87	0.016	0.110	160.7	5.50	4.36	28
R718	H_2O	100.00						

注：蒸发温度-15℃，无过热，冷凝温度30℃，无再冷。

表3-7(b) 低温、中温与高温制冷剂

编号	化学式	分子量	凝固温度/℃	临界温度/℃	标准沸点/℃	饱和压力/MPa		q_v/(kJ/m³)
						4℃	46℃	
R14	CF_4	88.01	-184.9	-45.7	-127.90			
R23	CHF_3	70.02	-155	25.6	-82.10	2.7815		
R13	$CClF_3$	104.47	-181	28.8	-81.40	2.179		
R744	CO_2	44.01	-56.6	31.1	-78.40	3.8686		

续表

编号	化学式	分子量	凝固温度/℃	临界温度/℃	标准沸点/℃	饱和压力/MPa		q_v/(kJ/m³)
						4℃	46℃	
R32	CH_2F_2	52.02	−136	78.4	−51.80	0.92214	2.8620	5746.1
R125	C_2HF_5	120.03	−103.15	66.3	−48.57	0.76098	2.3168	3393.3
R502	R22/115	111.63		82.2	−45.40	0.64786	1.9231	3377.9
R290	C_3H_8	44.10	−187.7	96.7	−42.09	0.53498	1.5687	2946.9
R22	$CHClF_2$	86.48	−160	96.0	−40.76	0.56622	1.7709	3577.3
R717	NH_3	17.03	−77.7	133.0	−33.30	0.49749	1.8308	4154.1
R12	CCl_2F_2	120.93	−158	112.0	−29.79	0.35082	1.1085	2208.3
R134a	CF_3CH_2F	102.03	−96.60	101.1	−26.16	0.33755	1.1901	2243.9
R152a	CHF_2CH_3	66.15	−117	113.5	−25.00	0.30425	1.0646	2170.8
R124	$CHClFCF_3$	136.47	−199.15	122.5	−13.19	0.18948	0.6994	1325.5
R600a	C_4H_{10}	58.13	−160	135.0	−11.73	0.17994	0.6195	1201.7
R764	SO_2	64.07	−75.5	157.5	−10.00			
R142b	$CClF_2CH_3$	100.50	−131	137.1	−9.80	0.16930	0.6182	1270.4
R600	C_4H_{10}	58.13	−138.5	152.0	−0.50	0.12003	0.4469	884.4
R123	$CHCl_2CF_3$	152.93	−107.15	183.79	27.87	0.03912	0.1876	364.4
R718	H_2O	18.02	0	373.99	100.00	0.00081	0.0103	14.7

注：蒸发温度4℃，无过热，冷凝温度46℃，无再冷。

表3-8 常用制冷剂的热力性质

制冷剂	类别	无机物	卤代烃(氟利昂)				非共沸混合溶液	
	编号	R717	R123	R134a	R22	R32	R407C	R410A
化学式		NH_3	$CHCl_2CF_3$	CF_3CH_2F	$CHClF_2$	CH_2F_2	R32/125/134a (23/25/52)	R32/125 (50/50)
分子量		17.03	152.93	102.03	86.48	52.02	95.03	
标准沸点(℃)		−33.3	27.87	−26.16	−40.76	−51.8	泡点：−43.77 露点：−36.70	泡点：−51.56 露点：−51.50
凝固点(℃)		−77.7	−107.15	−96.6	−160.0	−136.0	−	−
临界温度(℃)		133.0	183.76	101.1	96.0	78.4	−	−
临界压力(MPa)		11.417	3.674	4.067	4.974	5.830	−	−
密度	30℃液体(kg/m³)	595.4	1450.5	1187.2	1170.7	938.9	泡点：1115.40	泡点：1034.5
	0℃饱和度(kg/m³)	3.4567	2.2496	14.4196	21.26	21.96	泡点：24.15	泡点：30.481

续表

制冷剂	类别	无机物	卤代烃(氟利昂)				非共沸混合溶液	
	编号	R717	R123	R134a	R22	R32	R407C	R410A
比热	30℃液体[kJ/(kg·℃]	4.843	1.009	1.447	1.282	–	泡点:1.564	泡点:1.751
	0℃饱和气[kJ/(kg·℃]	2.660	0.667	0.883	0.744	1.121	泡点:0.9559	泡点:1.0124
0℃饱和气绝热指数(c_p/c_y)		1.400	1.104	1.178	1.294	1.753	泡点:1.2526	泡点:1.361
0℃比潜热/kJ/kg		1261.81	179.75	198.68	204.87	316.77	泡点:212.15	泡点:221.80
导热系数	0℃液体[W/(m·K)]	0.1758	0.0839	0.0934	0.0962	0.1474	–	–
	0℃饱和气[W/(m·K)]	0.00909	–	0.01179	0.0095	–	–	–
黏度$\times10^3$	0℃液体(Pa·s)	0.5202	0.5696	0.2874	0.2101	0.1932	–	–
	0℃饱和气(Pa·s)	0.02184	–	0.01094	0.01180	–	–	–
23℃相对绝缘强度(以氮为1)		0.83	–	–	1.3	–	–	–
安全级别		B2L	B1	A1	A1	A2L	A1/A1	A1/A1

1.氟利昂

氟利昂是饱和碳氢化合物卤族衍生物的总称，是20世纪30年代出现的一类合成制冷剂，它的出现解决了对制冷剂有各种要求的问题。

氟利昂主要有甲烷族、乙烷族和丙烷族三组，其中氢、氟、氯的原子数对其性质影响很大。氢原子数减少，可燃性也减少；氟原子数越多，对人体越无害，对金属腐蚀性越小；氯原子数多，可提高制冷剂的沸点，但是，氯原子越多对大气臭氧层破坏作用越严重。

大多数氟利昂本身无毒、无臭、不燃、与空气混合遇火也不爆炸，因此，适用于公共建筑或实验室的空调制冷装置。

氟利昂的放热系数低，价格较高，极易渗漏，又不易被发现，而且氟利昂的吸水性较差，为了避免发生“镀铜”和“冰塞”现象，系统中应装有干燥器。此外，卤化物暴露在热的铜表面，则产生很亮的绿色，故可用卤素喷灯检漏。

另外，由于对臭氧层的影响不同，根据氢、氟、氯组成情况可将氟利昂分为全卤化氯氟烃(CFCs)、不完全卤化氯氟烃(HCFCs)和不完全卤化氟烃化合物(HFCs)三类。其中全卤化氯氟烃(CFCs)，如R11、R12等，对大气臭氧层破坏严重，自1987年《蒙特利尔议定书》及其修订案执行以来，CFCs淘汰进程已基本结束；不完全卤化氯氟烃（HCFCs），如R22、R123等，由于氢、氯共存，氯原子对大气臭氧层的破坏作用虽有所减缓，但目前全球也进入了HCFCs加速淘汰阶段；不完全卤化氟烃化合物（HFCs），如R125、R134a由于不含氯原子，对大气臭氧层无破坏作用，但由于其GWP较大，1997年的《京都议定书》已将HFCs定为需限制排放的温室气体范围。因此，制冷剂的替代问题已成为当今全球共同面临的难题，需要世界科技工作者付出艰苦卓绝的努力。

(1)R22（或HCFC-22）。R22化学性质稳定、无毒、无腐蚀、无刺激性，并且不可燃，广泛用于空调用制冷装置，目前，房间空调器和单元式空调机仍较多采用此种制冷剂，它也可满足一些需要-15℃以下较低蒸发温度的场合。

R22是一种良好的有机溶剂，易于溶解天然橡胶和树脂材料；虽然对一般高分子化合物几乎没有溶解作用，但能使其变软、膨胀和起泡，故制冷压缩机的密封材料和采用制冷剂冷却的电动机的电器绝缘材料，应采用耐腐蚀的氯丁橡胶、尼龙和氟塑料等。另外，R22在温度较低时与润滑油有限溶解，且比油重，故需采取专门的回油措施。由于R22属于HCFC类制冷剂，对大气臭氧层仍有破坏作用，其ODP=0.034，GWP=1760，我国将在2030年完全淘汰R22。

(2)R134a（或HFC-134a）。R134a的热工性能接近于R12（CFC-12），ODP=0，GWP=1600。R134a液体和气体的导热系数明显高于R12，在冷凝器和蒸发器中的传热系数比R12分别高35%～40%和25%～35%。

R134a是低毒不燃制冷剂，它与矿物油不相溶，但能完全溶解于多元醇酯（POE）类合成油；R134a的化学稳定性很好，但吸水性强，只要有少量水分存在，在润滑油等因素的作用下，将会产生酸、CO或CO_2，对金属产生腐蚀作用或产生“镀铜”现象，因此，R134a对系统的干燥和清洁性要求更高，且必须采用与之相容的干燥剂。

(3)R32（或HFC-32）。制冷剂R32的分子式为CH_2F_2，无毒，ODP=0，GWP较小（为705），工作压力与R410A相近，制冷剂充注量小，热工性能优良，价格便宜，虽然具有轻微的可燃性（A2类），但其综合的优良性质，仍被业内认为是中、小容量空调用制冷设备的可行替代制冷剂。

(4)R123（或HCFC-123）。R123沸点为27.87℃，ODP=0.02，GWP=93，目前是一种较好的替代R11（CFC-11）的制冷剂，用于离心式制冷机。但是，R123具有一定毒性，安全级别列为B1。

2.碳氢化合物

R290（或HC-290）就是丙烷，是一种可以从液化气中直接获得的天然制冷剂，其ODP=0，GWP=20。R290与R22的标准沸点、凝固点、临界点等基本物理性质非常接近，且与铜、钢、铸铁、润滑油等均具有良好的相容性，具备替代R22的基本条件。在饱和液态时，R290的密度比R22小，因此相同容积下R290的充注量更小；另外，R290的汽化潜热大约是R22的2倍左右，故采用R290的制冷系统制冷剂循环量更小。

R290虽然具有上述优势，但其“易燃易爆”（安全级别为A3）的缺点是限制推广应用的最大阻碍。R290与空气混合能形成爆炸性混合物，遇热源和明火有燃烧爆炸的危险。提高R290制冷系统安全性的主要手段包括减小充注量、隔绝火源、防止制冷剂泄漏及提高泄漏后的安全防控能力。

3.无机化合物

（1）氨（R717）。氨（NH_3）除了毒性大以外，是一种很好的天然制冷剂，从19世纪70年代至今一直被广泛使用。氨的最大优点是单位容积制冷能力大，蒸发压力和冷凝压力适中，制冷效率高，而且，ODP和GWP均为0；氨的最大缺点是有强烈刺激作用，对人体有危害，目前规定氨在空气中的浓度不应超过20mg/m^3，氨是可燃物，空气中氨的体积百分比达16%～25%时，遇明火有爆炸危险。氨的吸水性强，但要求液氨中含水量不得超过0.12%，以保证系统的制冷能力。氨几乎不溶于润滑油。氨对黑色金属无腐蚀作用，若氨中含有水分时，对铜和铜合金（磷青铜除外）有腐蚀作用。但是，氨价廉，在一般生产企业中采用较多。R717蒸气热力性质见附录3、6，压焓图见附录9。

（2）二氧化碳（R744）。二氧化碳是地球生物圈的组成物质之一，它无毒、无臭、无污染、不爆、不燃、无腐蚀，ODP=0，GWP=1。除了对环境方面的友好性外，它还具有优良的热物性质。如：CO_2的容积制冷能力是R22的5倍，高的容积制冷能力使压缩机进一步小型化；它的黏度较低，在-40℃下其液体黏度是5℃水的1/8，即使在相对较低的流速下，也可以形成湍流流动，有很好的传热性能；采用CO_2的制冷循环具有较小的压缩比，可以提高绝热效率。此外，CO_2来源广泛、价格低廉，并与目前常用材料具有良好的相容性。基于CO_2用作制冷剂的上述优点，研究人员在不断尝试将其应用于各种制冷、空调和热泵系统中。但是由于CO_2的临界温度较低，仅为31.1℃，故当冷却介质为冷却水或室外空气时，制取普通低温的制冷循环一般为跨临界循环，只有当冷凝温度低于30℃时，CO_2才可能采用与常规制冷剂相似的亚临界循环。由于CO_2的临界压力很高，为7.375MPa，处于跨临界或亚临界的制冷循环，系统内的工作压力都非常高，因此对压缩机、换热器等部件的机械强度有较高的要求。

4.混合溶液

采用混合溶液作为制冷剂颇受重视。但是，对于二元混合溶液来说，由于其物性自由度为2，所以要知道两个参数才能确定混合溶液的状态，一般选择温度-浓度、压力-浓度、焓-浓度等参数组合，绘制相应的相平衡图，以供使用。二元混合溶液的特性可从相平衡图中明显看出，如图3-2给出在某压力下A、B两组分的温度-浓度图。图中实曲线为饱和液线，虚曲线为饱和蒸气线，两条曲线将图分为三区，实线下方为液相区，虚线上方为过热蒸气区，两条曲线之间为湿蒸气区。图中表达了二元混合溶液的三个特性：（1）湿蒸气区D在给定压力下，二元溶液的沸腾温度介于两个纯组分蒸发温度之间，即 T_A，T_B之间；(2)在给定压力下，蒸发过程或冷凝过程的蒸发温度或冷凝温度并非定值，如图中1，2两点，其中1点为某组分比情况下开始蒸发的温度，称为泡点；2点为该组分比情况下开始冷凝的温度，称为露点；露点和泡点之差，称为温度滑移(temperature glide)，蒸发或冷凝过程温度在此两点之间变化；(3)在给定压力下，湿蒸气区气相与液相组分浓度不同，如3′、3″点，沸点低的组分，蒸气分压力高，气相浓度也高，但是，溶液的总质量和平均浓度不变，即

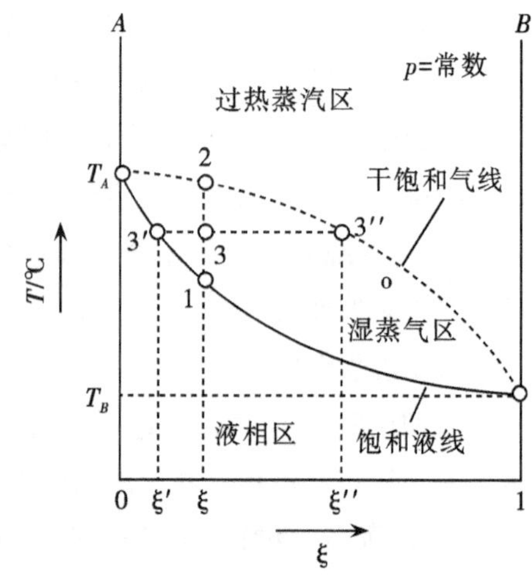

图3-2　二元混合溶液的温度-浓度图

$$m = m' + m'' \tag{3-3}$$

$$m\xi = m'\xi' + m''\xi'' \tag{3-4}$$

其中，m'表示液相质量，m''表示气相质量，ξ'表示液相浓度，ξ''表示气相浓度。理想液体二元混合溶液此特性特别明显，由于在等压下不存在单一的蒸发温度，故称为非共沸混合溶液。当非共沸混合溶液的饱和液线与饱和蒸气线非常接近时，其定压相变时的温度滑移很小(通常认为泡、露点温度差小于1℃)，可视为近似等温过程，故将这类混合溶液叫做近共沸混合制冷剂(Near Zeotropic Mixture Refrigerant)。近共沸混合制冷剂在泄漏后及再充注时，只要注意液相充注，其成分的微小变化不会较大地影响机组性能。但是，也有一些真实溶液有一种完全不同的特性，如图3-3和图3-4所示。图3-3给出具有最低沸点共沸溶液的温度—浓度图，图3-4给出具有最高沸点的共沸溶液的温度—浓度图。

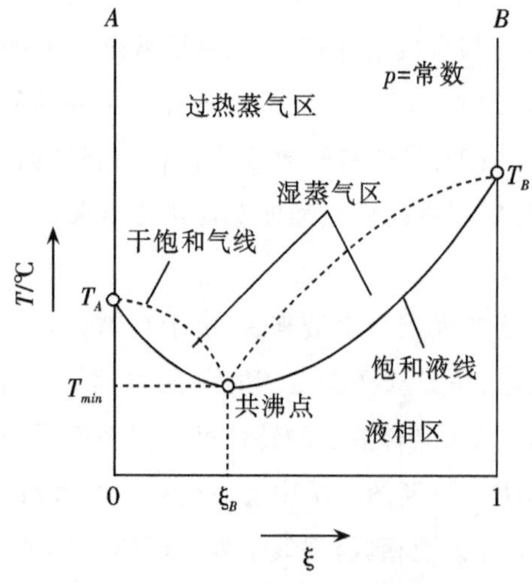

图3-3　具有最低沸点的共沸溶液

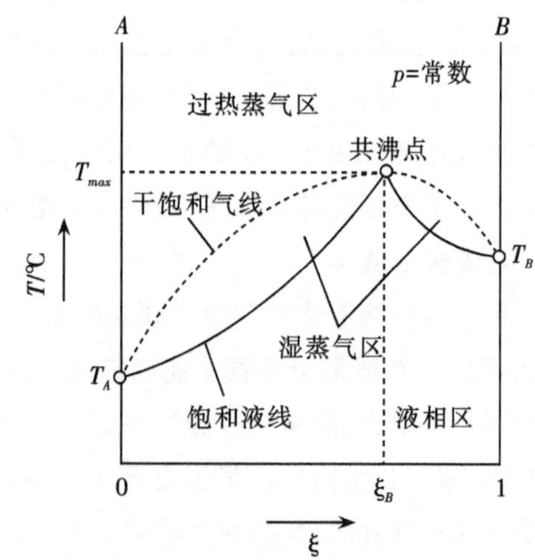

图3-4　具有最高沸点的共沸溶液

当溶液具有最低沸点或最高沸点的浓度时，在给定压力下其蒸发温度或冷凝温度为定值，故称为共沸混合制冷剂，它像纯组分一样具有稳定的热物理性质。例如，R502就是由质量百分比为48.8%的R22和51.2%的R115组成的具有最低沸点的二元混合工质。与R22相比，压力稍高，在较低温度下单位质量制冷能力约提高13%。此外，在相同的蒸发温度和冷凝温度条件下，压缩比较小，压缩后的排气温度较低，因此，采用单级压缩式制冷时，蒸发温度可达－55℃左右。

1.R407C

R407C是由质量百分比为23%的R32、25%的R125和52%的R134a组成的三元非共沸混合工质。其ODP＝0，GWP＝1624.2，标准沸点为-43.77℃，温度滑移较大，为4～6℃。与R22相比，蒸发温度约高10%，制冷量略有下降，且传热性能稍差，制冷效率约下降5%；此外，由于R407C温度滑移较大，应改进蒸发器和冷凝器的设计。目前，R407C作为R22的替代制冷剂，已用于房间空调器、单元空调器以及小型冷水机组中。

2.R410A

R410A是由质量百分比各50%的R32和R125组成的二元近共沸混合工质。其ODP＝0，GWP＝1924，标准沸点为-51.56(泡点)℃，-51.5(露点)℃，温度滑移仅0.1℃左右。

与R22相比，系统压力为其1.5～1.6倍，制冷量大40%～50%；R410A具有良好的传热特性和流动特性，制冷效率较高，目前是房间空调器、多联式空调机组等小型空调装置的替代制冷剂。制冷剂一般装在专用的钢瓶中，钢瓶应定期进行耐压试验。装存不同制冷剂的钢瓶不要互相调换使用，也切勿将存有制冷剂的钢瓶置于阳光下暴晒或靠近高温处，以免引起爆炸。一般氨瓶漆成黄色，氟利昂瓶漆成银灰色，并在钢瓶表面标有装存制冷剂的名称。

3.4　冷媒和热媒

冷媒和热媒

冷源、热源制取的冷量和热量经常要通过中间介质输送并分配到建筑各用冷和用热的场所，这种用于传递冷量和热量的中间介质称为冷媒和热媒。冷媒又称载冷剂。下面介绍几种常用的冷媒和热媒的性质。

3.4.1　水

水是一种优良的冷媒和热媒。在建筑的空调系统中，经常用水作中间介质，在夏季传递冷量，作为冷媒，也称冷水或冷冻水；在冬季传递热量。当水作为冷媒时，称为冷水(又称冷冻水)，作为热媒时称为热水。水的比热大，传递一定能量所需的循环流量小，管路的管径、泵的尺寸小；黏度小，管路流动阻力小，输送能耗低；水无毒、无燃烧爆炸危险；化学稳定性好，价格低廉。但它的冰点为0℃，只能用于0℃以上的场合。

3.4.2 乙二醇、丙二醇水溶液

在冰蓄冷空调系统中，要求冷媒的温度在0℃以下；低位热源温度可能低于0℃的热泵系统(如太阳能热泵、土壤源热泵等)，也要求冷媒温度在0℃以下工作；许多工业用途的制冷系统(如食品冷加工)也可能要求冷媒在0℃以下工作。有机溶液是适用于0℃以下工作的一类冷媒，如乙二醇($CH_2OH·CH_2OH$)、丙二醇($CH_2OH·CHOH·CH_3$)水溶液。除了黏度外，两者的物理性质(密度、比热、导热系数)都相近。表3-9列出了两种溶液不同浓度下的凝固点；表3-10为两种溶液的部分物理性质。乙二醇水溶液的浓度大于60%时，随着浓度的增加，凝固点将逐渐增加。丙二醇水溶液的浓度大于60%时，没有凝固点，随着温度的降低，将成为黏度非常高的无定形的玻璃体。当浓度小于60%时，这两种溶液冷却到凝固点时，就析出冰：浓度大于60%时，当达到凝固点时析出乙二醇或丙二醇。

表3-9 乙二醇水溶液和丙二醇水溶液的凝固点[①]

质量浓度(%)	10	15	20	22	24	26	28	30	35
乙二醇水溶液	-3.2	-5.4	-7.8	-8.9	-10.2	-11.4	-12.7	-14.1	-17.9
丙二醇水溶液	-3.3	-5.1	-7.1	-8	-9.1	-10.2	-11.4	-12.7	-16.4

①摘自文献[10]第21章表4和表5

乙二醇和丙二醇水溶液都是无色、无味、无电解性、无燃烧性、化学性质稳定的溶液。由于丙二醇的黏度比乙二醇大得多(见表3-10)，故一般都用乙二醇水溶液作冷媒。但乙二醇略有毒性，而丙二醇无毒，因此，在人有可能直接接触到水溶液或食品加工等场所宜选用丙二醇水溶液作冷媒。

纯乙二醇和丙二醇对一般金属的腐蚀性小于水，但是它们的水溶液呈现腐蚀性，且随着使用而增加。未经防腐处理的乙二醇和丙二醇水溶液在使用过程中氧化而产生酸性物质。因此，可以在溶液中添加碱性缓蚀剂，如硼砂，使溶液呈碱性。乙二醇水溶液使用的最低温度不宜低于－23℃，丙二醇溶液不宜低于－18℃。太低的使用温度，溶液的黏度增加，例如40%的乙二醇水溶液，－20℃时的黏度约为－5℃时的2倍多，从而导致冷媒输送能耗增加，换热器传热系数下降。乙二醇水溶液浓度通常选择可以使其凝固温度比其最低使用温度低3℃。

表3-10 乙二醇溶液和丙二醇溶液的物性[①②]

质量浓度/%	温度/℃	密度/(kg/m³)	比热/(kJ/(kg·℃))	导热系数/(W/(m·℃))	黏度/(mPa·s)
10	5	$\frac{1017.57}{1012.61}$	$\frac{3.946}{4.050}$	$\frac{0.520}{0.510}$	$\frac{1.79}{2.23}$

续表

质量浓度/%	温度/℃	密度/(kg/m³)	比热/(kJ/(kg·℃))	导热系数/(W/(m·℃))	黏度/(mPa·s)
10	0	1018.73/1013.85	3.937/4.042	0.511/0.510	2.08/2.68
20	0	1035.67/1025.84	3.769/3.929	0.468/0.464	3.02/4.05
	−5	1036.85/1027.24	3.757/3.918	0.460/0.456	3.65/4.98
30	−5	1053.11/1037.89	3.574/3.779	0.422/0.416	5.03/9.08
	−10	1054.31/1039.42	3.560/3.765	0.415/0.410	6.19/11.87

①表中分子为乙二醇水溶液的物性，分母为丙二醇水溶液的物性。

②摘自文献[10]第21章表6～13。

3.4.3 盐水溶液

常用的盐水溶液有氯化钙($CaCl_2$)水溶液和氯化钠(NaCl)水溶液。前者使用温度可达－50℃，而后者使用温度宜在－16℃以上。氯化钙、氯化钠水溶液的物性与乙二醇水溶液相接近，价格便宜，但对金属有强烈的腐蚀作用，在空调中很少用它们作冷媒。有关氯化钙、氯化钠水溶液的凝固点、物性及防腐措施可见参考文献。

3.4.4 蒸 气

蒸气是一种常见的热媒，尤其是在工业建筑中用得很多。在建筑中应用的蒸气按压力可分为高压蒸气(表压＞70kPa)和低压蒸气(表压≤70kPa)。

蒸气作热媒的优点是：蒸气依靠自身的压力流动，无需设置如水泵的流体输送设备；蒸气的密度很小，即使用于高层建筑中也不会造成超压；蒸气系统中的部件、管件的维修或更换，只需关闭相应阀门即可，而无排水、再充水等麻烦；蒸气是利用潜热传递热量，传递同样的热量，蒸气(表压100kPa)的质量流量仅为热水(送、回水温差10～20℃)流量的1/53～1/26。因此，凝结水系统的管径比较小；然而蒸气的密度小，体积流量比热水系统大很多，蒸气(表压100kPa)的体积流量是热水(温差10～20℃)体积流量的22～43倍。由于蒸气管内流速很高，因此蒸气管路的管径并不比热水系统管径大。

蒸气作热媒的缺点是：蒸气在输运过程中管路散热导致沿途产生凝结水，落在管底的凝结水也可能被高速流动的蒸气所掀起，形成“水塞”，并随蒸气高速流动；凝结水在流动过程中因压力下降，沸点降低，部分凝水重新汽化，形成“二次蒸气”，以两相流的状态在管内流动，加大系统设计、运行管理的难度；系统停止运行时，空气会侵入管路系统；对于间歇运行的系统，管路进入空气容易产生氧腐蚀。

思考题与习题

3-1 何谓标准沸点？标准沸点高的制冷剂宜用在什么场合？

3-2 制冷系统单位容积制冷量对制冷装置有何影响？离心式压缩机宜用单位容积制冷量大一些的制冷剂，还是单位容积制冷量小一些的制冷剂？

3-3 制冷系统的排气温度过高有什么害处？

3-4 试比较在同一工况下R123、R134a、R22、R717的单位容积制冷量、排气温度和循环效率的大小。

3-5 制冷系统与润滑油是否溶解的性质各有什么优缺点？

3-6 制冷系统的“冰塞”是什么原因产生的？如何防止？

3-7 为什么要禁用CFC和HCFC制冷剂？用HFC取代这两类制冷剂是最佳选择吗？

3-8 水作为冷媒或热媒有什么优缺点？

3-9 “乙二醇水溶液的浓度越大，凝固点越低”这种说法对吗？

3-10 一热泵系统，冬季运行时，蒸发器出口冷媒最低温度为-6℃，若冷媒为乙二醇水溶液需8m^3，问浓度多大为宜?需要多少kg乙二醇？

第4章　制冷压缩机

制冷压缩机是蒸气压缩式制冷装置的一个重要设备。制冷压缩机的形式很多，根据工作原理的不同，可分为两大类：容积式制冷压缩机和离心式制冷压缩机，参见表4-1。依靠工作腔容积的变化来实现对制冷剂蒸气压缩的压缩机，称为容积式压缩机，容积式制冷压缩机有往复式压缩机和回转式压缩机。

表4-1　制冷压缩机的分类

<table>
<tr><th colspan="3">分类</th><th>结构简图</th><th>密封类型</th><th>输入功率/kW</th><th>主要用途</th><th>主要特征</th></tr>
<tr><td rowspan="8">容积式</td><td rowspan="4">往复活塞式</td><td rowspan="3">曲柄连杆式</td><td rowspan="3"></td><td>开启式</td><td>0.4~120</td><td>石油化工领域、大型空调系统及冷库等</td><td rowspan="3">(1)工况适用范围广泛，易实现高压比；
(2)制冷量覆盖范围大；
(3)结构简单、对加工材料和工艺要求低、但零件多且复杂，易损件较多；
(4)转速受限制、输气不连续</td></tr>
<tr><td>半封闭式</td><td>0.75~45</td><td>冷库、冷藏运输、冷冻加工、陈列柜和厨房冰箱等领域</td></tr>
<tr><td>全封闭式</td><td>0.1~15</td><td>电冰箱、空调器等小型制冷装置</td></tr>
<tr><td>斜盘式</td><td></td><td>开启式</td><td>0.75~2.2</td><td>汽车空调</td><td>(1)结构特征适合于高转速、移动式装置；
(2)惯性力矩易平衡</td></tr>
<tr><td rowspan="4">回转式</td><td rowspan="2">滚动转子式</td><td rowspan="2"></td><td>开启式</td><td>0.75~2.2</td><td>汽车空调</td><td rowspan="2">(1)结构简单，零件几何形状规则，便于批量加工；
(2)体积小、重量轻；
(3)易损件少，可靠性较高；
(4)无吸气阀，压缩机效率较高；
(5)不适合高压比工况</td></tr>
<tr><td>全封闭式</td><td>0.1~10</td><td>电冰箱、空调器、热泵</td></tr>
<tr><td rowspan="2">滑片式</td><td rowspan="2"></td><td>开启式</td><td>0.75~2.2</td><td>汽车空调</td><td rowspan="2">滑片式除具有转子式的优点，还具有以下特点：
(1)压力脉动小，振动小；
(2)高转速摩擦损失大，效率低</td></tr>
<tr><td>全封闭式</td><td>0.6~5.5</td><td>电冰箱、空调器</td></tr>
</table>

续表

<table>
<tr><th colspan="3">分类</th><th>结构简图</th><th>密封类型</th><th>输入功率/kW</th><th>主要用途</th><th>主要特征</th></tr>
<tr><td rowspan="6">容积式</td><td rowspan="6">回转式</td><td rowspan="2">涡旋式</td><td rowspan="2"></td><td>开启式</td><td>0.75～7.4</td><td>汽车空调</td><td rowspan="2">(1)泄漏小,无余隙容积,无吸、排气阀流动损失小,效率高;
(2)多腔同时工作,转矩变化小,运转平稳,且吸气、压缩、排气连续进行,压力脉动小,振动、噪声亦较小;
(3)结构简单,零件数量少,加之柔性机构,可靠性高</td></tr>
<tr><td>全封闭式</td><td>2.2～60</td><td>空调器</td></tr>
<tr><td rowspan="2">双螺杆式</td><td rowspan="2"></td><td>开启式</td><td>20～1800</td><td>食品冷冻、冷藏、制冰、民用及商用空调、工业制冷等领域;适用于大机型</td><td rowspan="4">(1)高效、耐久、结构紧凑并可对负载进行连续调节;
(2)振动小、噪声低;
(3)兼有活塞式制冷压缩机的单机压比高特点;
(4)兼有离心式制冷压缩机的排量大、转速高、运转平稳的特点,且对湿压缩不敏感;
(5)可能产生过压缩和欠压缩</td></tr>
<tr><td>半封闭式</td><td>30～300</td><td>食品冷冻、冷藏、制冰、民用及商用空调、工业制冷等领域,用于中小机型</td></tr>
<tr><td rowspan="2">单螺杆式</td><td rowspan="2"></td><td>开启式</td><td>100～1100</td><td>多用于中央空调和大中型冷库,适用于大机型</td></tr>
<tr><td>半封闭式</td><td>22～90</td><td>多用于中央空调和大中型冷库,适用于中小机型</td></tr>
<tr><td colspan="3" rowspan="2">离心式</td><td rowspan="2"></td><td>开启式</td><td rowspan="2">90～10000</td><td rowspan="2">制冷装置、空调、热泵</td><td rowspan="2">(1)适合于大容量系统;
(2)不宜用于高压缩比场合;
(3)转速高;
(4)效率高;
(5)多采用半封闭式结构</td></tr>
<tr><td>半封闭式</td></tr>
</table>

依靠叶轮的高速旋转来实现对制冷剂蒸气压缩的压缩机称为速度型压缩机。速度型压缩机有离心式压缩机和轴流式压缩机。离心式制冷压缩机是靠离心力的作用,连续地将所吸入的气体压缩。这种制冷压缩机的转数高,制冷能力大。

4.1　往复式制冷压缩机

活塞式制冷压缩机

4.1.1　活塞式制冷压缩机的形式

往复活塞式制冷压缩机一般简称为活塞压缩机，应用较为广泛，但是，由于活塞和连杆等的惯性力较大，限制了活塞运动速度的提高和气缸容积的增加，故单缸输气量不会太大。目前，除特殊工艺需求外，活塞压缩机多为中小型，一般空调工况制冷量小于300kW。

活塞压缩机是制冷空调领域早期使用最为广泛的压缩机形式，但随着其他形式制冷压缩机的出现和发展，活塞压缩机的应用领域主要收缩为商业制冷和家用制冷领域，如：冰箱和冰柜。在空调领域，凭借较高的能效水平，离心、螺杆、涡旋和滚动转子压缩机逐渐替代活塞压缩机而成为容量从大到小，广泛使用的压缩机形式。活塞压缩机因排气压力始终等于冷凝压力与排气阀阻力之和，不存在固定容积比压缩机常有的欠/过压缩问题，故能很好地适应工况变化导致的系统压比变化，减小非设计工况的性能衰减。另外，活塞压缩机由于压缩腔为圆柱形结构，所以能承受较大的压力，因此更适用于大压比或大压差工况，这正是活塞压缩机目前在商用和家用制冷领域仍较广泛应用的原因。需要特别说明的是，由于活塞压缩机的承压能力好，所以已成为CO_2空调和热泵用压缩机的一个重要分支。

活塞压缩机有以下几种分类方式：

(1)根据压缩机密封程度不同，可分为开启式、半封闭式和全封闭式。

开启式压缩机的电动机独立于制冷剂系统之外，电动机通过曲轴传动带动压缩机运转。因此压缩机传动轴穿出壳体之处需要设有轴封装置以防止制冷剂向大气泄漏或空气进入压缩机和制冷系统。

半封闭式和全封闭式压缩机的共同特点是，压缩机和驱动电动机封闭在同一空间，故不需要设置轴封装置，同时极大地降低了制冷系统运行过程的制冷剂泄漏和不凝气体进入的可能性；同时这一结构也可实现对电机更好地冷却。两者的区别为：半封闭式压缩机的电动机和压缩机共用一根主轴，并安装在同一个封闭机体内。半封闭压缩机没有轴封，压缩机的机体上设有端盖，打开端盖即可维修压缩机内部零部件；而全封闭式则采用焊接结构进行密封，压缩机一旦损害则需直接替换新的压缩机。因此，半封闭式结构多用于容量较大的活塞压缩机，而全封闭式活塞压缩机则多用于容量较小的机型。需要注意的是，由于驱动电动机在气态制冷剂中运转，电动机的绕组必须采用耐制冷剂侵蚀的特种漆包线制作。此外，有爆炸危险的制冷剂不宜用于封闭式制冷压缩机。

(2)根据气缸排列和数目的不同，可分为卧式、立式和多缸式。

卧式活塞压缩机气缸为水平放置，有单作用(单向压缩)和双作用(双向压缩)两种。该种制冷压缩机转数低(200~300r/min),制冷量大,属于早期产品。

立式活塞制冷压缩机气缸在曲轴正上方并列垂直放置,多为两个气缸,转数一般在750r/min以下。

多缸制冷压缩机气缸的排列与气缸数目有关,有V形、W形、Y形,扇形(S形)和十字形多种。该种制冷压缩机的气缸小而多,转数高,故压缩机质轻体小,平衡性能好,噪声和振动较低,易于调节压缩机的制冷能力,空调制冷装置多采用此种压缩机。

(3)根据制冷剂气体在气缸内的流动方向不同,可分为逆流式和顺流式。

逆流式压缩机的吸气阀和排气阀均设置在气缸顶部。活塞向下移动时,低压气体从气缸顶部经吸气阀由吸气口进入气缸;活塞向上移动时,缸内气体被压缩,并经排气阀由排气口从上部排出气缸。这样,气体进入气缸和排出气缸的运动方向相反,故称为逆流式。逆流式活塞压缩机的活塞尺寸小、重量轻,压缩机的转数可高达3000r/min,是目前活塞压缩机的主要形式。

顺流式压缩机的活塞为空心圆柱体,吸气阀位于活塞顶部,活塞内腔与吸气管相通。活塞向下移动时,低压气体从活塞顶部进入气缸;活塞向上移动时,缸内气体被压缩,并从气缸上部排出。气缸内的气体无论是吸气和排气过程都是由下向上顺着一个方向流动,故称为顺流式。顺流式活塞制冷压缩机虽然容积效率较高,但是,由于活塞质量大,限制了压缩机转数的提高,故在空调制冷装置中已不使用。

4.1.2 活塞式制冷压缩机的构造

活塞压缩机主要包括机体、电机、活塞及曲轴连杆机构、气缸套及进排气阀组、润滑系统以及容量调节装置6个部分,下面以半封闭式活塞压缩机为例介绍活塞压缩机的基本结构。

1.半封闭式活塞制冷压缩机

图4-1给出了6F型半封闭式活塞压缩机的结构剖面图。图中,制冷剂从右侧吸气口吸入,流经电机对其冷却,然后进入气缸,在气缸内被压缩后从左侧排气口排出。

(1)机体。机体是压缩机的最大结构部件,它的作用是支撑其内部各种运动部件和其他零件以及容纳润滑油。沿左右方向可分为压缩腔和电机腔。电机腔的主要作用是固定电机并安置电控接线板。外部电路通过电控接线板实现对压缩机的启停、转速和电机温度等信号的检测和控制,埋设在线圈中的电机温度传感器,在电机过热时可及时指令压缩机关闭,起到保护电机的作用。

压缩腔的上半部分为气缸体,其上加工有气缸,同时安装有活塞、连杆和阀板等部件。气缸体上部设置有气缸盖,气缸盖内的隔板分隔出吸气区和排气区,并引导制冷剂气体的吸入和排出。机体的下半部分为曲轴箱,曲轴箱内在曲轴下部装有润滑油。

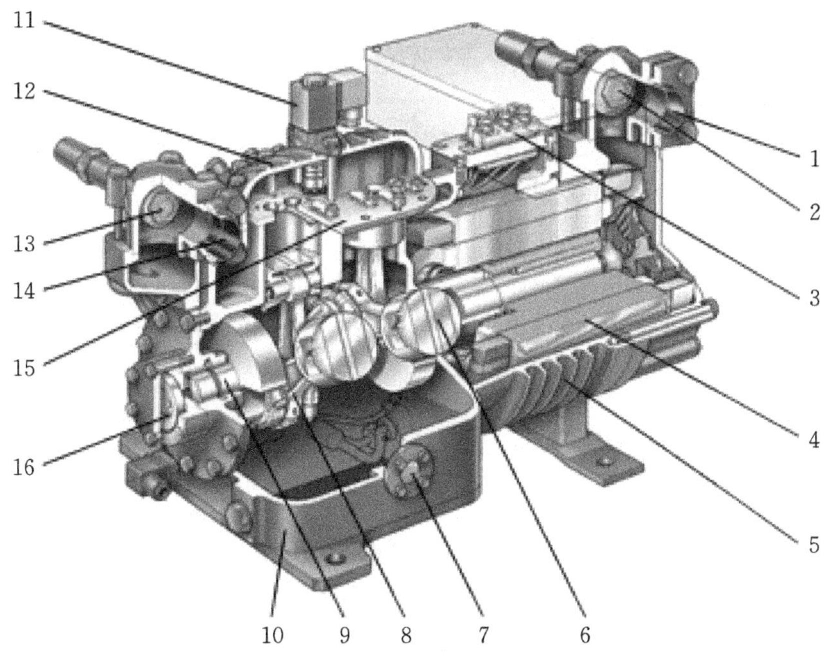

图4-1　6F型半封闭活塞压缩机解剖图

1-吸气口；2-吸气截止阀；3-电控接线板；4-电机；5-机体；6-活塞；7-视油镜；8-连杆；9-曲轴；10-曲轴箱；11-容量调节电磁阀；12-气缸盖；13-排气截止阀；14-排气口；15-阀板；16-油泵

机体的几何形状比较复杂，加工面较多，而且还要承受较大的工作压力，故一般采用强度较高的优质灰铸铁铸成。在对于重量比较敏感的应用场合(如：船用)，也可采用铝合金铸造机体。

(2)活塞及曲轴连杆机构。活塞和曲轴连杆机构是活塞式压缩机重点运动部件。活塞上部有气环和油环，气环起密封作用，减少高压蒸气通过活塞与气缸之间的间隙泄漏。油环起刮油作用，刮去气缸上多余的油量，使其返回曲轴箱。连杆大头与曲轴箱相连，小头与活塞相连，实现将电动机的旋转运动转变为活塞的往复运动。

(3)气缸套及进、排气阀组。气缸套(图4-2)是由活塞、气阀组成的可变的工作腔。气缸套上部凸缘作为吸气阀座，凸缘上有吸气孔。在气缸内部，当活塞运动到气缸上止点时，活塞和吸排气阀之间有一定空隙，以避免活塞直接碰撞吸排气阀，损坏压缩机，该空隙称为余隙。余隙是往复式压缩机的重要标志。

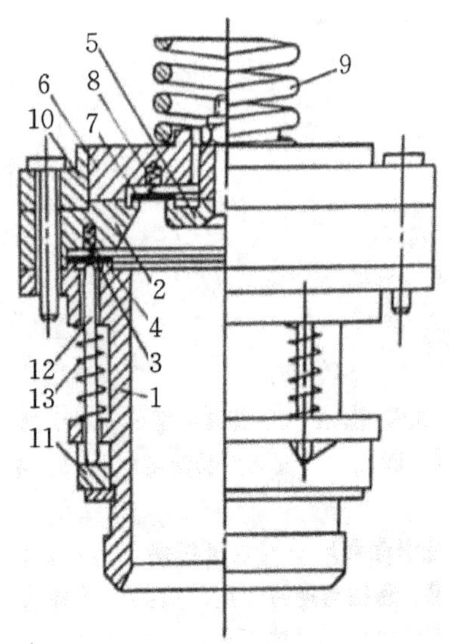

图4-2　气缸套及进、排气阀组

1-汽缸套;2-外阀座;3-进气阀片;4-阀片弹簧;5-内阀座;6-阀盖;7-排气阀片;8-阀片弹簧;9-缓冲弹簧;10-导向环;11-转动环;12-卸载容量调节用顶杆;13-顶杆弹簧

小型活塞压缩机的进、排气阀多采用簧片式气阀,其阀片有舌形、半月形和条形簧片。图4-3所示的簧片式气阀,阀板上有两组圆孔,一组为吸气孔,另一组为排气孔。多吸气孔和排气孔的设计有助于增加流道的面积,降低压力损失,同时平均分配制冷剂对阀片的冲击,延长阀片的寿命。

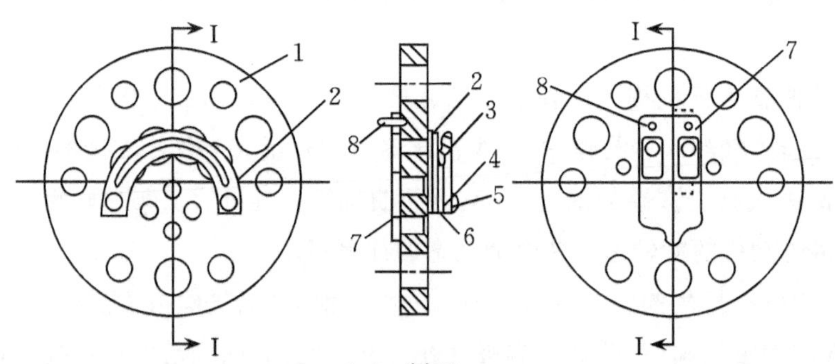

图4-3　簧片式气阀

1-阀板;2-排气阀片;3-阀片升程限制器;4-弹簧垫圈;5-螺栓;6-弹簧片;7-进气阀片;8-销钉

吸排气阀片上各有6只小弹簧,以使阀片关闭迅速。吸排气阀片的启闭是靠气缸的内外压差实现的。当阀片的下面和上面压差产生的力大于阀片的重力和弹簧力时,阀片升起,反之下落。吸排气阀片升起的高度受升程控制器的限制。排气阀的上部有假盖,当气体进入气缸被压缩后,压力升高,假盖连同排气内阀座一起被顶起,实现排气。

(4)润滑系统。润滑系统的作用是:使各个摩擦面完全被油膜隔开,带走摩擦导致的局部发热量;减小压缩过程的制冷剂泄漏;向能量调节机构提供有压油,实现压缩机的制冷量调节。

曲轴箱中的润滑油经油泵分为三路:一路从曲轴后端进入曲轴内部油道,润滑后主轴承及连杆大小头;另一路直接送到轴封,润滑轴封、前主轴承及连杆大小头;第三路送达油分配阀,供到工作气缸的油缸,气缸与活塞间的摩擦面靠连杆大小头喷溅出的油进行润滑。

活塞式压缩机曲轴箱的油温不应超过70℃,制冷能力较大的压缩机曲轴箱内设有油冷却器,内通冷却水,以降低润滑油温度。此外,用于低温环境下的活塞式氟利昂压缩机,曲轴箱中应设置电加热器,启动前加热箱内的润滑油,以减少油中制冷剂的溶解量,防止压缩机启动时润滑不良。

2.全封闭式活塞制冷压缩机

全封闭式活塞压缩机与半封闭式活塞压缩机的结构基本相同。如图4-4所示的全封闭活塞式制冷压缩机的主要特点是:①压缩机和电动机通过弹簧吊装在一个密封的钢制外壳内;②压缩机与电动机同轴,电动机立置在上方,气缸水平放置;③主轴下端钻有油孔和偏心油道,靠主轴高速旋转产生的离心力将润滑油送至各轴承处。

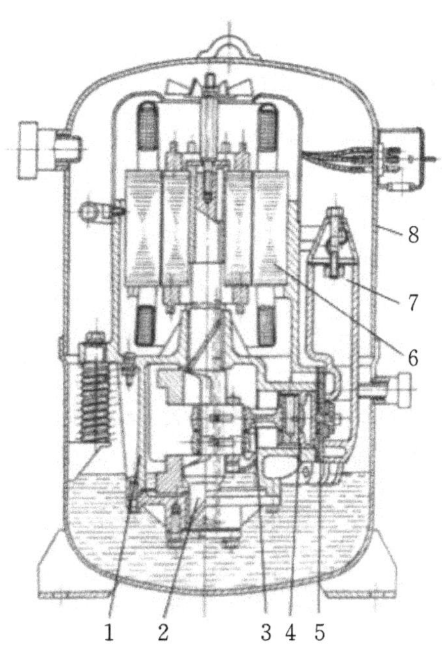

图4-4　全封闭活塞式制冷压缩机

1-机体;2-曲轴;3-连杆;4-活塞;5-气阀;6-电动机;7-排气消声部件;8-机壳

全封闭式活塞压缩机的电动机绕组依靠吸入的低压气态制冷剂冷却,所以,压缩机吸气过热度大,排气温度高,特别在低温工况更是如此。同时,当蒸发压力下降,制冷剂流量减少，传热效果恶化，电动机绕组温度上升。因此，按高温工况设计的全封闭式制冷压缩机用于低温工况时，电动机有烧毁的可能。

3.开启式活塞制冷压缩机

开启式活塞压缩机也与半封闭式活塞压缩机相似，但由于电动机置于压缩机外，故需要良好的轴封防止制冷剂的泄漏。

图4-5为开启式制冷压缩机剖面图。机体内有上下两个隔板，气缸套嵌在隔板之间，这样，将机体内部分为三个空间：下部为曲轴箱；中部为吸气腔，与吸气管相通；上部则与气缸盖共同构成排气腔，与排气管相通。在吸气腔的最低部位钻有回油孔，也是均压孔，使吸气腔与曲轴箱相通，这样，不仅使与吸气一起返回的润滑油可通过此孔流回曲轴箱，还可以使曲轴箱内的压力不会因活塞的往复运动而产生波动。

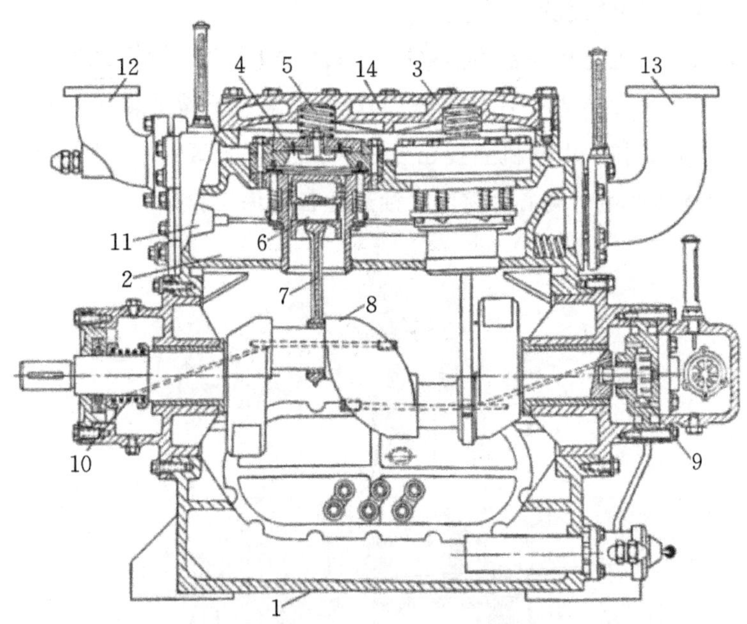

图4-5　8AS-12.5型制冷压缩机剖面图

1-曲轴箱；2-吸气腔；3-汽缸盖；4-汽缸套及进排气阀组；5-缓冲弹簧；6-活塞；7-连杆；8-曲轴；9-油泵；10-轴封；11-油压推杆调容机构；12-排气管；13-进气管；14-水套

4.1.3　活塞式制冷压缩机的输气参数

1.活塞式制冷压缩机的理论输气量

活塞式压缩机的理想工作过程有吸气、压缩和排气三个过程，如图4-6所示。

活塞式制冷压缩机

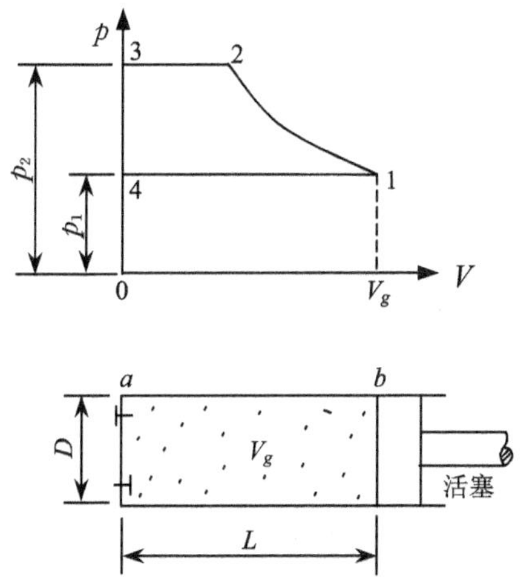

图4-6　活塞式制冷压缩机的理想工作过程

(1)吸气。活塞从上止点a向右移动,气缸内压力降低到低于吸气口压力p时,吸气阀开启,将低压气态制冷剂定压吸入气缸,直至活塞达到下止点b的位置,即pV图上4→1过程线。

(2)压缩。活塞从下止点b向左移动,当气缸内压力稍高于吸气口压力,则靠气缸内与吸气口处的压力差,将吸气阀关闭,缸内气体被绝热压缩,直至缸内气体压力稍高于排气口的压力,排气阀被压开,即pV图上1→2过程线。

(3)排气。排气阀开启后,活塞继续向左移动,将气缸内的高压气体定压排出,直至活塞达到上止点a位置,即pV图上2→3过程线。这样,曲轴每旋转一圈,均有一定质量的低压气态制冷剂被吸入,并被压缩为高压气体,排出气缸。在理想工作过程中,曲轴每旋转一圈,一个气缸吸入的低压气体体积V_g称为气缸的工作容积。

$$V_g = \frac{\pi}{4} D^2 \cdot s \quad \text{m}^3 \tag{4-1}$$

式中,D——气缸直径,m;

s——活塞行程,m。

加果压缩机有z个气缸,转数为n(r/min),压缩机可吸入的低压气体的体积为

$$V_h = \frac{V_g nz}{60} = \frac{\pi}{240} D^2 Lnz \quad \text{m}^3/\text{s} \tag{4-2}$$

式中,V_h——活塞式制冷压缩机的理论输气量,也称为活塞排量。

2.活塞式制冷压缩机的容积效率

活塞压缩机的实际工作过程比较复杂,有很多因素影响压缩机的实际输气量V_r,因此,压缩机的实际输气量(排出压缩机的气体折算成进气状态的实际体积流量)永远小于压缩机的理论输气量,二者的比值称为压缩机的容积效率,用η_v表示。即

$$\eta_v = \frac{V_r}{V_h} \tag{4-3}$$

影响活塞压缩机实际工作过程的主要因素是气缸余隙容积、进排气阀阻力、吸气过程气体被加热的程度和制冷剂泄漏等四个方面，这样，可认为容积效率η_v等于四个系数的乘积，即

$$\eta_v = \lambda_v \lambda_p \lambda_T \lambda_l$$

式中，λ_v——余隙系数(或称容积系数)；

λ_p——节流系数(或称压力系数)；

λ_T——预热系数(或称温度系数)；

λ_l——气密系数(或称密封系数)。

(1)余隙系数。活塞在气缸中进行往复运动时，活塞上端点与气缸顶部并不完全重合，均留有一定间隙(δ)，以保证运行安全可靠。此间隙是导致活塞式制冷压缩机实际输气量降低的主要因素。

如图4-7所示，活塞达到上端点a，即排气结束时，气缸内还保留一小部分容积为V_c(称为余隙容积)、压力为p_2的高压气体。活塞在反向运动时，只有当这部分高压气体膨胀到一定程度，使气缸内的压力降低到稍小于吸气压力p_1时，吸气阀方能开启，低压气态制冷剂开始进入气缸。这样，每次吸入气缸的气体量不等于气缸工作容积V_g，而减少为V_1，V_1与气缸工作容积V_g的比值称为余隙系数，即$\lambda_v = \dfrac{V_1}{V_g}$。

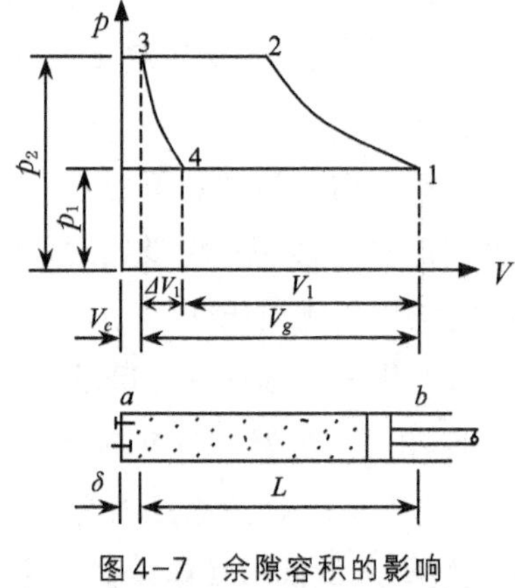

图4-7　余隙容积的影响

由于气缸内高压气体膨胀时，通过气缸壁与外界有热量交换，所以，膨胀是多变过程，过程方程式PV^m=常数。因此，压力为p_2、体积为V_c的高压气体膨胀至压力为p_1时，其体积$V_c+\Delta V_1$可用下式计算

$$\frac{p_2}{p_1} = \left(\frac{V_c + \Delta V_1}{V_c}\right)^m$$

即$\Delta V_1 = V_c\left[\left(\dfrac{p_2}{p_1}\right)^{\frac{1}{m}} - 1\right]$

余隙系数应为

$$\lambda_v = \frac{V_1}{V_g} = \frac{V_g - \Delta V_1}{V_g} = 1 - \frac{\Delta V_1}{V_g}$$

$$\lambda_v = 1 - C\left[\left(\frac{p_2}{p_1}\right)^{\frac{1}{m}} - 1\right] \tag{4-4}$$

式中，C为相对余隙容积，等于余隙容积与工作容积之比，$C=\frac{V_c}{V_g}$。

从式(4-4)可以看出，压缩比($\frac{p_2}{p_1}$)越大，相对余隙容积C越大，余隙系数λ_v越小。由于空调用制冷压缩机的压缩比较小，相对余隙容积的影响也较小，因此，一般用于蒸发温度高于-5℃的制冷压缩机，相对余隙容积$C=4\%\sim5\%$；蒸发温度为-10～-30℃，$C<4\%$；蒸发温度低于-30℃的，$C=2\%\sim3\%$。

(2)节流系数。气态制冷剂通过进、排气阀时，断面突然缩小，气体进、出气缸需要克服流动阻力。这就是说，在进、排气过程中，气缸内外有一定压力差Δp_1和Δp_2，其中排气网阻力影响很小，主要是吸气阀阻力影响容积效率。

由于气体通过吸气阀进入气缸时有一定的压力损失，进入气缸内的气体压力低于吸气压力p_1，比容增大，虽然吸入的气体体积仍为V_1，但吸入气体的质量将有所减少。如图4-8所示，只有当活塞把吸入的气体由1′点压缩到1″点时，气缸内气体的压力才等于吸气阀前的压力p_1；这样，与理想情况(即吸气阀没有阻力)相比，仅相当于吸入了体积为V_2的气体，V_2与V_1的比值，称为节流系数，即

$$\lambda_p = \frac{V_2}{V_1} = 1 - \frac{\Delta V_2}{V_1}$$

由于1′→1″过程短促，可近似视为定温过程，过程方程式为$pV=$常数，因此，

$$(p_1 - \Delta p_1)(V_g + V_c) = p_1(V_g + V_c - \Delta V_2)$$

整理后可得

$$\Delta V_2 = (V_g + V_c)\frac{\Delta p_1}{p_1}$$

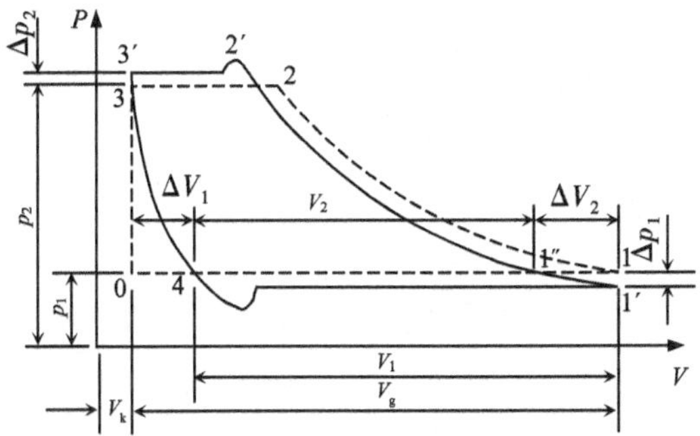

图4-8　活塞式制冷压缩机实际工作过程

这样

$$\lambda_p = 1 - \frac{V_g + V_c}{V_1}\frac{\Delta p_1}{p_1} = 1 - \frac{1 + C}{\lambda_v}\frac{\Delta p_1}{p_1} \tag{4-5}$$

从式(4-5)可以看出，$\frac{\Delta p_1}{p_1}$是影响节流系数的主要因素，吸气阀阻力越大，节流系数λ_p越小。一般氨活塞压缩机$\frac{\Delta p_1}{p_1}$=0.03～0.05；氟利昂活塞压缩机$\frac{\Delta p_1}{p_1}$=0.05～0.1。为了提高容积效率η_v，空调用全封闭式氟利昂活塞压缩机多采用短行程，活塞行程与活塞直径之比$\frac{L}{D}$取0.4～0.6。这样，不但可以减小惯性力和摩擦阻力，还可以使气阀通道面积相对增大。

(3)预热系数。活塞压缩机在实际工作过程中，由于气态制冷剂被压缩后温度升高，以及活塞与气缸壁之间存在摩擦，故气缸壁温度比较高，因此，吸气过程吸入的低压，低温气体与气缸壁发生热交换，温度有所提高，比容增大，实际进入气缸的气体质量减少，如图4-9所示。图中来自蒸发器的低压气态制冷剂1，经吸气阀节流降压、进入气缸时呈状态a，同时，在吸气过程中与气缸壁发生热交换，被加热至状态b；状态b的气体与残存在气缸余隙容积中经膨胀变为状态4的气体混合呈状态c，c就是缸内气体开始被压缩的状态。$c \to f > f \to d$是气缸内气体压缩过程的状态变化线，压缩过程的前阶段，由于缸内气体温度低，从气缸壁吸热，为增熵过程，压力和温度不断提高；当缸内气体压力与温度增至一定程度，如图中状态点f，再进行压缩时，气体温度将高于气缸壁温度，反而向气缸壁传热，变为减熵过程，气体的压力与温度仍不断增高。$d \to e$为排气过程，缸内气体通过气缸壁向周围环境放热，呈定压降温过程；温度有所降低的气体e，通过排气阀节流降压，达到状态2，被送至冷凝器；而残存在余隙容积中的气体3(比状态e的温度应稍低)，在活塞由上端点反向运动时，膨胀至状态4；该膨胀过程，随着缸内气体温度的逐渐降低，从开始接近于等熵膨胀，逐渐变为增熵膨胀过程。膨胀后为状态4的气体，与吸气b混合至c，再被压缩，如此反复。

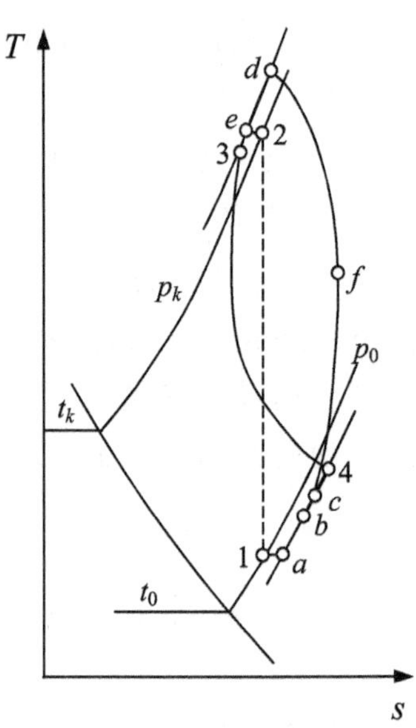

图4-9　活塞式制冷压缩机实际工作过程在T-s图上的表示

预热系数λ_T是考虑吸入蒸气接触温度较高的气缸、活塞等部件而被加热，比容增大，导致实际吸入的蒸气质量减少。理论计算预热系数是困难的，因为吸入蒸气与气缸之间的换热过程是复杂的，它与压缩机的构造(有无冷却水套、气缸面积、吸排气在气缸内流动方向等)、转速、制冷剂性质、工况(压缩比、吸气状态)等诸多因素有关。通常可用以下经验公式计算：

开启式活塞压缩机

$$\lambda_T = 1 - \frac{T_2 - T_1}{740} \tag{4-6}$$

式中，T_1、T_2分别为压缩机吸气和排气温度，℃。

封闭式活塞压缩机

$$\lambda_T = \frac{T_1}{aT_k + b\Delta t_{s,h}} \tag{4-7}$$

式中，T_k、T_1——用热力学温标表示的冷凝温度，K；

$\Delta t_{s,h}$——过热度，吸气温度 T_1与蒸发温度 T_0之差，K；

a，b——系数，一般 a=1.0～1.15，b=0.25～0.8，压缩机尺寸越小，a值越趋近1.15，而b值越小。

压缩比越大，排气温度越高，预热系数越小；湿蒸气的换热量远远大于干蒸气，因此活塞压缩机吸入湿蒸气时，气态制冷剂中含有的液滴吸热汽化，比容剧增，预热系数骤减。

(4)气密系数。气密系数是考虑压缩机的吸排气阀、活塞与气缸之间从高压向低压的泄漏导致实际排气量的减小。

气密系数λ_l与压缩机的构造、制造质量、部件磨损程度等因素有关，还随排气压力的增加和吸气压力的降低而减小。一般约为0.95～0.98。

综上分析可知，余隙系数、节流系数、预热系数以及气密系数除与压缩机的结构、加工质量等因素有关外，还有一个共同规律，就是均随排气压力的增高和吸气压力的降低而减小。空调用活塞压缩机的容积效率可按以下经验公式计算：

$$\eta_v = 0.94 - 0.085\left[\left(\frac{p_2}{p_1}\right)^{\frac{1}{m}} - 1\right] \tag{4-8}$$

式中，m——多变指数，氨：m=1.28；R22：m=1.18。

使用活塞压缩机时，容积效率随压缩比增大而快速降低，所以，一般压缩比不应大于8。

4.2　回转式制冷压缩机

回转式压缩机

回转式制冷压缩机也属于容积式压缩机，它是靠回转体的旋转运动替代活塞压缩机活塞的往复运动，以改变气缸的容积，周期性地将一定质量的低压气态制冷剂进行压缩。

回转式制冷压缩机有转子式、涡旋式和螺杆式，其容积效率高，运转平稳，实现了高速和小型化，但是，由于回转式压缩机为滑动密封，故加工精度要求高。

4.2.1 滚动转子式制冷压缩机

1.结构与工作原理

滚动转子式压缩机又称为滚动活塞式压缩机，其形式有多种，其中一种的构造示意图见图4-10。它具有一个圆筒形气缸，其上部(或端盖上)有吸、排气孔，排气孔上装有排气阀，以防止排出的气体倒流。

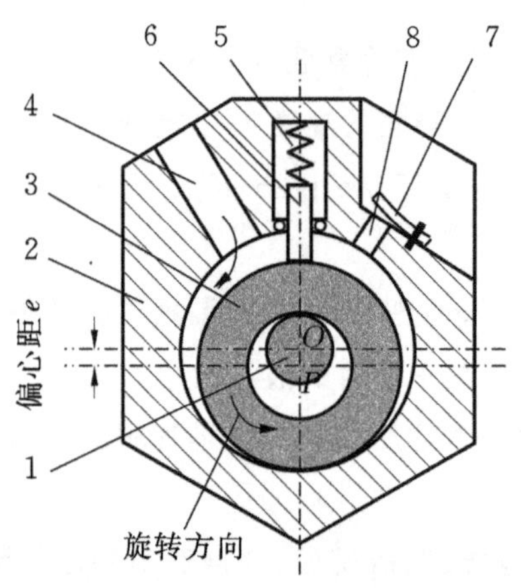

图4-10 滚动转子式制冷压缩机的基本结构

1-偏心轮轴;2-气缸;3-滚动活塞;4-吸气孔口;5-弹簧;6一滑板;7-排气阀;8-排气孔口

O点是气缸中心，也是偏心轴旋转的中心，转轴中心为P，与气缸中心有一段偏心距(偏心距为e)，偏心轮轴上套装一个可以转动的套筒状滚动活塞。主轴旋转时，滚动活塞沿气缸内表面滚动，从而形成一个月牙形工作腔，其位置随主轴旋转而缩小，对气体实现压缩。该工作腔的最大容积即为气缸工作容积V_g。

气缸上部的纵向槽缝内装有滑板，靠排气压力和弹簧力联合作用，使其下端与滚动活塞表面紧密接触，从而将气缸工作腔分隔为两部分，具有吸气孔口部分为吸气腔，具有排气孔口部分为压缩腔或排气腔。当主轴由电动机驱动绕气缸中心连续旋转时，每个腔体的容积均随之改变，于是实现吸气、压缩、排气等工作过程。

近年来，小型全封闭滚动转子式制冷压缩机发展迅速，主要用于批量大的房间空调器、冰箱和商业用制冷设备。就结构而言，如图4-11所示的电动机配置在机壳上部、压缩机构配置在机壳下部的立式单转子与双转子压缩机最为普遍，但其结构特点是垂直方向的尺寸较大。为降低空调器的高度、提高电冰箱的有效贮藏容积，卧式全封闭滚动转子式压缩机也有生产，制冷量相同时，其高度只有立式结构的1/2左右。

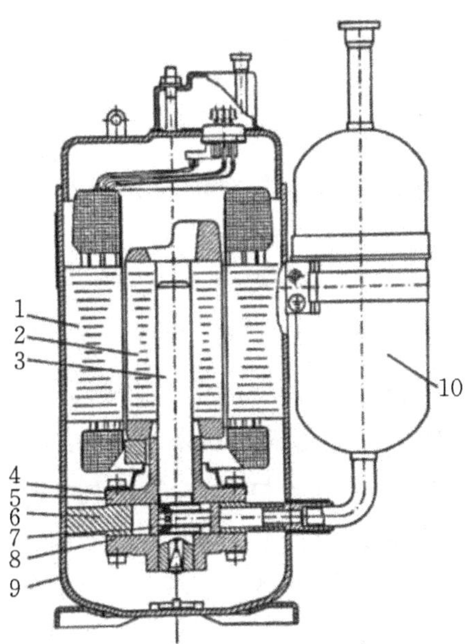

图4-11　全封闭立式滚动转子式制冷压缩机

1-定子;2-转子;3-偏心轮轴;4-上消音罩;5-主轴承;6-气缸;7-滚动活塞;8-副轴承;9-机壳;10-气液分离器

由于小型全封闭压缩机自身无容量调节机构,因此变频(调速)压缩机已经成为发展趋势。变频(调速)压缩机的使用不仅能提高空调、热泵装置的季节能效比,而且能有效改善房间的热舒适性。但是,当压缩机高速运转时,会出现运动部件磨损增大,气体流经排气阀时的流动损失增加并导致排气阀片寿命缩短,润滑油的循环率增加,以及噪声增大。为适应转速的大范围调节,变转速压缩机在结构上有相应的变化,对于滚动转子式压缩机而言,除改善主轴、滑板的耐磨与润滑性能外,还需采取必要措施,如在压缩机内部设阻油盘,以防止高转速运转时润滑油大量被带出机壳;提高阀片的抗疲劳强度,并适当增大阀座面积,以免高转速时阀片损坏;采用排气消声孔与共鸣腔相结合的消声方式以及设置多重扩张式消声器等,降低压缩机噪声。目前,变频(调速)滚动转子式压缩机应用的容量为3.5kW(对应于电网频率的名义容量)以下,频率或转速的最大调节范围可达1～180Hz。

2.滚动转子式制冷压缩机的输气参数

(1)输气量。滚动转子压缩机的理论输气量V_h(m^3/s)为

$$V_h = n\pi(R^2 - r^2)H/60 \qquad (4-9)$$

式中,n——压缩机转速,r/min;

R——气缸半径,m;

r——滚动活塞半径,m;

H——气缸高度,m。

与活塞压缩机相同，滚动转子压缩机的实际输气量也小于理论输气量，两者之间的关系可表示为

$$V_r = \eta_v V_h \tag{4-10}$$

(2)容积效率。同样地，滚动转子压缩机容积效率也受到余隙容积和吸排气阻力、吸气过热和压缩过程泄漏等诸多因素的影响，可表示为

$$\eta_v = \lambda_v \lambda_p \lambda_T \lambda_l$$

余隙损失，由于压缩腔与吸气管道尚未隔断，制冷剂将由压缩腔回流至吸气管道而不产生压缩。滚动转子式压缩机余隙引起的容积损失比活塞式压缩机小得多。预热损失，吸入的低压蒸气与温度较高的气缸、转子接触而被预热，比容增大，使吸入蒸气的质量减小。因月牙形工作容积表面积比活塞式压缩机气缸大，即接触面积大、时间长，故预热损失比活塞式压缩机大。泄漏是影响滚动转子压缩机容积效率的重要因素，随转子与气缸的间隙大小、润滑油状况和转速等因素变化而变化。当精心设计选用较小间隙时，λ_l约为0.92～0.98。

4.2.2 涡旋式制冷压缩机

1.结构与工作原理

涡旋式制冷压缩机的主要构造示意图见图4-12，它主要由静涡盘和动涡盘组成。气态制冷剂从静涡盘的外部被吸入，在静涡盘与动涡盘所形成的月牙形空间中压缩，被压缩后的高压气态制冷剂，从静涡盘中心排出。

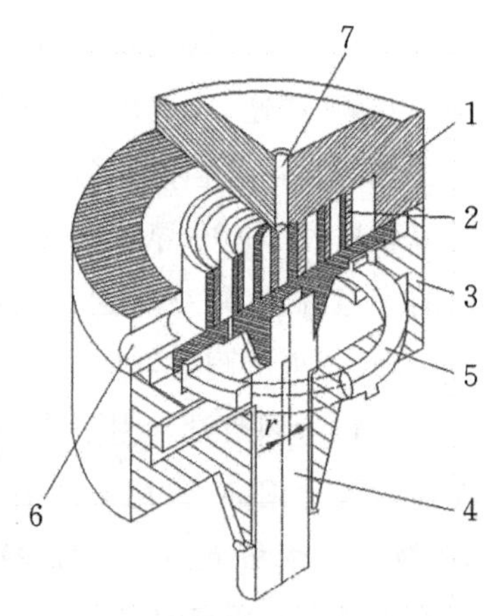

图4-12　涡旋式制冷压缩机构造简图

1-静涡盘;2-动涡盘;3-壳体;4-偏心轴;5-防自转环;6-吸气口;7-排气口

涡旋式制冷压缩机工作原理，如图4-13所示。当动涡盘中心位于静涡盘中心的右侧(θ=0°)时，见图4-13(a)，涡盘密封啮合线在左右两侧，此时完成吸气过程，靠涡盘间的四条啮合线，组成两个封闭空间(即压缩室)，从而开始了压缩过程。当动涡盘顺时针方向公转θ=90°时(图4-22(b))，涡盘间的密封啮合线也顺时针转动90°，基元容积减小，两个封闭空间内的气态制冷剂被压缩，同时，涡盘外侧进行吸气过程，内侧进行排气过程。当动涡盘顺时针方向公转至θ=180°时(图4-22(c))，涡盘的外、中、内三个部位，分别继续进行吸气、压缩和排气过程。动涡盘进一步顺时针方向再公转90°(图4-13(d))，内侧部位的排气过程结束：中间部位两个封闭空间内气态制冷剂的压缩过程告终，即将进行排气过程；而外部的吸气过程仍在继续进行。动涡盘再转动，则又回到图4-13(a)所示的位置，外侧部位吸气过程结束，内侧部位仍在进行排气过程，如此反复。

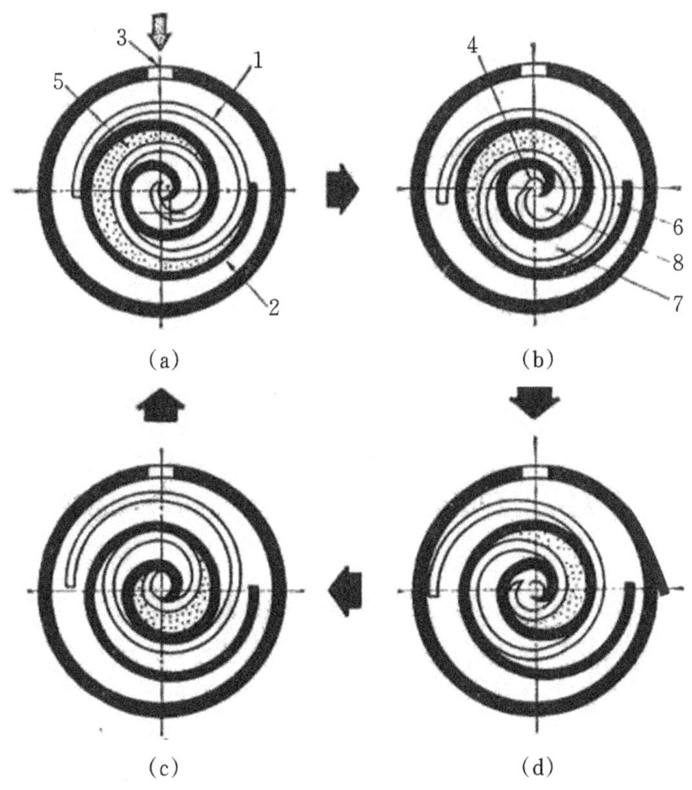

图4-13　涡旋式制冷压缩机工作原理

1—动涡盘;2—静涡盘;3—吸气口;4—排气口;5—压缩室;6—吸气过程;7—压缩过程;8—排气过程

2.涡旋式制冷压缩机的特点

涡旋式压缩机与往复式压缩机及滚动转子式压缩机相比具有以下特点：

(1)容积效率高。涡旋式压缩机的吸气、压缩和排气过程基本是连续进行，外侧空间与吸气孔相通，始终处于吸气过程，因而吸入气体的有害过热度小，可以近似认为预热系数$\lambda_T=1$;压缩机无吸、排气阀，截留的容积损失小，节流系数$\lambda_p=1$;没有余隙容积，故余隙系数$\lambda_v=1$;由于压缩机的封闭啮合线形成的连续压缩腔两侧的压力差较小，其径向泄漏和切向泄漏量均较小且为内泄漏，故气密系数λ_l较高。上述分析表明，涡旋式压缩机的容积效率$\eta_v(=\lambda_v\lambda_p\lambda_T\lambda_l)$高，通常达95%以上。

(2)振动小、噪声低。气体的压缩过程在相对独立的月牙形空间中，同时连续进行，曲轴转矩均衡，致使振动和噪声较低。

(3)能效比高。这类压缩机容积效率和等熵效率都很高，因此它的EER高，全封闭式的EER一般在3.3以上。

涡旋式压缩机制冷剂有R22和R407C，最大容量为92kW(高温工况)。在空调工程中，这类压缩机通常用于多联式空调机组、冷水机组中。

4.2.3 螺杆式制冷压缩机

目前应用的螺杆式压缩机主要有单螺杆、双螺杆两种形式,单螺杆式制冷压缩机主要由一个螺杆转子和两个星轮组成;双螺杆式制冷压缩机主要由两个相互啮合的螺杆转子组成,见图4-14。图4-15为三螺杆压缩机解剖图。

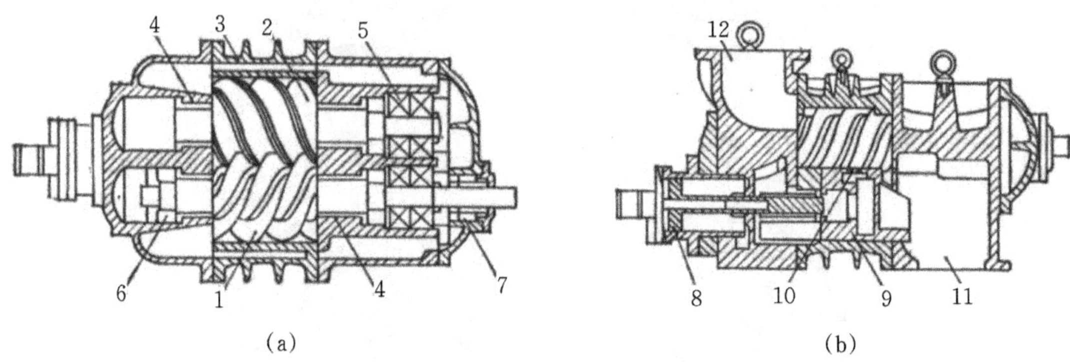

4-14 双螺杆式制冷压缩机

1-阳转子;2-阴转子;3-机体;4-滑动轴承;5-止推轴承;6-平衡活塞;7-轴封;8-能量调节用卸载活塞;9-卸载活塞;10-喷油孔;11-排气口;12-吸气口

(a)外观解剖图 (b)转子啮合示意图

图4-15 三螺杆压缩机解剖图

1.双螺杆压缩机工作原理

在断面为两圆相交的气缸内,装有一对互相啮合的螺旋齿转子,凸型齿为阳转子,是主动转子,由电动机驱动转动;凹形转子为阴转子,是从转子,被主动转子带动旋转。图4-14给出具有四个凸形齿的阳转子和具有六个凹形齿的阴转子组成的双螺杆式压缩机的工作原理。

(1)吸气过程。如图4-16(a)所示,阳转子带动阴转子旋转至A点位置,一个V形密封空间与吸气口相通,开始吸气;随着转子的旋转,V形密封空间的容积不断增大,气体逐渐进入该空间。当转子旋转至B点位置时,此V形密封空间开始不与吸气口相通,吸气过程结束；此时，该空间容积达到最大，内容积等于 V_1，吸气过程气态制冷剂压力为 p_1。

（2）压缩过程。如图4-16(b)所示，从 B 点起，阴、阳转子继续旋转，两个转子之间形成的密封啮合线向排气侧移动，此V形密封空间的容积逐渐缩小，密封空间中的气体被压缩。压缩过程一直进行到位置 C，V形密封空间与排气口相通为止。在此过程中，V形密封空间的内容积减至 V_2，气体压力由 p_1 增至 p_2。比值 V_1/V_2 称为内容积比。

如图4-16(c)所示，压力为 p_2 的气体从位置 C 开始与排气口相通，随着阴、阳转子继续旋转，V形密封空间中的气体被压入排气管，直到转子旋转至 D 点，V形密封空间中的气体完全被排出时，结束排气过程。

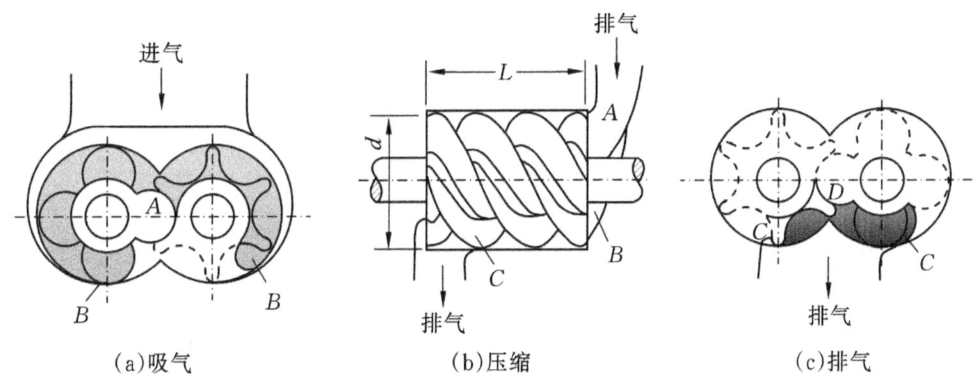

图4-16　双螺杆式制冷压缩机工作过程

2.单螺杆压缩机工作原理

图4-17为单螺杆式制冷压缩机的结构简图。它是由一个圆柱形螺杆和两个对称配置的平面星轮组成啮合副，装在机壳内。螺杆螺槽、气缸和星轮齿顶而构成封闭的齿间容积，运转，星轮位于螺杆两侧，将螺杆分成上下两个空间。螺杆转动时，动力传到主轴上，由螺杆带动与之啮合的一对星轮旋转。气体由吸气孔口进入螺槽内，经压缩后通过气缸上的端向排气孔口排出。星轮的作用相当于活塞式压缩机的活塞，当星轮在螺槽内相对端移动时，封闭的齿间容积逐渐减少，实现对制冷剂蒸气的压缩。

单螺杆式制冷压缩机的螺杆通常有六个螺槽，由两个星轮将它分隔成上下两个空间，各自实现吸气、压缩和排气过程，因此单螺杆式压缩机相当于一台六缸双作用活塞式压缩机，其工作过程如图4-18所示。

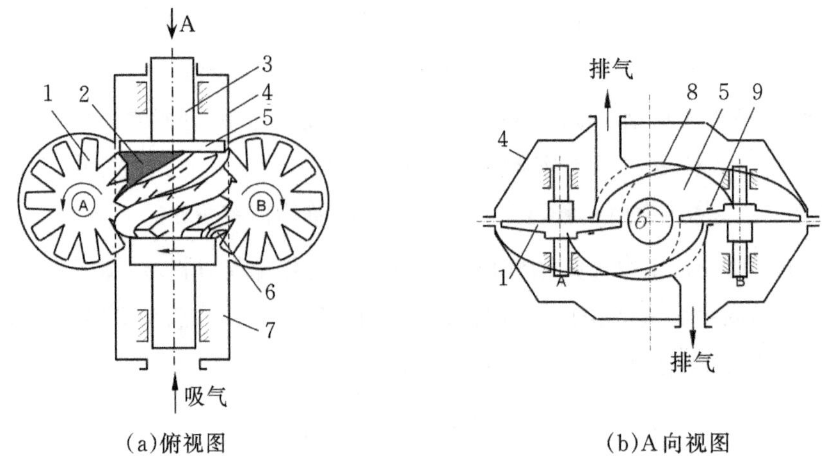

(a)俯视图　　　　(b)A向视图

图4-17　单螺杆制冷压缩机结构简图

1-星轮;2-排气孔口;3-主轴;4-机壳;5-螺杆;6-转子吸气端;7-吸气孔口;8-气缸;9-孔槽

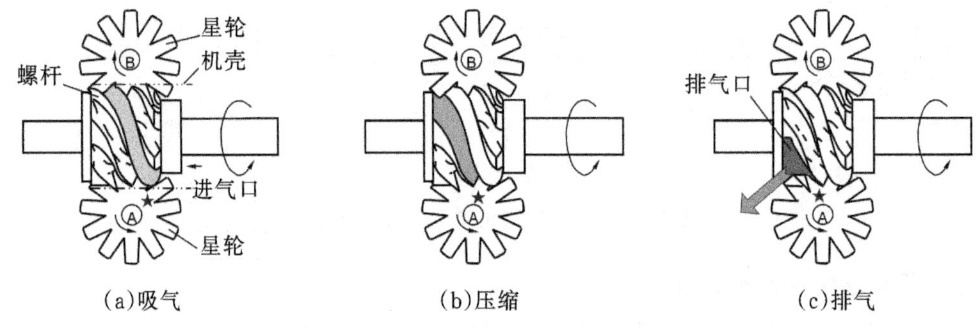

(a)吸气　　　　(b)压缩　　　　(c)排气

图4-18　单螺杆制冷压缩机工作过程

(1)吸气过程(图4-18(a)),在星轮轮齿尚未进入螺杆螺槽之前,螺杆螺槽与吸气腔相通,处于吸气状态。当螺杆转到一定位置,星轮轮齿将螺槽封闭,吸气过程结束。

(2)压缩过程(图4-18(b)),吸气过程结束后,螺杆继续转动,该星轮轮齿沿着螺槽推进,封闭的齿间容积逐渐减小,实现气体的压缩过程。当齿间容积与排气孔口相通时,压缩过程结束。

(3)排气过程(图4-18(c)),当齿间容积与排气孔口连通后,由于螺杆继续旋转,被压缩气体通过排气孔口输送至排气管,直至该星轮轮齿脱离该螺槽,结束排气过程。

由于螺杆式制冷压缩机基本没有余隙容积,在压缩比p_2/p_1高的情况下,仍可保持比较高的容积效率η_v和指示效率η_i。

螺杆式制冷压缩机的优点是构造简单、体积小、易损件少、容积效率高、对湿压缩不敏感,同时,双螺杆式制冷压缩机还可以通过能量调节机构实现无级能量调节。单螺杆式制冷压缩机,转子两端被大小相等、方向相反的吸气压力作用,使其受载相互平衡,同时,单螺杆转子两侧的星轮，可使转子的径向载荷力相互平衡，故振动小，噪声低，轴承寿命长。

3.螺杆压缩机输气参数

双螺杆压缩机的理论输气量(m^3/s)为

$$V_h = C_n C_\varphi D_0^2 L n / 60 \tag{4-11}$$

式中，C_n——面积利用系数，可查表4-2获得；

C_φ——扭角系数，可查表4-3获得；

D_0——阴、阳转子的平均直径，m；

L——阴阳转子的长度，m；

n——转速，r/min。

表4-2　双螺杆压缩机几种常见齿轮的面积利用系数C_n

齿形名称	SRM对称	SRMB不对称	单边不对称	X	Sigma	CF
阴阳转子齿数比	6:4	6:4	6:4	6:4	6:5	6:5
C_n	0.472	0.520	0.521	0.560	0.417	0.595

表4-3　双螺杆压缩机扭角系数C_φ

扭转角/°	240	270	300
C_φ	0.999	0.989	0.971

单螺杆压缩机的理论输气量(m^3/s)可由下式计算：

$$V_h = V_p Z_1 n / 30 \tag{4-12}$$

式中，V_p——星轮片刚封闭转子齿槽时的基元容积，m^3；

Z_1——转子齿数；

n——转速，r/min。

螺杆压缩机的实际输气量也是理论输气量与容积效率相乘获得，即$V_T = \eta_V V_h$。

螺杆压缩机无余隙容积，所以影响其容积效率的因素主要包括压力损失、温度损失和泄漏损失。由于螺杆压缩机无吸、排气阀，故其压力损失极小，同时排气温度一般在90℃以下，吸气过热度小使得温度损失也很小。此外，虽然螺杆压缩机具有较长的泄漏线，但泄漏主要为内泄漏(由高压压缩腔向低压压缩腔的泄漏，只影响指示效率不影响容积效率)，外泄漏量较小，同时喷油进一步降低了泄漏损失。因此，螺杆压缩机一般具有较高的容积效率，参见图4-19。

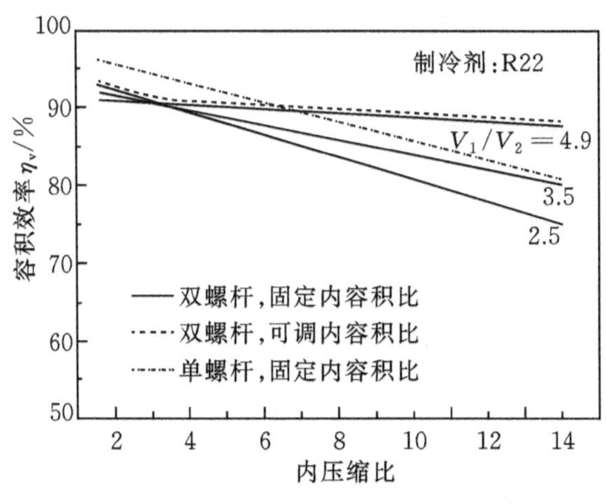

图4-19　典型R22螺杆压缩机的容积效率

离心式压缩机

4.3　离心式制冷压缩机

离心式压缩机属于速度型压缩机。它最早出现于20世纪初,到1921年才用到制冷工程中。离心式压缩机一般用在大、中型制冷系统。

离心式制冷压缩机的主要特点是:

(1)单机制冷能力大,效率高,空气调节用大型离心式制冷压缩机的单机制冷量可达30000kW。

(2)结构紧凑,重量轻,比同等制冷能力的活塞式制冷压缩机轻80%~90%,占地面积可减少一半左右。

(3)几乎没有磨损,工作可靠,维护费用低。

(4)运行平稳,振动小,噪声较低;运行时,制冷剂中不易混有润滑油,蒸发器和冷凝器的传热性能好。

(5)能够实现能源的综合利用。可使用多种能源,如使用工业废气的汽轮机来驱动,或用燃气轮机驱动;大型的电机驱动的离心式压缩机可用6kV的高压电源。

(6)离心式压缩机使用的工况范围比较窄。即一台结构一定的压缩机只能适应一种制冷机构在某一比较窄的工况范围内工作。因此,不适用于冬夏季都用且工况差异较大的热泵系统中。

4.3.1　离心式制冷压缩机的结构

离心式制冷压缩机(简称:离心压缩机)的结构与离心水泵相似,如图4-20所示,蒸气轴向进入高速旋转的叶轮,靠叶轮高速旋转产生的离心力作用,获得动能和压力势能,流向叶轮的外缘,由于离心压缩机的圆周速度很高,气态制冷剂蒸气经叶轮中由叶片组成的流道从中心流向周边，速度也很高，为了减少能量损失，以及提高离心式压缩机出口气体的压力，除了像水泵那样装有蜗壳以外，还在叶轮的外缘设有扩压器。这样，从叶轮流出的气体，首先通过扩压器再进入蜗壳，使气体的流速有较大的降低将动能转换为压力能，以获得高压气体，使压力再次增加。经压缩后蒸气汇集到蜗壳中，再排出压缩机。进口导叶的作用是对离心压缩机的流量进行调节，通过导叶角度的变化，使进气气流产生旋绕，改变轴向气流流速，从而使进气流量发生变化，达到调节机组制冷量的目的。离心制冷压缩机的叶轮转速较高，一些机型甚至达到每分钟数万转。一般在3000～25000r/min。由于普通离心制冷压缩机采用交流异步电机，电机转速较低(2960r/min)，无法满足叶轮高转速要求，因而需采用增速齿轮来提高叶轮转速。

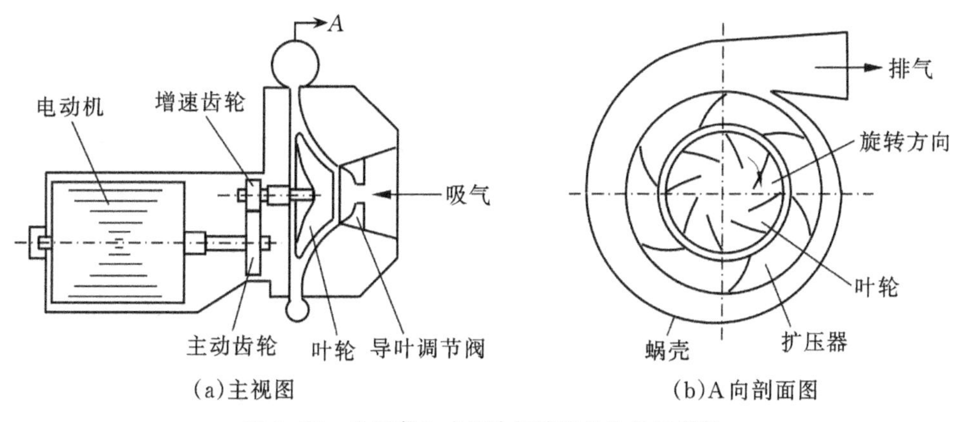

(a)主视图　　(b)A向剖面图

图4-20　单级离心式制冷压缩机的结构示意图

压缩机要在不同的蒸发压力和冷凝压力下进行工作，这就要求离心式压缩机能够产生不同的能量头。因此，离心式制冷压缩机有单级和多级之分，其中以单级压缩最为普遍。当单级压缩所产生的能量头不能满足所需的能量头时，就需采用多级压缩。有时出于降低压缩机主轴转速、提高压缩机效率等目的，也会采用多级压缩的设计方案。显然，工作叶轮的转数越高、叶轮级数越多，离心式制冷压缩机产生的能量头越高。

由于对离心式制冷压缩机的制冷温度和制冷量有不同要求，因此需采用不同种类的制冷剂。离心机制冷剂的选用，除满足一般制冷剂的选择原则外，还有一些特殊要求：

(1)制冷剂的相对分子量尽可能大，也就是气体常数R尽可能小。相对分子量大的制冷剂，可使压缩机的单级的压比增高，从而减少级数或使压缩机的尺寸减小。

(2)根据制冷量的大小，选用不同的单位容积制冷量的制冷剂。离心压缩机制冷剂容积流量的大小直接影响到机器的转速、叶轮宽径比等参数。为了使离心式压缩机转速、叶轮宽径比保持在合理的范围，要求压缩机最小制冷量时的容积流量也不应太小。如，在相同工况下，R134a的单位容积制冷量要比R123大6.4倍，R134a用于小制冷量的系统时，会使机器尺寸偏小。

(3)液体比热容与汽化潜热之比尽可能小。液体比热容与汽化潜热之比越小,则循环的节流损失越小,节流产生的蒸气也越少。因此,在多级压缩循环中,希望节流后制冷剂的干度越小越好。

4.3.2　离心式制冷压缩机的工作原理

1.叶轮的压气作用

如前所述,离心式制冷压缩机靠叶轮旋转产生的离心力作用,将吸入的低压气体压缩成高压状态。图4-21为气态制冷剂通过叶轮与扩压器时压力和流速的变化,其中ABC为气体的压力变化线,DEF为气体流速变化线。气体通过叶轮时,压力由A升至B,同时,气流速度也由D升至E;从叶轮流出的气体,通过扩压器,其流速由E降为F,而压力则由B增至C。

气流在叶轮中的流动是一个复合运动。一方面,相对于叶片来说,气体沿叶片所形成的流道流过叶轮,此速度称为相对速度,用v表示;另一方面,气体又随叶轮一起旋转,此旋转速度称为圆周速度,用u表示。因此,气体通过叶轮时的绝对速度应为相对速度v与圆周速度u的矢量和,用符号c表示。图4-22是叶轮进、出口处这三种速度的关系,称为叶轮进、出口速度三角形。

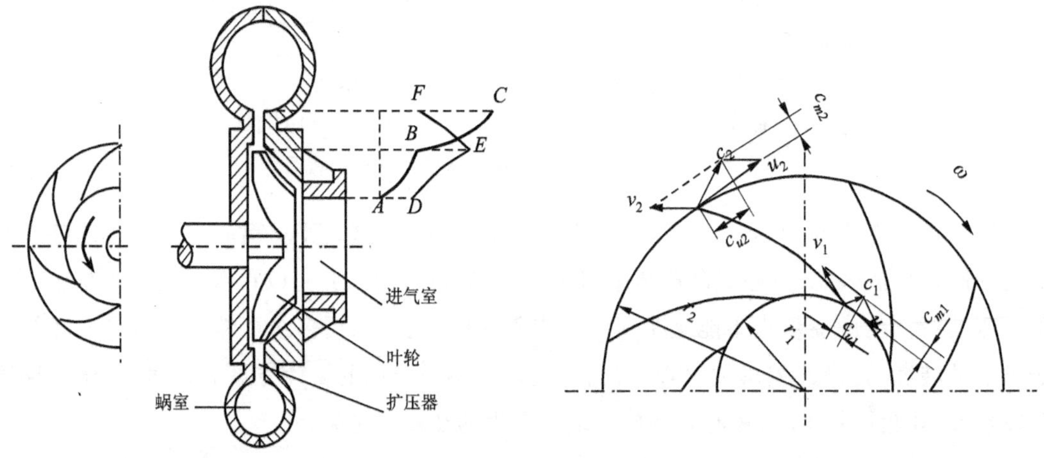

图4-21　气体通过叶轮时压力和速度的变化　　　图4-22　叶轮中的速度图

如果,通过叶轮的制冷剂质量流量为M_r(kg/s),叶轮进口和出口圆周速度为$u_1=\omega r_1$和$u_2=\omega r_2$,式中ω为叶轮每秒的角速度。这样,叶轮进口处,单位时间内气体在圆周方向的动量等于$M_r c_{u1}$,其中c_{u1}为进口气流绝对速度,c_1在圆周方向的分速度,而对于叶轮主轴的动量矩应等于$M_r c_{u1} r_1$;叶轮出口处,单位时间内气体在圆周方向的动量等于$M_r c_{u2}$,其中c_{u2}为出口气流绝对速度c_2在圆周方向的分速度,而对于叶轮主轴的动量矩应等于$M_r c_{u2} r_2$。

根据动量矩原理,外力矩$[M]$应等于单位时间内叶轮进、出口动量矩之差,即

$$[M]=M_r c_{u2} r_2-M_r c_{u1} r_1=M_r(c_{u2} r_2-c_{u1} r_1) \tag{4-13}$$

如果叶轮角速度为ω，则每秒叶轮传给气态制冷剂的功量为$[M]\omega$，所以，每千克气体从叶轮得到的理论功量为

$$\omega_{c,th}=\frac{[M]\omega}{M_r}=(c_{u2}r_2-c_{u1}r_1)\omega=c_{u2}u_2-c_{u1}u_1\quad \text{J/kg} \tag{4-14}$$

$\omega_{c,th}$也被称为叶轮产生的理论能量头。一般离心式制冷压缩机气流都是轴向进入叶轮，即进口气流绝对速度的方向与圆周垂直，故$c_{u1}=0$。这样，旋转叶轮产生的理论能量头为

$$\omega_{c,th}=c_{u2}u_2=\varphi_{u2}u_2^2\quad \text{J/kg} \tag{4-15}$$

式中，φ_{u2}——叶轮出口气流切向分速度系数，等于$\frac{c_{u2}}{u_2}$，也称为周速系数。

从式(4-15)看出，叶轮(或者说离心式压缩机)产生的能量头只与叶轮外缘圆周速度(或者说与转速和叶轮半径)以及流动情况有关，与制冷剂的性质无关。

2.气体被压缩时所需要的能量头

由式(4-14)可知，单位质量制冷剂进行绝热压缩时，

$$\omega_{c,th}=h_2-h_1\quad \text{kJ/kg} \tag{4-16}$$

$\omega_{c,th}$是单位质量制冷剂绝热压缩时所需要的理论耗功量，在离心式压缩机中称之为能量头。但是，气态制冷剂流经叶轮时，气体内部以及气体与叶片表面之间有摩擦等损失，制冷剂在压缩过程吸收摩擦热，进行吸热多变压缩过程，因此，气态制冷剂在压缩过程实际所需要的能量头应为

$$\omega=\frac{\omega_{c,th}}{\eta_{ad}}\quad \text{kJ/kg}$$

式中，η_{ad}——离心式制冷压缩机的绝热效率，一般为0.7～0.8。

从式(4-16)可以看出，气态制冷剂被压缩时所需要的能量头(如绝热压缩能量头$\omega_{c,th}$)与运行工况(即蒸发温度和冷凝温度)以及制冷剂性质有关，即使在同一工况下，不同制冷剂所需能量头也不相同。

表4-4给出不同制冷剂在蒸发温度为4℃、冷凝温度为40℃条件下的特性值。从表中可看出，轻气体(分子量小的气体)所需能量头比较大，而重气体(分子量大的气体)所需能量头一般反而小。

表4-4　离心式压缩机中不同制冷剂特性对比

制冷剂	分子量	沸点/℃	绝热能量头$\omega_{c.th}$/(kJ/kg)	4℃时音速a_1/(m/s)	单位容积制冷能力q_v/(kJ/m³)	4℃时蒸发压力p_0/MPa	40℃时冷凝压力p_k/MPa	压缩比$\varepsilon=p_k/p_0$
R717	17.03	−33.33	162.6	402	4273.0	0.4975	1.5553	3,126
R290	44.20	−42.09	43.99	220	3154.1	0.5350	1.3692	2.559
R152a	66.15	−24.02	36.25	187	2280.7	0.3043	0.9098	2.990

续表

制冷剂	分子量	沸点/℃	绝热能量头 $\omega_{c.th}$ /(kJ/kg)	4℃时音速 a_1 /(m/s)	单位容积制冷能力 q_v /(kJ/m³)	4℃时蒸发压力 p_0 /MPa	40℃时冷凝压力 p_k /MPa	压缩比 $\varepsilon=p_k/p_0$
R22	86.48	-40.08	24.73	163	3771,4	0.5662	1.5341	2.709
R134a	102.03	-26.07	22.77	147	2923.4	0.3376	1.0165	3.011
R125	120.03	-48.22	15.03	126	3847.7	0.7610	2.0098	2.641
R123	152.93	+27.84	21.17	126	381.2	0.0391	0.1545	3.949

3.叶轮外缘圆周速度和最小制冷量

上面谈到,由于气态制冷剂流过叶轮时有各种能量损失,气态制冷剂所能获得的能量头 ω' 永远小于理论能量头 $\omega_{c,th}$,即

$$\omega' = \eta_h \omega_{c,th} = \phi u_2^2 \quad \text{J/kg} \tag{4-17}$$

式中,η_h——水力效率;

ϕ—压力系数,等于 $\eta_h \phi_{u2}$,对于离心式制冷压缩机来说约为0.45~0.55。

从式(4-17)可以看出,叶轮外缘圆周速度越大,给予气体的能量头越多。但是,u_2 的大小一方面受叶轮材料强度的限制,希望不大于275m/s;另一方面受流动阻力的制约,希望马赫数 M_{u2} 不要太大,以免流动阻力急剧增加,一般取 M_{u2} 为1.3~1.5,即

$$M_{u2} = \frac{u_2}{a_1} = 1.3 \sim 1.5 \tag{4-18}$$

式中,a_1——在叶轮进口状态下,制冷剂的音速,m/s。

u_2 值不可能太大,就是说单级叶轮可以产生的能量头受到限制;由于分子量大的制冷剂被压缩时所需能量头较小,故空调用离心式制冷压缩机较多采用,以减少叶轮级数,简化离心式压缩机的结构。

再者,$u_2 = \frac{\pi D_2}{60} n$ m/s,因此,为了获得足够的外缘圆周速度 u_2,要求叶轮有足够高的转数。叶轮直径越小,转数要求越高,一般在5000~15000r/min范围。

由于离心式制冷压缩机的转数很高,而且叶轮直径受到加工工艺的限制、不希望太小(一般不希望小于20mm),所以,离心式压缩机的输气量必然很大,即使采用单位容积制冷能力较小的制冷剂,其单机制冷量也较大,故离心式制冷压缩机适用于大、中型制冷装置。

4.3.3 离心式制冷压缩机的工作特性

图4-23给出离心式制冷压缩机流量与压缩比(p_k/p_0)之间的关系曲线,图中示出不同转数下的关系曲线和等效率线,左侧点划线为喘振边界线。从图中可以看出,在某转数下离心式制冷压缩机的效率最高,该转数的特性曲线则是设计转数特性曲线。

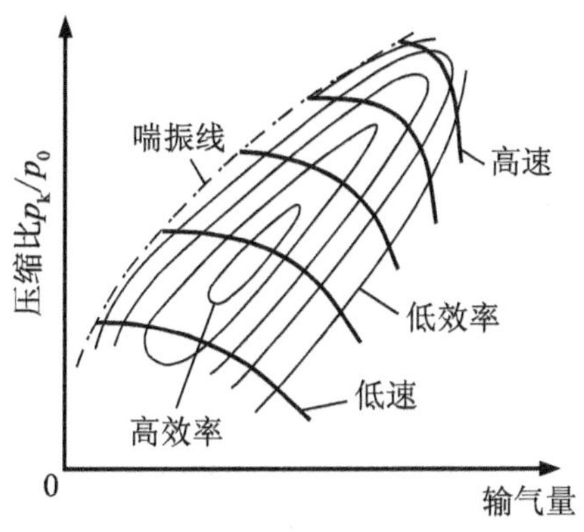

图4-23 离心式压缩机特性曲线

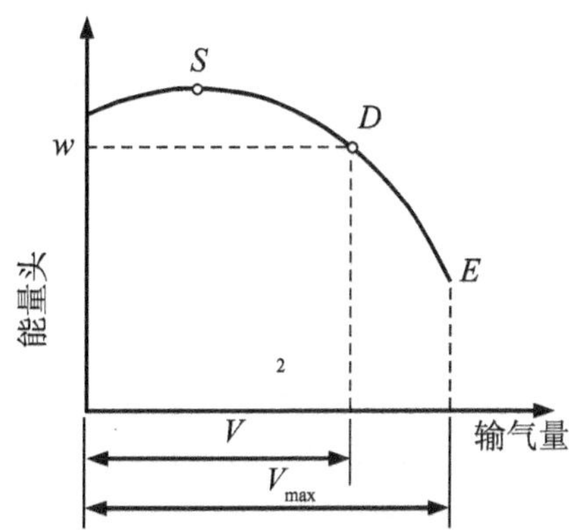

图4-24 设计转速下离心式压缩机的特性曲线

离心式制冷压缩机叶轮的叶片为后弯曲叶片，工作特性与后弯曲叶片的离心风机相似。图4-24给出设计转数下离心式制冷压缩机特性曲线，横坐标为输气量，纵坐标为能量头。图中D点为设计点，离心式制冷压缩机在此工况点运行时，效率最高。E点为最大输气量点，又称堵塞点。输气量增加至此点，叶轮入口处的流速达到音速，流动损失急剧增加，大量涡流阻塞该处；流量不再增加，效率急剧下降，该点的工况为滞止工况。S点为喘振，小于该点流量，蒸气在叶轮流道内分配不均匀，气流发生严重脱离叶片的现象，叶轮输出的能量头急剧下降导致气体倒流；此时冷凝器内压力下降，压缩机将气态制冷剂压出，送至冷凝器，冷凝压力又要不断上升，而后又发生倒流。离心式制冷压缩机运转时出现的这种气体来回倒流撞击现象称为喘振。S点与E点之间才是压缩机的稳定工作区。

4.4 压缩机的热力性能

在制冷(热泵)用压缩机的热力性能指标中，一般将采用该压缩机的制冷(热泵)装置在特定蒸发温度、冷凝温度、再冷度和过热度等参数下的制冷量/制热量、输入功率、性能系数等参数作为压缩机的热力性能指标。离心式压缩机的热力性能一般由生产厂家提供的性能图表或回归公式获得。容积式压缩机的热力性能除采用性能图表或回归公式描述外，还可采用效率法计算获得。下面首先介绍表征压缩机热力性能的“特定”工作条件——名义工况，然后再介绍容积式压缩机热力性能指标及其基于效率法的计算方法。

4.4.1 压缩机的名义工况

当压缩机在确定条件下运行时，其性能参数也就唯一确定，这些工作条件由五个因素构成，即：①蒸发温度、②吸气温度(或过热度)、③冷凝温度、④液体再冷温度(或再冷度)、⑤压缩机工作的环境温度。这五个因素的一组数值就是一个工况。

为了统一基准描述一台压缩机的大小和性能优劣，则必须给定一个具有应用代表性的、特定的工况（一组数值），采用该工况下测试出的压缩机性能参数（制冷量/制热量、输入功率、性能系数）来表征压缩机的容量和能效。因此，将这一组特定的蒸发温度、吸气温度（或过热度）、冷凝温度、液体再冷温度（或再冷度）和压缩机工作环境温度称为压缩机的名义工况（或额定工况），所测量出的性能参数称为名义性能参数。

各类压缩机的名义工况都由其产品标准统一给出。目前，我国与制冷压缩机有关的国家标准如下：《活塞式单级制冷压缩机》GB/T 10079-2001、《全封闭涡旋式制冷压缩机》GB/T 18429-2001、《螺杆式制冷压缩机》GB/T 19410-2008、《房间空气调节器用全封闭型电动机—压缩机》GB/T 15765-2014、《电冰箱用全封闭型电动机—压缩机》GB/T 9098-2008、《汽车空调用制冷压缩机》GB/T 21360-2008。

各类压缩机因其使用条件不同，故其产品标准中给出的名义工况也不尽一致，表4-5汇总给出了各类压缩机的名义工况。

实际上，压缩机在制冷（热泵）系统设计或运行时，其工况与上述名义工况不可能一致，其热力性能参数也将随运行工况不同而变化，因此，工况不同的性能指标不具备可比性，换言之，未给定运行工况的热力性能指标是无意义的。

表4-5　制冷压缩机的各种标准中的名义工况

类型	吸气饱和（蒸发）温度/℃	吸气温度/℃	吸气过热度/℃	排气饱和（冷凝）温度/℃	液体再冷温度/℃	液体再冷度/℃	环境温度/℃	标准号	备注
高温	7.2	18.3	–	54.4	–	0	35	GB/T10079-2001	有机制冷剂，高冷凝压力工况
	7.2	18.3	–	48.9	–	0	35		有机制冷剂，低冷凝压力工况
	5	20[b)]	–	50	–	0	–	GB/T19410-2008	高冷凝压力工况
	5	20[b)]	–	40	–	0	–		低冷凝压力工况
	7.2	18.3	–	54.4	46.1	–	35	GB/T18429-2001	–
	7.2	35	–	54.4	–	8.3	35	GB/T15765-2014	大过热度工况
	7.2	18.3	–	54.4	–	8.3	35		小过热度工况
中温	−6.7	18.3	–	48.9	–	0	35	GB/T10079-2001	有机制冷剂
	−6.7	4.4	–	48.9	48.9	–	35		–
	−10	–	10或5[a)]	45	–	0	–	GB/T19410-2008	高冷凝压力工况
	−10	–	10或5[a)]	40	–	0	–		低冷凝压力工况
中低温	−15	−10	–	30	25	–	35	GB/T10079-2001	无机制冷剂

续表

类型	吸气饱和(蒸发)温度/℃	吸气温度/℃	吸气过热度/℃	排气饱和(冷凝)温度/℃	液体再冷温度/℃	液体再冷度/℃	环境温度/℃	标准号	备注
低温	-31.7	18.3	-	40.6	-	0	35	GB/T10079-2001	有机制冷剂
	-35	-	10或5[a]	40	-	0	-	GB/T1941-02008	-
	-31.7	4.4	-	40.6	40.6	-	35	GB/T1842-92001	-
	-23.3	32.2	-	54.4	32-2	-	32.2	GB/T9098-2008	-
汽车空调用	-1.0[c]	9	-	63	63	-	≥65	GB/T21360-2008	涡旋压缩机转速为3000,其他压缩机为1800

注:1.在GB/T 19410-2008中,a)用于R717;b)是吸气温度适用于高温名义工况,吸气过热度适用于中温、低温名义工况;

2.在GB/T 21360-2008中,c)是对于变排量压缩机,压缩机控制阀的设定压力为-1.0时的饱和压力;

3."-"表示相应标准对此项未进行规定。

4.4.2　压缩机的性能参数

1.制冷量与制热量

制冷量和制热量是表征压缩机容量大小的指标,是指将该压缩机应用于制冷或热泵装置中,在给定工况下能够输出的制冷或制热能力。

(1)各类压缩机制冷量φ_0可统一表示为

$$\varphi_0 = m_{re} q_0 = m_{re}(h_{e,o} - h_{e,i}) \quad \text{kW} \tag{4-19}$$

式中,m_{re}——蒸发器中制冷剂的质量流量,kg/s;

q_0——单位质量制冷剂的制冷能力,kJ/kg;

$h_{e,i}$——蒸发器入口制冷剂比焓,kJ/kg;

$h_{e,o}$——蒸发器出口制冷剂比焓,kJ/kg。

对于容积式压缩机而言,φ_0也可表示为

$$\varphi_0 = \eta_v V_h \frac{(h_{e,o} - h_{e,i})}{v_1} \quad \text{kW} \tag{4-20}$$

式中,V_h——压缩机的理论输气量,m^3/s;

η_v——压缩机的容积效率;

v_1——压缩机吸气制冷剂比容,m^3/kg。

2.制热量

各类压缩机的制热量可统一表示为

$$\varphi_k = m_{rc} q_k = m_{rc}(h_{c,i} - h_{c,o}) \quad \text{kW} \tag{4-21}$$

式中,m_{rc}——冷凝器中制冷剂的质量流量,kg/s;

q_k——单位质量制冷剂的冷凝负荷,kJ/kg;

$h_{c,i}$——冷凝器入口制冷剂比焓,kJ/kg;

$h_{c,o}$——冷凝器出口制冷剂比焓,kJ/kg。

压缩机的制热量通常是以单级压缩热泵循环为基准进行定义的,故对于容积式压缩机而言,φ_k可表示为

$$\varphi_k = \eta_v V_h \frac{(h_{c,i} - h_{c,o})}{v_1} \quad \text{kW} \tag{4-22}$$

式中,$h_{c,i}$——冷凝器入口制冷剂比焓,kJ/kg;

$h_{c,o}$——冷凝器出口制冷剂比焓,kJ/kg。

3.耗功率

图4-25给出了各类压缩机的能量传递及损失图。从图中可以看出,在电机输入能量中只有一部分(P_{th})才是真正用于制冷剂气体的等熵压缩过程,而其余能量则损失在电机、传动、机械和内压缩等诸多能量传递环节。因此,压缩机的输入功率可计算为

$$P_{in} = \frac{P_{th}}{\eta_{el}} \quad \text{kW} \tag{4-23}$$

式中,P_{th}——等熵压缩功率(参见第2章),kW;

η_{el}——压缩机的电效率。

对于封闭式压缩机,由于压缩机和电机为一体化结构,故

$$\eta_{el} = \eta_i \eta_m \eta_d \eta_{mo} \tag{4-24}$$

式中,η_i, η_m, η_d, η_{mo}分别表示压缩机的指示效率、机械效率、传动效率和电机效率。

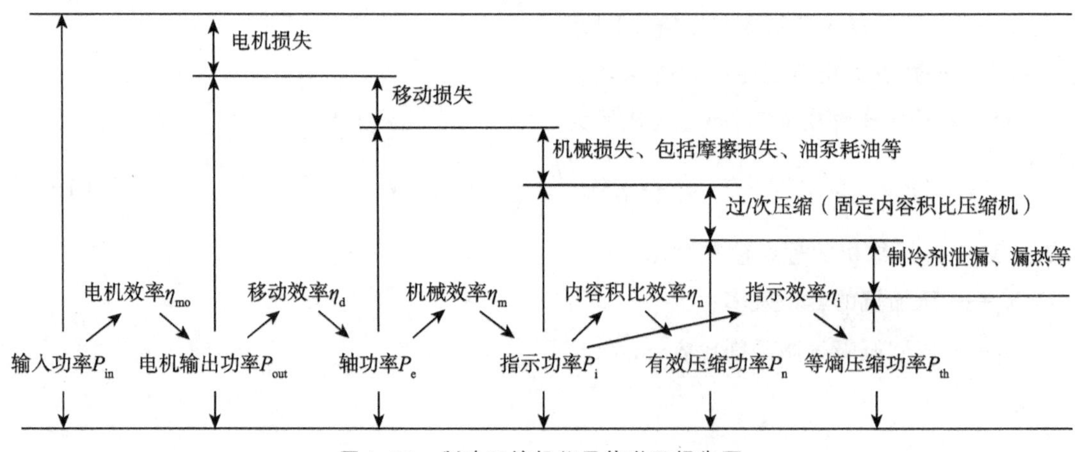

图4-25 制冷压缩机能量传递及损失图

对于电机外置的开启式压缩机，压缩机的输入功率是外部动力提供给压缩机的轴功率，故开启式压缩机的电效率中不包含传动效率η_d和电机效率η_{mo}，故η_{el}列由式(4-25)计算：

$$\eta_{el}=\eta_i\eta_m \tag{4-25}$$

下面对影响压缩机输入功率的上述四个效率分别进行说明：

(1)指示效率：表征压缩机实际内压缩过程偏离等熵压缩过程的程度。指示效率等于$p-V$图上理想等熵压缩过程所包围面积与实际压缩过程所包围面积的比值。影响压缩机指示效率的因素除制冷剂泄漏、热量传递等外，对于固定内容积比压缩机(涡旋压缩机和螺杆压缩机)而言，还包括内容积比效率η_n。

对于内容积比固定的压缩机，由于其独特的结构，其压缩终了时的压力p_2只与吸气压力p_1、内容积比v_i和压缩过程多变指数n有关，故其内压缩比ε_i为

$$\varepsilon_i=\frac{p_2}{p_1}=\left(\frac{V_1}{V_2}\right)^n=v_i^n \tag{4-26}$$

当压缩终了压力p_2小于系统排气压力p_k时，压缩机处于欠压缩状态，在排气口打开瞬间，排气管道内压力为p_k的气体冲入压缩腔中，使腔内压力迅速上升到系统排气压力p_k，此过程造成的额外功耗如图4-26(b)所示。

当压缩终了压力p_2大于系统排气压力p_k时，压缩机处于过压缩状态，压缩腔内压力为p_2的制冷剂在排气口打开瞬间冲出压缩腔，腔内制冷剂迅速膨胀到系统排气压力p_k，此过程造成的额外功耗如图4-26(c)所示。

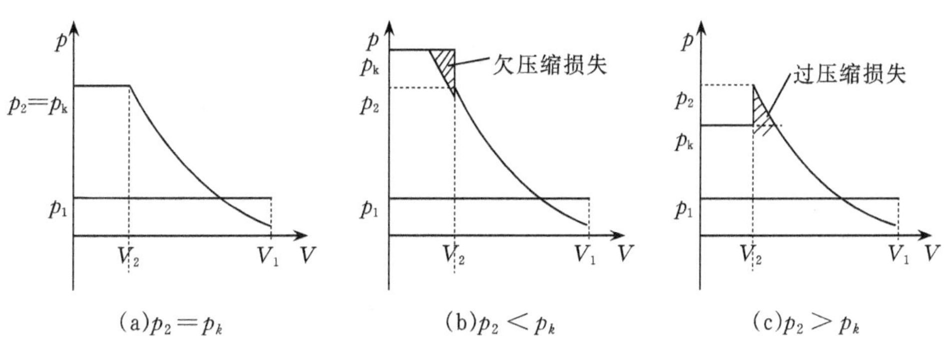

(a)$p_2=p_k$　(b)$p_2<p_k$　(c)$p_2>p_k$

图4-26 压缩过程的欠压缩与过压缩

内容积比效率η_n是描述固定内容积比压缩机出现欠、过压缩对压缩机指示效率的影响程度，是图4-26中内压缩过程中的总功耗(黑框内的总面积)与额外功耗(标出带斜线的三角形面积)的差与总功耗的比值，可以看出，系统排气压力p_k偏离压缩终了压力p_2越远，则压缩机的内容积比效率越低。图4-27为$n=1.15$时，随系统外压缩比(p_k/p_1)的变化情况。以内容积比v_i等于2为例，只有当系统的外压缩比等于压缩机的内压缩比($\varepsilon_i=2^{1.15}=2.2$)时，压

缩机的η_n才为1(如图4-27和图4-26(a)所示)系统的压缩比偏离压缩机内压缩比都将导致压缩机η_n下降,且η_n对过压缩更为敏感。当然,有些压缩机具有内容积比调节装置,可根据运行工况的变化调节内容积比,从而解决上述问题。图4-28示出了不同内容积比和内容积比可调的R22螺杆式制冷压缩机的指示效率η_i随外压比的变化曲线。可见,内容积比可调的压缩机的指示效率η_i比固定内容积比更高。

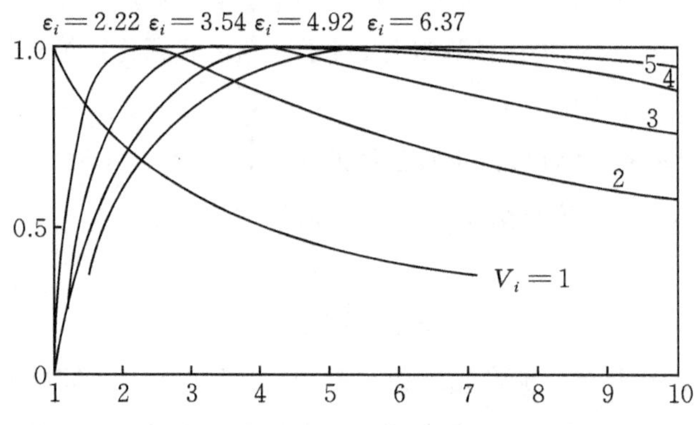

图4-27　内容积比效率随系统外压缩比的变化情况

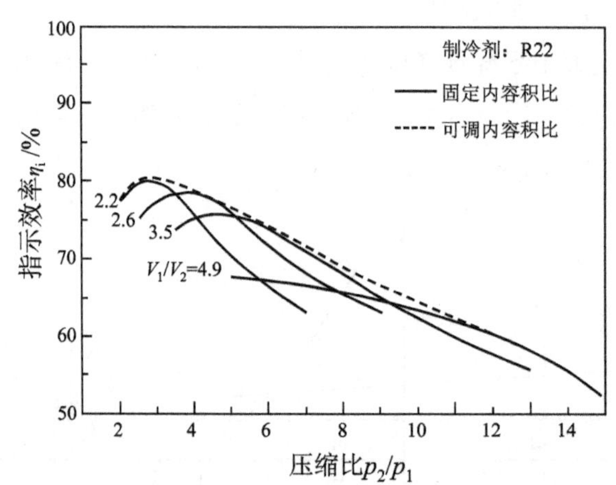

图4-28　典型R22双螺杆压缩机的指示效率

(2)机械效率η_m:机械效率是指示功率与轴功率的比值。它主要受压缩机内动力传输过程的各种摩擦影响。因此,动力传输路径短、动态平衡性好的压缩机具有较高的机械效率。

此外,随着压缩比的增大,摩擦力将增加,因此压缩机的机械效率普遍降低。对于含油泵的压缩机,机械损失还包含油泵的能耗。

(3)传动效率η_d:表征电机输出功率传递到压缩机轴的过程中的能量损耗情况。对于电机与压缩机共轴的情况,图4-28是典型R22双螺杆压缩机的指示效率传动效率η_d=1,当前,制冷空调压缩机多为此类。对于电机与压缩机通过增速齿轮连接的压缩机,传动效率η_d

超过0.98，非直连离心式压缩机属于此类；当电机与压缩机通过皮带连接时，传动效率η_d为0.90～0.95。

(4)电机效率η_{mo}：表示电机输出轴功率与电机输入电功率之比，其受到电机铜损铁损等因素的影响。三相电机的效率普遍高于单相电机，直流无刷电机的效率高于交流感应电机。

在实际压缩机或系统性能计算中，除采用上述通用的效率法进行计算外，也可从压缩机生产厂家提供的基于实验结果的性能曲线中直接获得。图4-29即为某开启式活塞压缩机的性能曲线，图中给出了压缩机的制冷量和轴功率随冷凝温度和蒸发温度的定量变化关系。

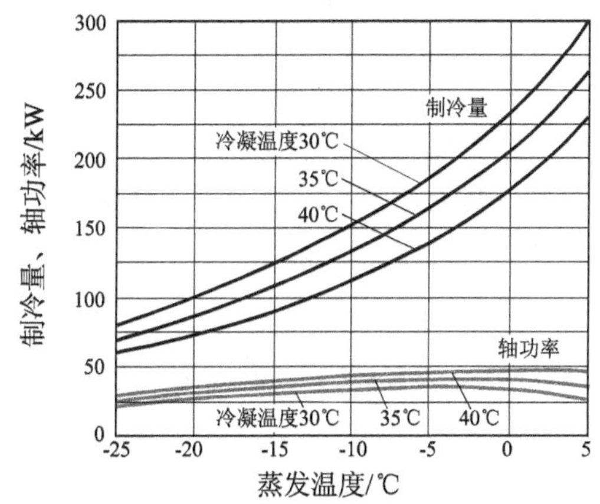

图4-29　某开启式活塞压缩机的性能曲线(再冷度0℃，吸气温度18.3℃)

4.性能系数

压缩机的能效指标采用性能系数(Coefficient of Performance，COP)表示，包括制冷系数COP_c和制热系数COP_h，分别表示压缩机制冷量和制热量与输入功率之比。即

$$COP_c=\frac{\varphi_0}{P_{in}}\text{和}COP_h=\frac{\varphi_k}{P_{in}}\ \text{kW/kW} \tag{4-27}$$

制冷量φ_0和制热量φ_k已由前文所述方法计算获得，因此，计算压缩机性能系数的重点在于确定压缩机的输入功P_{in}。特别需要强调的是，开启式压缩机的输入功率为轴功率。

4.4.3　工况对压缩机性能的影响

对于结构和转数一定(或压缩机的理论输气量为常数)的压缩机而言，只有吸气比容、容积效率和单位质量制冷能力q_0($q_0=h_{e,o}-h_{e,i}$)影响压缩机的制冷量。而影响容积效率的主要因素是压缩机的压缩比(p_k/p_0)，也就是说，随着排气压力(或冷凝压力)的增加、吸气压力(或蒸发压力)的降低，压缩机的容积效率η_v减小。

图4-30和图4-31分别表示出了冷凝温度和蒸发温度变化时对单位质量制冷能力、单位质量压缩功w_c、吸气比容v的影响关系(图中，再冷度和过热度均为0)。

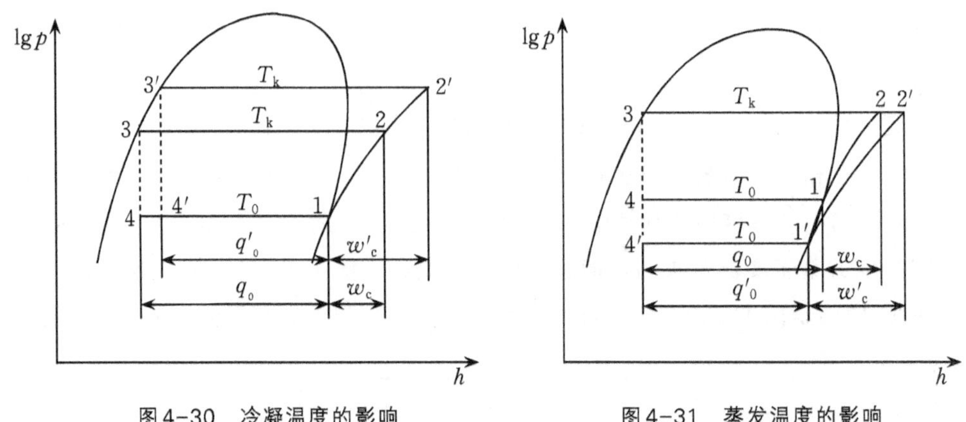

图4-30　冷凝温度的影响　　　　图4-31　蒸发温度的影响

从图4-30中可以看出：当蒸发温度不变时，随着冷凝温度的升高，单位质量制冷能力q_0减小，单位质量压缩功增大，由于吸气比容v不变，故其质量流量$m_r(\eta_v V_h/v_1)$变化很小（其变化量仅取决于容积效率η_v），因此，压缩机的制冷量减小，耗功率P_{in}增大，制冷系数COP_c降低。反之亦然。

从图4-31可知：当冷凝压力不变时，随着蒸发温度的升高，单位质量制冷能力q_0增大，吸气比容v减小使得制冷剂的质量流量m_r增大，二者共同影响使得压缩机的制冷量增大；另一方面，虽然单位质量压缩功ω_c减小，但质量流量m_r增大，其综合效果体现在压缩机的耗功率$P_{in}(=m_r\omega_c/\eta_{el})$随蒸发温度的升高先逐渐增大（此时$m_r$增大占主导地位），达到最大值($P_{in,max}$)后再逐渐减小（此时$\omega_c$减小占主导地位）。其中，耗功率最大值($P_{in,max}$)时的工况通常称为最大功率工况。因此，在压缩机设计和运行调控时，必须关注最大功率工况的特点，以防电机过载而烧毁。

4.5　压缩机的运行界限

压缩机运行界限

在压缩机的使用过程中，必须保证压缩机运行在厂家规定的运行界限范围内，否则压缩机在恶劣条件下长期运行将导致压缩机损毁。压缩机的运行界限是指压缩机运行时的蒸发温度（蒸发压力）和冷凝温度（冷凝压力）的界限，通常表示为以蒸发温度为横坐标、冷凝温度为纵坐标的二维坐标图中的一个多边形区域。

图4-32分别给出了R22、R134a和R404A（或R507）单级半封闭螺杆压缩机的运行界限。不同的压缩机、不同的制冷剂、不同的电机配置均导致压缩机的运行界限不同。

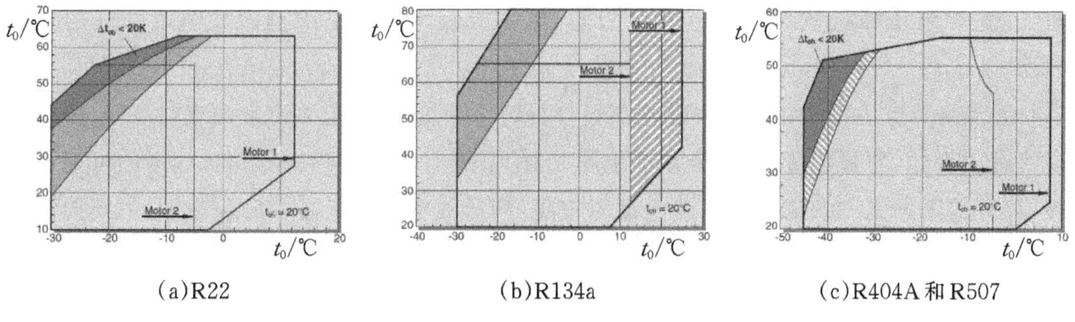

(a)R22　　(b)R134a　　(c)R404A和R507

图4-32　单级半封闭压缩机的运行界限

实际上,制冷压缩机的运行界限受电机、润滑油、机械结构、效率等因素的综合影响。图4-33表示出了影响运行界限的主要原因。

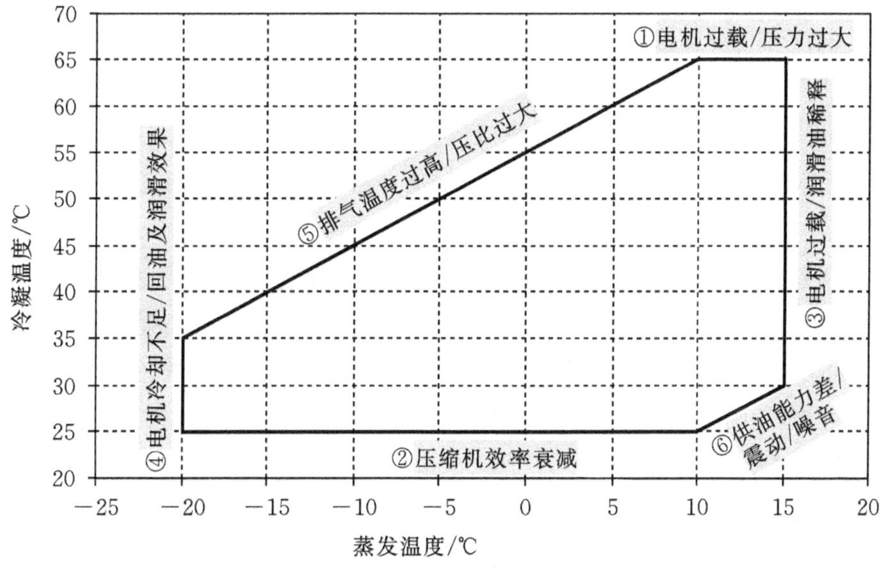

图4-33　限制压缩机运行范围的主要因素

概括起来,可以总结出如下结论(下列序号对应图4-33中多边形边上的序号):

①最高冷凝温度限制。当蒸发温度一定时,随着冷凝温度的提高,压缩机的功耗快速增加,由此导致电机负载快速增加。为防止电机过载烧毁,所以冷凝温度不应过高。此外,冷凝温度高时,冷凝压力也高,压缩机壳体和排气管路承受较高的对环境压力差,存在破裂的风险,这是限制冷凝温度不能过高的又一原因。

②最低冷凝温度限制。理论上讲,当蒸发温度一定时,随着冷凝温度降低,等熵压缩功将降低,在制冷量不变的前提下,压缩机的能效水平将逐渐提升。但实际上,动力传输过程中的各种损耗并不随冷凝温度的降低而显著减小,由此导致压缩机总功耗并不显著降低。此外,对于固定内容积比压缩机,此时压缩机处于过压缩状态,内容积效率和指示效率将快

速下降，导致压缩机效率大幅下降。因此，压缩机效率衰减是限制冷凝温度降低的主要原因。

③最高蒸发温度限制。蒸发温度高可以提高压缩机效率，但当蒸发温度过高时，压缩机吸气密度增加、质量流量增大，导致压缩机功耗大幅增加，因此存在压缩机过载的可能。此外，较高的蒸发温度意味着润滑油的油温较高，润滑油中融入了更多的制冷剂，由此导致润滑油被稀释，润滑效果变差，甚至有导致机械部件严重磨损的可能。

④最低蒸发温度的限制。当蒸发温度低时，压缩机吸气密度小，制冷剂循环量不足，电机的冷却效果变差；另一方面，蒸发温度过低会导致润滑油黏度增加，润滑油从蒸发器返回压缩机或者从压缩机油池送达各摩擦表面的难度增加，有可能导致润滑失败。

⑤最高排气温度和最高压缩比限制。压缩机运行界限的左上角主要受到这两个因素的限制。这两个因素的限制线可能重合也可能不重合。随着冷凝温度提高和蒸发温度降低，压缩机排气温度和系统压缩比显著增加。过高的排气温度将导致润滑油的碳化。过高的排气温度和过大的压差均能造成压缩部件的过度变形，可能导致咬合情况发生。对于固定容积比压缩机而言，过高的系统压缩比将导致压缩机处于严重的欠压缩状态，不仅导致压缩机效率降低，而且在排气过程中大压差制冷剂回流冲击压缩部件，长期运行则存在疲劳断裂风险。

⑥最小压差限制。压缩机运行界限的右下角主要受到这一因素的限制。随着冷凝温度的降低和蒸发温度的提高，压缩比将逐渐减小，由此导致靠吸、排气压差供油的压缩机出现供油动力不足，润滑效果变差的问题。另外，部分压缩机依靠吸、排气压差或者压缩中段压力（背压）与吸气压力差实现部件密封或动力平衡，过小的压差将导致密封不严，运动部件稳定性降低，噪声增大。

受单级压缩机的运行界限的限制，为达到更低的蒸发温度或更高的冷凝温度，则需采取必要的技术措施以扩大压缩机的运行界限，或采用多级压缩或复叠式制冷循环。

思考题与习题

4－1 活塞式制冷压缩机的分类有哪些？并说明逆流式的优缺点。

4－2 简单说明螺杆式制冷压缩机的工作过程及特性。

4－3 喘振现象发生在什么类型的制冷压缩机，并解释该现象？

4－4 分析喘振现象发生的原因以及提出解决方法。

第5章　制冷装置的换热设备

5.1　冷凝器

冷凝器的作用是将压缩机排出的高压蒸气冷凝成液体，以便在制冷系统中循环使用。在制冷系统中，冷凝器将冷凝热量传递到周围环境中去；在热泵系统中，冷凝器是供热设备，或对热媒进行加热，或直接对房间供热。

制冷系统中冷凝器按冷却介质不同可分为：①水冷式，用水作冷却介质；热泵系统中是制备热水的冷凝器。②风冷式冷凝器，用空气作冷却介质；热泵系统中是直接加热空气的冷凝器。③水—空气式冷凝器（热泵系统不用此类冷凝器），用水和空气作冷却介质，其中又可分为两种，一种是淋激式，其冷凝热量靠水的温升和水蒸发所带走；另一种为蒸发式，其冷凝热量靠水蒸发所带走。

5.1.1　水冷式冷凝器

冷凝器种类和工作原理

按结构形式可分为以下三种：壳管式、套管式和焊接板式。

1.壳管式冷凝器

壳管式冷凝器的结构形式分为卧式和立式两种。图5-1为卧式壳管式冷凝器结构示意图。壳体一般用钢板卷制成圆筒形，换热管通过胀接方法固定在管板上，两端用端盖封闭。端盖内有分隔板，将传热管簇分成几个管组（或称几个流程）后，可提高管内流速，增强换热。卤代烃类制冷剂冷凝器的传热管采用管外有低肋的铜管。

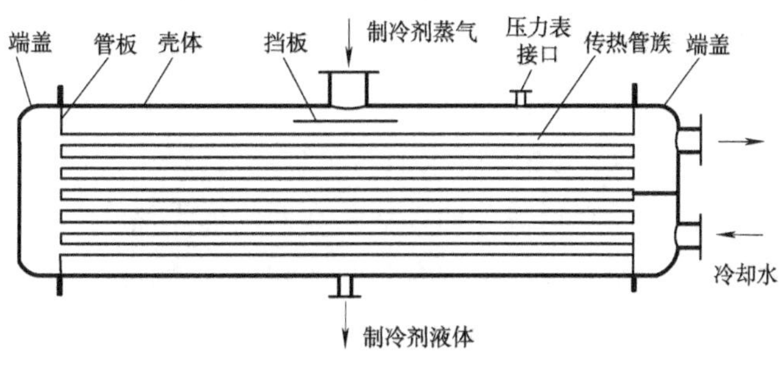

图5-1　壳管式冷凝器

制冷剂蒸气从外壳的上部进入，在入口设钻有小孔的挡板，以使蒸气在壳体内向左、右扩散后比较均匀地分布在管簇上。冷却水从一端封盖的下部进入，顺序通过每个管组，最后从上部流出。此外，根据系统的情况和制冷剂的特点，在冷凝器上还可能有一些其他接口，如安全阀接口、平衡管接口(与储液器组成连通器时用)、放空气管接口、放油接口等。

卧式壳管式冷凝器的传热性能好,管理维护方便,是应用比较普遍的一种冷凝器,可用于3～35000kW的小、中、大型系统中。在制造厂组装成整机的水冷式制冷机组(如冷水机组、空调机组等)中经常使用这类冷凝器。

壳管式冷凝器的另外一种形式是立式,与卧式的区别是圆筒立置:上部无端盖,而是敞开的配水箱,把冷却水分配到传热管内;下部也无端盖,使经传热管吸热后的冷却水流入下部的水池。立式冷凝器只用于大中型氨制冷系统中,通常安装在室外,占地面积少,详细结构参阅文献[11]。

2.套管式冷凝器

图5-2为套管式冷凝器的结构示意图,它是由不同直径的管子套在一起,并弯制成螺旋形或蛇形的水冷冷凝器。冷却水在内管内自下而上流动,制冷剂在外套管内自上而下流动。冷却水与制冷剂成理想的逆流换热。传热系数约为930W/(m²·K)。这种冷凝器总长不宜过大,否则,不仅冷却水流动阻力大,而且由于下部集聚较多的冷凝液而使得传热管面积不能充分利用。

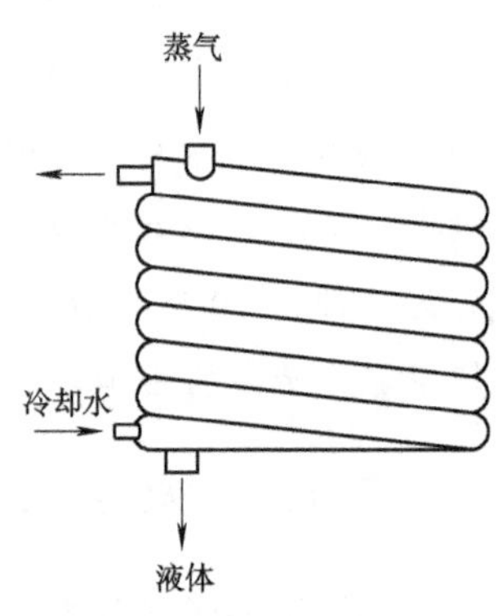

图5-2　套管式冷凝器

套管式冷凝器结构简单、易于制造,传热性能好,可获得较大的过冷度。它的缺点是冷却水的流动阻力大,金属耗量大。这类冷凝器适用于小型氟利昂制冷系统中。

3.焊接板式冷凝器

焊接板式冷凝器(见图5-3)由若干张波纹板片经焊接密封组合而成,板上的四孔分别为冷热两种流体的进出口,在板四周的焊接线内,形成传热板两侧的冷热流体通道,在流动过程中通过板壁进行热交换。制冷剂蒸气从上部右侧接口进入,冷凝液从同侧的下部排出;冷却水从下部的左侧进入,从同侧的上部排出;制冷剂与冷却水成理想的逆流换热。当制冷剂系统中含有不凝性气体时,会大大降低传热系数,通常尽量降低冷凝器内的液位,以使不凝性气体随液体排出。降低液位的办法是在系统内设储液器。降低液位还可以避免冷凝液淹没部分传热面积而降低换热能力。

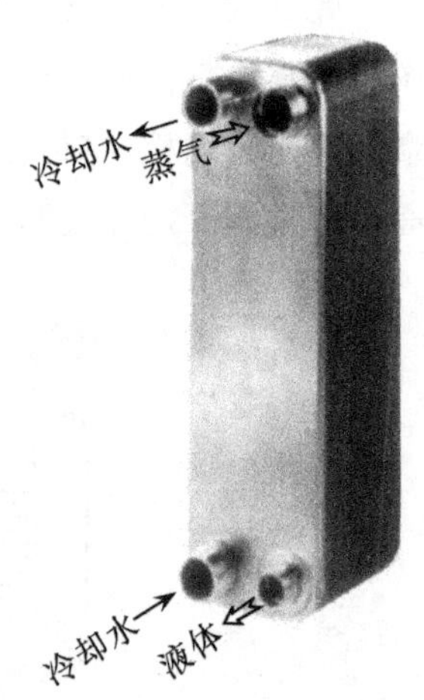

图5-3　焊接板式冷凝器

焊接板式冷凝器与卧式壳管式冷凝器相比的优点有:结构紧凑、重量轻、传热性能好,由于内部空间小,制冷剂充注量少。缺点有:内部渗漏不易发现。如有漏点,焊接板式冷凝器就无法修复,由于板间距小冷却水中有杂质时易堵塞,板间的水垢不易清除。因此焊接板式冷凝器对水质要求高。焊接板式冷凝器常用于12～350kW范围内的系统中。

5.1.2 风冷式冷凝器

风冷式冷凝器按空气侧的换热方式分，有自然对流式和强迫对流式两类。自然对流式的风冷式冷凝器的传热系数低，一般仅用于小型制冷机中，如电冰箱、冷藏柜等。

强迫对流换热的风冷式冷凝器是空调机、冷水机组、热泵等机组常用的冷凝器，其结构如图5-4所示。在卤代烃制冷剂的制冷系统中都采用在铜管上套整张铝肋片结构。制冷剂在管内冷凝，空气在风机动力作用下从管外肋片间流过，带走冷凝热量。铝片厚度一般为0.12～0.2mm，片距为1.5～3.5mm；为增强铝片的刚度和增加对气流的扰动，铝片都冲压成波纹片或条缝片。沿空气流动方向的管排数一般为2～6片。管簇可以是顺排或叉排，叉排的传热系数高于顺排。铜管有光管和内螺纹管两类，后者的传热系数(以管外计)比前者约增加10%～20%。风冷式冷凝器可以是直立布置(见图5-4)、V形布置或水平布置。直立布置有平直形(见图5-4)和L形、U形(俯视图上呈L形、U形)，直立布置用于小型制冷或热泵机组中。风冷式冷凝器与水冷式冷凝器相比的优点有：它组成的制冷或热泵机组，系统比较简单；一般不会被腐蚀，尤其在空气有污染的工厂区，空气中的污染物通过冷却塔溶入冷却水中，进而腐蚀管路与设备，而风冷式冷凝器就不受其影响。其缺点有：风冷式冷凝器的传热系数小，为减小传热面积，通常采用较大的传热温差，因此它的冷凝温度比水冷式冷凝器(用冷却塔的冷却水)高，在同一地区约高7～16℃(与地区的室外干、湿球温度有关)；因此，同一制冷量所需匹配的制冷压缩机的容量，风冷式大于水冷式的；风冷式机组的运行费用及设备费用均高于水冷式机组。风冷式冷凝器适宜用于缺水地区或不适合用水冷的场所(如家用空调器)，以及空气源热泵机组中，适用于2～1800kW的系统中。

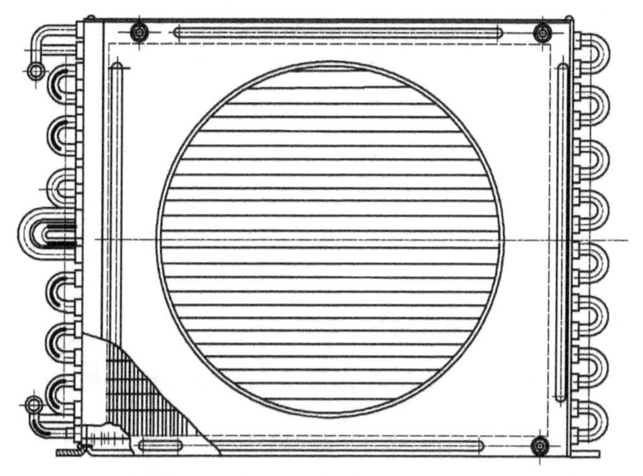

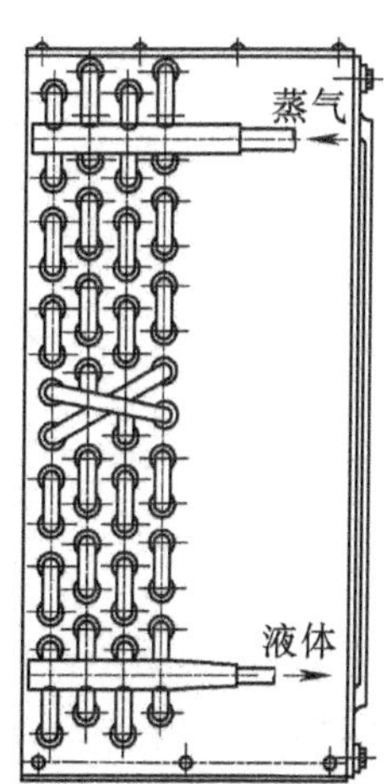

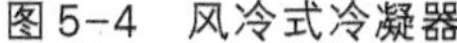

图5-4 风冷式冷凝器

5.1.3 蒸发式冷凝器

蒸发式冷凝器主要利用盘管外侧喷淋冷却水蒸发时的汽化潜热，而使盘管内制冷剂蒸气凝结的。蒸发式冷凝器由换热器、水系统和风机组成。按风机的位置不同有吸入式和压送式两种类型，如图5-5所示。冷凝器的传热是由钢管、铜管或不锈钢管制成的蛇形换热盘管。制冷剂蒸气从上部进入管内，冷凝后的液态制冷剂从盘管的下部排出。所有管都稍向制剂流动为方向倾斜，以利于冷凝液排出。冷却水由水泵从水盘吸出，经淋水装置喷嘴均匀喷洒于盘管外表面上。盘管表面的水膜吸收由管内传出的冷凝热量；而后与逆流而上的空气进行热质交换，冷凝热量随部分水的蒸发而迁移到空气中去，热湿空气从上部排到环境中去，大部分冷却水又落入下部水盘。为防止空气带走蒸发的水滴，上部装有挡水板。挡水板通常用聚氯乙烯(PVC)板制成。风机装在上部，盘管位于风机吸入端，称吸入式，由于其气流均匀通过盘管，传热效果好，但风机电机在高温、高湿环境下工作，易发生故障。风机装在下部，盘管位于风机的压出端，称压送式，其优缺点与吸入式相反。

有时在挡水板上部安装1排或2排翅片管，对过热蒸气进行预冷，去除过热度，如图5-5(a)所示。其作用有：使进入盘管的制冷剂温度降低到接近饱和温度，可减轻盘管外表面结垢，充分利用排出空气及所夹带的雾状水滴的冷却作用。

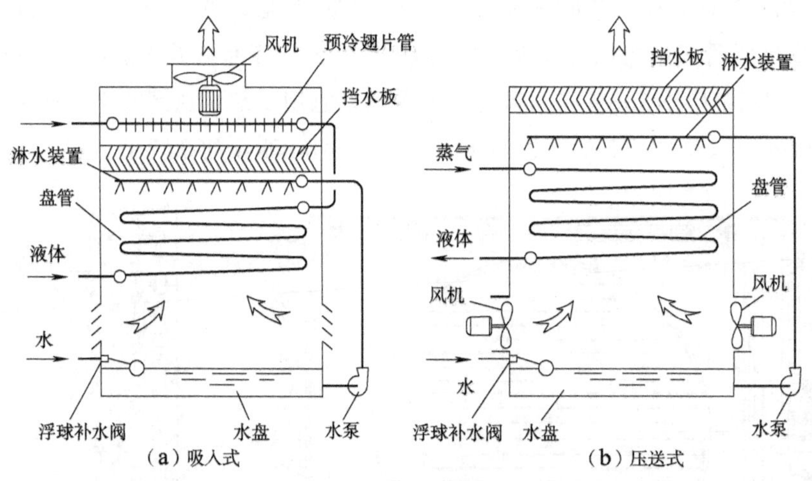

图5-5 蒸发式冷凝器结构示意图

为使下降的水进一步蒸发冷却，有的蒸发式冷凝器盘管下面增加一层冷却塔的填料层，它的作用是降低喷淋水的温度。图5-6为这种改进型的蒸发式冷凝器：盘管/填料型蒸发式冷凝器，在冷凝盘管下部保留一段有填料的热交换层。冷凝器的上部相当于吸入式的蒸发冷凝器，下部相当于冷却塔。在风机作用下，室外空气向下掠过盘管(与喷淋水顺流)，然后经挡水板进入右侧的静压箱。冷却水经盘管后流入下部的冷却塔填料层中被另一股空气流冷却。

因此，喷淋在盘管上冷却水的水温比常规蒸发式冷凝器的要低，可以比常规蒸发冷凝器获得较低的冷凝温度。

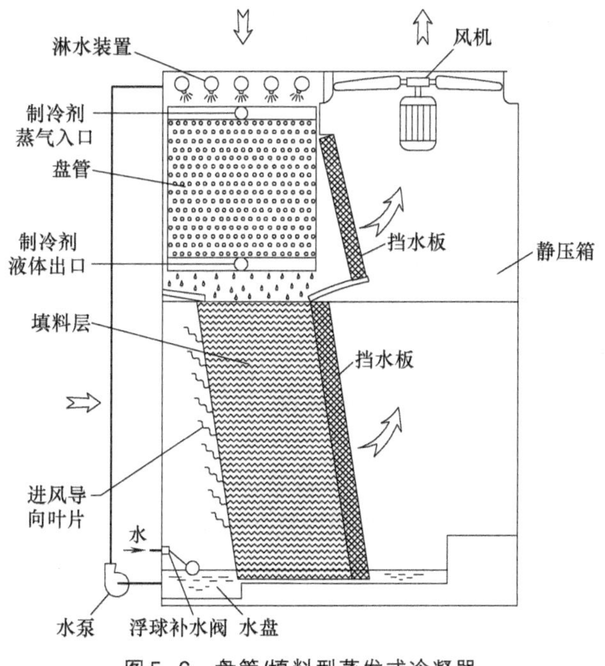

图5-6　盘管/填料型蒸发式冷凝器

蒸发式冷凝器的盘管一般采用圆形光管，因光管不易结垢，而且易于清除外表面污垢。为提高换热性能，有些公司生产的冷凝器采用异型管：椭圆管或波节管。

盘管的材质是碳钢时，需对表面进行热镀锌防腐。蒸发式冷凝器的循环水由于水不断蒸发，水中的矿物质和其他各种杂质的含量增加，因此，必须定期检查水质，定期排污和清洗水盘，这样才能较好地控制水质和减缓污垢。水质太差的地区，应考虑软化处理。

蒸发式冷凝器与水冷式冷凝器＋冷却塔组合相比的优点是结构紧凑；冷却水循环水泵的流量、扬程小，因此耗功率小；可获得较低的冷凝温度。缺点是制冷剂管路长，冷剂充注量较多。蒸发式冷凝器与用直流供水（江、河、湖水等）的水冷冷凝器相比，耗水量少。因为后者靠水温升带走冷凝热量，1kg水温升高6～8℃，只能带走25～35.5kJ的热量；而1kg水蒸发能带走约2450kJ的热量。蒸发式冷凝器的理论耗水量仅为水冷式冷凝器的1/98～1/68，考虑到排污及飘水损失，实际耗水量约为水冷式的1/50～1/40。蒸发式冷凝器的冷凝温度高于直流供水的水冷式冷凝器。

蒸发式冷凝器与风冷式冷凝器相比，其冷凝温度较低，尤其是在干燥地区更明显，但运行管理、维护不如风冷式冷凝器简单。

5.1.4 冷凝器的选择计算

冷凝器选择计算的任务是选择合适的冷凝器类型和计算冷凝器传热面积，确定定型产品的型号与规格。对于水冷式和风冷式冷凝器，还需确定冷却介质的流量。

水冷式和风冷式冷凝器的传热面积计算公式为

$$\dot{Q}_c = kA\Delta t_m \tag{5-1}$$

式中，$\dot{Q}_c$——冷凝器的热负荷(冷凝热量)，W；

k——冷凝器的传热系数，W/(m²·℃)；

Δt_m——冷凝器的平均传热温差，℃；

A——冷凝器的传热面积，m²。

如果忽略压缩机、排气管路表面散失的热量，冷凝器的热负荷(冷凝热量)应为

$$\dot{Q}_c = \dot{Q}_e + \dot{W}_i \tag{5-2}$$

式中，$\dot{Q}_e$和$\dot{W}_i$分别是制冷或热泵系统的制冷量和指示功率，W。对于封闭式压缩机还应计入电机的发热量。

冷凝器设计计算

传热系数k与冷凝器传热表面形式、两侧的换热系数、污垢热阻等因素有关，详细计算参见文献[11]、[18]。表5-1中列出了常用冷凝器传热系数的推荐值。

表5-1 冷凝器传热系数、冷却介质温差、传热温差推荐值④

冷凝器形式	制冷剂	k或k_v	t_2-t_1	Δt_m	t_c-t_1	备注
卧式壳管式	卤代烃卤代烃R22	800～1000 700～900 1000～1500 约5000	4～6① 5② 5 5	5～7 5～7 5～7		低肋管 高效管 Turbo-C高效传热管
立式壳管式	氨	700～800	1.5～3①	5～7		
套管式	卤代烃	1000～1200	5	5～7		
焊接板式	卤代烃	1650～2300	5	5～7		
风冷式	卤代烃，氨	25～35	5～10		14～17 8～11	蒸发温度7℃系统 蒸发温度-7℃系统
蒸发式	R22，R134a，氨	约55③ 约49			10～15	t_c-t_1中t_1指进口空气湿球温度
盘管/填料蒸发式	R22，R134a，氨				8～12	t_c-t_1中t_1指进口空气湿球温度

①《冷库设计规范》GB 50072-2001推荐值；②《民用建筑供暖通风与空气调节设计规范》GB 50736-2012；③根据文献[18]的数据按式(5-5)计算得到的值；④表中各参数的意义和单位见式(5-1)、式(5-3)、式(5-5)。

对于水冷式或风冷式冷凝器，制冷剂和冷却介质(水或空气)的温度在冷凝器内沿传热面的变化如图5-7所示。制冷剂在冷凝器内由过热蒸气→饱和液体→过冷液体，制冷剂在冷凝器内的过冷度很小，为简化计算，认为冷凝器内制冷剂的温度等于冷凝温度 t_c。因此，冷凝器内对数平均传热温差为

$$\Delta t_m = \frac{t_2 - t_1}{\ln\dfrac{t_c - t_1}{t_c - t_2}} \tag{5-3}$$

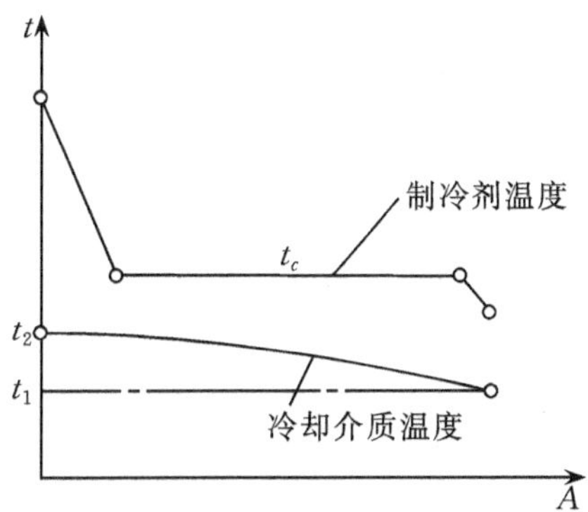

图5-7　水冷式、风冷式冷凝器制冷剂和冷却介质的温度沿传热面变化

式中，t_1、t_2——分别为冷却介质进、出冷凝器的温度，℃。

制冷系统中冷凝器的冷却介质进口温度 t_1 取决于当地气象条件或水源条件。如果冷却介质是冷却塔的冷却水，t_1 一般取当地夏季空调室外湿球温度加3.5～5℃；如果冷却介质是空气，t_1 可取夏季空调室外计算干球温度。冷却介质的出口温度 t_2 与冷却介质的流量有如下关系：

$$\dot{Q}_c = \dot{M}_c c(t_2 - t_1) \tag{5-4}$$

式中，$\dot{M}_c$——冷却介质(水或空气)的流量，kg/s；

c——冷却介质的定压比热，J/(kg·℃)。

t_c、t_2 的取值的高低各有利弊，它关系到能耗、设备费用、运行费用。如果 t_c 取得很高，则制冷系统的制冷量、性能系数减小，压缩机的功耗增加，运行费用增大；而这时传热温差 $\triangle t_m$ 将增大，所需的传热面积可减小，降低了冷凝器的设备费用。如果 t_2 取得高，则冷却介质的流量小，则相应风机、水泵流量小，功耗小；这时若冷凝温度不变，则冷凝器的传热面积需增大；若不加大冷凝器的传热面积，则需提高冷凝温度，从而带来冷凝温度升高的弊端。有关传热温差 $\triangle t_m$、冷却介质温升(t_2-t_1)的推荐值列于表5-1中。

热泵系统中的冷凝器，t_2、t_1 与供热用途有关。例如用于地板辐射采暖时，热水温度可低一些(如40℃)，用于空调中加热空气时，热水温度宜高一些(如≥45℃)。因此应综合考虑供热要求、热泵的 *COP*、系统的经济性等因素，确定 t_2、t_1 和 t_c。

对于蒸发式冷凝器，制冷剂与冷却介质的温度在冷凝器内的变化规律如图5-8所示。

图中曲线2是喷淋冷却水的温度变化过程，其中a-b和c-d分别是盘管的上方和下方区间水被蒸发冷却的水温变化；b-c是盘管区间的水温变化。图中曲线1和曲线3分别为制冷剂温度和空气湿球温度的变化。有关冷凝温度的取值见表5-1。蒸发式冷凝器的传热、传质计算比较复杂。为便于计算，冷凝面积的计算用如下公式

$$\dot{Q}_c = k_{ev} A(h_c - h_{a,i}) \tag{5-5}$$

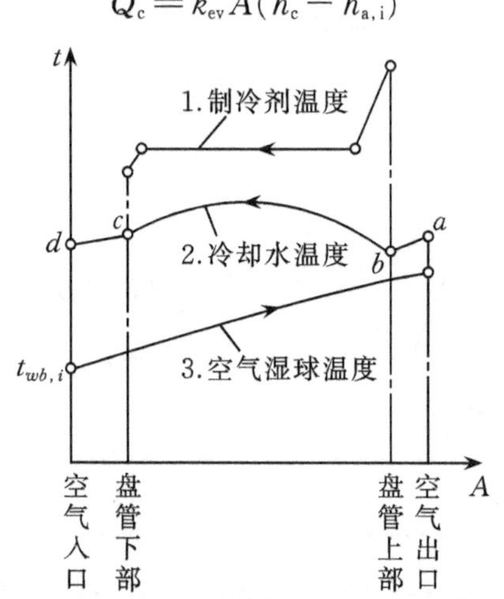

图5-8　蒸发式冷凝器制冷剂和冷却介质的温度变化

式中，h_c、$h_{a,i}$——分别相对于冷凝温度t_c的饱和空气比焓和入口空气的比焓，kJ/kg；

k_{ev}——以焓差为推动势的传热系数，kg/(m²·s)；

其他符号同式(5-1)。

k_{ev}通过试验来确定其值范围列于表5-1中，一般来说，t_c降低或湿球温度降低，其k_{ev}增大。式(5-5)中$h_{a,i}$可取当地夏季空调室外湿球温度对应的空气比焓。目前生产企业通常在产品样本中给出了各种规格的蒸发式冷凝器名义工况下的冷凝热量和不同制冷剂在不同进口湿球温度、冷凝温度下的修正系数。用户只需将已知冷凝热量乘以查得的修正系数，换算成名义工况的冷凝热量，即可选得适宜的蒸发式冷凝器。

5.2　蒸发器

蒸发器的作用是制剂液体吸取外界的热量汽化。蒸发器按照制冷剂的不同可分为用于冷却空气或各种液体的蒸发器。冷却空气的蒸发器按空气流动的方式分有自然对流式和强迫对流式两类。

5.2.1　液体蒸发器

目前空调中常用的液体蒸发器按结构方式分有：壳管式、水箱式、焊接板式。

蒸发器种类和工作原理

1.壳管式蒸发器

图5-9为两种类型的壳管式蒸发器的结构示意图。它们都是在平放的圆筒内,放置传热管簇。图5-9(a)所示蒸发器的制冷剂从下部进入,充满管外空间,淹没传热管束;管内走冷水(或盐水、乙二醇水溶液等冷媒)。制冷工程中,把充满液态制冷剂的蒸发器称为满液(Flooded)式蒸发器,因此,图5-9(a)的蒸发器称为满液式壳管蒸发器。为防止未蒸发的液滴随回汽进入压缩机,在蒸发器上部留有一定空间或设一液体分离器,以分离回汽中夹带的液体。卤代烃制冷剂的满液式壳管蒸发器的传热管采用低肋铜管或内外都带肋的高效传热管。氨用壳管式蒸发器传热管簇采用无缝钢管,这种蒸发器的底部都有集油罐,以定期放出带入蒸发器的润滑油。满液式壳管蒸发器适用的制冷量范围为90～7000kW。

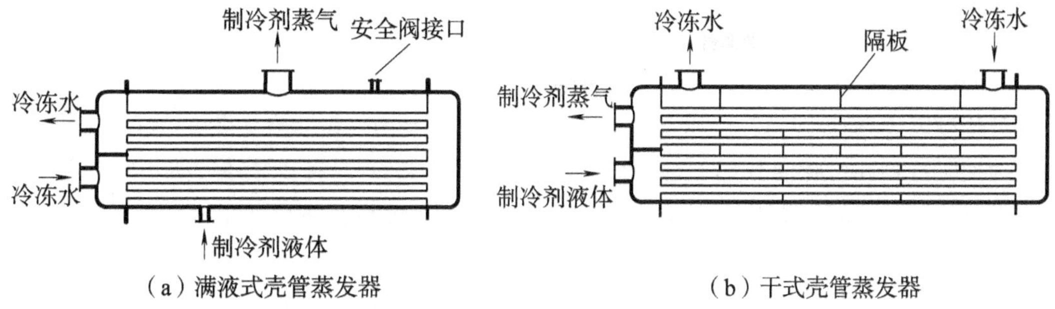

图5-9　壳管式蒸发器结构示意图

图5-9(b)所示蒸发器的制冷剂在管内流动并蒸发,而冷水(或盐水、乙二醇水溶液)在管外流动并被冷却。在制冷工程中,把制冷剂在管内随着流动而蒸发的蒸发器称为直接膨胀式(Diret-expasion))蒸发器,图5-9(b)所示的蒸发器习惯上被称为干式壳管蒸发器。这种蒸发器的传热管簇是光管、内螺纹管、内肋片管或波纹管等。干式壳管蒸发器适用的制冷量范围为7～3500kW。

满液式和干式壳管蒸发器相比,前者由于传热管与液体充分接触,传热性能优于后者。但前者制冷剂充注量多:受液柱的影响,下部蒸发温度略高一些;当润滑油与制冷剂溶解时,润滑油难以返回压缩机;水容量小,冻结危险性大。干式壳管蒸发器还具有可作冷凝器的特点,因此,经常用在既可供冷又可供热的热泵机组中。

2.水箱式蒸发器

水箱式蒸发器是由水箱和蒸发盘管组组成。水箱中通过被冷却的水、盐水或乙二醇水溶液等制冷剂在蒸发盘管组内蒸发。蒸发管组有多种形式,可分为:立管、螺旋形盘管或蛇形盘管。图5-10所示为水箱式蛇形蒸发器,它是在水箱中并列放置若干排蛇形管所组成,制冷剂经分液器分配到每排蛇形管内,汽化后的蒸气汇集到下部集管后再排出。为增强管外水侧的换热,在水箱纵向分成两部分,用搅拌器强制水顺管子流动,如图5-10(b)所示。直接膨胀式的蒸发管组也可以是盘管式的。这类直接膨胀式蒸发器通常用于小型卤代烃类制冷剂制冷系统中，制冷量范围为5～35kW。

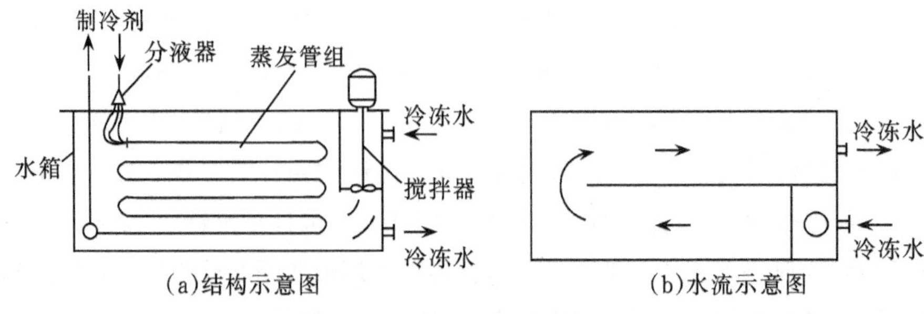

图5-10　水箱式蛇形蒸发器

水箱式蒸发器的水容量大，冻结危险性小。但水箱是开式的，易腐蚀，通常只用于开式的水系统中。

3.焊接板式蒸发器

焊接板式蒸发器的结构与焊接板式冷凝器的结构一样(参见图5-3)。制冷剂下进上出。为使制冷剂在各板间分配均匀，换热器的生产商采取了一些技术措施，如在各流道的入口处装节流小孔，或在板式换热器入口处装雾化器。焊接板式蒸发器也可作冷凝器用，因此，可在既能供冷水，又能供热水的热泵机组中采用。

焊接板式蒸发器相对于其他液体冷却器的优点是：结构紧凑、传热性能好、传热温差小、可提高蒸发温度。缺点是：渗漏不易发现；当由于某种原因(如水侧堵塞，流量减小)，导致蒸发器温度下降到0℃以下时，会导致板间水结冰，使蒸发器冻裂；全焊接板式蒸发器无法维修。这种蒸发器适用的制冷量范围为2～7000kW。

5.2.2　直接蒸发式空气冷却器

直接蒸发式空气冷却器的构造与风冷式冷凝器类似。一般都采用肋片管作传热面。被冷却空气在风机的作用下强迫从管外肋片间流过而被冷却，制冷剂在管内流动并蒸发吸热，在空调中广泛应用的直接蒸发式空气冷却器都采用在铜管上套整张铝肋片结构，如图5-11所示管排数一般为3～8排。空调用蒸发器的片距通常为2～3mm；蒸发温度低于0℃时，为避免因肋片结霜堵塞空气流动，片距需加大，一般为6～12mm。蒸发器的迎面风速通常为2～3m/s。

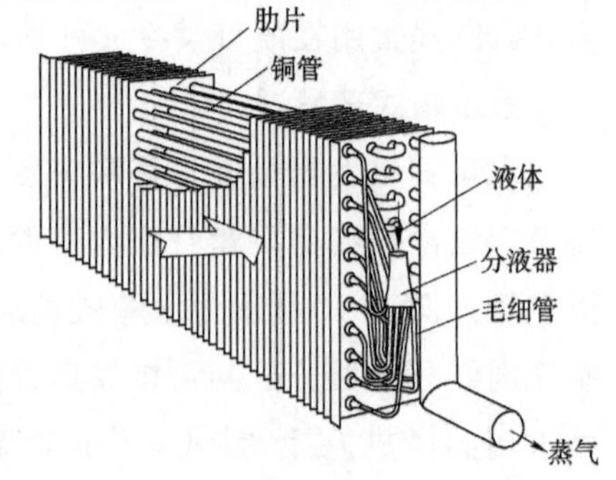

图5-11　直接蒸发式空气冷却器

直接蒸发式空气冷却器中制冷剂都分若干个通路，每一通路制冷剂分配是否均匀直接关系到冷却器的换热效果。所谓制冷剂分配均匀是指每一通路的质量流量相等、气液比例相同。因此，为保证每路制冷剂均匀分配，经节流后的制冷剂气液混合物需通过分液器和毛细管分配到每一路中去。图5-12为3种典型分液器的结构示意图。其中图5-12(a)是离心式分液器，来自节流阀的制冷剂气液混合物沿切线进入小室，混合均匀后从上部径向送出，经毛细管分别送到蒸发器的各通路中去。分液器保证了气液混合均匀；毛细管有较大阻力，且它们长短相等，弯曲度近似，从而保证了各路的制冷剂流量相等。图5-12(b)为碰撞式分液器，靠制冷剂与壁面撞击使气液混合均匀。图5-12(c)为降压式分液器，它利用制冷剂通过窄通道(文丘里管)使气液混合均匀。

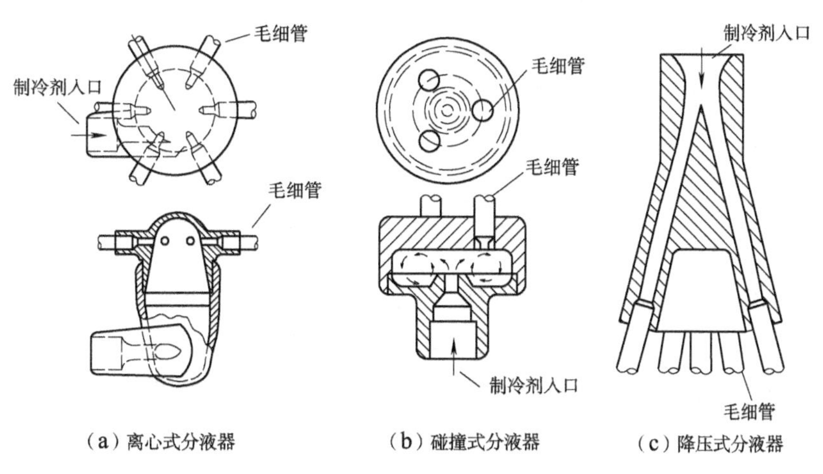

图5-12　3种典型分液器结构示意图

5.2.3　蒸发器的选择计算

蒸发器选择计算的任务是选择合适的蒸发器类型和计算蒸发器的传热面积，确定定型产品的型号与规格。蒸发器的传热面积计算公式为

$$\dot{Q}_e = kA\Delta t_m \tag{5-6}$$

式中，$\dot{Q}_e$——蒸发器的制冷量，W；

k——蒸发器的传热系数，W/(m^2·℃)；

A——蒸发器的传热面积，m^2；

Δt_m——蒸发器的平均传热温差，℃。

蒸发器的设计计算

对于冷却液体或空气的蒸发器，蒸发器的制冷量应为

$$\dot{Q}_e = \dot{M}c(t_1 - t_2) \tag{5-7}$$

$$\dot{Q}_e = \dot{M}(h_1 - h_2) \tag{5-8}$$

式中，$\dot{M}$——被冷却液体(水、乙二醇水溶液)或空气的质量流量，kg/s；

c——被冷却液体的比热，J/(kg·℃)；

t_1、t_2——被冷却液体进、出蒸发器的温度，℃；

h_1、h_2——被冷却空气进、出蒸发器的比焓,J/kg。

对于制冷系统,$\dot{M}$、c、t_1、t_2通常是已知的。例如,为空调系统制备冷水,其流量、出蒸发器的冷水温度(t_2)及回蒸发器的冷水温度(t_1)都是已知的。因此,蒸发器的热负荷$\dot{Q}_e$是已知的。对于热泵系统,进蒸发器的温度t_1与热泵的低位热源有关。例如,水作低位热源时,t_1决定于水体(河水、湖水、地下水、海水等)的温度。而t_2、$\dot{M}$的确定需综合考虑热泵的COP_h、经济性等因素确定。

蒸发器内制冷剂出口可能有一定的过热度,但过热所吸收的热量比例很小,因此在计算传热温差时,制冷剂的温度就认为是蒸发温度t_e,平均传热温差应为

$$\Delta t_m = \frac{t_1 - t_2}{\ln \dfrac{t_1 - t_e}{t_2 - t_e}} \tag{5-9}$$

$\triangle t_m$和t_e的确定影响到系统的运行能耗、设备费用、运行费用等。如果t_e取得低,则$\triangle t_m$增大,传热面积减少,降低了蒸发器设备费用;而系统的制冷量、性能系数减小,压缩机的功耗增加,运行费用增大。如果取得高,则与之相反。用于制取冷水的满液式蒸发器t_e一般不低于2℃。关于$\triangle t_m$或(t_2-t_e)的推荐值列于表5-2中。蒸发器的传热系数k与管内、外的放热系数、污垢热阻等因素有关,详细计算请参阅文献。表5-2中还列出了常用蒸发器传热系数k的推荐值。

表5-2　蒸发器传热系数、传热温差推荐值

蒸发器形式		制冷剂	k	$\triangle t_m$	t_c-t_e	备注
液体冷却器	满液式壳管	氨 R134a	550～650 约4000	4～6 4～6		Turbo－C高效传热管
	干式壳管(波纹管)	R22	1700	4～6		实验数据
	干式壳管(内螺纹管)	R22	3000	4～6		实验数据
	干式壳管(5肋内肋管)	R22	2400	4～6		实验数据
直接蒸发空气冷却器		卤代烃	30～45	15～17	>3.5	空调用t_e>0℃,空气迎面风速2～3m/s

5.3　其他换热设备

制冷装置的换热设备除了冷凝器和蒸发器外,为了提高制冷装置工作效率或达到所需要的低温,还有其他一些换热设备,其中包括再冷却器、回热器、中间冷却器、冷凝-蒸发器、气体冷却器和经济器等。

其他换热设备

5.3.1 再冷却器

对于冷凝器来说,希望能使冷凝后的液态制冷剂达到一定的再冷度,以便提高制冷系统的制冷能力和有利于液态制冷剂的输送。为了获得较大的再冷度一般有两种方法:一种是使冷凝器面积增大;另一种则是另外设置再冷却器。

采用冷凝下来的液态制冷剂浸泡部分传热管时,由于液态制冷剂与刚进入冷凝器的冷却水通过管壁进行热交换,可使液态制冷剂有较大的再冷。但是,浸泡式供热面的换热属于自然对流换热,传热系数颇低。

图5-13为套管式氨再冷却器。冷却水在内管中自下而上流动,氨液在内管外部环形空间中自上而下流动。这种与冷凝器分离的再冷却器,一则可以使之进行强迫对流换热,再则可使冷却水与氨液之间呈逆流式热交换,因此,再冷却能力较强。

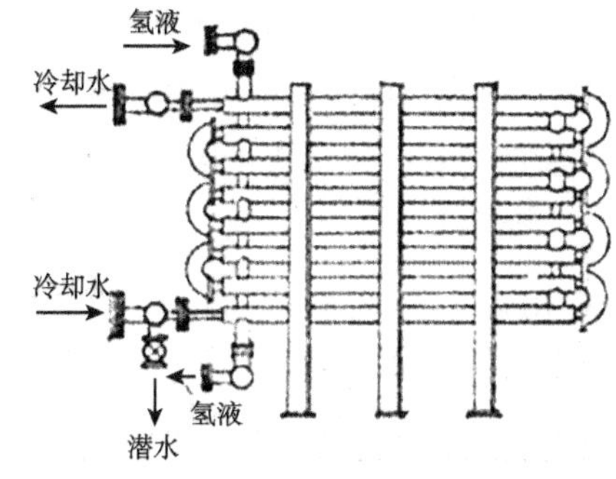

图5-13 套管式氨过冷却器

5.3.2 回热器

回热器是指氟利昂制冷装置中用于使冷凝器出口制冷剂液体与蒸发器出口制冷剂蒸气进行换热的气液热交换器,它的作用是:①通过回热提高制冷装置的制冷系数;②使得节流装置前制冷剂液体过冷以免汽化,保证正常节流;③使蒸发器出口制冷剂蒸气中夹带的液体汽化,以防止压缩机液击故障。

盘管式回热器如图5-14所示。回热器外壳为钢制圆筒,内装铜制螺旋盘管。来自冷凝器的高压高温制冷剂液体在盘管内流动,而来自蒸发器的低压低温制冷剂蒸气则从盘管外部空间通过,使液体再冷却。

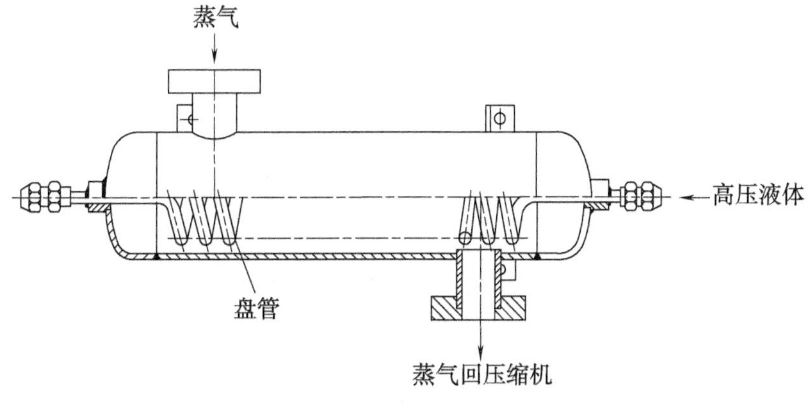

图5-14 盘管式回热器

为了防止润滑油沉积在回热器的壳体内,制冷剂蒸气在回热器最窄截面上的流速取8～

10m/s;设计时,制冷剂液体在管内的流速可取0.8～1.0m/s,这时回热器的传热系数约为240～300W/(m^2·K)。

5.3.3 中间冷却器

中间冷却器用于双级压缩制冷装置,它的结构随循环的形式而有所不同。

双级压缩氨制冷装置采用中间完全冷却,所以其中间冷却器用来同时冷却高压氨液及低压压缩机排出的氨气。氨中间冷却器结构见图5-15。低压级压缩机排气经顶部的进气管直接通入氨液中,冷却后所蒸发的氨气由上侧接管流出,进入高压级压缩机的吸气侧。用于冷却高压氨液的盘管置于中间冷却器的氨液中,其进出口一般经过下封头伸到壳外。进气管上部开有一个平衡孔,以防止中间冷却器内氨液在停机后压力升高时进入低压级压缩机排气管。氨中间冷却器中蒸气流速一般取0.5m/s,盘管内的高压氨液流速取0.4～0.7m/s,端部温差取3～5℃,此时,传热系数为600～700W/(m^2·K)。

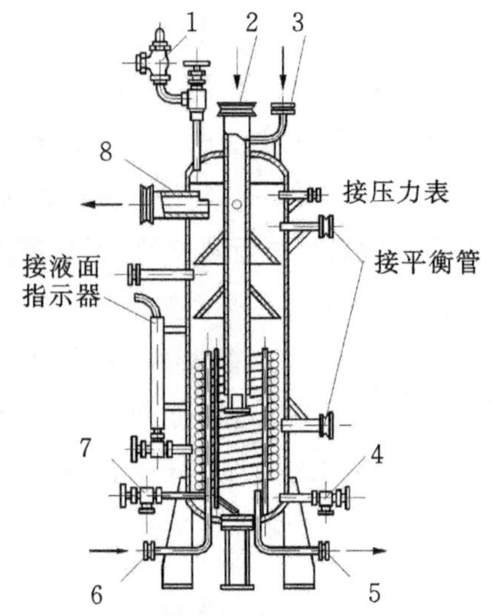

图5-15 氨中间冷却器

1-安全阀;2-低压级排气进口管;3-中间压力氨液进口管;4-排液阀;5-高压氨液出口管;6一高压氨液进口管;7一放油阀;8-氨气出口管

双级压缩氟利昂制冷装置采用中间不完全冷却,所以其中间冷却器只用来冷却高压制冷剂液体。氟利昂中间冷却器结构见图5-16,其结构比氨中间冷却器简单。高压氟利昂液体由上部进入,在盘管内被冷却后由下部流出。另一支路高压氟利昂液体经节流后由右下方进入,蒸发的蒸气由左上方流出,其流量由热力膨胀阀来控制。氟利昂中间冷却器的传热系数约350～400W/(m^2·K)。

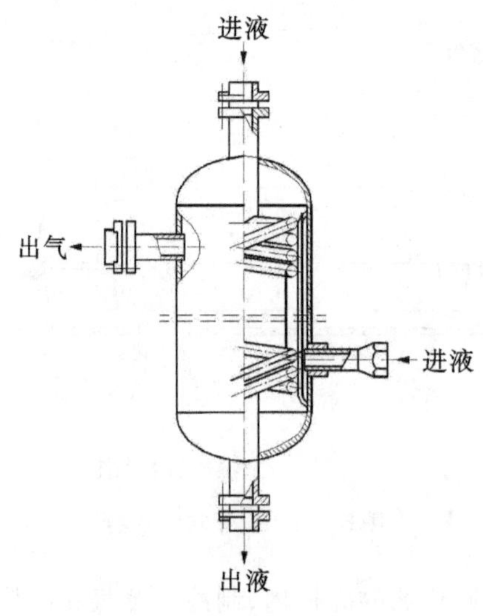

图5-16 氟利昂中间冷却器

5.3.4　冷凝-蒸发器

冷凝-蒸发器用于复叠式制冷装置，它是利用高温级制冷剂制取的冷量，使低温级压缩机排出的气态制冷剂冷凝，既是高温级循环的蒸发器，又是低温级循环的冷凝器。常用的结构形式有套管式、绕管式和壳管式。

1.套管式

套管式冷凝-蒸发器与套管式冷凝器结构相似，它是将两个直径不同的管道套在一起后弯曲而成。一般高温级循环制冷剂在管间蒸发，低温级制冷剂蒸气在管内冷凝。这种蒸发-冷凝器结构简单，加工制作方便，但外形尺寸较大，当套管太长时，蒸发和冷凝两侧的流动阻力都较大，故它适用于小型复叠式制冷装置。

2.绕管式

绕管式冷凝-蒸发器的结构如图5-17所示，它是由一组多头的螺旋型盘管装在一个圆形的壳体内组成的。高温级制冷剂由上部供入，在管内蒸发，蒸气由下部导出；低温级制冷剂在管外冷凝。这种冷凝-蒸发器结构及制造工艺较其他形式复杂，但是它传热效果好，制冷剂充注量较小。由于其壳体内容积较大，必要时还可以起到膨胀容器的作用。

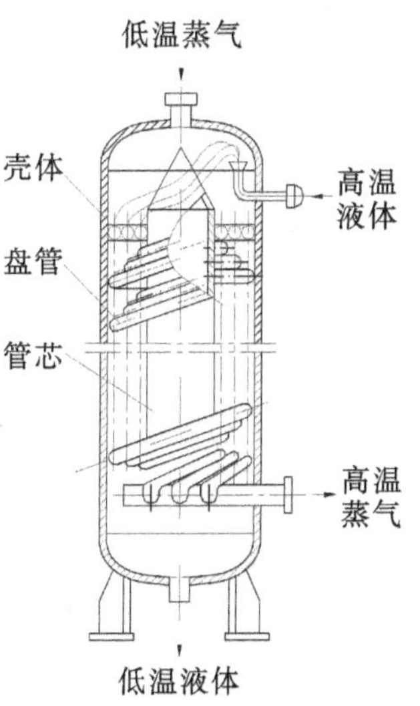

图5-17　绕管式冷凝-蒸发器

3.壳管式

壳管式冷凝-蒸发器在结构上是将直管管束设置在壳筒内，以取代螺旋盘管，其形式与壳管式冷凝器结构基本相同。它可以设计成立式安装型，高温级制冷剂液体从下部进入管内蒸发，蒸气由上部集管引出到高温级压缩机；低温级制冷剂蒸气由上封头的接管进入壳内，在管外冷凝成液体后由下封头的接管引出，进入低温级的节流装置。这种结构形式需要的高温级制冷剂充注量较大。此外，壳管式冷凝-蒸发器还可设计成卧式安装型，其工作原理与干式卧式蒸发器相似，其结构较立式安装型复杂一些，但是传热效果较好，可以做成大型设备，以满足大容量复叠式制冷装置的需要。

5.3.5　气体冷却器

气体冷却器主要在CO_2超临界循环制冷系统中使用，用来冷却压缩后的高温高压气体。气体冷却器按照冷却介质不同，分为风冷式和水冷式。

风冷式CO_2气体冷却器主要分为管翅式和微通道两种形式。管翅式冷却器与风冷式冷凝器结构和换热特性相似。微通道平行流气体冷却器如图5-18所示。由两组集管和插在两组集管之间多组扁平微通道换热管组成，折叠翅片安装在扁平换热管之间。集管内装有隔板（如图5-18中虚线所示），制冷剂可以在两个集管中来回流动。微通道的形状可以采用三角形、方形、圆形和H形，CO_2微通道冷却器多采用圆形。这种“双入口”集管的形式，可以减小集管质量，提高换热器的紧凑性。无论是耐压性能、结构尺寸还是换热性能，微通道气体冷却器都要优于管翅式气体冷却器。随着合理的流程布置、微通道数选择等方面的全面优化，加之微通道气体冷却器的制造工艺的进步及批量化加工的成本降低，微通道气体冷却器将成为未来研究和发展的主流方向。

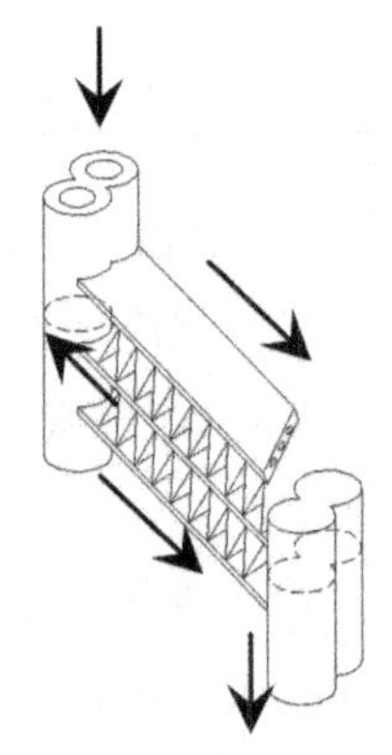

图5-18　微通道平行流气体冷却器

水冷式气体冷却器主要用于CO_2超临界循环热泵热水器中，主要采用套管式。由于CO_2侧压力高，CO_2在内管流动，冷却水走内、外套管之间的环状断面。

5.3.6　经济器

经济器相当于双级制冷（热泵）循环中的气液分离器或中间冷却器，是实现带经济器的准双级压缩制冷（热泵）循环的必备设备。图5-19为闪发式经济器，它的作用是把一次节流产生的闪发蒸气分离，并进行第二次节流，向蒸发器供液。图5-20是壳管式经济器，由冷凝器来的高压液体在壳程内流动而被过冷却，然后流至蒸发器的膨胀阀；一小部分高压液体（已过冷却）经热力膨胀阀节流到中间压力后进入经济器的管程（图中虚线所示），中间压力的蒸气返回压缩机补汽口。

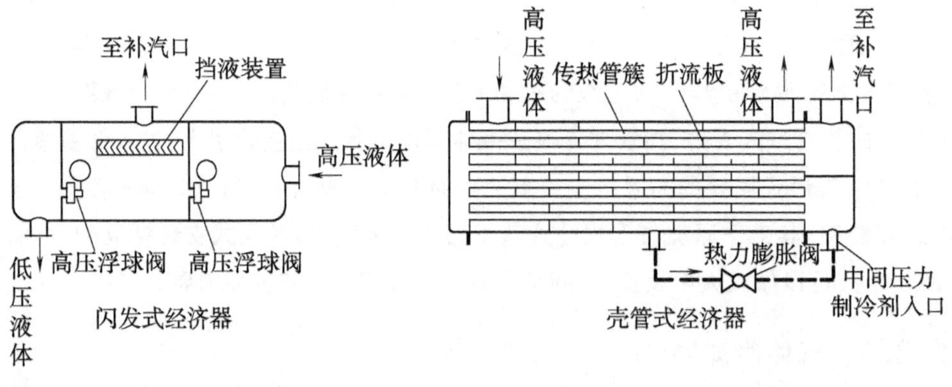

图5-19　闪发式经济器　　图5-20　壳管式经济器

5.3.7　其他设备

在制冷剂系统中可能存在空气等不凝性气体，它对系统的运行是有害的，会导致冷凝器传热恶化，冷凝温度升高；压缩机排气压力和排气温度升高，功耗增加，压缩机运行条件恶化。因此，需清除系统中可能存在的不凝性气体。在氨系统中通常安装不凝性气体分离器，利用冷却的办法,将氨与空气分离,再将空气放出,关于空气分离器的结构参阅文献。目前在建筑中应用广泛的冷、热源是卤代烃类制冷机组,大都采用半封闭或全封闭式压缩机,机组的密封性能好,而且这类制冷剂分离不凝性气体困难,因此,大都不装空气分离器。如因维修等原因在机组中有不凝性气体,则在停机后,从冷凝器高处直接排放,损失一些制冷剂。在制冷系统中还设有自动的安全设备、自控设备等。

思考题与习题

5-1 试描述冷凝器的传热过程,并分析风冷冷凝器和水冷冷凝器的最大热阻处于哪一侧？为了最有效地提高冷凝器换热能力,应该在换热管内侧还是外侧加肋？

5-2 与风冷式冷凝器相比较,蒸发式冷凝器强化换热的机理是什么？使用蒸发式冷凝器应注意哪些问题？

5-3 比较满液式蒸发器和干式蒸发器的优缺点,它们各适用于什么场合？

5-4 氨制冷系统用满液式蒸发器是否可以直接用于氟利昂制冷系统？如果不能,需要做哪些改动？

5-5 在直接蒸发式空气冷却器设计中,管内制冷剂流速选取应考虑哪些因素？应该如何确定制冷剂通路的分支数？

5-6 直接蒸发式空气冷却器是空调热泵机组中最常用的蒸发器,试提出改善直接蒸发式空气冷却器传热能力的措施。

5-7 与常规蒸气压缩式制冷系统的冷凝器相比,用于CO_2超临界制冷系统的气体冷却器有何特点？传热过程有何不同？

5-8 已知一R134a制冷系统的冷凝负荷为16kW,采用风冷式冷凝器。已知:冷凝器进口干空气温度为39℃,出风温度为47℃,传热管为外径为Φ10mm、管壁厚0.6mm的紫铜管,采用正三角形错排设置,管间距为25mm;肋片为平直套片(铝片),片厚$\delta f=0.12$mm,片宽$L=44$mm。试设计该风冷式冷凝器。

第6章　节流装置和辅助设备

前几章介绍了制冷装置的主要设备——压缩机、蒸发器和冷凝器。但是，为了实现连续制冷，还必须根据制冷剂的种类以及蒸发器的类型，设置节流装置（也称为节流机构）和辅助设备，用管道将其连接，组成制冷系统，并通过控制机构对制冷系统进行控制和管理。

6.1　节流装置

节流装置

节流装置是组成制冷系统的重要部件，被称为制冷系统四大部件之一，其作用为：

(1)对高压液态制冷剂进行节流降压，保证冷凝器与蒸发器之间的压力差，以使蒸发器中的液态制冷剂在要求的低压下吸热蒸发，从而达到制冷降温的目的；同时使冷凝器中的气态制冷剂，在给定的高压下放热冷凝。

(2)调节供入蒸发器的制冷剂流量，以适应蒸发器热负荷变化，从而避免因部分制冷剂在蒸发器中未及时蒸发汽化，而进入制冷压缩机，引起湿压缩甚至液击事故；或因供液不足，导致蒸发器的传热面积未充分利用，引起制冷压缩机的吸气压力降低、过热度增大，制冷能力下降。

由于节流装置有控制进入蒸发器制冷剂的流量功能，也称为流量控制机构；又由于高压液态制冷剂流经此部件后，节流降压膨胀为湿蒸气，故也称为节流阀或膨胀阀。常用的节流装置有手动膨胀阀、浮球式膨胀阀、热力膨胀阀、电子膨胀阀、毛细管和节流短管等。

6.1.1　手动膨胀阀

手动膨胀阀的构造与普通截止阀相似，只是阀芯为针形锥体或具有V形缺口的锥体，如图6-1所示，阀杆采用细牙螺纹，当旋转手轮时，可使阀门开度缓慢增大或减小，保证良好的调节性能。

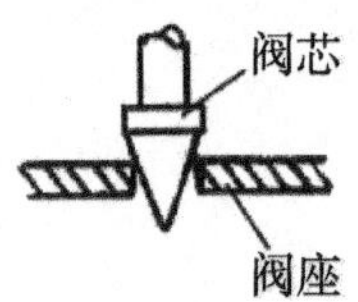

(a)针形阀芯

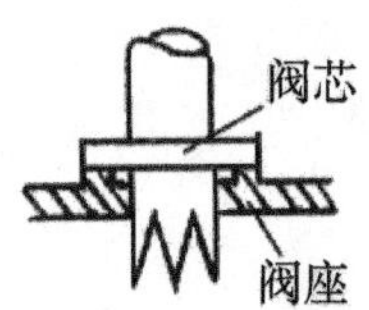

(b)具有V形缺口的阀芯

图6-1　手动膨胀阀阀芯

由于手动膨胀阀要求管理人员根据蒸发器热负荷变化和其他因素的影响，利用手动方式不断地调整膨胀阀的开度，且全凭经验进行操作，管理麻烦，故目前手动膨胀阀大部分被其他节流装置取代，只是在氨制冷系统、试验装置或安装在旁路中作为备用节流装置情况下还有少量使用。

6.1.2　浮球式膨胀阀

满液式蒸发器要求液位保持一定高度，一般均采用浮球式膨胀阀。

根据液态制冷剂流动情况的不同，浮球式膨胀阀有直通式和非直通式两种，如图6-2和图6-3所示，这两种浮球式膨胀阀的工作原理都是依靠浮球室中的浮球因液面的降低或升高，控制阀门的开启或关闭。浮球室装在蒸发器一侧，上、下用平衡管与蒸发器相通，保证两者液面高度一致，以控制蒸发器的液面高度。

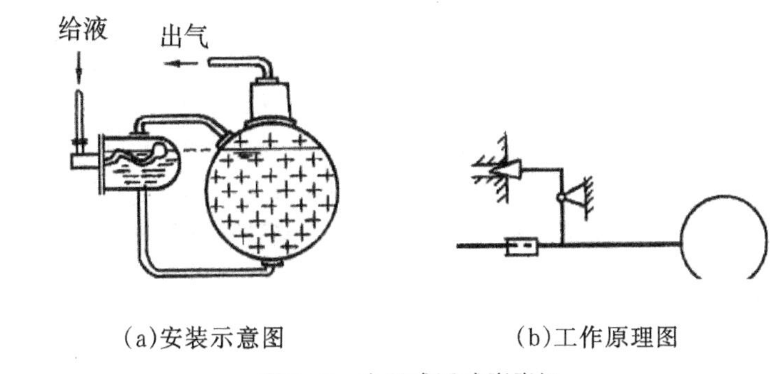

(a)安装示意图　　(b)工作原理图

图6-2　直通式浮球膨胀阀

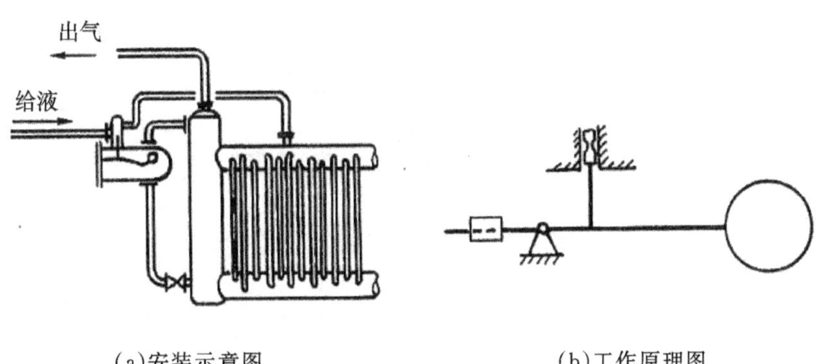

(a)安装示意图　　(b)工作原理图

图6-3　非直通式浮球膨胀阀

这两种浮球式膨胀阀的区别在于：直通式浮球膨胀阀供给的液体是通过浮球室和下部液体平衡管流入蒸发器，其构造简单，但由于浮球室液面波动大，浮球传递给阀芯的冲击力也大，故容易损坏。而非直通式浮球膨胀阀阀门机构在浮球室外部，节流后的制冷剂不通过浮球室而直接流入蒸发器，因此浮球室液面稳定，但结构和安装要比直通式浮球膨胀阀复杂一些。目前非直通式浮球阀应用比较广泛。

6.1.3 热力膨胀阀

热力膨胀阀是通过蒸发器出口气态制冷剂的过热度控制膨胀阀开度,故广泛地应用于非满液式蒸发器。

按照平衡方式的不同,热力膨胀阀可分内平衡式和外平衡式两种。

1.内平衡式热力膨胀阀

图6-4是内平衡式热力膨胀阀的原理图。从图中可以看出,它由阀芯、阀座、弹性金属膜片、弹簧、感温包和调整螺钉等组成。以常用的同工质充液式热力膨胀阀为例进行分析,弹性金属膜片受三种力的作用:

P_1——阀后(蒸发器入口)制冷剂的压力,作用在膜片下部,使阀门向关闭方向移动;

P_2——弹簧作用力,也施加于膜片下方,使阀门向关闭方向移动,其作用力大小可通过调整螺丝予以调整;

P_3——感温包内制冷剂的压力,作用在膜片上部,使阀门向开启方向移动,其大小取决于感温包内制冷剂的性质(种类和状态)和感温包检测到的温度。

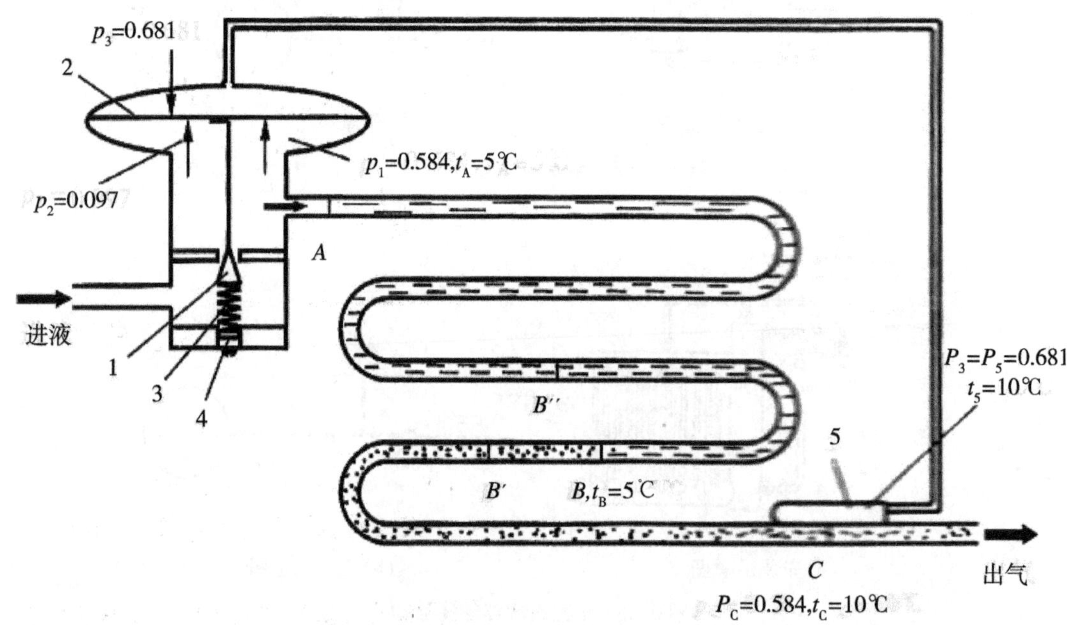

图6-4 内平衡式热力膨胀阀的工作原理

1-阀芯;2-弹性金属膜片;3-弹簧;4-调整螺钉;5-感温包

对于任一运行工况,此三种作用力均会达到平衡,即$P_1+P_2=P_3$,此时,膜片不动,阀芯位置不动,阀门开度一定。

如图6-4所示，感温包内定量充注与制冷系统相同的液态制冷剂R22，若进入蒸发器的液态制冷剂的蒸发温度为5℃，相应的饱和压力等于0.584MPa，如果不考虑蒸发器内制冷剂的压力损失，蒸发器内各部位的压力均为0.584MPa；在蒸发器内，液态制冷剂受热沸腾，变成气态，直至图中B点，全部汽化，呈饱和状态。自B点开始制冷剂继续吸热，呈过热状态；如果在蒸发器出口的C点装设感温包，当温度升高5℃即达到10℃时在达到热平衡条件下，感温包内液态制冷剂的温度也为10℃，即$t_5=10$℃，相应的饱和压力等于0.681MPa，作用在膜片上部的压力$P_3=P_5=0.681$MPa。如果将弹簧作用力调整至相当膜片下部受到0.097MPa的压力，则$P_1+P_2=P_3=0.681$MPa，膜片处于平衡位置，阀门稳定在一定开度的状态，保证蒸发器出口制冷剂的过热度为5℃。

当外界条件发生变化使蒸发器的负荷减小时，蒸发器内液态制冷剂沸腾减弱，制冷剂达到饱和状态点的位置后移至B，此时感温包处的温度将低于10℃，致使$(P_1+P_2)>P_3$，阀门稍微关小，制冷剂供应量有所减少，膜片达到另一平衡位置；由于阀门稍微关小，弹簧稍有放松，弹簧作用力稍有减少，蒸发器出口制冷剂的过热度将小于5℃。反之，当外界条件改变使蒸发器的负荷增加时，蒸发器内液态制冷剂沸腾加强，制冷剂达到饱和状态点的位置前移至B，此时感温包处的温度将高于10℃，致使$(P_1+P_2)<P_3$，阀门稍微开大，制冷剂流量增加，蒸发器出口制冷剂的过热度将大于5℃。由此可知，热力膨胀阀可根据蒸发器出口的过热度（即感温包处的温度和蒸发器内压力对应的温度之差）控制其开度大小，以适应蒸发器的负荷大小。

然而，当蒸发盘管较细或相对较长，或者多根盘管共用一个热力膨胀阀通过分液器并联时，因制冷剂流动阻力较大，若仍使用内平衡式热力膨胀阀，将导致蒸发器出口制冷剂的过热度很大，蒸发器传热面积未被有效利用。若制冷剂在图6-4中蒸发器内的压力损失为0.036MPa，则蒸发器出口制冷剂的蒸发压力等于0.584-0.036=0.548MPa，相应的饱和温度为3℃，此时，蒸发器出口制冷剂的过热度则增加至7℃；蒸发器内制冷剂的阻力损失越大，过热度增加得越大，这时就不应使用内平衡式热力膨胀阀。一般情况下，当R22蒸发器内压力损失达到表6-1规定的数值时，应采用外平衡式热力膨胀阀。

表6-1　使用外平衡式热力膨胀阀的蒸发器阻力损失值(R22)

蒸发温度℃	10	0	-10	-20	-30	-40	-50
阻力损失kPa	42	33	26	19	14	10	7

2.外平衡式热力膨胀阀

图6-5为外平衡式热力膨胀阀工作原理图。从图中可以看出，外平衡式热力膨胀阀的构造与内平衡式热力膨胀阀基本相同，只是弹性金属膜片下部空间与膨胀阀出口不相通，而是通过一根小口径平衡管（可认为是压力信号管）与蒸发器出口相连，这样，膜片下部承受的

是蒸发器出口制冷剂的压力，从而消除了蒸发器内制冷剂流动阻力的影响。仍以图6-4中相同的膨胀阀出口参数为例，进入蒸发器的液态制冷剂的蒸发温度为5℃，相应的饱和压力等于0.584MPa，蒸发器内制冷剂的压力损失为0.036MPa，则蒸发器出口制冷剂的蒸发压力即P_1=0.548MPa（相应的饱和温度为3℃），再加上相当于5℃过热度的弹簧作用力P_2=0.097MPa，则$P=P_1+P_2$=0.645MPa，对应的饱和温度约为8℃，膜片处于平衡位置，保证蒸发器出口气态制冷剂过热度基本上等于5℃。

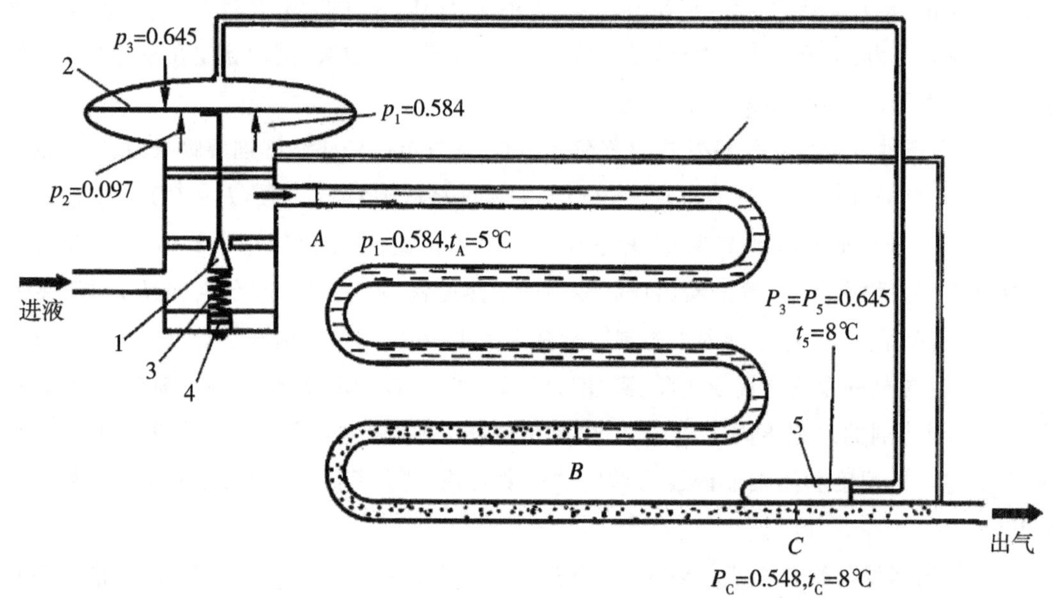

图6-5　外平衡式热力膨胀阀

1-阀芯；2-弹性金属膜片；3-弹簧；4-调整螺钉；5-感温包；6-平衡管

现有各种热力膨胀阀，均是通过感温包感受蒸发器出口制冷剂温度变化来调节制冷剂流量的。当感温包发生泄漏故障时，膨胀阀将会关闭，供给蒸发器的制冷剂流量为零，导致系统无法工作。针对这一问题，一种带保险结构的双向热力膨胀阀被提出，如图6-6所示。当感温包未发生泄漏时，其原理和外平衡式热力膨胀阀一样；当发生泄漏时，阀芯5与阀座孔2-1之间的节流通道关闭，限位块1-6及膜片1-4在通过压力传递管3传递的蒸发器出口制冷剂压力的作用下向上移动，并带动阀针4向上移，使阀芯5内的轴向通孔开启，成为节流通道，继续向蒸发器供液，保证系统继续工作。

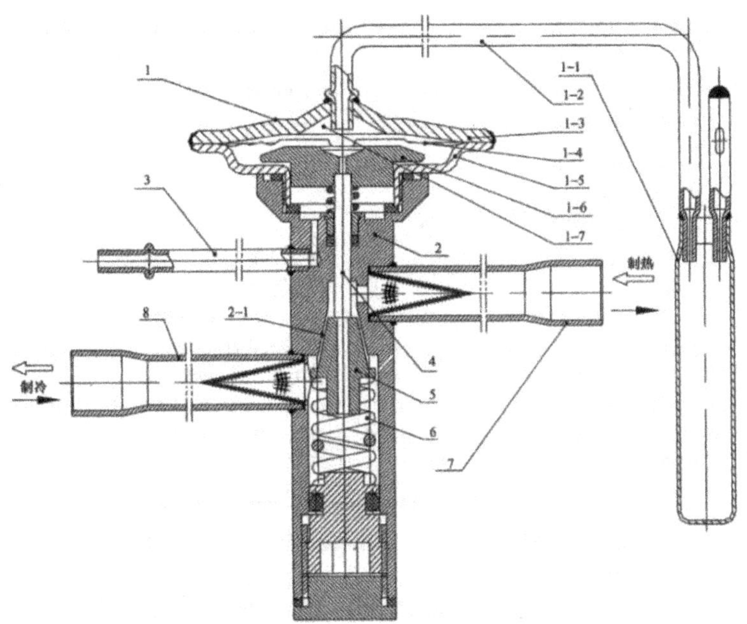

图6-6　带保险结构的双向热力膨胀阀

1-膜盒；1-1感温管；1-2连接毛细管；1-3顶盖；1-4膜片；1-5底盖；1-6限位块；1-7感温剂；2-阀体；2-1阀座孔；3-压力传递管；4-阀针；5-阀芯；6-平衡弹簧

3.感温包的充注

根据制冷系统所用制冷剂的品种和蒸发温度不同，热力膨胀阀感温系统中可采用不同物质和方式进行充注，主要方式有充液式、充气式、交叉充液式、混合充注式和吸附充注式，各种充注均有一定的优缺点和使用限制。

(1)充液式热力膨胀阀。上面讨论的就是充液式热力膨胀阀，充注的液体数量应足够大，以保证任何温度下，感温包内均有液体存在，感温系统内的压力为所充注液体的饱和压力。

充液式热力膨胀阀的优点是阀门的工作不受膨胀阀和平衡毛细管所处环境温度的影响，即使温度低于感温包感受的温度，也能正常工作。但是，充液式热力膨胀阀可随蒸发温度的降低，过热度具有明显上升趋势，图6-7示出了R22充液式热力膨胀阀过热度的变化情况，图中下面曲线为R22的饱和压力-温度关系曲线，自然也是对应蒸发温度下作用在膨胀阀金属膜片下部的压力，加上弹簧作用力P_2(任何蒸发温度下弹簧作用力均取P_2=0.097MPa)，即为膨胀阀开启力P_3与蒸发温度的关系曲线(图中上面曲线)。从图中可以看出，当蒸发温度为5℃时，蒸发器出口制冷剂过热度为5℃(线段ab)；当蒸发温度为-15℃与-40℃时，蒸发器出口制冷剂过热度分别为8℃(线段cd)与15℃(线段cf)。所以充液式热力膨胀阀蒸发温度适应范围较小。

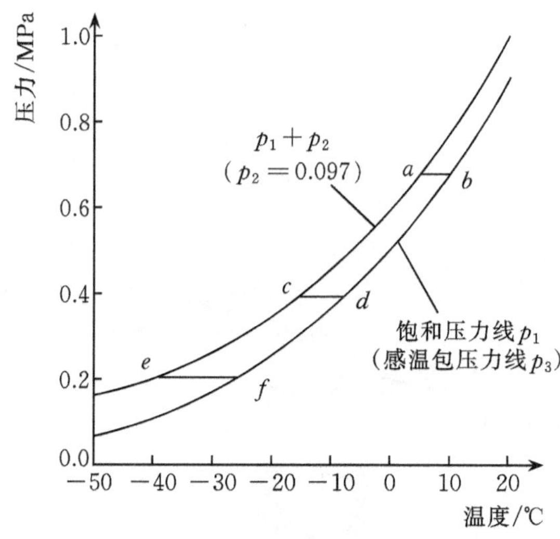

图6-7　充液式热力膨胀阀的过热度

(2)充气式热力膨胀阀。充气式热力膨胀阀感温系统中充注的也是与制冷系统相同的制冷剂,但是,充注的液体温度高于膨胀阀下工作时的最高蒸发温度,在该温度下,感温系统内所充注的液态制冷剂应全部汽化为气体,如图6-8所示。当感温包的温度低于t_A时,感温包内的压力与温度的关系为制冷剂的饱和特性曲线;当感温包的温度高于t_A时,感温包内的制冷剂呈气态,尽管温度增加很大,但压力却增加很少。因此,当制冷系统的蒸发温度超过最高限定温度时,蒸发器出口气态制冷剂虽具有很大的过热度,但阀门基本不能开大。这样就可以控制对蒸发器的供液量,以免系统蒸发温度过高,导致制冷压缩机的电机过载。

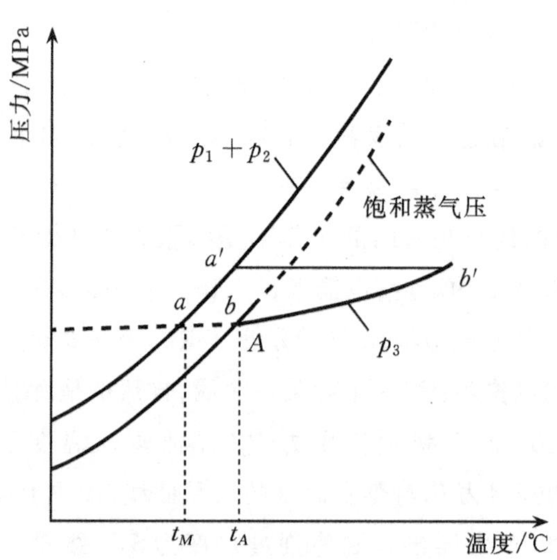

图6-8　充气热力膨胀阀感温包内制冷剂特性

(3)其他充注式热力膨胀阀。除上述两种充注方式以外,还有交叉充液式,即感温包内充注与制冷系统不同的制冷剂；混合充注式，即感温包内除了充注与制冷系统不同的制冷剂以外，还充注一定压力的不可凝气体；吸附充注式，即在感温包内装填吸附剂（如活性炭）和充注吸附性气体（如CO_2）。图6-9为交叉充液式热力膨胀阀的特性曲线，可以看出，不同蒸发温度情况下，均可以保持蒸发器出口制冷剂过热度几乎不变。采用不同充注方式的目的在于，使弹性金属膜片两侧的压力按两条不同的曲线变化，以改善热力膨胀阀的调节特性，扩大其适用温度范围。

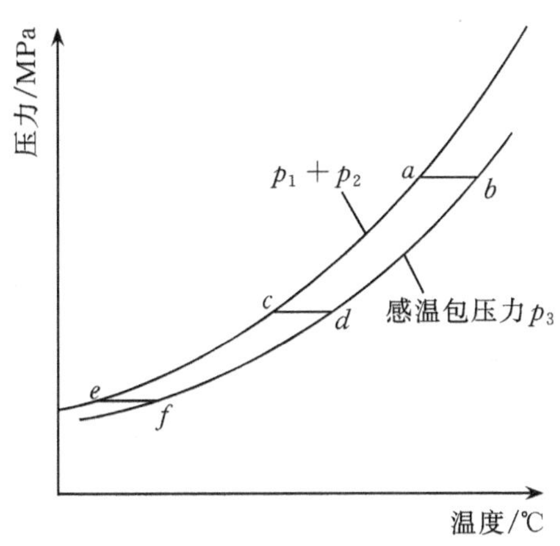

图6-9　交叉充液式热力膨胀阀的特性

4.热力膨胀阀的选配和安装

(1)热力膨胀阀的选配。在为制冷系统选配热力膨胀阀时，应考虑到制冷剂种类和蒸发温度范围，且使膨胀阀的容量与蒸发器的负荷相匹配。

我们把通过在某压力差情况下处于一定开度的膨胀阀的制冷剂流量，在一定蒸发温度下完全蒸发时所产生的冷量，称为该膨胀阀在此压差和蒸发温度下的膨胀阀容量。在一定的蒸发温度、冷凝温度和膨胀阀进出口制冷剂温度的情况下，通过膨胀阀的制冷剂流量M_r可按照下式计算

$$M_r = C_D A_V \sqrt{2(P_{vi} - P_{vo})/v_{vi}} \quad \text{kg/s} \tag{6-1}$$

式中，P_{vi}——膨胀阀进口压力，Pa；

P_{vo}——膨胀阀出口压力，Pa；

v_{vi}——膨胀阀进口制冷剂比容，m^3/kg；

A_V——膨胀阀的通道面积，m^2；

C_D——流量系数；

$$C_D = 0.02005\sqrt{\rho_{vi}} + 6.34 v_{vo}$$

ρ_{vi}——膨胀阀进口制冷剂密度，kg/m^3；

v_{vo}——膨胀阀出口制冷剂比容，m^3/kg。

热力膨胀阀的容量可以用下式求得：

$$\varphi_0 = M_r(h_{eo} - h_{ei}) \tag{6-2}$$

式中，h_{eo}——蒸发器出口制冷剂焓值，kJ/kg；

h_{ei}——蒸发器进口制冷剂焓值，kJ/kg。

由已知的蒸发器制冷量、蒸发温度以及膨胀阀进、出口制冷剂状态，即可采用公式(6-1)、(6-2)计算选配热力膨胀阀，当然也可以按照厂家提供的膨胀阀容量性能表选择。选配时一般要求热力膨胀阀的容量比蒸发器容量大20%～30%。

(2)热力膨胀阀的安装。热力膨胀阀的安装位置应靠近蒸发器，阀体应垂直放置，不可倾斜，更不可颠倒安装。由于热力膨胀阀依靠感温包感受到的温度进行工作，且温度传感系统的灵敏度比较低，传递信号的时间滞后较大，易造成膨胀阀频繁启闭，供液量波动，因此感温包的安装非常重要。

①感温包的安装方法。正确的安装方法旨在改善感温包与吸气管中制冷剂的传热效果，以减小时间滞后，提高热力膨胀阀的工作稳定性。

通常将感温包缠绑在吸气管上，感温包紧贴管壁，包扎紧密；接触处应将氧化皮清除干净，必要时可涂一层防锈层。当吸气管外径小于22mm时，管周围温度的影响可以忽略，安装位置可以任意，一般包扎在吸气管上部；当吸气管外径大于22mm时，感温包安装处若有液态制冷剂或润滑油流动，水平管上、下侧温差可能较大，因此，将感温包安装在吸气管水平轴线以下45°之间(一般为30°)，如图6-10所示。为了防止感温包受外界温度影响，故在扎好后，务必用不吸水绝热材料缠包。

②感温包的安装位置。感温包安装在蒸发器出口或压缩机的吸气管段上，并尽可能装在水平管段部分。但必须注意不得置于有积液、积油之处，如图6-11所示。当采用外平衡式热力膨胀阀时，外部平衡管一般连接在感温包后的压缩机吸气管上，连接口应位于吸气管顶部，以防被润滑油堵塞。

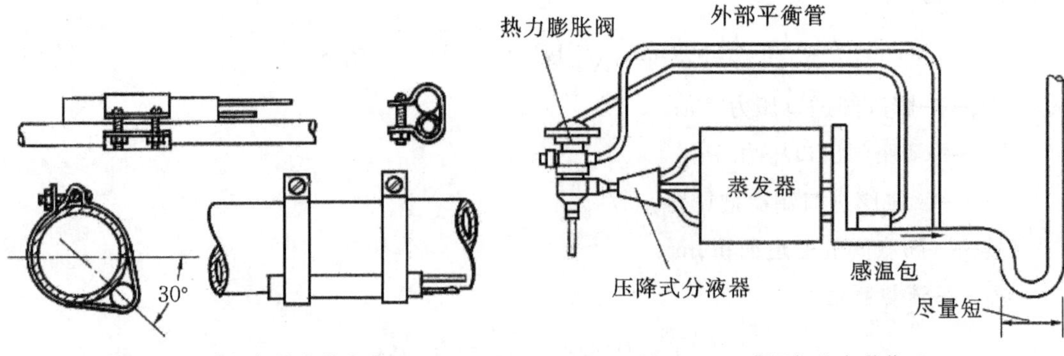

图6-10　感温包的安装方法　　图6-11　感温包的安装位置

6.1.4　电子膨胀阀

无级变容量制冷系统制冷剂供液量调节范围宽，要求调节反应快，传统的节流装置(如热力膨胀阀)难以良好胜任，而电子膨胀阀可以很好地满足要求。电子膨胀阀利用被调节参数产生的电信号，控制施加于膨胀阀上的电压或电流，进而达到调节供液量目的。

按照驱动方式分，电子膨胀阀分为电磁式和电动式两类。

1.电磁式电子膨胀阀

电磁式电子膨胀阀的结构如图6-12(a)所示。它是依靠电磁线圈的磁力驱动针阀。电磁线圈通电前，针阀处于全开位置。通电后，受磁力作用，针阀的开度减小，开度减小的程度取决于施加在线圈上的控制电压。电压越高，开度越小(阀开度随控制电压的变化如图6-12(b)所示)，流经膨胀阀的制冷剂流量也越小。

电磁式电子膨胀阀的结构简单，动作响应快，但是在制冷系统工作时，需要一直提供控制电压。

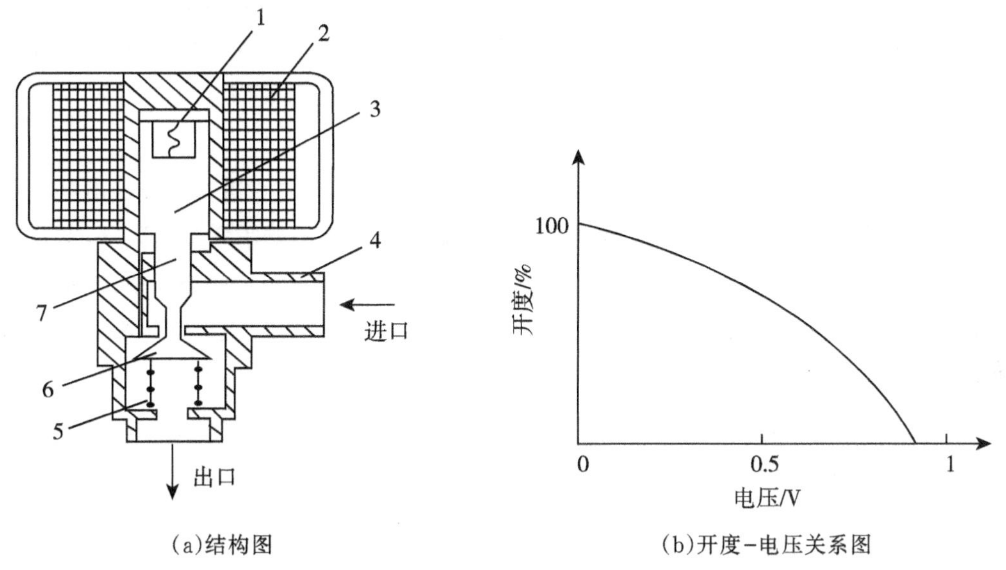

(a)结构图　　(b)开度-电压关系图

图6-12　电磁式电子膨胀阀

1-柱塞弹簧；2-线圈；3-柱塞；4-阀座；5-弹簧；6-针阀；7-阀杆

2.电动式电子膨胀阀

电动式电子膨胀阀是依靠步进电机驱动针阀，分直动型和减速型两种。

(1)直动型。直动型电动式电子膨胀阀的结构见图6-13(a)。该膨胀阀是用脉冲步进电机直接驱动针阀。当控制电路的脉冲电压按照一定的逻辑关系作用到电机定子的各相线圈上时，永久磁铁制成的电机转子受磁力矩作用产生旋转运动，通过螺纹的传递，使针阀上升或下降，调节阀的流量。直动型电动式电子膨胀阀的工作特性见图6-13(b)。

直动型电动式电子膨胀阀驱动针阀的力矩直接来自于定子线圈的磁力矩，限于电动机尺寸，故力矩较小。

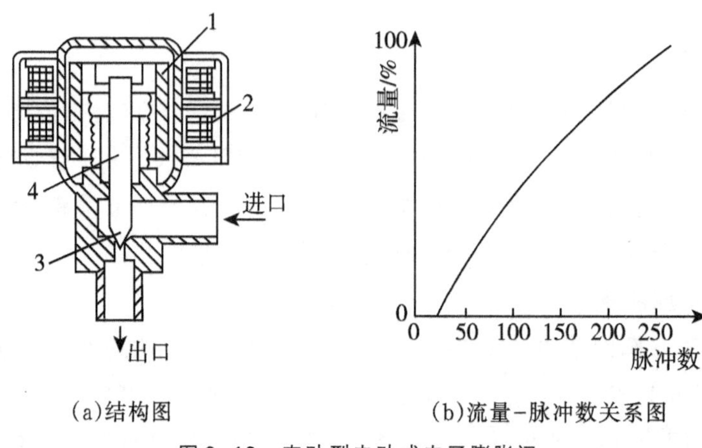

(a)结构图　　(b)流量-脉冲数关系图

图6-13　直动型电动式电子膨胀阀

1-转子;2-线圈;3-针阀;4-阀杆

(2)减速型。减速型电动式电子膨胀阀的结构见图6-14(a)。该膨胀阀内装有减速齿轮组,步进电机通过减速齿轮组将其磁力矩传递给针阀。减速齿轮组放大了磁力矩的作用,因而该步进电机易与不同规格的阀体配合,满足不同调节范围的需要。节流阀口径为Φ1.6mm的减速型电动式电子膨胀阀工作特性见6-14(b)。

采用电子膨胀阀进行蒸发器出口制冷剂过热度调节,可以通过设置在蒸发器出口的温度传感器和压力传感器(有时也利用设置在蒸发器中部的温度传感器采集蒸发温度)来采集过热度信号,采用反馈调节来控制膨胀阀的开度;也可以采用前馈加反馈复合调节,消除因蒸发器管壁与传感器的热容造成的过热度控制滞后,改善系统调节品质,在很宽的蒸发温度区域使过热度控制在目标范围内。除了蒸发器出口制冷剂过热度控制,通过指定的调节程序还可以将电子膨胀阀的控制功能扩展,如用于热泵机组除霜、压缩机排气温度控制等。此外,电子膨胀阀也可以根据制冷剂液位进行工作,所以除用于干式蒸发器外,还可用于满液式蒸发器。

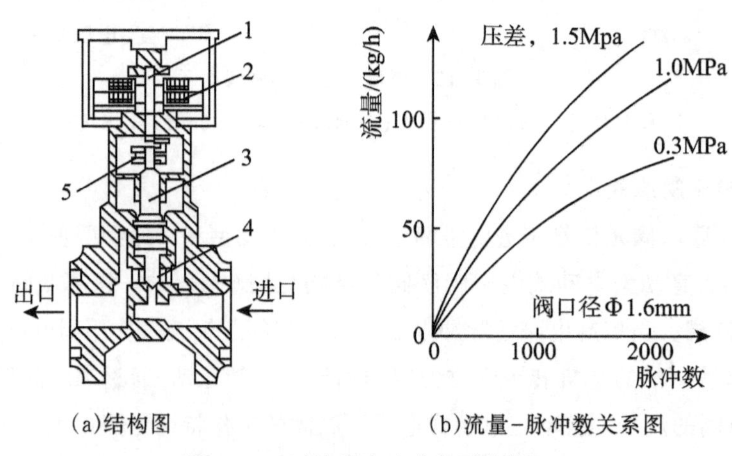

(a)结构图　　(b)流量-脉冲数关系图

图6-14　减速型电动式电子膨胀阀

1-转子;2-线圈;3-阀杆;4-针阀;5-减速齿轮组

6.1.5　毛细管

随着封闭式制冷压缩机和氟利昂制冷剂的出现，开始采用直径为0.7～2.5mm，长度为0.6～6m的细长紫铜管代替膨胀阀，作为制冷循环流量控制与节流降压元件，这种细管被称为毛细管或减压膨胀管。毛细管已广泛用于小型全封闭式制冷装置，如家用冰箱、除湿机和房间空调器，当然，较大制冷量的机组也有采用。

1.毛细管工作原理

毛细管是根据“液体比气体更容易通过”的原理工作的。当具有一定再冷度的液态制冷剂进入毛细管后，沿管长方向压力和温度的变化如图6-15所示。1→2段为液相段，此段压力降不大，并且呈线性变化，同时，该段制冷剂的温度为定值。当制冷剂流至点2，即压力降至相当于饱和压力后，管中开始出现气泡，直到毛细管末端，制冷剂由单相液态流动变为气液两相流动，其温度相当于所处压力下的饱和温度；由于在该段饱和气体的百分比（干度）逐步增加，因此，压力降呈非线性变化，越接近毛细管末端，单位长度的压力降越大。

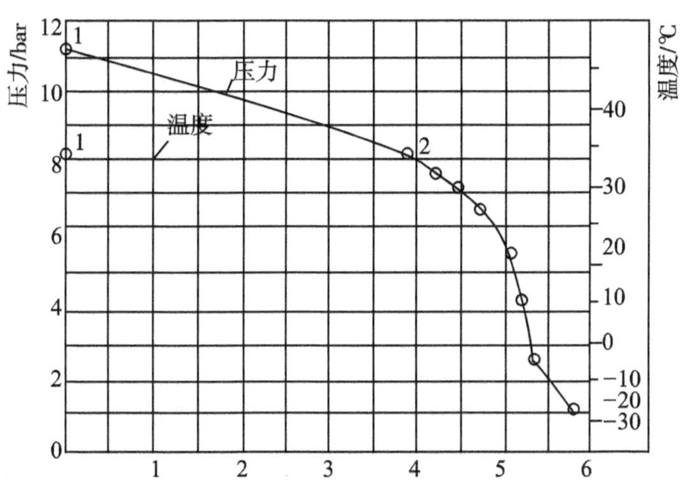

图6-15　毛细管内压力与温度变化

毛细管的供液能力主要取决于毛细管入口制冷剂的状态（压力p_1和温度t_1）以及毛细管的几何尺寸（长度L和内径d_i）。而蒸发压力p_0，在通常工作条件下对供液能力的影响较小，这是因为蒸气在等截面毛细管内流动时，会出现临界流动现象；当毛细管后面的背压等于临界压力p_{cr}，即$p_0=p_{cr}$，通过毛细管的流量达到最高；当毛细管后面的背压低于临界压力p_{cr}，毛细管出口截面的压力p_2等于临界压力p_{cr}，通过毛细管的流量保持不变，其压力的进一步降低将在毛细管外进行；只有当毛细管出口的背压高于临界压力p_{cr}，管出口截面的压力p_2才等于蒸发压力p_0，通过毛细管的流量随出口压力的下降而增加。

2.毛细管尺寸的确定

在制冷系统设计时,根据需要的制冷剂流量M_r及毛细管入口制冷的状态(压力p_1和再冷度△t)确定毛细管尺寸。由于影响毛细管流量的因素众多,通常的做法是利用在大量理论和实验基础上建立起来的计算图对毛细管尺寸进行初选,然后通过装置进行试验,将毛细管尺寸进一步调整到最佳值。

首先根据毛细管入口制冷剂的状态(压力p_1或冷凝温度t_k,再冷度△t)通过图6-16确定标准毛细管的流量M_a,然后利用式(6-3)计算相对流量系数ψ,再根据ψ查图6-17确定初选毛细管的长度和内径。当然也可以根据给定毛细管尺寸,确定它的流量初算值。

$$\psi=\frac{M_r}{M_a} \tag{6-3}$$

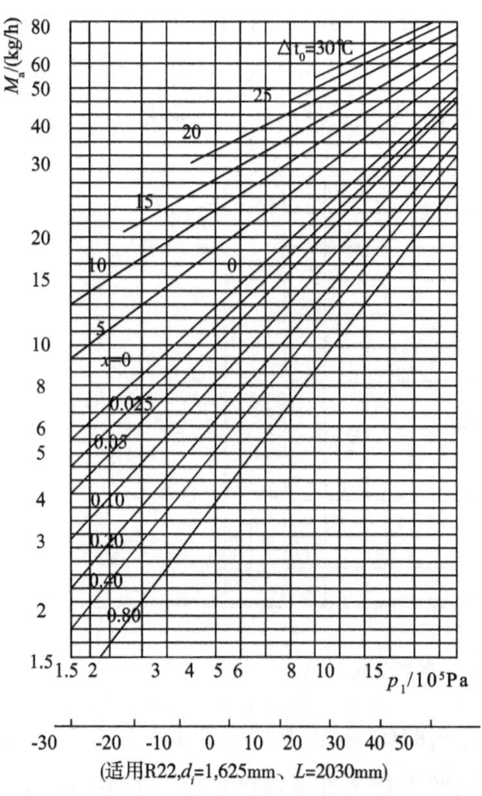

图6-16　标准毛细管进口状态与流量关系图

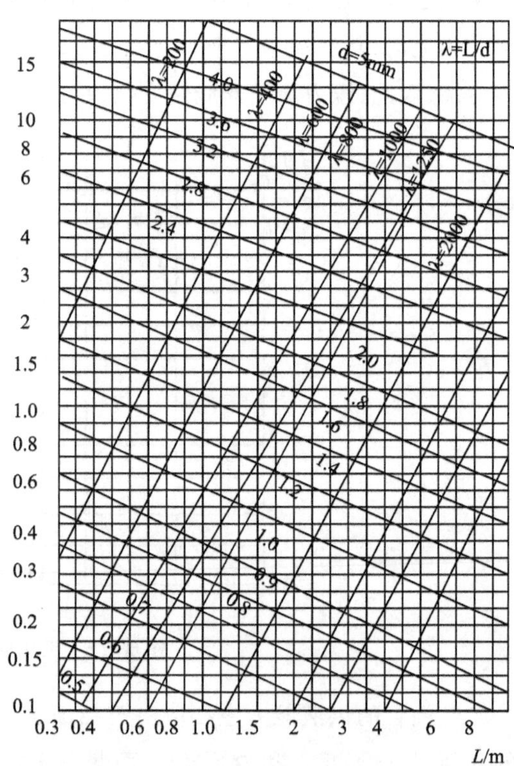

图6-17　毛细管相对流量系数Ψ与几何尺寸关系图

另外,毛细管的几何尺寸关系到供液能力,长度增加或内径减小,供液能力减小。据有关实验介绍,在工况相同、流量相同条件下,毛细管的长度近似与其内径的4.6次方成正比,即

$$\frac{L_1}{L_2}=\left(\frac{d_{i1}}{d_{i2}}\right)^{4.6} \tag{6-4}$$

也就是说，若毛细管的内径比额定尺寸大5%，为了保证供液能力不变，其长度应定为原定长度的1.25倍，因此，毛细管径的偏差影响显著。

毛细管的优点是结构简单，无运动部件，价格低廉；使用时，系统不装设贮液器，制冷剂充注量少，而且压缩机停止运转后，冷凝器与蒸发器内的压力可较快地自动达到平衡，减轻电动机的启动负荷。

毛细管的主要缺点是调节性能较差，供液量不能随工况变化而任意调节，因此，宜用于蒸发温度变化范围不大，负荷比较稳定的场合。

6.1.6 节流短管

节流短管是一种定截面节流孔口的节流装置，已被应用于部分汽车空调，少量冷水机组和热泵机组中。例如，应用于汽车空调中的节流短管通常是指长径比为3～20的细铜管段，将其安放在一根塑料套管内，在塑料套管上有一个或两个O形密封圈，铜管外面是滤网，结构如图6-18所示。来自冷凝器的制冷剂在O形密封圈的隔离下，只能通过细小的节流孔经过节流后进入蒸发器，滤网用于阻挡杂质进入铜管。采用节流短管的制冷系统需在蒸发器后面设置气液分离器，以防止压缩机发生湿压缩。短管的主要优点是价格低廉、制造简单、可靠性好、便于安装，取消了热力膨胀系统中用于判别制冷负荷大小所增加的感温包等，具有良好的互换性和自平衡能力。

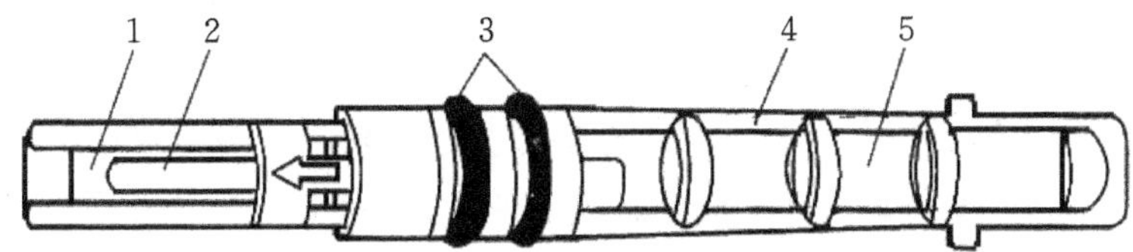

图6-18 节流短管结构示意图

1-出口滤网；2-节流孔；3-密封圈；4-塑料外壳；5-进口滤网

6.2 辅助设备

在蒸气压缩式制冷系统中，除必要的四大部件和再冷却器、回热器、中间冷却器和冷凝蒸发器等其他换热设备外，还要有一些辅助设备，以实现制冷剂的储存、分离与净化、润滑油的分离与收集、安全保护等，以改善制冷系统的工作条件，保证正常运转，提高运行的经济性和可靠性。当然，为了简化系统，一些部件可以省略。

6.2.1 贮液器

贮液器在制冷系统中起稳定制冷剂流量的作用，并可用来存贮液态制冷剂。贮液器有卧式和立式两种，图6-19为氨用卧式贮液器示意图。筒体由钢板卷制焊成，贮液器上设有进液管、出液管(插至筒体中线以下)、安全阀、液位指示器等。

如图6-20所示，贮液器安装在冷凝器下面，储存高压液态制冷剂，故又称"高压贮液器"，对于小型制冷装置和采用干式蒸发器的氟利昂制冷系统，由于系统中充注的制冷剂很少，系统气密性较好，可以采用容积较小的贮液器，或者在采用卧式壳管冷凝器时利用冷凝器壳体下部的空间存储一定的制冷剂，不单独设置贮液器。

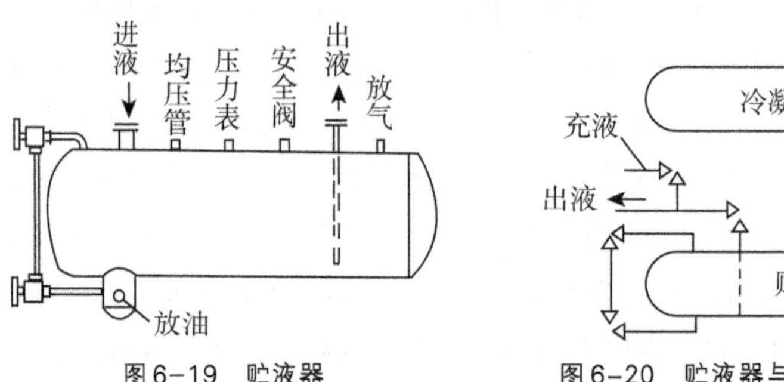

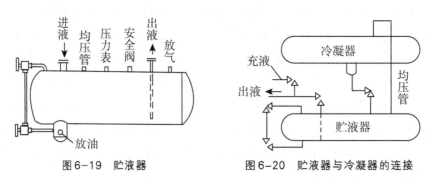

图6-19 贮液器　　图6-20 贮液器与冷凝器的连接

贮液器的容量一般应能容纳系统中的全部充液量，为了防止温度变化时因热膨胀造成危险，贮液器的储存量不应超过本身容积的80%。

采用泵循环式蒸发器的制冷系统，需设置低压贮液器，低压液态制冷剂从其底部引出，经液泵增压送入蒸发器，蒸发后的气体与未蒸发的液体一同返回低压贮液器，因此它也称为低压循环贮液器。低压贮液器除了起到气液分离作用外，还可防止液泵的气蚀。低压贮液器的存液量应不少于液泵小时循环量的30%，其最大允许储存量为筒体容积的70%。

6.2.2 气液分离器

气液分离器是分离来自蒸发器出口的低压蒸气中的液滴，防止制冷压缩机发生湿压缩，甚至液击现象。而氨用气液分离器除上述作用外，还可使经节流装置供给的气液混合物分离，只让液氨进入蒸发器中，提高蒸发器的传热效果。

空气调节用氟利昂制冷系统所采用的气液分离器有管道型和筒体型两种，筒体型气液分离器见图6-21。来自蒸发器的含液气态制冷剂，从上部进入，依靠气流速度的降低和方向的改变，将低压气态制冷剂携带的液或油滴分离；然后通过弯管底部具有油孔的吸气管，将稍具过热度的低压气态制冷剂及润滑油吸入压缩机，吸气管上部的小孔为平衡孔，防止在压缩机停机时，分离器内的液态制冷剂和润滑油从油孔被压回压缩机。对于热泵式空调机，为了保证在融霜过程中压缩机的可靠运行，气液分离器是不可或缺的部件。

用于大中型氨制冷系统中的气液分离器有立式和卧式两种，图6-22为一种立式气液分离器，是个具有多个管接头的钢制筒体。来自蒸发器的氨气从筒体中部的进气管进入分离器，由于流体通道截面积突然扩大和流向改变，蒸气中夹带的液滴被分离出来，落入下部的氨液中；节流后的湿蒸气从筒体侧面下部进入分离器，液体落入下部经底部出液管靠自身重力返回蒸发器或进入低压贮液器，而湿蒸气中的氨气则与来自蒸发器的蒸气一起被压缩机吸走。气液分离时氨气流动方向和氨液沉降方向相反，保证了分离效果。

选择气液分离器时，应保证筒体横截面的气流速度不超过0.5m/s。

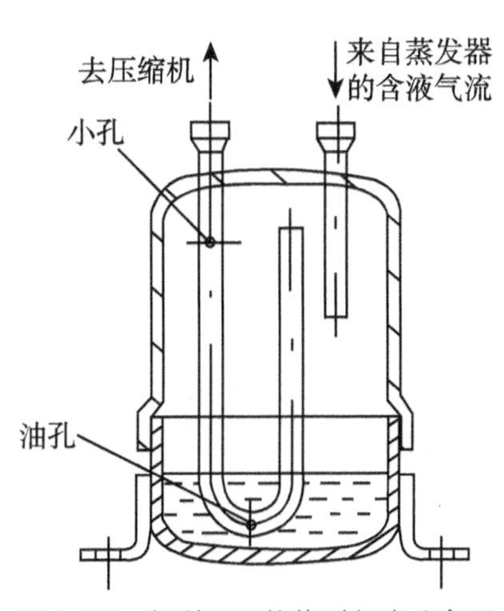

图6-21　氟利昂用筒体型气液分离器

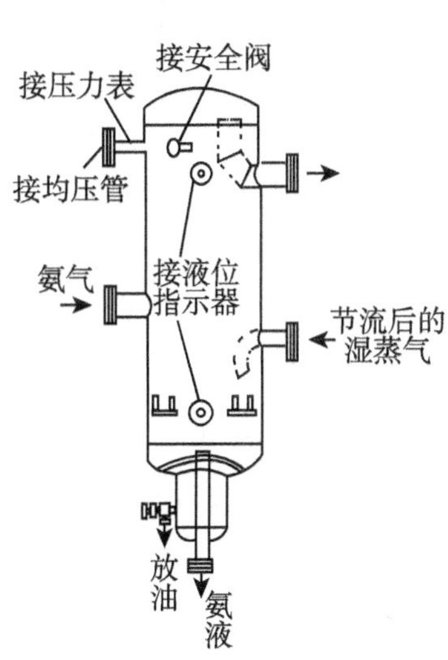

图6-22　氨用立式气液分离器

6.2.3 过滤器和干燥器

1.过滤器

过滤器是用来清除制冷剂蒸气和液体中的金属屑、油污等杂质。氨制冷系统中有氨液过滤器和氨气过滤器，它们的结构如图6-23所示。氨过滤器一般用2～3层0.4mm网孔的钢丝网制作。氨液过滤器一般设置在节流装置前的液氨管道上，氨液通过滤网的流速小于0.1m/s；氨气过滤器一般安装在压缩机吸气管道上，氨气通过滤网的流速为1～1.5m/s。

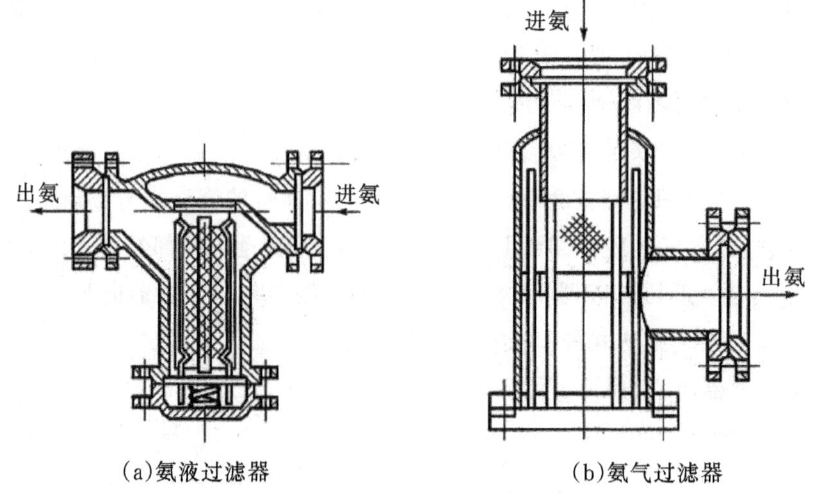

(a)氨液过滤器　　(b)氨气过滤器

图6-23　氨过滤器

图6-24为氟利昂液体过滤器。它是用一段无缝钢管作为壳体，壳体内装有0.1～0.2mm网孔的铜丝网，两端盖用螺纹与筒体连接并用锡焊焊牢。

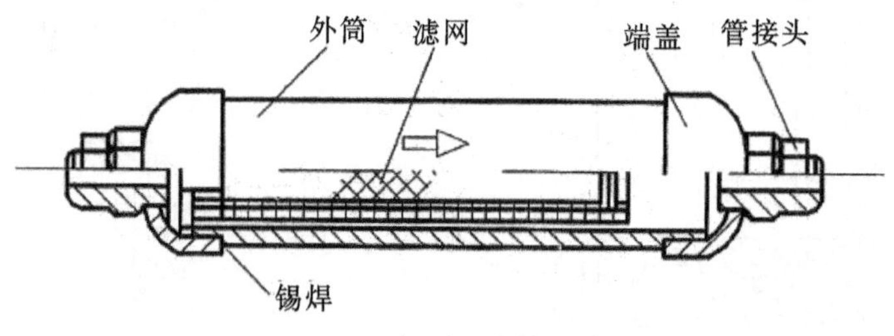

图6-24　氟利昂液体过滤器

2. 干燥器

如果制冷系统干燥不充分或制冷剂含有水分，则系统中会存在水分，水在氟利昂中的溶解度与温度有关，温度下降，水的溶解度减少，当含有水分的氟利昂通过节流装置膨胀节流时，温度急剧下降，其溶解度相对降低，于是一部分水分被分离出来停留在节流孔周围，如节流后温度低于冰点，则会结冰而出现"冰堵"现象。同时，水长期溶解于氟利昂中会分解而腐蚀金属，还会使润滑油乳化，因此需利用干燥器吸附氟利昂中的水分。

在实际的氟利昂系统中常常将过滤和干燥功能合二为一，叫做干燥过滤器。图6-25给出一种干燥过滤器结构，过滤芯设置在筒体内部，由弹性膜片、聚酯垫和波形多孔板挤压固定，过滤芯由活性氧化铝和分子筛烧结而成，可以有效地除去水分、有害酸和杂质。干燥过滤器应装在氟利昂制冷系统的节流装置前的液管上，或装在充注液态制冷剂的管道上。氟利昂通过干燥层的流速应小于0.03m/s。

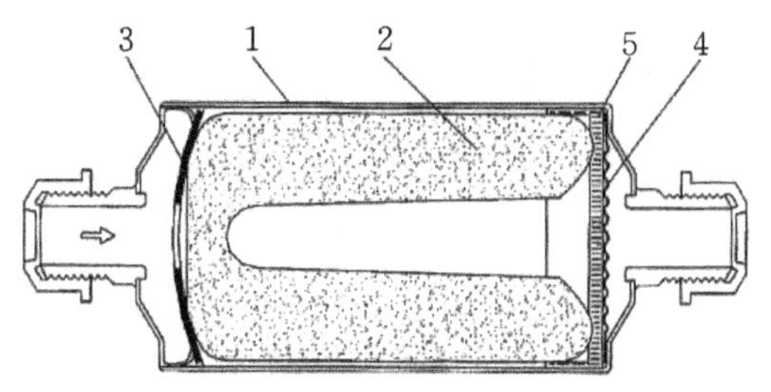

图6-25　干燥过滤器

1-筒体;2-过滤芯;3-弹性膜片;4-波形多孔板;5-聚酯垫

6.2.4　油分离器

制冷压缩机工作时,总有少量滴状润滑油被高压气态制冷剂携带进入排气管,并可能进入冷凝器和蒸发器。如果在排气管上不装设油分离器,对于氨制冷装置来说,润滑油进入冷凝器,特别进入蒸发器以后,在制冷剂侧的传热面上形成严重的油污,降低冷凝器和蒸发器的传热系数;对于氟利昂制冷装置来说,如果回油不良或管路过长,蒸发器内可能积存较多的润滑油,致使系统的制冷能力大为降低:蒸发温度越低,其影响越大,严重时还会导致压缩机缺油损毁。

油分离器有惯性式、洗涤式、离心式和过滤式四种形式。惯性式油分离器依靠流速突然降低并改变气流运动方向将高压气态制冷剂携带的润滑油分离,并聚积在油分离器的底部,通过浮球阀或手动阀排回制冷压缩机(见图6-26);洗涤式油分离器将高压过热制冷剂蒸气通入液态制冷剂中洗涤冷却,使制冷剂蒸气中的雾状润滑油凝聚分离(见图6-27);离心式油分离器借助离心力将滴状润滑油甩到壳体壁面聚积下沉分离(见图6-28);过滤式油分离器靠过滤网处流向改变、降速和过滤网的过滤作用将油滴分离出来(见图6-29)。

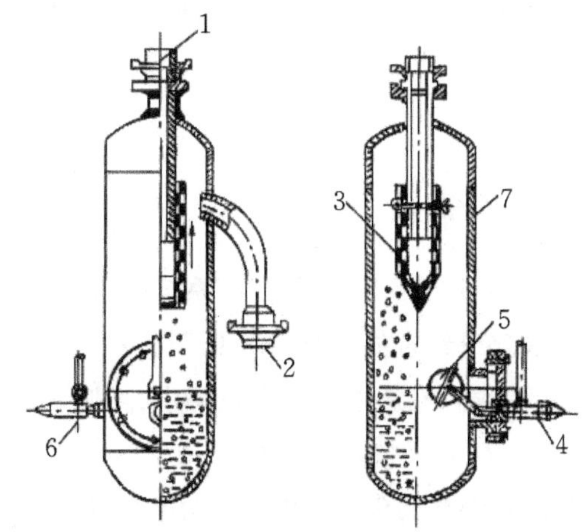

图6-26　惯性式油分离器

1-进口;2-出口;3-滤网;4-手动阀;5-浮球阀;6-回油阀;7-壳体

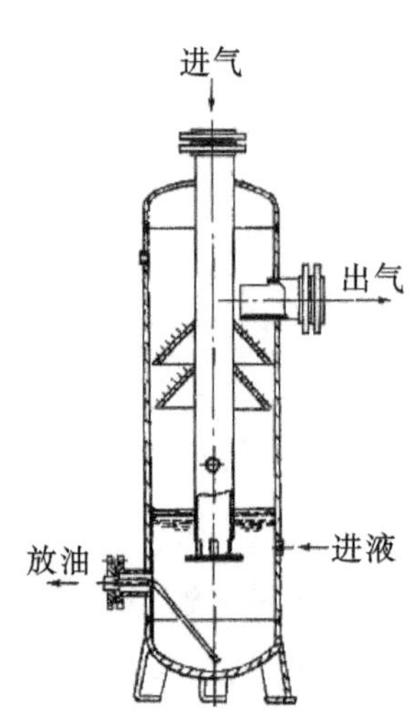

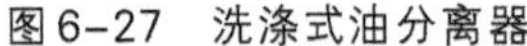
图6-27　洗涤式油分离器

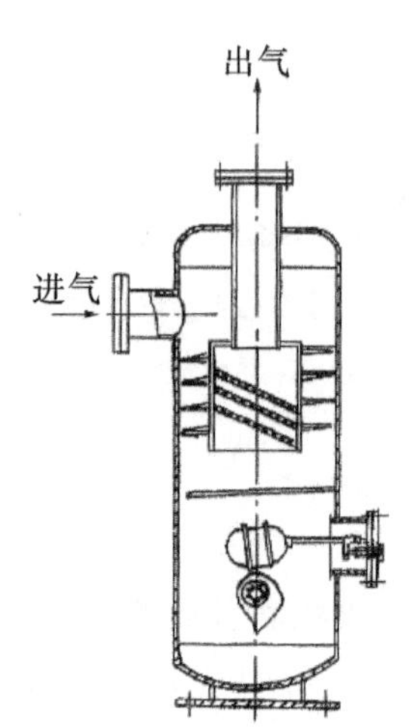

图6-28　离心式油分离器

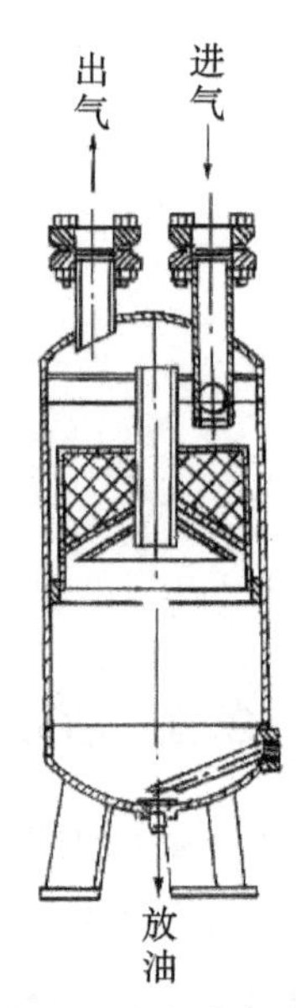

图6-29　过滤式油分离器

过滤式油分离器气流通过滤层的速度为0.4～0.5m/s,其他形式的油分离器气流通过筒体的速度应不超过0.8m/s。

6.2.5　集油器

由于氨制冷剂与润滑油不相溶,所以,在冷凝器、蒸发器和贮液器等设备的底部积存有润滑油,为了收集和放出积存的润滑油,应设置集油器。

集油器为钢板制成的筒状容器,其上设有进油管、放油管、出气管和压力表接管,出气管与压缩机的吸气管相连,放油时,首先开启出气阀,使集油器内压力降低至稍高于大气压;然后开启进油阀,将设备中积存的润滑油放至集油器。当润滑油达到集油器内容积的60%～70%时,关闭进油阀,再通过出气管使集油器内的压力降低,然后关闭出气阀,开启放油阀放出润滑油。

6.2.6　不凝性气体分离器

由于系统渗入空气或润滑油分解等原因,制冷系统中总会有不凝性气体(主要是空气)存在,尤其是在开启式制冷系统或经常处于低温和低于大气压力下运行的制冷系统中情况更甚。这些气体往往聚集在冷凝器、高压贮液器等设备中,降低了冷凝器的传热效果,引起压缩机排气压力和排气温度的升高,致使制冷系统的耗功率增加,制冷量减少。尤其是氨制冷系统,氨和空气混合后,高温下有爆炸的危险。因此必须经常排除制冷系统中的不凝性气体。

表6-2给出了R22、氨蒸气和空气混合物中空气饱和含量与压力、温度的关系。由表中可以看出,在气态制冷剂与空气的混合物中,压力越高,温度越低,空气的质量百分比越大。

所以不凝性气体分离器采用在高压和低温条件下排放空气，可以既放出不凝性气体而又能减少制冷剂的损失。

表6-2 空气饱和含量(质量百分比/%)

压力/bar	温度/℃	空气饱和含量		压力/bar	温度/℃	空气饱和含量	
		R717	R22			R717	R22
12	20	41	10	8	20	8	0
	−20	90	55		−20	82	40
10	20	20	3	6	20	0	0
	−20	87	50		−20	76	30

在氨制冷系统中，常用的不凝性气体分离器有四层套管式和盘管式两种。图6-30所示为盘管式不凝性气体分离器，它实际上是冷却设备，分离器的圆形筒体为钢板卷焊制成，内装有冷却盘管。不凝性气体分离原理如图6-31所示。放空气时，首先打开阀门9、10、13，使冷凝器或贮液器上部积存的混合气体进入分离器的筒体中，再开启与压缩机吸气管道相连的出气阀8，并稍微开启膨胀阀12，使低压液体制冷剂进入蒸发盘管6，以冷却管外的混合气体，使其温度降低、制冷剂冷凝析出，从而提高混合气体中空气的含量。被冷凝出来的制冷剂沉于分离器的底部，打开阀门11、14，通过回液管流入贮液器，而不凝性气体则集聚在分离器的上部，通过放空气阀5放出。由于制冷剂在分离器的冷凝过程中为潜热交换，故温度不会显著变化；随着不凝性气体含量增多，分离器内的温度将显著降低，所以在分离器的顶部装有温度计7，当温度明显低于冷凝压力下的制冷剂饱和温度时，说明其中存在较多的不凝性气体，应该放气。

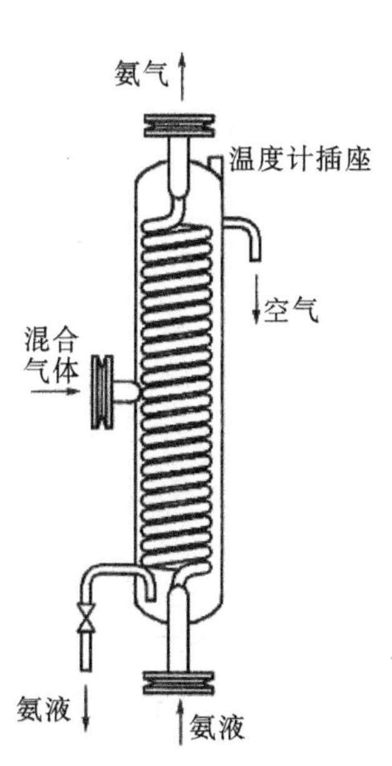

图6-30 盘管式不凝性气体分离器

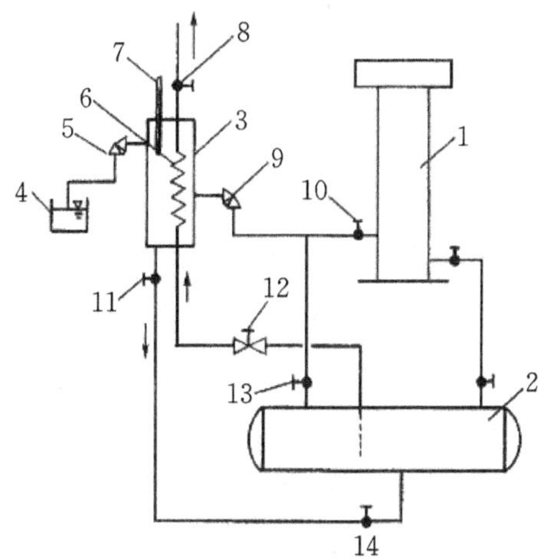

图6-31 不凝性气体分离器工作原理

1—冷凝器；2—贮液器；3—不凝性气体分离器；4—玻璃容器；5—放空气阀；6—蒸发盘管；7—温度计；8—制冷剂蒸气排出阀；9、10、11、13、14—阀门；12—膨胀阀

对于空气调节用制冷系统，除了使用高温制冷剂(如R11或R123)的离心式制冷系统外，系统工作压力高于大气压力，特别是采用氟利昂作为制冷剂时，不凝性气体难于分离(见表6-2)，再则经常使用全封闭或半封闭制冷压缩机，一般可不装设不凝性气体分离器。

6.2.7 安全装置

制冷系统中的压缩机、换热设备、管道、阀门等部件在不同压力下工作。由于操作不当或机器故障都有可能导致系统内压力异常，有可能引发事故。因此，在制冷系统运转中，除了严格遵守操作规程，还必须有完善的安全设备加以保护。安全设备的自动预防故障能力越强，发生事故的可能性越小，所以完善安全设备是非常有必要的。常用的安全设备有安全阀、熔塞和紧急泄氨器等。

1.安全阀

安全阀是指用弹簧或其他方法使其保持关闭的压力驱动阀，当压力超过设定值时，就会自动泄压。图6-32为微启式弹簧安全阀，当压力超过规定数值时，阀门自动开启。

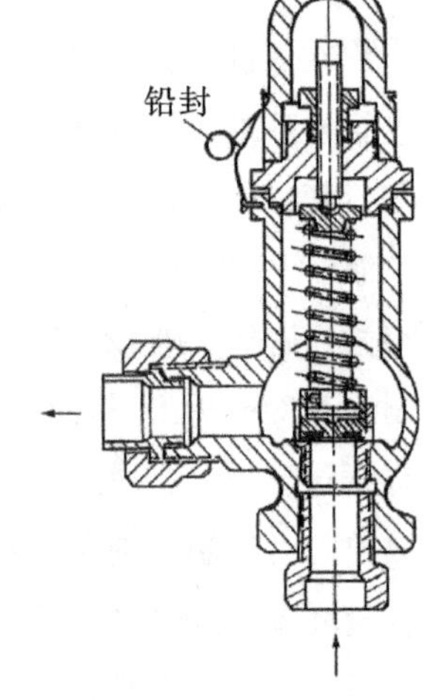

图6-32 安全阀

安全阀通常在内部净容积大于0.28m^{3}的容器中使用。安全阀可装在压缩机上，连通吸气管和排气管。当压缩机排气压力超过允许值时，阀门开启，使高低压两侧串通，保证压缩机的安全。通常规定吸、排气压力差超过1.6MPa时，应自动启跳(若为双级压缩机的低压机，吸排气压力差为0.6MPa)。安全阀的口径D_g可按式6-5计算：

$$D_g = C_1\sqrt{V} \quad \text{mm} \tag{6-5}$$

式中，V——压缩机排气量，m^3/kg；

C_1——系数，见表6-3。

安全阀也常安装在冷凝器、贮液器和蒸发器等容器上，其目的是防止环境温度过高(如火灾)时，容器内的压力超过允许值而发生爆炸。此时，安全阀的口径D_g可按式6-6计算：

$$D_g = C_2\sqrt{DL} \quad \text{mm} \tag{6-6}$$

式中，D——容器的直径，m；

L——容器的长度，m；

C_2——系数，见表6-3。

表6-3 安全阀的计算系数

制冷剂	C_1	C_2		制冷剂	C_1	C_2	
		高压侧	低压侧			高压侧	低压侧
R22	1.6	8	11	R717	0.9	8	11

2.熔塞

熔塞是采用在预定温度下会熔化的构件来释放压力的一种安全装置，通常用于直径小于152mm，内部净容积小于0.085m³的容器中。采用不可燃制冷剂（如氟利昂）时对于小容量的制冷系统或者不满1m³的压力容器可采用熔塞代替安全阀。图6-33为熔塞的结构示意图，其中低熔点合金的熔化温度一般在75℃以下，合金成分不同，熔化温度也不同，可以根据所要控制的压力选用不同成分的低熔点合金。一旦压力容器发生意外事故时，容器内压力骤然升高，温度也随之升高：而当温度升高到一定值时，熔塞中的低熔点合金即熔化，容器中的制冷剂排入大气，从而达到保护设备及人身安全的目的。需要强调的是，熔塞禁止用于可燃、易爆或有毒的制冷剂系统中。

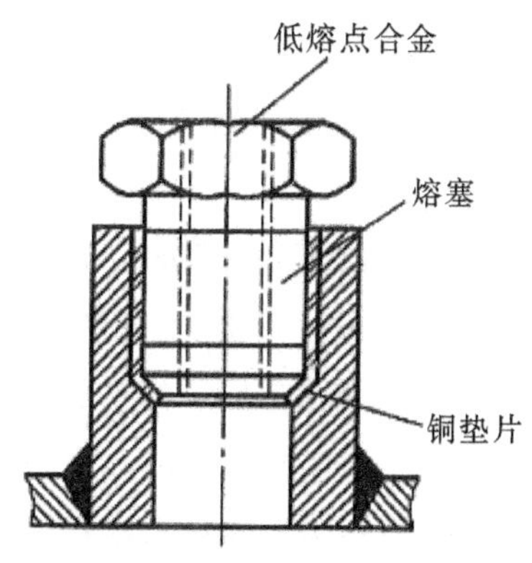

图6-33　熔塞

3.紧急泄氨器

紧急泄氨器是指在发生意外事故时，将整个系统中的氨液溶于水中泄出，防止制冷设备爆炸及氨液外逸的设备。制冷系统充注的氨较多时，一般需设置紧急泄氨器，它通过管路与制冷系统中存有大量氨液的容器（如贮液器、蒸发器）相连。紧急泄氨器的结构如图6-34所示，氨液从正顶部进入，给水从壳体上部侧面进入，其下部为泄水口。当出现意外紧急情况时，将给水管的进水阀与氨液泄出阀开启，使大量水与氨液混合，形成稀氨水，排入下水道，以防引起严重事故。应该注意的是，在非紧急情况下，严禁使用此设备，以避免造成氨的损失。

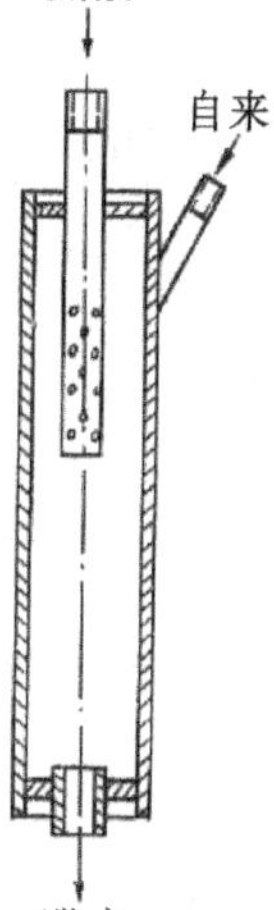

氨液

自来水

泄水

图6-34　紧急泄氨器

6.3　控制机构

在实际运行过程中，制冷装置的负荷总要发生变化，即使负荷一定，其外部条件也在不断发生变化，制冷量与负荷之间的不平衡是客观存在的，因此，制冷系统的实际运行是个动态过程。为使制冷装置能够在不同条件下安全、经济和可靠地运行，把外界变化引起的影响程度降至最小，需要对制冷系统进行控制，使制冷剂压力和温度保持在一定值或者不超过要求极限；并且，制冷系统应能根据需要，对制冷剂流程进行通断控制和改变，因此多种控制机构得到广泛的应用。

本节介绍制冷系统常用的控制机构，主要包括制冷剂压力调节阀、压力开关、温度开关和电磁阀。

6.3.1 制冷剂压力调节阀

制冷剂压力调节阀主要包括蒸发压力调节阀、压缩机吸气压力调节阀和冷凝压力调节阀。

1.蒸发压力调节阀

外界负荷变化,系统供液量就会随之变化,会引起压力波动,这不仅影响被冷却对象的温控精度还会影响系统的稳定性。蒸发压力调节阀通常安装在蒸发器出口处,根据蒸发压力的高低自动调节阀门开度,控制从蒸发器中流出的制冷剂流量,以维持表压压力的恒定。

蒸发压力调节阀根据容量大小分为直动型和控制型两类。

直动型蒸发压力调节阀是一种受阀进口压力(蒸发压力)控制的比例型调节阀,如图6-35所示。阀门开度与蒸发压力值和主弹簧设定压力值之差成正比,平衡波纹管有效面积与阀座面积相当,阀板的行程不受出口压力影响。当蒸发压力高于主弹簧的设定压力时,阀被打开,制冷剂流量增加,蒸发压力降低;当蒸发压力小于设定压力时阀被逐渐关小,制冷剂流量减少,蒸发压力升高,实现对蒸发压力的调节控制。为防止制冷系统出现脉动现象,蒸发压力调节阀中装有阻尼装置,能够保证调节器长久使用,同时不削弱调节精度。

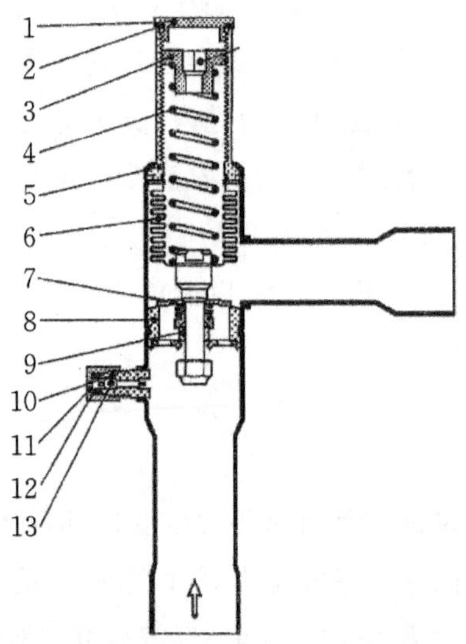

图6-35 直动型蒸发压力调节阀结构图

1-密封帽;2-垫片;3-调节螺母;4-主弹簧;5-阀体;6-平衡波纹管;7阀板;8-阀座;9-阻尼装备;10-压力表接头;11-盖帽;12-垫片;13-插入物

图6-36所示为控制型蒸发压力调节阀,是将定压导阀(控制阀)和主阀组合使用调节蒸发压力,一般用于需要准确调节蒸发压力的制冷系统中。图中,A为导阀流口,p_e是蒸发压力,p_c是从系统高压侧引过来的压力,p_1和p_3为弹簧力。通过调节弹簧压力p_1设定蒸发压力,

使之与蒸发压力p_e平衡。当蒸发压力p_e降低时、弹簧力p_1大于蒸发压力p_e，导阀流口关小，在主阀活塞上端形成高压p_c，主阀将在p_c大于p_3时关闭，从而蒸发器中的压力将上升，反之当蒸发压力p_e大于p_1时，导阀流口开大。压力p_c通过A卸掉，主阀活塞上方的压力降低，在p_3的作用下打开主阀，从而降低蒸发器中的压力。通过这样动态的变化，控制主阀的开度，实现制冷剂的流量控制，使得蒸发压力近似保持为设定值。

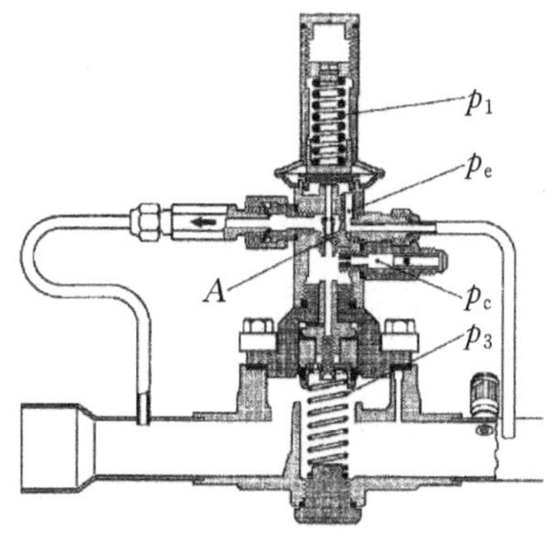

图6-36　控制型蒸发压力调节阀

2.压缩机吸气压力调节阀

压缩机吸气压力过高，会引起电机负荷过大，严重者会导致电机烧毁。尤其是在长期停机后启动或蒸发器除霜结束重新返回制冷运行时，吸气压力会很高。因此可在压缩机的吸气管路上安装吸气压力调节阀，也称为曲轴箱压力调节阀，避免因过高的吸气压力损坏电机，实现对压缩机的保护。

吸气压力调节阀也有直动式和控制式两种，图6-37为直动式吸气压力调节阀。直动式吸气压力调节阀工作原理和蒸发压力调节阀相似，主弹簧的设定压力值和作用在阀板下部的吸气压力值之差控制阀板的行程，不受进口压力的影响。当吸气压力高于设定值时，阀板开度关小；当吸气压力低于设定值时阀板开度增大。直动式吸气压力调节阀也是比例型调节阀，存在一定的比例带。例如，KVL型吸气压力调节阀的比例带为0.15MPa，表明在吸气压力低于设定压力的值在0.15MPa以内时，阀的开度与其压差成比例，当超过该比例带值时，阀将保持全开。

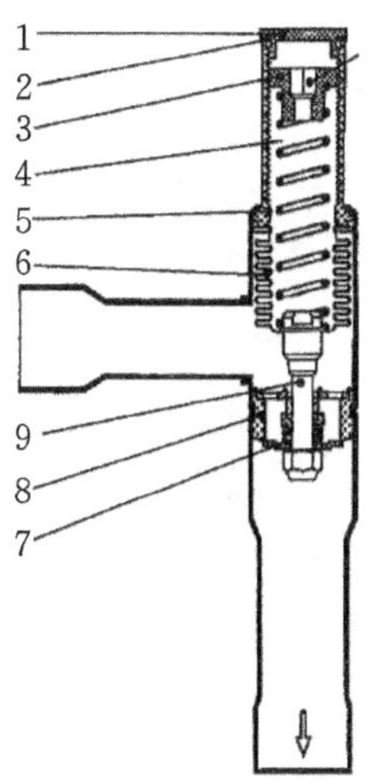

图6-37　直动式压缩机吸气压力调节阀

1-密封帽；2-垫片；3-调节螺母；4-主弹簧；5-阀体；6-平衡波纹管；7-阀板；8-阀座；9-阻尼装备

直动式吸气压力调节阀一般用于低温制冷系统，使用时注意接管尺寸不宜选得太小，避免因入口处气流速度过快产生噪声。对于大、中型制冷设备，一般采用控制式吸气压力调节阀。

3.冷凝压力调节阀

当负荷发生变化、冷却介质的温度和流量的变化都会引发冷凝压力的改变。冷凝压力升高，使得压缩机吸排气压力比升高，压缩机耗功增加，制冷量减小，系统*COP*下降；冷凝压力下降过低，会导致膨胀阀的供液动力不足，造成制冷量下降，系统回油困难等问题。因此有必要对系统冷凝压力进行调节。根据冷凝器的类型不同，有不同的冷凝压力调节方式。

风冷冷凝器一般通过冷凝压力调节阀进行调节，特别适用于全年制冷运行的风冷系统中。其原理是通过改变冷凝器有效传热面积来改变冷凝器的传热能力，从而改变冷凝压力，是一种有效的调节方法，冷凝压力调节阀由一个安装在冷凝器出口液管上的高压调节阀和跨接在压缩机出口和高压储液器之间的压差调节阀组成，高压调节阀是由进口压力控制的比例型调节阀，通过进口压力和冷凝压力设定值之差调节阀的开度；差压调节阀是受阀前后压差(冷凝器和高压调节阀的压降之和)控制的调节阀，开度随着压差的变化同步变化，当压差减小到设定值时，阀门关闭。当冷凝压力过低时，高压调节阀关闭，压缩机排出的制冷剂在冷凝器中冷凝，冷凝器有效传热面积减少，压力逐渐升高，差压调节阀前后产生压差，阀门开启，压缩机排气直接进入贮液器顶部，贮液器内的压力升高，保证膨胀阀前压力稳定；当冷凝压力逐渐升高时，高压调节阀逐渐开启，差压调节阀由于压差逐渐减小而逐渐关闭。当温度升高到使得系统在冷凝压力设定值以上正常运行时，高压调节阀全开、差压调节阀全关，制冷剂走正常循环路径。

图6-38～图6-40分别示出了高压调节阀、差压调节阀的结构和冷凝压力调节阀在制冷系统中的设置位置。

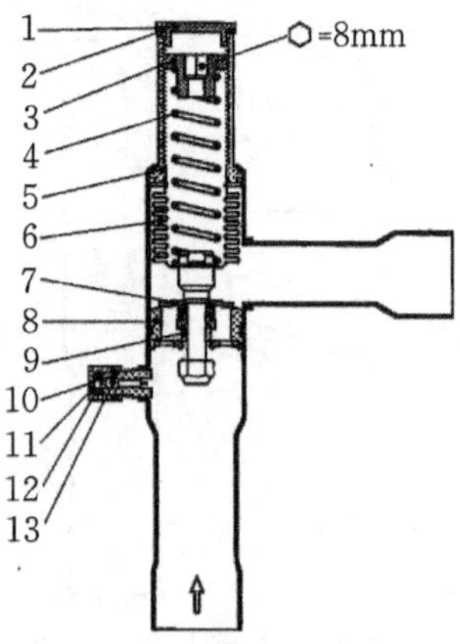

图6-38　高压调节阀结构图

1-密封帽；2-垫片；3-调节螺母；4-主弹簧；5-阀体；6-平衡波纹管；7-阀板；8-阀座；9-阻尼装置；10-压力表接头；11-盖帽；12-垫片；13-自封阀

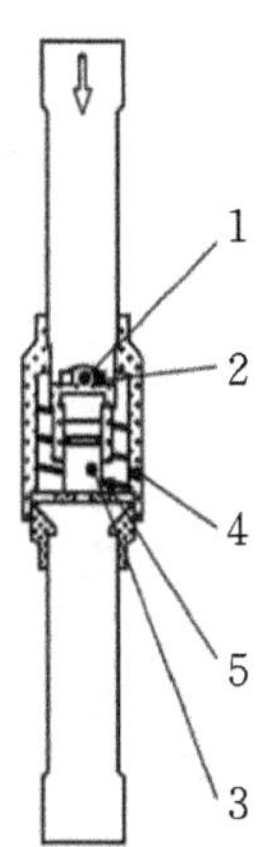

图6-39　差压调节阀结构图

1-活塞;2-阀片;3-活塞导向器;4-阀体;5-弹簧

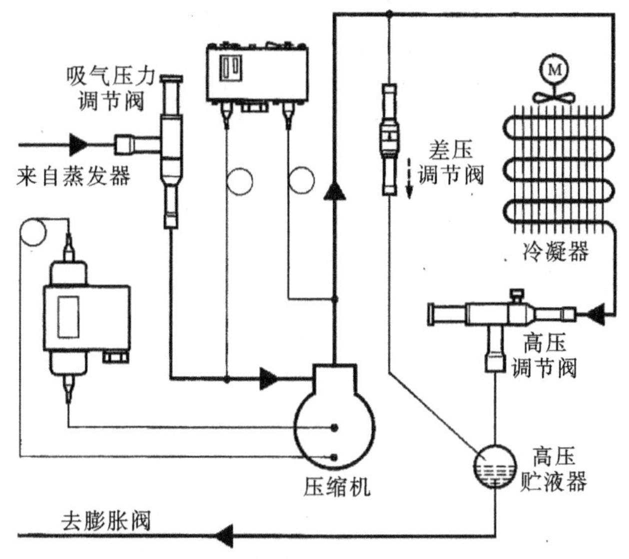

图6-40　采用冷凝压力调节阀的制冷系统(局部)

水冷冷凝器一般通过调节冷却水流量的方法调节冷凝压力,安装在冷却水管上的水量调节阀,根据冷凝压力变化相应地改变其开度,实现冷凝压力调节。根据控制水量调节阀的参数不同,可以分为压力控制型和温度控制型。

压力控制型水量调节阀以冷凝压力为信号对冷却水的流量进行比例调节,冷凝压力越高,阀开度越大,冷凝压力越低,阀开度越小,当冷凝压力减小到阀的开启压力以下时,阀门自动关闭,切断冷却水的供应,此后冷凝压力将迅速上升,当其上升至高于阀的开启压力时,阀门又自动打开。温度控制型水流量调节阀的工作原理与压力控制型相同,不同的是,它以感温包检测冷却水出口的温度变化,将温度信号转变成感温包内的压力信号,调节冷却水的流量。温度控制型水量调节阀不如压力控制型水量调节阀的动作响应快,但工作平稳,传感器安装简单、便捷。

如上所述两种水量调节阀都有直动式和控制式两种结构,前者一般用于小型系统;对于大型制冷系统,应采用后者,可以减小冷却水压力波动对调节过程的影响。图6-41、图6-42分别为直动式和控制式压力控制水量调节阀。

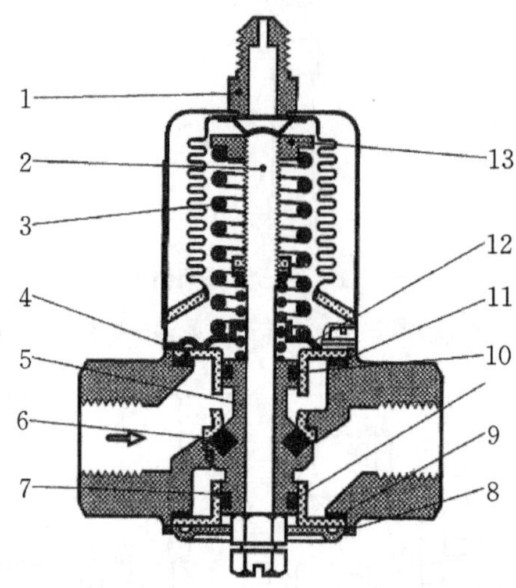

图6-41　直动式水量调节阀

1-压力接头;2-调节杆;3-调节弹簧;4-上引导衬套;5-阀椎体;6-T型环;7-下引导衬套;8-底板;9-垫圈;10-O形圈;11-垫圈;12-顶板;13-弹簧固定器

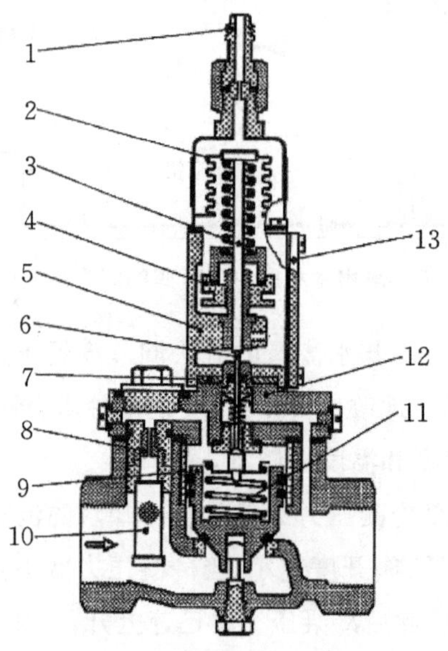

图6-42　控制式水量调节阀

1-压力接头;2-波纹管;3-推杆;4-调节纳子;5-弹簧室;6-导阀锥体顶杆;7-绝缘垫片;8-平衡流口;9-伺服活塞;10-滤网组件;11-伺服弹簧;12-阀盖;13-端盖

6.3.2　压力开关和温度开关

1.压力开关

制冷系统运行过程是一个压力动态变化的过程，压缩机排气压力最高，节流后压力降低，进入压缩机吸气管路后压力最低。为了确保制冷装置在其压力范围内工作，避免发生事故，需要进行压力保护，压力开关用于实现上述各个压力的保护。

压力开关是一种受压力信号控制的电器开关，当吸排气压力发生变化，超出其正常的工作压力范围时，切断电源，强制压缩机停机，以保护压缩机。压力开关又称为压力控制器或压力继电器，根据控制压力的高低，有低压开关、高压开关、高低压开关等。对于采用油泵强制供油的压缩机，还需设置油压差开关。

(1)低压开关。如果压缩机的吸气压力过低，不仅会造成压缩机功耗加大，效率降低，而且对于食品冷冻冷藏会导致被冷却物的温度无谓地降低，增加食品的干耗，使食品品质下降。如果低压侧压力低于大气压力，还会导致空气水分渗入制冷系统。因此，必须将压缩机的吸气压力控制在一安全值以上。

低压开关用于压缩机的吸气压力保护。当压力降到设定值下限时，切断电路，使压缩机停车，并报警；当压力升到设定值上限时，接通电路，系统重新运行。图6-43所示为低压开关的结构图，其原理图见图6-44。当系统中压力减小至设定值以下时，波纹管克服主弹簧的弹簧力推动主梁，带动微动开关移动，使触点1、4分开，而1、2闭合，如图6-44(a)中的状态，这时压缩机的电源将被切断，压缩机停止工作。当压力恢复正常范围时，低压开关处于图6-44(b)中的状态，1、4触电闭合，接通电源，系统恢复正常运行。

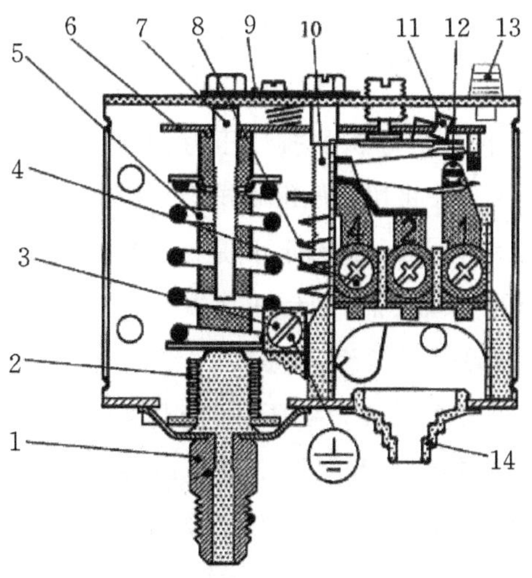

图6-43　低压开关结构图

1-压力连接件；2-波纹管；3-接地端；4-接线端子；5-主弹簧；6-主梁；7-压力调整杆；8-差压弹簧；9-固定盘；10-差压调整杆；11-翻转器；12-旋钮；13-复位按钮；14-电线接口

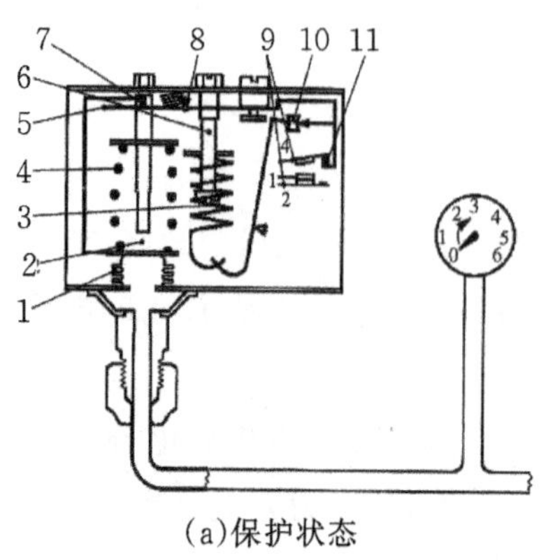

(a)保护状态

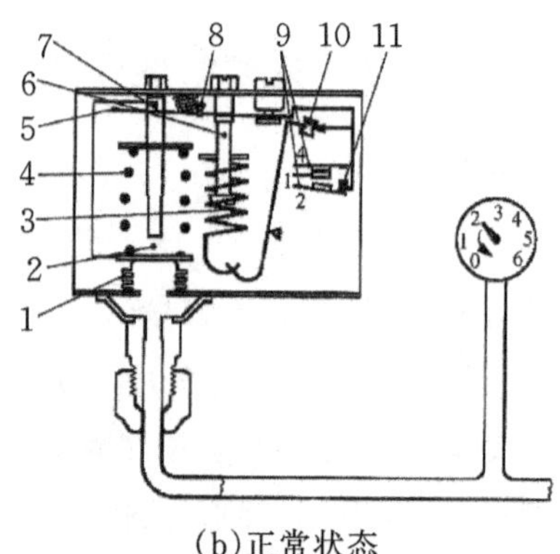

(b)正常状态

图6-44 压力开关原理示意图

1-波纹管;2-顶杆;3-差压弹簧;4-主弹簧;5-主梁;6-差压调整杆;7-低压调整杆;8-杠杆;9-触电系统;10-翻转器;11-支撑架

图6-43所示的压力开关带有手动复位按钮。当压力恢复正常时,为保护系统,触点并不自动跳回,需在排除故障后再手动按一下复位按钮以使触点回到正常位置。也有把压力开关设计成自动复位的,这种情况下不需要人工干预即可自动复位。实际使用时可根据情况自行选择手动复位或自动复位的低压开关。

目前的压力开关都有设定和幅差指示。压力开关的设定值可以通过压力调节杆改变主弹簧的预紧力来实现,根据需求在给定压力范围内进行调节。幅差可以通过差压调整杆改变差压弹簧的预紧力来调节,用于防止当被控压力在设定值附近时压力开关频繁通断。

(2)高压开关。当压缩机开机后排气管阀门未打开、制冷剂充注量过多、冷凝器风扇故障、不凝气体含量增多都会引发系统排气压力过高的故障,而排气压力过高是制冷系统中最危险的故障之一。排气压力过高会导致压缩机排气温度超高,致使润滑油和制冷剂损坏,还有可能烧毁电机绕组和损伤排气阀门。当高压超过设备的承受极限时,还可能发生爆炸,造成安全事故。高压开关用于控制压缩机的排气压力,使其不高于设定的安全值。当压缩机排气压力超过安全值时,高压开关将切断压缩机电源,使其停止工作并报警。

高压开关与低压开关的结构和原理相同,只是波纹管和弹簧的规格略有不同,此处不再赘述。值得注意的是,高压开关跳开后,即使压力恢复到正常压力范围内,也不能自动接通压缩机电源,必须人为排除故障后,进行手动复位。

(3)高低压开关。高低压开关也称为双压开关,是高压开关和低压开关的组合体,如图6-45所示。它由低压部分、高压部分和接线部分组成,用于同时控制制冷系统中压缩机的吸气压力和排气压力。高、低压接头分别与压缩机的排气管和吸气管相连接,压力连接件接受压力信号后产生位移,通过顶杆直接和弹簧力作用,推动微动开关,控制电路的接通与断开。表6-4是部分高低压开关的主要技术指标。

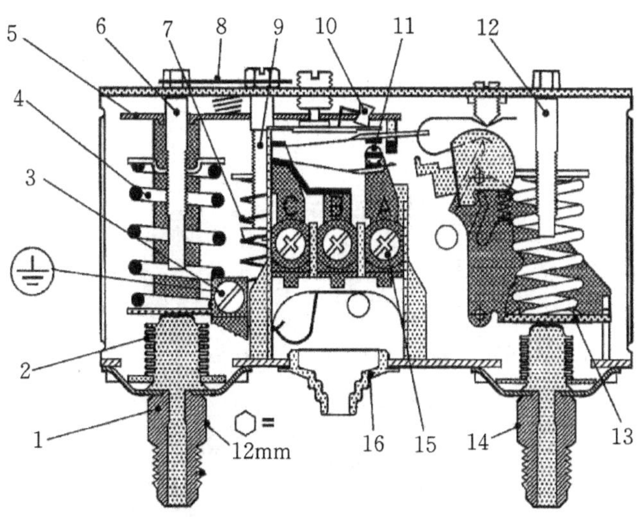

图6-45　高低压开关结构图

1-低压连接件;2-波纹管;3-接地端;4-主弹簧;5-主梁;6-低压调整杆;7-差压弹簧;8-固定盘;9-差压调整杆;10-翻转器;11-旋钮;12-高压调整杆;13-支撑架;14-高压连接件;15-接线端子;16-电线接口

表6-4　几种高低压开关的技术指标

型号	高压/MPa		低压/MPa		开关触电容量	适用工质
	压力范围	幅差	压力范围	幅差		
KD155-S	0.6～1.5	0.3±0.1	0.07～0.35	0.05±0.1	AC220/380,300VA	R12
KD255-S	0.7～2.0			0.15±0.1	DC115/300V,50W	R22,R717
YK-306	0.6～3.0	0.2～0.5	0.07～0.6	0.06～0.2	DC115/230V,50W	R12
YWK-11	0.6～2.0	0.1～0.4	0.08～0.4	0.025～0.1		
KP-15	0.6～3.2	0.4	0.07～0.75	0.07～0.4		R12,R22,R500

(4)油压差开关。采用油泵强制供油的压缩机,如果油压不足就不能保证油路正常循环,严重时会烧毁压缩机,因此在该系统设置油压差开关进行保护。油压差开关如图6-46所示。在系统发生故障,油泵无法正常供油,不能建立油压差,或者油压差不足时,油压保护开关切断压缩机电源并报警。考虑到油压差总是在压缩机开机后逐渐建立起来的,所以因欠压令压缩机停机的动作必须延时执行,这样,压缩机开机前未建立起油压差也不会影响压缩机启动,这是油压差开关和一般压力开关不同之处。

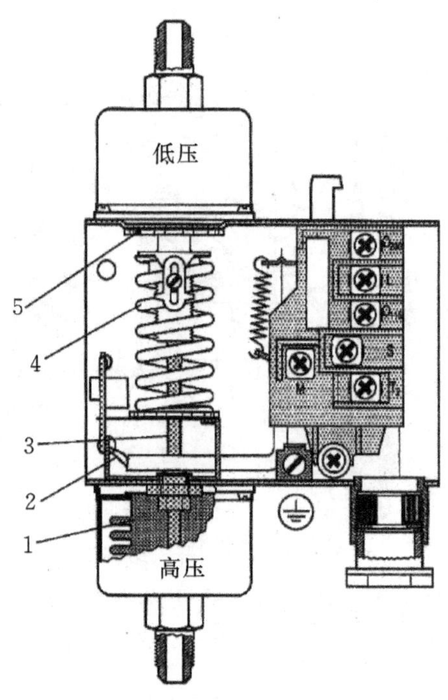

图6-46　油压差开关

1-高压波纹管;2-杠杆;3-顶杆;4-主弹簧;5-压差设置机构

2.温度开关

温度开关又称为温度继电器或温度控制器,是种受温度信号控制的电器开关,可以用于控制和调节冷库、冰箱等设备的冷藏温度,以及采用空调器房间的室内温度,也可以用于制冷系统的温度保护和温度检测,如压缩机的排气温度、油温等。根据感温原理的不同,制冷空调中常见的温度开关可以分为压力式、双金属式、电阻式和电子式。

(1)压力式温度开关。压力式温度开关主要由感温包、毛细管、波纹管、主弹簧、幅差弹簧、触点等部件组成。感温包、毛细管与波纹管组成一个密封容器,内充低沸点的液体。感温包感受被测介质温度后、利用其中充注的挥发性液体将温度信号转变成压力信号,经由毛细管作用在波纹管上,与由弹簧预紧力对应的设定压力进行比较,在幅差范围内给出电气通断信号,通过拨臂控制开关,实现温度控制的目的。

图6-47为一典型的压力式温度开关,和压力开关不同的是:压力开关是直接将被控压力信号引到波纹管上,而压力式温度开关则是通过感温包感知被控温度并将温度信号转化为压力信号,再送至波纹管上。

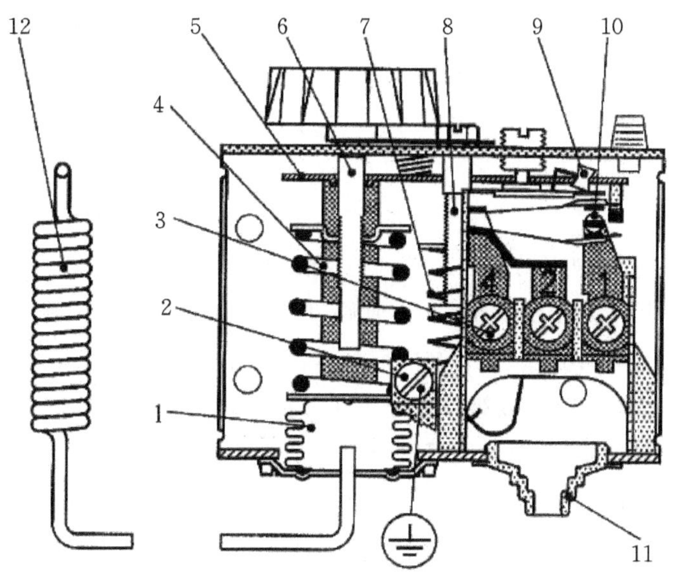

图6-47　压力式温度开关结构图

1-波纹管;2-接地端子;3-端子;4-主弹簧;5-主梁;6-温度调节杆;7-差值弹簧;8-温差调节杆;9-翻转器;10-触点;11-电缆入口;12-感温探头

在选用压力式温度开关时需要注意它是否符合控制对象的特点和需求。要考虑控制温度范围、幅差、感温包形状,还要考虑电气性能方面的容量、接点方式等:安装时感温包必须始终放置在温度比控制器壳体的毛细管低的地方,保证温度开关的调节不受环境温度的影响,还要根据充注方式顾及感温包和波纹管所处环境温度之间的相互关系。另外也可以将两个控制不同温度的温度开关组合在一起,称为双温开关,用于防止压缩机的排气温度过高和控制压缩机中的油温。

(2)双金属式温度开关。金属都有热胀冷缩的特性,不同的金属随温度变化具有不同膨胀系数。双金属式温度开关就是将两种膨胀系数不同的金属焊接成双层金属片,受热时,因膨胀量不同而产生弯曲,使电气开关动作,实现温控,通常选用黄铜与钢的组合。为了使开关动作迅速,双金属片的片长应该足够大,较长时可以绕成盘簧形或螺旋形以实现结构紧凑。

(3)电阻式和电子式温度开关。电阻式温度开关是根据温度变化会引起金属电阻值变化的原理,将其作为温度传感器,接在惠斯顿电桥的一个桥臂上,将温度信号转变成传感电路的电压变化,经过电子线路放大后,给出电气开关的动作指令,可以实现双位控制和三位控制。

电子式温度开关采用热敏电阻或者热电偶作为感温元件。热敏电阻由Mn、Ni、Co等烧结而成,阻值随温度的升高而降低或升高,反应灵敏;热电偶是利用塞贝克(Seebeck)效应将温度转变为电势差,测量精度较高。

电阻式和电子式温度开关体积小，性能稳定，反应灵敏，与双金属式温度开关和压力式温度开关相比具有很大的优势，目前广泛应用在房间温度控制、压缩机启停控制、风机启停控制、除霜控制等过程中。

6.3.3 电磁阀

电磁阀是制冷系统中常见的开关式自动控制元件，它是受电气信号控制而进行开关动作的自控阀门，用于自动接通和切断制冷管路，广泛应用于制冷机系统中，属于流量控制元件的一种。它能适应各种介质，包括制冷剂气体、制冷剂液体、空气、水、润滑油等。

按照工作状态的不同，电磁阀可以分为常开型（通电关型）和常闭型（通电开型）两类。按照结构与工作原理的不同，电磁阀可以分为直接作用式和间接作用式两种。

1.直接作用式电磁阀

直接作用式又称为直动式电磁阀（见图6-48），主要由阀体、电磁线圈、衔铁和阀板组成，直接由电磁力驱动，通常电磁阀口径在3mm以下的使用这种类型。

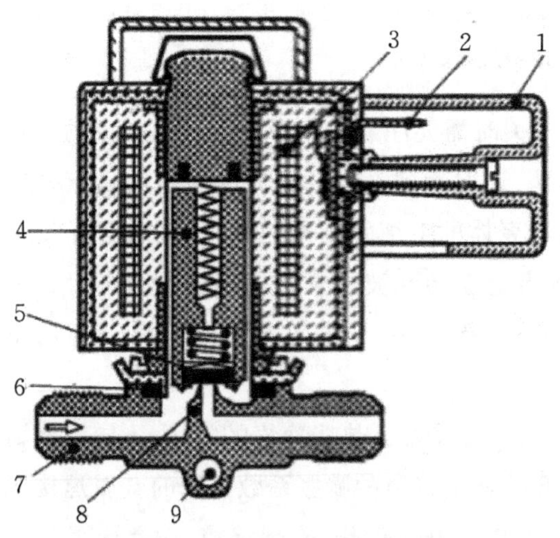

图6-48　直接作用式电磁阀

1-接线盒；2-DLX插头；3-线圈；4-衔铁；5-阀板；6-垫片；7-阀体；8-阀座；9-安装孔

线圈通电后产生磁场，衔铁在磁场力作用下提起，带动阀板离开阀座，开启阀门；切断电流，电磁力消失，衔铁在重力、弹簧力作用下自动下落，压在阀座上，关闭阀门，切断供液通道。

直动式电磁阀动作灵敏，可以在真空、负压、阀前后压差为零的情况下工作；当进出口压差较大时，会使得电磁阀开启困难，不能快速动作，因此，直动式电磁阀仅适用于小型制冷系统。需要注意的是，如果电磁阀出口压力高于进口压力，阀板则始终处于开启状态，故电磁阀具有方向性。

2.间接作用式电磁阀

间接作用式电磁阀又称为继动式电磁阀，有膜片式和活塞式两种，基本原理相同，属于双级开阀式，主要由阀体、导阀、线圈、衔铁、阀板等组成。

图6-49为膜片式间接作用电磁阀，其结构可分为两部分，上半部分是一个小口径的直动式电磁阀，起导阀作用，下半部分是阀体，其中装有膜片组件。导阀阀芯在膜片的中间，直接安装在衔铁上。膜片上有一个平衡孔，未通电时膜片上方与阀进口通过平衡孔达到平衡。

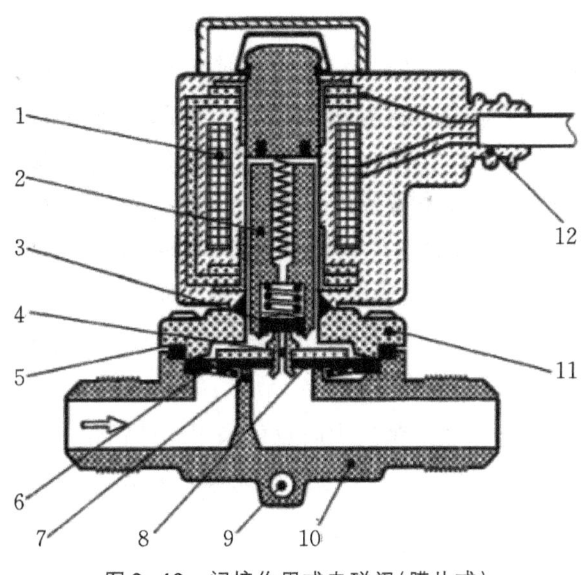

图6-49　间接作用式电磁阀(膜片式)

1-线圈；2-衔铁；3-主阀芯；4-导阀阀芯；5-垫片；6-平衡孔；7-阀座；8-膜片；9-安装孔；10-阀体；11-阀盖；12-接头

当线圈通电，电磁力将衔铁抬起，导阀阀芯打开，上方的小孔与阀出口连通，导阀上部的压力减小，这样在导阀上下形成压差，在压差的作用下膜片远离主阀芯，主阀被打开，电磁阀开启。切断电源后，衔铁在重力和弹簧力的作用下下落，导阀被关闭，阀前介质通过膜片上的平衡孔进入膜片上方空间，形成下低上高的压差，从而膜片落下，把主阀关闭。

这种电磁阀虽然结构较为复杂，但电磁阀圈只控制导阀阀芯的起落，可以大大减少线圈功率，缩小电磁阀体积，多用于中型制冷系统。值得注意的是，由于膜片的开启和维持要靠阀前后的压力差，因此，对于间接作用式电磁阀有一个最小开阀压力，只有在阀前后压差大于这个最小开阀压力的情况下阀才能被打开；同时电磁阀必须安装在水平管路上。

3.四通阀

四通阀也称为四通换向阀，主要用于热泵型空调机组或者逆循环热气除霜系统中。四通阀是由一个电磁换向阀(导阀)和一个四通滑阀(主阀)构成的组合阀，通过导阀线圈上的通、断电控制，使电磁换向阀的阀芯左移或者右移，形成压力信号管路连通方向的改变，并推动四通滑阀的移动,使制冷剂流向发生改变,这样系统就可以在制冷和制热两种模式间进行转换。由于四通滑阀的移动是以压缩机吸排气压力差作为动力的,故当制冷系统切换为制热模式时,虽电磁换向阀已上电,但如果压缩机还没有启动,此时四通阀并没有实现真正的换向,只是为四通阀的换向创造了基本条件,只有当吸排气压差达到一定值后四通阀才能换向。

四通阀要求制造精度高,动作灵敏,阀体不能有泄漏现象,否则将会使得动作失灵,无法工作。

6.4 制冷剂管路设计

对于制冷系统来说,选择适宜的主要设备和辅助设备是很重要的。但是,如果制冷剂管路设计不当,也会给系统正常运行带来困难,甚至引起事故,可以认为制冷剂管路是制冷系统中特殊而又重要的辅助设备。本节概括介绍制冷剂管路设计中的主要问题。

6.4.1 管路的布置原则

氟利昂管路常采用铜管,系统容量较大时也可采用无缝钢管。氨管则采用无缝钢管,禁止使用铜或铜合金管或管件。

为了减少管道耗材、制冷剂充灌量以及系统的压力降,配管应尽可能短而直。

管道的布置应不妨碍对压缩机及其他设备的正常观察、操作与管理,不妨碍设备的检修和交通通道以及门窗的开关。

管道与墙和顶棚之间、管道与管道之间应有适当的间距,以便安装保温层。

管道穿墙、地板和顶棚处应设有套管,套管直径应能安装足够厚度的保温层。

此外,各种设备之间的管路连接应符合下列要求。

1.压缩机排气管

(1)为了使润滑油和可能冷凝下来的液态制冷剂不至流回制冷压缩机,排气管应有不小于0.01的坡度、坡向油分离器和冷凝器。

对于不设油分离器的氟利昂制冷系统,当冷凝器高于压缩机时,排气管道在靠近制冷压缩机处应先向下弯,然后再向上接至冷凝器,形成U形弯,如图6-50所示。这样可以防止冷凝的液态制冷剂及润滑油返流回到制冷压缩机;同时,制冷压缩机停车后,排气管的U形弯可起存液弯作用,防止制冷压缩机停车后,由于冷凝器的环境温度高,制冷压缩机的环境温度低,制冷剂自冷凝器蒸发而流回到排气管道中,当再次开车时造成液击事故。

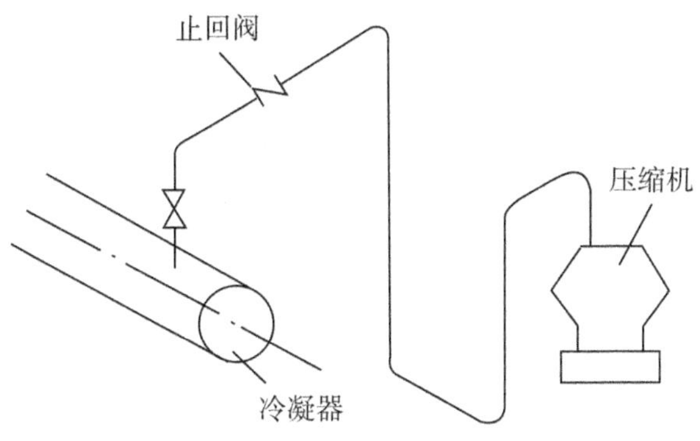

图6-50　氟利昂压缩机排气管

(2)多台氟利昂压缩机并联,为了保证润滑油的均衡,各压缩机曲轴箱之间的上部应装有均压管,下部应装有均油管。

(3)对于有容量调节的制冷压缩机,应考虑在制冷系统低负荷运行时,能将润滑油从排气立管中带走。此时,可以采用双排气立管,见图6-51;其中管径较小立管A的管径必须保证制冷系统在最低负荷运行时,润滑油能够被气流带走;管径较大立管B的管径,必须考虑制冷系统满负荷时,不但制冷剂蒸气通过双排气管时能将润滑油带走,而且排气管道压力降也应在允许范围内。这两根排气管下部,用集油弯管连接,当制冷系统在低负荷运行时,蒸气流速不能带走的润滑油存于集油弯管内,直至集满时将立管B封死,这时,制冷剂蒸气只通过立管A,可以将润滑油带走。对于此种情况,排气立管前可装设油分离器,将回收的润滑油均匀地送回各台正在运行的压缩机。

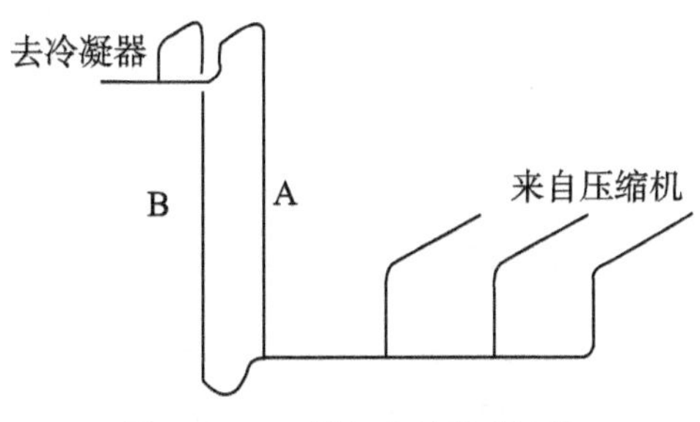

图6-51　双排气立管管道连接

(4)并联的氨压缩机排气管上或在油分离器的出口处,应装有止回阀(见图6-52),防止一台压缩机工作时,未工作的压缩机出口处有较多的氨气不断冷凝成液态,启动时造成液体冲缸事故。

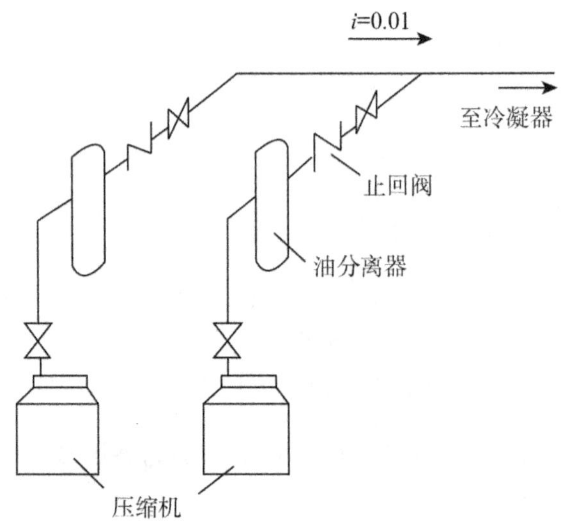

图6-52　氨压缩机排气管

2.压缩机吸气管

(1)对于氟利昂制冷系统,考虑润滑油应能从蒸发器不断流回压缩机,氟利昂制冷压缩机的吸气管应有不小于0.01的坡度、坡向压缩机,如图6-53(a)所示。

当蒸发器高于制冷压缩机时,为了防止停机时液态制冷剂从蒸发器流入压缩机,蒸发器的出气管应首先向上弯曲至蒸发器的最高点再向下通至压缩机,如图6-53(b)所示。

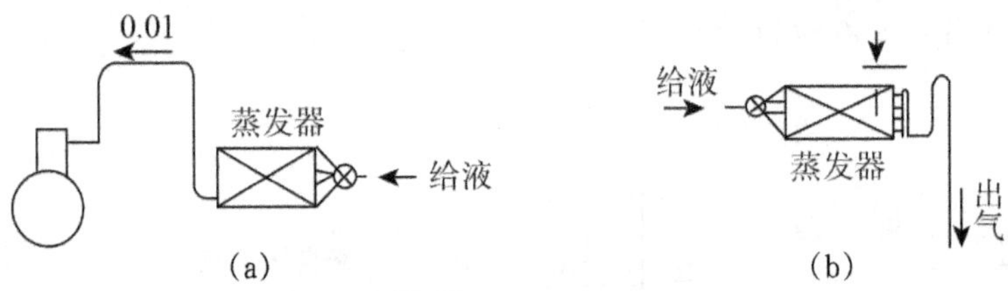

图6-53　氟利昂压缩机吸气管

(2)并联氟利昂制冷压缩机,如果只有一台运转,压缩机又没有高效油分离器时,在未工作的压缩机的吸气口处可能积存相当多的润滑油,启动时会造成油液冲击事故。为了防止发生上述现象,并联氟利昂压缩机的吸气管应按图6-54安装。

(3)对于有容量调节的氟利昂制冷系统,可采用双吸气立管(见图6-55),其工作原理与双排气立管相同。制冷系统在低负荷运行时,立管内制冷剂蒸气流速可以将润滑油带回压缩机。

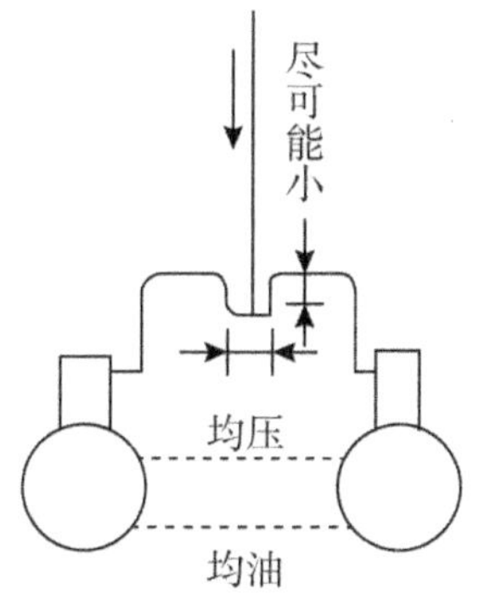

图6-54　氟利昂压缩机并联

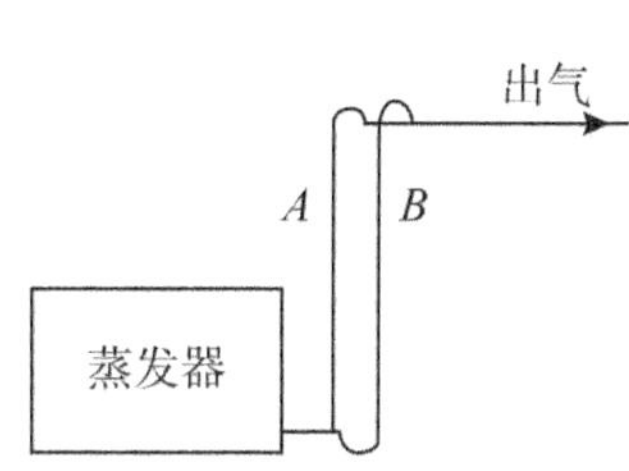

图6-55　双吸气立管管道连接

(4)氨压缩机的吸气管应有不小于0.005的坡度、坡向蒸发器,以防止液滴进入气缸。

3.从冷凝器至高压贮液器的液管

冷凝器应高于贮液器,如图6-20所示。当两者之间无均压管(即平衡管)时,两者的高度差应不少于300mm。

对于蒸发式冷凝器,因本身没有贮液容积,单独一台与贮液器相连时,两者的高差应大于300mm。如为多台并联后再与贮液器相连时,除在贮液器与蒸发式冷凝器的高压气管之间设有均压管以外,两者的高差一般应大于600mm,液管的流速应小于0.5m/s。

4.从高压贮液器或冷凝器至蒸发器的给液管

(1)当冷凝器高于蒸发器时,为了防止停机后液体进入蒸发器,给液管至少应抬高2m以后再通至蒸发器,如图6-56所示。但是,膨胀阀前设有电磁阀时,可不必如此连接。

(2)当蒸发器上下布置时,由于向上给液,管内压力降低,并伴随有部分液体汽化,形成闪发蒸气,为了防止闪发形成的蒸气集中进入最上层的蒸发器,给液管应如图6-57配置。

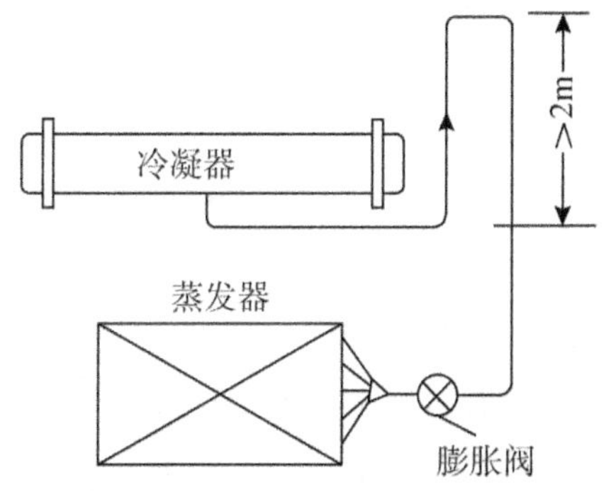

图6-56　冷凝器高于蒸发器时的管道布置

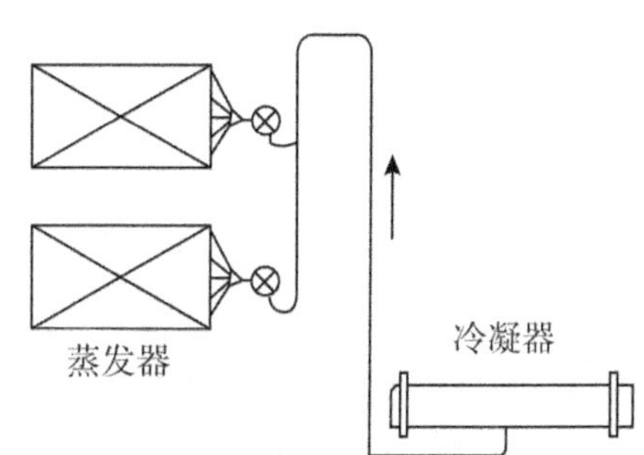

图6-57　闪发蒸气的均匀分配

当数个高差较大的蒸发器由一根给液立管供液时,为了使闪发蒸气得到均匀分配,应按图6-58方式进行配管。

(3)对于氨制冷系统的给液管,为了防止积油而影响供液,在给液管路的低点和分配器的低点应设有放油阀，如图6-59所示。

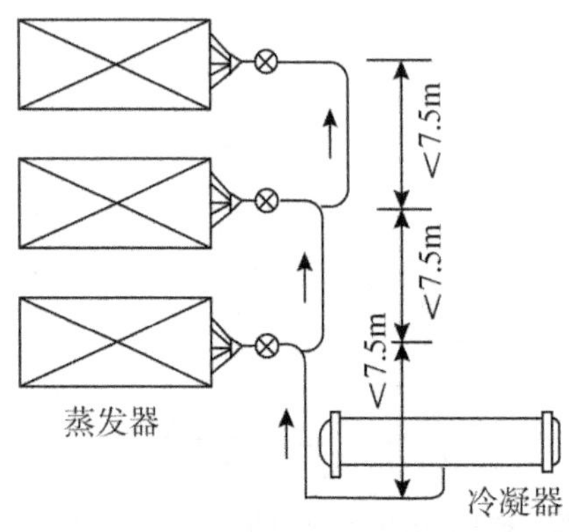

图6-58 高差较大的蒸发器给液

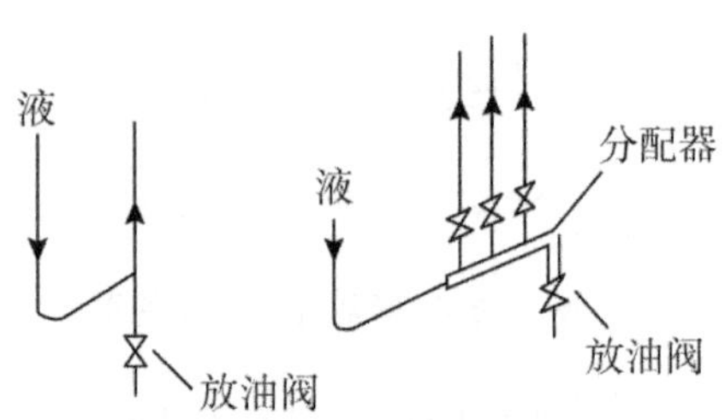

图6-59 氨给液管的放油

6.4.2 制冷剂管道管径的确定

1.管径确定原则

（1）制冷剂管道的管径确定应综合考虑经济、压力降和回油三个因素。从设备初投资上看，希望管径越小越好，但这将造成较大的压力损失，引起压缩机吸气压力降低和排气压力升高，导致系统的制冷能力和制冷系数降低。此外，对于氟利昂制冷系统来说，如果吸气管管径选择过大，还会造成润滑油回油不良问题。

（2）对于氟利昂制冷系统，其吸气和排气管路的压力损失希望不超过相当于蒸发温度降低1℃或冷凝温度升高1℃对应的损失；而氨制冷系统的吸、排气管路的压力损失希望均不超过蒸发或冷凝温度降低0.5℃对应的损失。例如对于R22制冷系统，蒸发温度为0℃时，吸气管路的压力损失应不超过0.17bar；冷凝温度为30℃时，排气管路的压力损失应不超过0.31bar。

（3）从冷凝器至贮液器的液管，是靠重力使液态制冷剂自流进入贮液器，管中液体流速应小于0.5m/s。从贮液器至膨胀阀的液管要防止液态制冷剂发生汽化而造成膨胀阀供液量不足，一般制冷剂离开冷凝器时均有3～5℃的再冷度，管内流速可取0.5～1.25m/s，压力损失应不大于0.5bar；如果膨胀阀高于贮液器达4m时，需有5℃的再冷度。

（4）氟利昂制冷系统的吸气管径应确保润滑油顺利返回制冷压缩机。向下或水平吸气管中的润滑油可靠重力流回压缩机；对于上升的吸气管（上升立管）来说，只有当管中气流速度足够高时，才能把润滑油带回压缩机。R22上升立管的最低气流速度见图6-60，在实际设计时，上升立管的气流速度应取图中所给数值的1.25倍。压缩机排气管路的设计也应考虑携带润滑油问题，R22排气管路的最低带油流速见图6-60。

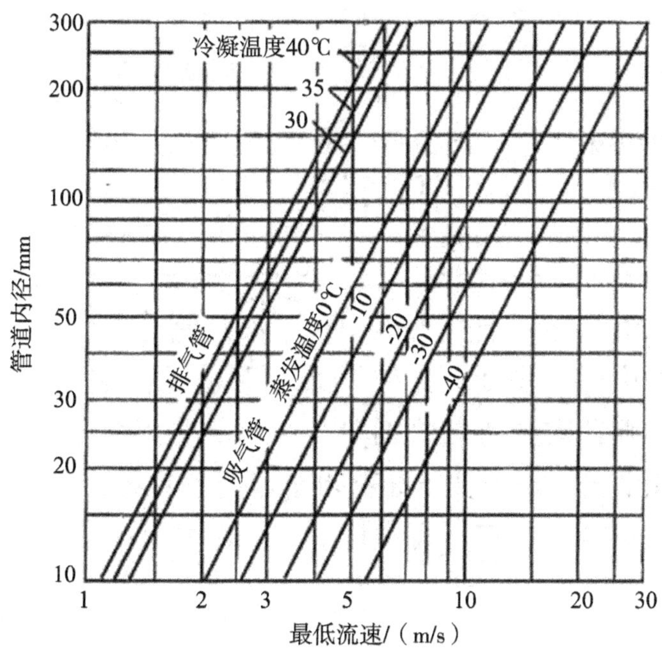

图6-60　R22气体上升立管的最低带油流速

2.管径确定方法

根据单位当量管长的允许压力降,利用计算图表得出制冷剂管道的管径。

制冷剂管路的压力损失包括管段的摩擦阻力和管件的局部阻力两部分,为了计算方便,常把各管件的局部阻力系数折合成当量管长(常用管件当量长度见表6-5),这样管路系统某管段的总计算长度应等于直线段的长度L与各管件的当量长度L_d之和,因此,该段管路的压力损失为

$$\Delta P = f_m \frac{(L+L_d)}{d_i}\left(\frac{M_r}{\frac{\pi}{4}d_i^2}\right)^2 \cdot \frac{v_r}{2} = 0.81 f_m M_r^2 v_r \frac{(L+L_d)}{d_i^5} \quad \text{Pa} \qquad (6-7)$$

式中,f_m——摩擦阻力系数;

d_i——管道内径,m;

M_r——制冷剂的质量流量,kg/s;

v_r——制冷剂的比容,m^3/kg。

从式(6-7)可以看出,对一定相对粗糙度的管道来说,管道直径与制冷剂的质量流量、每米计算长度的允许压力降和制冷剂的比容成函数关系,即

$$d_i = f\left(M_r, \frac{\Delta P}{L+L_d}, v_r\right)$$

表6-5　常用管件当量长度与管内径比值(L_d/d_i)

管件名称		L_d/d_i	管件名称		L_d/d_i
阀门	直通截止阀	340	渐扩变径管		
	角阀	170			
	直通闸阀	8		$d/D=1/4$	30
	止回阀	80		$d/D=1/4$	20
	球形阀	320		$d/D=1/4$	17
丝扣弯头	90°	30			
	45°	14			
焊接弯头	45°	15	渐缩变径管		
	60°	30		$d/D=1/4$	15
	90°(二节)	60		$d/D=1/4$	11
	90°(三节)	20		$d/D=1/4$	7
	90°(四节)	15			

由于在一定压力范围内,液态制冷剂的比容变化很小,所以,已知制冷剂的质量流量和单位计算长度的允许压力降即可得出液体制冷剂管道管径;而计算气态制冷剂管道管径,则还需知道制冷剂蒸气所处的热力状态。图6-61为R22蒸气的管径计算图表,图6-62和图6-63分别为氨液和氨蒸气的管径计算图表。

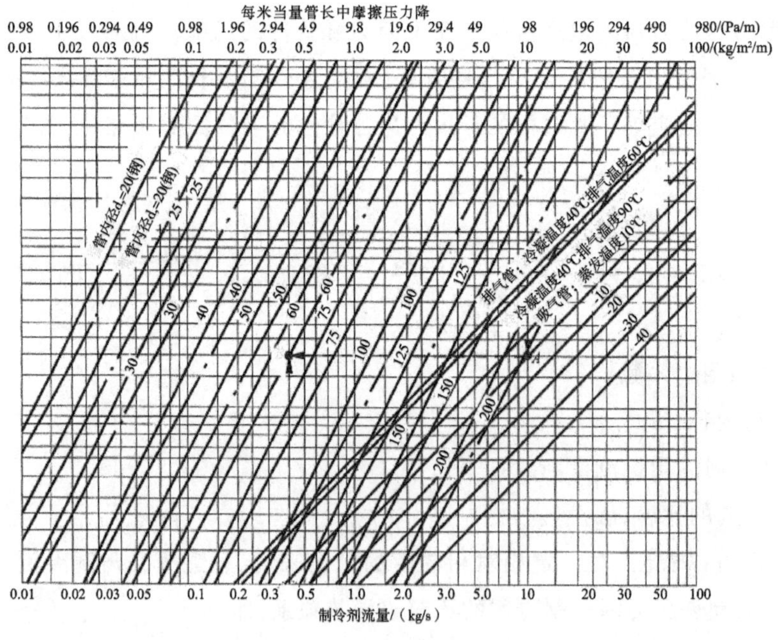

图6-61　R22蒸气在管道中的阻力损失

注:1.铜管按光滑管计算;钢管绝对粗糙度为0.06mm;

2.吸气过热度为10℃。

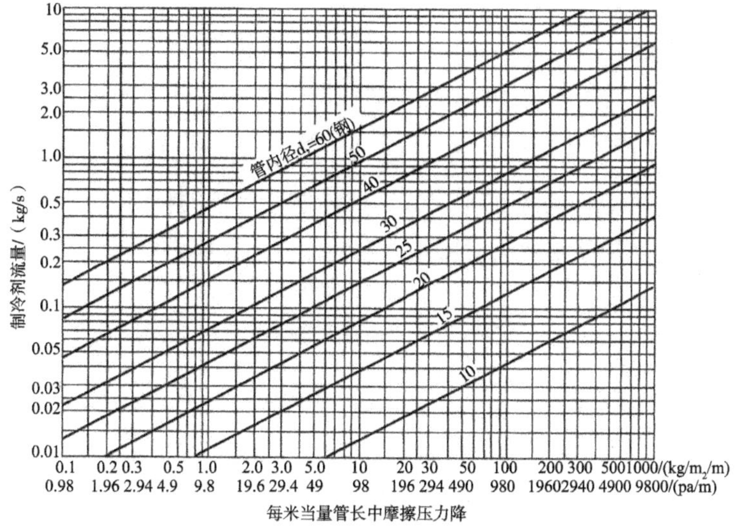

图6-62　氨液在管道中的阻力损失

注:1.钢管绝对粗糙度为0.06mm;

2.使用范围:无闪发蒸气产生。

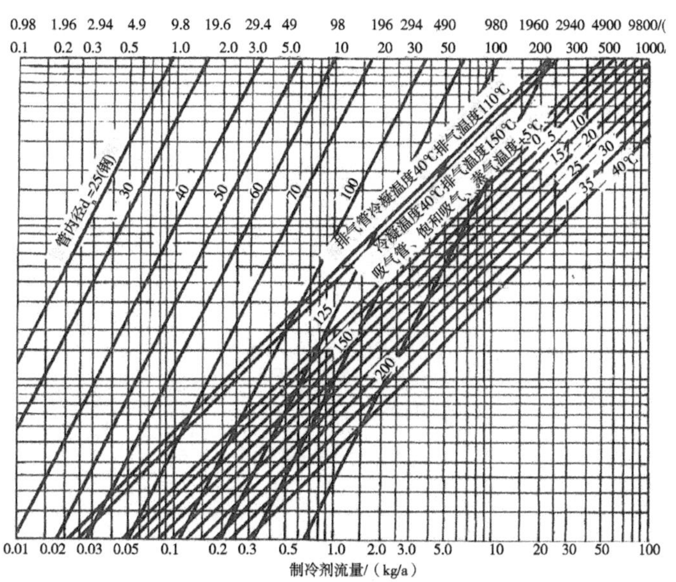

图6-63　氨蒸气在管道中的阻力损失

注:钢管绝对粗糙度为0.06mm。

例如,对于蒸发温度为0℃,吸气过热度为10℃的R22吸气铜管道,制冷剂流量为0.4kg/s,单位计算长度压力降为98Pa/m。可在图6-62上,找到单位计算长度压力降为98Pa/m垂直线和蒸发温度为0℃斜线的交点A,从点A作水平线,与流量为0.4kg/s的垂直线相交于B点,B点在内径为60mm铜管道上,即可确定出吸气管的内径为60mm。

思考题与习题

6-1 已知R22制冷系统的冷凝温度为40℃,压缩机排气温度为90℃,制冷剂流量为1kg/s,5m的排气直管段总压力损失为980Pa,试确定排气管(铜)内径?

6-2 膨胀阀前出现制冷剂汽化对膨胀阀的性能有何影响?

第7章 锅炉设备原理与系统

7.1 概述

概述

1720年,英国出现了锅炉的雏形,随后瓦特发明了蒸汽机,把英国带入了工业革命时代。蒸汽机的发明对锅炉提出了扩大容量和提高参数的要求,因此在圆筒形蒸气锅炉的基础上发展了烟管锅炉和水管锅炉。烟管锅炉是在锅筒内增加受热面,高温烟气在烟管和火管内流动放热,低温工质水则在烟管外侧吸热、升温和汽化。这类锅炉的炉膛一般都较矮小,炉膛四周又被作为辐射受热面的筒壁所围住,炉内温度低,燃烧条件较差,而且烟气纵向冲刷壁面,传热效果也差,排烟温度很高,热效率低。水管锅炉则是在锅筒外发展受热面,它的特点是高温烟气在管外冲刷流动而放出热量,汽水混合物在管内流动而吸热和蒸发。

水管锅炉的出现,是锅炉发展的飞跃,摆脱了锅炉受锅筒尺寸的制约,无论在燃烧条件、传热效果和受热面的布置等方面都得到了根本性的改善,为提高锅炉的容量、参数和热效率创造了良好的条件,金属耗量也大为下降。

7.1.1 锅炉的组成

锅炉是由"锅"和"炉"两部分组成的,利用燃料燃烧释放的化学能或其他热能加热给水,以获得规定参数(主要是温度和压力)和品质工质的设备。水要变成热水或水蒸气,就要吸热,它的热源来自燃料。燃料与空气中的氧结合,才能燃烧放热,燃料燃烧后变成高温的燃烧产物(烟气)。这个过程把燃料的化学能转变为燃烧产物的热能。然后高温的烟气通过对各种受热面的传热,将热能传给水,水吸收热量后变成热水或水蒸气,蒸气进一步吸热称为高温的过热蒸气。因此,锅炉内的工质不但有水和水蒸气,而且必须有燃料和空气。

"锅"就是汽水系统,由汽包、下降管、联箱、导管及换热设备组成,其中换热设备如水冷壁、过热器、再热器和省煤器等所形成的受热面决定着锅炉的热效率。"炉"代表着燃烧系统,由炉膛、燃烧器、烟道、炉墙构架等组成,决定着燃料燃烧的好坏。由此可见,锅炉是进行燃料燃烧、传热和汽化三种过程的综合装置,其内容过程比较复杂。

除了锅炉本体外,还需要一系列的辅助系统和设备才能保证整个锅炉机组的安全运行。例如,送风除尘系统、除渣系统、仪表控制系统、化学水处理系统等。

典型的煤粉锅炉系统组成如图7-1所示。原煤经初步破碎和处理后通过原煤斗进入给煤机,在磨煤机中磨制成合格的煤粉,由预热空气通过排粉风机将磨好的煤粉经燃烧器喷入炉膛进行燃烧,此过程中燃料的化学能转化为烟气的热能。高温烟气经炉膛进入水平烟道和尾部烟道，烟气在流动过程中以不同的换热方式将热量传递给布置在锅炉中的各种受热面。

由燃烧器送入炉膛的预热空气，是由送风机将冷空气送入锅炉尾部的空气预热器加热后再送进燃烧器的。通过空气预热器加热后的空气分为两路，一路通过燃烧器直接送入炉膛，主要起混合、扰动、强化燃烧的作用，称为二次风；另外一路通过排粉风机进入磨煤机将煤粉加热和干燥，同时将煤粉输送到燃烧器，这股携带煤粉的空气称为一次风。

给水来自给水泵，它首先进入省煤器加热后进入汽包，汽包里的水沿着下降管下降至水冷壁的下联箱，再进入布置在炉膛壁面上的水冷壁管子中。水在水冷壁管子中因吸收了炉内的辐射热，其中部分水变成水蒸气，所以此时的工质为汽水混合物。汽水混合物上升进入汽包后进行汽水分离，分离出来的水留在汽包下部，连同不断送入汽包的给水一起又下降，重复吸热后再上升。分离出来的蒸气从汽包顶部引出，首先进入敷设在炉顶的顶棚过热器，然后经低温过热器或高温过热器等设备，最终达到额定温度后送至汽轮机中做功。

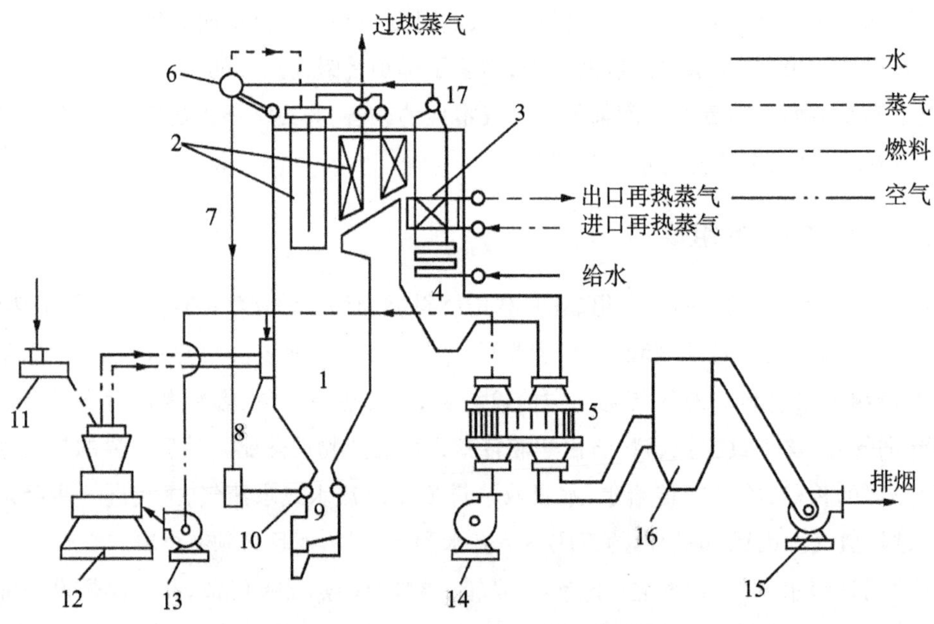

图7-1　煤粉锅炉及其辅助系统示意图

1—炉膛；2—过热器；3—再热器；4—省煤器；5—空气预热器；6—汽包；7—汽水引出管；8—燃烧器；9—排渣装置；10—下联箱；11—给煤机；12—磨煤机；13—排粉风机；14—送风机；15—引风机；16—除尘器；17—上联箱

7.1.2 锅炉的分类

1.按照锅炉的用途分类

固定式锅炉按照其用途可以分为：

(1)电站锅炉，锅炉产生的蒸气主要用于发电。

(2)工业锅炉，蒸气主要用于工业企业生产工艺过程以及采暖和生活用的锅炉。

(3)热水锅炉，生产热水，主要用于热水供暖、制冷和生活。

2.按照锅炉容量分类

按照锅炉容量的大小，锅炉有大、中、小之分，但它们之间没有固定和明确的分界。此划分主要针对电站锅炉，随着电力工业的发展，锅炉容量不断增大，大中小型锅炉的分界也在不断变化。

3.按照锅炉的蒸气压力分类

按照锅炉出口蒸气压力，可将锅炉分为低压锅炉(出口蒸气压力(表压)不大于2.45MPa)、中压锅炉(表压2.94～4.90MPa)、高压锅炉(表压7.84～10.80MPa)、超高压锅炉(表压11.80～14.70MPa)、亚临界压力锅炉(表压15.70～19.60MPa)和超临界压力锅炉(绝对压力超过临界压力22.10MPa)。

4.按照锅炉蒸发受热面内工质的流动方式分类

(1)自然循环锅炉。蒸发受热面内的工质，依靠下降管中的水与上升管中的汽水混合物之间的密度差所产生的压力差进行循环的锅炉。

如图7-2(a)所示，给水经给水泵送入省煤器，受热后进入汽包，水从汽包流向不受热的下降管，下降管的工质是单相水。当水进入蒸发受热面后，因不断受热而使部分水变为水蒸气，故受热蒸发面内工质为汽水混合物。由于汽水混合物的密度小于水的密度，因此，下联箱的左右两侧因工质密度不同而形成压力差，推动蒸发受热面的汽水混合物向上流动，进入汽包，并在汽包内进行汽水分离。分离出的水则和省煤器来的给水混合后再次进入下降管，继续循环。这种循环流动完全是由于蒸发受热面受热而自然形成的，故称自然循环。

自然循环锅炉的主要特点是有一个直径比较大的汽包，用于汽水分离，另外结构也比较简单、运行容易掌握而且比较安全可靠。

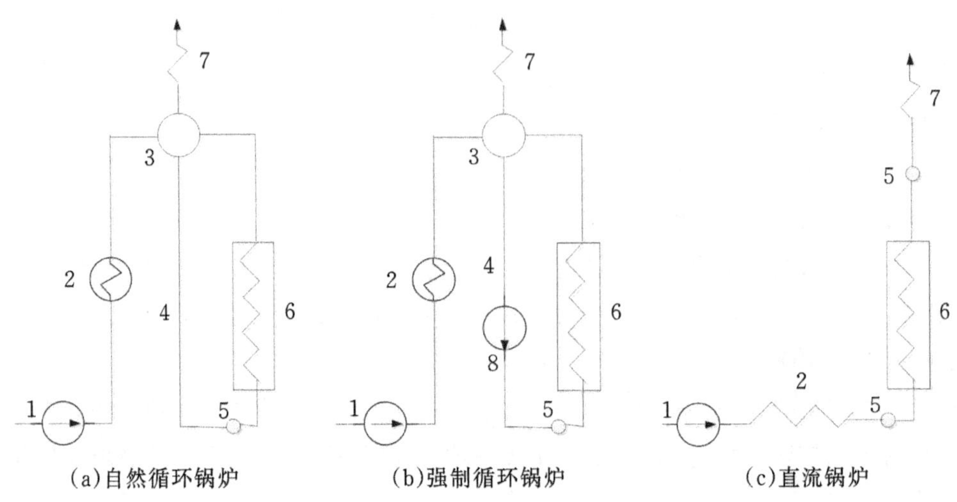

(a)自然循环锅炉　　(b)强制循环锅炉　　(c)直流锅炉

图7-2　锅炉蒸发受热面内工质流动的几种类型

1—给水泵;2—省煤器;3—汽包;4—下降管;5—联箱;6—蒸发受热面;7—过热器;8—循环泵

(2)强制循环锅炉。蒸发受热面内的工质除了依靠水与汽水混合物之间的密度差外,主要依靠锅水循环泵的压头进行循环的锅炉称为强制循环锅炉,其系统示意图如图7-2(b)所示。

强制循环锅炉虽然比自然循环锅炉多用了一个或几个锅水循环泵,但就是因为锅水循环泵的增加使锅炉的结构布置和运行带来了一系列的重大变化。首先,循环推动力比自然循环大好几倍,自然循环的压头一般只有0.05~0.1MPa,而强制循环则可达到0.25~0.5MPa,所以强制循环锅炉可以采用较小管径的管子作为水冷壁管,节省金属消耗量,同时可以任意布置锅炉的受热面而不受压头的影响。其次,蒸发受热面内工质可以采用较高的质量流速,从而可以采用分离效果较好的旋风分离装置,减少汽包内汽水分离器的数量和尺寸,所以显著降低汽包直径和壁厚。但也需注意,增加了循环泵不但增加了锅炉的投资和运行费用,而且锅水循环泵长期在高温和高压下运行,需采用特殊的结构和材料,才能保证锅炉运行的安全性。

(3)直流锅炉。如图7-2(c)所示的,给水靠给水泵的压头一次通过锅炉各受热面产生蒸气的锅炉称为直流锅炉。

直流锅炉的特点是没有汽包,整台锅炉由许多管子并联,然后用联箱连接串联组成。工质一次通过加热、蒸发和过热等受热面。进口工质是水,出口工质则为符合设计要求的过热蒸气。由于所有各受热面内的工质运动都是靠给水泵的压头来推动,所以在直流锅炉中,一切受热面中工质都是强制流动。

7.1.3　锅炉的重要参数

1.锅炉容量

锅炉容量就是锅炉的蒸发量，是指锅炉每小时所产生的蒸气量，一般用符号 D 来表示，单位是t/h。

在大型蒸气锅炉中，锅炉容量又分为额定蒸发量和最大连续蒸发量两种。额定蒸发量是指在额定蒸气参数、额定给水温度和使用设计燃料，并保证热效率时所规定的蒸发量。最大连续蒸发量是指在额定蒸气参数、额定给水温度和使用设计燃料时，长期连续运行时所能达到的最大蒸发量。

当锅炉作为热水锅炉使用时，产热量是指锅炉单位时间产生的热量，用来表征锅炉容量的大小，产热量一般用符号 Q 表示，单位为kJ/h或kW。

2.锅炉的蒸气参数

锅炉的蒸气参数主要是指额定蒸气压力和额定蒸气温度。

额定蒸气压力和额定蒸气温度是指蒸气锅炉在规定的给水压力和规定的负荷范围内，长期连续运行时应保证的出口蒸气压力和出口蒸气温度，单位分别是MPa和℃。

3.锅炉运行的经济性指标

(1)锅炉效率。锅炉效率是指锅炉有效利用热 Q_1 与单位时间内所消耗燃料的输入热量 Q_r 的百分比，即

$$\eta = \frac{Q_1}{Q_r} \times 100\% \tag{7-1}$$

锅炉的有效利用热是指单位时间内工质在锅炉中所吸收的总热量，包括水和蒸气吸收的热量以及排水和自用蒸气所消耗的热量。而锅炉的输入热量是指随着每公斤燃料输入锅炉的总热量，它包括燃料的收到基低位发热量和显热，以及用外来热源加热燃料或空气时所带入的热量。

(2)锅炉净效率。只用锅炉效率来说明锅炉运行的经济性是不够的，因为锅炉效率只反映了燃烧和传热过程的完善程度，没有考虑系统自身的消耗或损耗。要使锅炉能正常运行，生产蒸气，除使用燃料外，还要使其所有的辅助系统和附属设备正常运行，也要消耗电力。锅炉净效率是指扣除锅炉机组运行时自用能耗(电耗和热耗)后的锅炉效率，计算公式如下。

$$\eta_j = \frac{Q_1}{Q_r + \sum Q_{ny}} \tag{7-2}$$

式中，Q_{ny}—锅炉自用能耗，kJ/kg。

7.2 锅炉工作过程

锅炉工作过程

7.2.1 基本原理

锅炉机组为了提高循环效率和降低汽耗率，其蒸气动力循环都采用具有过热过程的朗肯循环。在如图7-3所示的朗肯循环温熵图（T-s图）中，线段45是锅炉省煤器中进行的给水定压加热过程，将水预热到饱和温度，线段56是锅炉中水冷壁等蒸发受热面中完成的饱和水定压汽化过程，使饱和水转化为饱和蒸气，线段61表示饱和蒸气在某压力下继续被加热，成为过热蒸气，这一蒸气定压加热过程在过热器中完成，使蒸气达到规定参数。

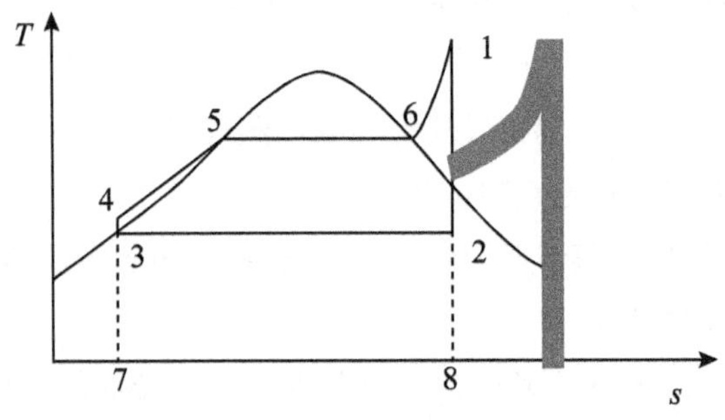

图7-3 具有一次再热的朗肯循环 T-s图

根据工程热力学理论，锅炉出口过热蒸气的压力和温度越高，机组的循环效率就越高。但目前绝大多数的锅炉过热蒸气温度因受到耐高温材料的限制，只能达到540～550℃的水平，此时过热蒸气的压力在13.7MPa以上，蒸气在汽轮机内膨胀做功至终了时形成的乏汽将具有很大的湿度，如线段128所示。乏汽湿度过大，不仅影响汽轮机最末几级的工作效率，而且危及汽轮机的安全运行。如果把汽轮机排气经过一次再热过程加热，则可以有效降低乏汽湿度，且提高热循环效率。经计算，一次再热后热效率提高4%～6%，二次再热热效率还可以再提高约2%，但此时系统过于庞大复杂，一般仅采取一次再热。

7.2.2 汽水系统

如图7-4所示为汽水系统。补充水和凝汽器中被凝结的水混合首先经过除氧器，去除水中的溶解氧，减少工质对金属材料的腐蚀，提高工质品质；然后经给水泵加压后通过布置在尾部烟道的省煤器，水自下而上流动，被从上而下流动的烟气加热，进入汽包；汽包里的水沿着下降管下至水冷壁的下联箱，再进入水冷壁管子中，吸收炉膛内的辐射热，其中部分水已经变成了蒸气，因此水冷壁中的工质是汽水混合物。汽水混合物在有余压的情况下上升进入汽包，在汽包内装有汽水分离器，从而实现汽和水的分离；分离出来的水留在汽包下部，连同不断送入的给水一起下降，再次进入水冷壁中加热；分离出来的蒸气，从汽包顶部引出，首先进入敷设在顶棚的过热器，形成过热蒸气进入汽轮机做功。高温高压的蒸气做功后形成了温度和压力都下降的排气，一部分排气可以送到再热器中继续加热，从而继续做功，如果没有再热器，那么排气将进入凝汽器，放出多余热量后凝结成水，继续参与汽水循环。目前，大多数凝汽器中的热量由冷却水带走，再通过在冷却塔中与大气的热交换将剩余热量转移至大气。

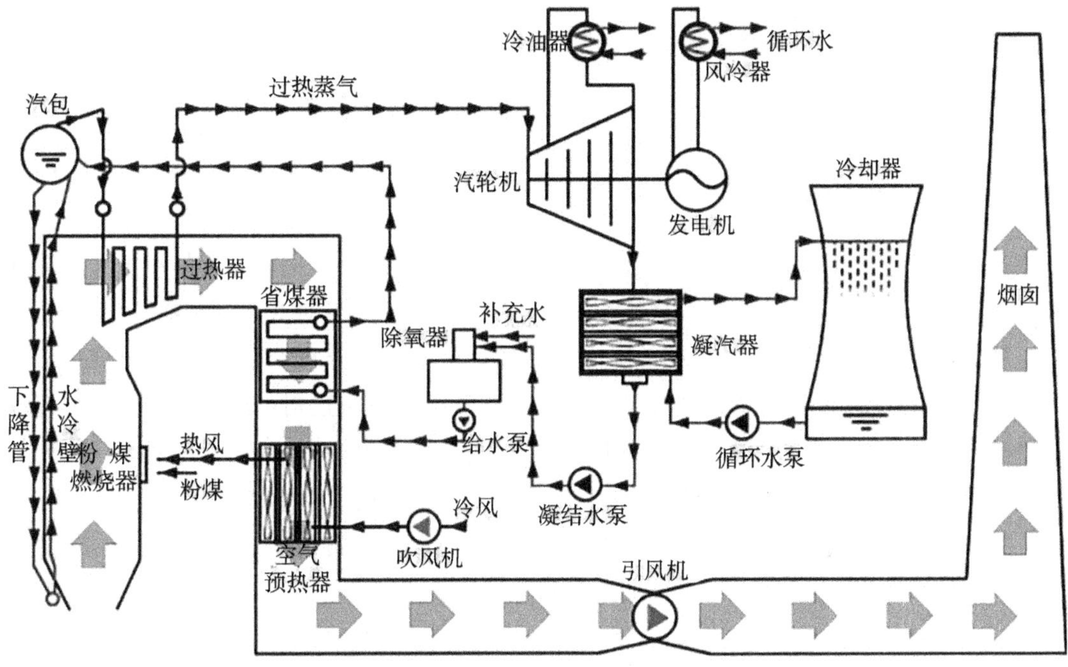

图7-4　汽水系统示意图

汽水过程是锅炉机组内部水—汽之间的转换过程，其必须在特定设备中才实现。如图7-5所示，水在锅炉中的汽化过程，主要经历了预热、汽化、过热三个阶段，为了提高电站锅炉的效率，还可能有第四个阶段——再热。预热一般发生在低压加热器和高压加热器中，汽化则发生于省煤器中，过热和再热则分别在过热器和再热器中进行。值得注意的是，锅炉给水必须经过软化处理后才能进入循环系统，主要是因为当给水含有杂质时，水中杂质的浓度会随着汽化而升高，进而在受热面上结成水垢，使传热恶化，严重时会使受热面管子过热烧坏。这些杂质也会溶解在蒸气中，进入汽轮机做功时，杂质沉积在汽轮机的通流部分，影响汽轮机的出力、效率和运行的安全性。除了进入之前进行水质处理外，运行时也必须严格监视炉水和蒸气的品质。

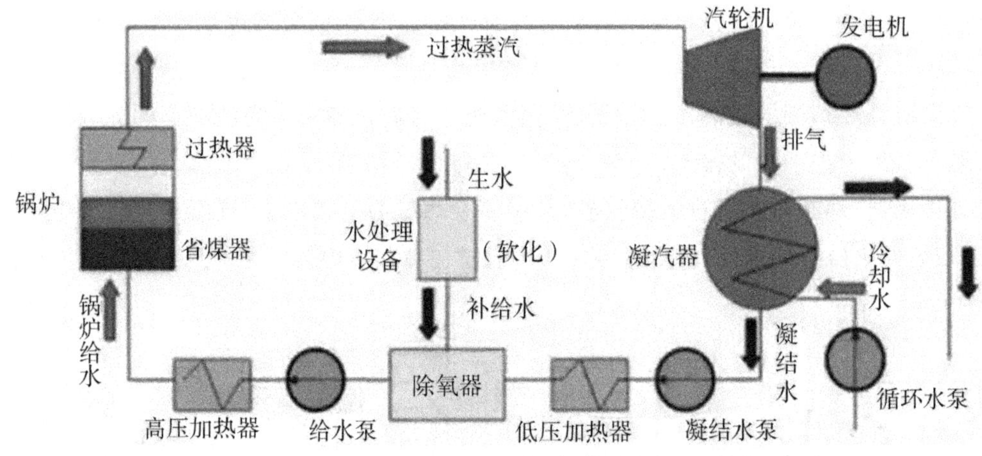

图7-5　汽水系统流程

7.2.3　燃烧系统

煤粉燃烧产生的高温烟气通过炉膛、水平烟道和尾部烟道，最后由烟囱排出大气。烟气在流动过程中，以不同的换热方式将热量传给布置在锅炉中的各种受热面。在炉膛内，主要以辐射方式将热量传给布置在周围的水冷壁，在炉膛上部则以半辐射、半对流的方式传给过热器，而在水平烟道和尾部烟道中主要以对流方式传热，所以，这当中出现的换热器都属于对流受热面。另外，需注意的是烟气在排出大气之前，需经过余热回收和污染物脱除，尤其是燃煤形成的NO_x和SO_x等污染物，这些可以通过加装脱硫脱硝装置来脱除。

完整的燃烧系统，除了锅炉这个心脏外，还包括其他附属设备。如图7-6所示，运输到火力发电厂的原煤，经过初步的破碎和除杂质后，送到原煤斗；从原料斗靠自重落下的煤，经给煤机进入磨煤机，制成合格的煤粉，由预热空气通过排粉风机经燃烧器喷入炉膛的空间中快速燃烧。燃料的化学能转变为烟气的热能。煤粉中的灰分不参与燃烧过程，其中较大的灰粒会因为自重从气流中分离出来，沉降至炉膛底部的冷灰斗中，形成固态渣；进入烟气的灰分则会在尾部烟气通过除尘器时被过滤，细灰形成液态渣由灰渣泵排至灰场。

要保证锅炉的连续、可靠运行，除了锅炉本体安全外，必须有连接的烟、风管道及各种辅助系统和附属设备，组成统一的系统才行。因此，锅炉机组是指锅炉本体加上附属系统，包括燃料供应系统、煤粉制备系统、给水系统、通风系统、除灰除尘系统、水处理系统、测量及控制系统等7个辅助系统。

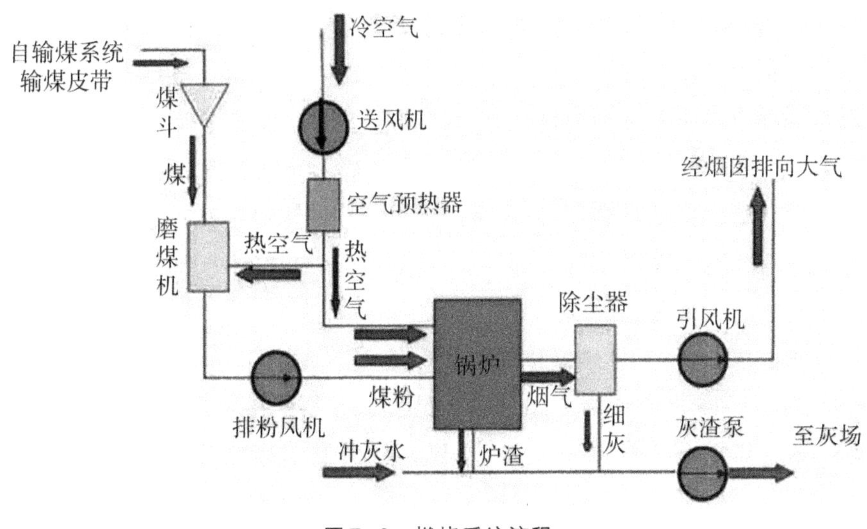

图7-6　燃烧系统流程

7.2.4　锅炉受热面

1.水冷壁

锅炉炉膛四周炉墙上敷设的受热面通常称为水冷壁。通常采用外径为45～60mm的无缝钢管和内螺纹管,材料为20号优质锅炉钢。其作为锅炉的主要受热面之一,具有以下特点和作用:

(1)强化传热,减少锅炉受热面积,节省金属消耗量。炉内火焰与水冷壁为辐射传热,其传热热流与火焰绝对温度的四次方成正比。炉内火焰温度较高,而水冷壁内介质温度相对较低,水冷壁的辐射吸热很强烈,可以利用较少的受热面面积吸收较多的热量,因此,总体可以减少总受热面面积,节省金属耗量。

(2)降低高温对炉墙的破坏作用,起到保护炉墙的作用。装设水冷壁后的炉墙内壁,其温度大大降低,炉墙的机械强度大大增强,因此炉墙的厚度和重量可以减轻。

(3)能有效地防止炉壁结渣。高温熔融的焦炭和灰渣一旦碰撞在温度较低的水冷壁管上,会很快降温凝固,失去黏性而下滑至冷灰斗,因此,避免了熔融灰渣粘结在高温炉墙上而造成结渣现象。

(4)作为锅炉主要的蒸发受热面,吸收炉内辐射热量,使水冷壁管内的热水汽化,产生锅炉的全部或绝大部分饱和蒸气。

2.过热器和再热器

过热器和再热器是电站锅炉的两个重要受热面,决定着蒸气的品质,是提高机组循环效率和保证汽轮机安全运行的重要因素。它们的特点和作用是:

(1)将饱和蒸气或低温蒸气加热成为达到各个温度的过热蒸气。

(2)调节蒸气温度。当锅炉负荷、煤种等运行工况变化时，进行调节以保持出口蒸气温度在额定温度的正常变化范围内。

当过热器和再热器布置在不同位置时，其主要的受热方式也不同。如前所述，炉膛中以辐射方式为主，对流烟道中以对流方式为主，而在炉膛上部布置时，则以对流加辐射方式为主。末级高温过热器和低温过热器，以及再热器系统中的末级再热器和部分低温过热器，布置在水平烟道和尾部竖井烟道中，主要依靠对流的方式从烟气中吸收热量，属于对流式过热器。

与水冷壁和省煤器相比，过热器和再热器具有以下特点：

(1)由于过热器和再热器的出口处工质已达到其在锅炉中的最高温度，可以达到570℃左右，是锅炉中金属壁温最高的受热面，所以其材质需选用价格较高的合金钢甚至是不锈钢。

(2)整个过热器或再热器的阻力不能太大，因它们大都布置在较高烟温区域，为了使其得到较好的冷却，就得使管内工质有较高的流速。工质流速越高，阻力越大，工质的压降就会越大。

(3)过热器和再热器管壁的冷却条件较差。

(4)过热器和再热器出口气温将随着锅炉负荷的改变而变化。

(5)过热器和再热器管间的烟气流速受多种因素的影响，如积灰、磨损和传热等。

当过热器和再热器设计或运行不当时，由于其中工质温度高，很容易引起受热面金属超温的情况，长期超温会造成爆管、工质泄漏，甚至机组停机。再热器的工作条件比过热器更差，在机组启动和汽轮机甩负荷时一定要注意对受热面的保护。

3.省煤器和空气预热器

省煤器和空气预热器布置在锅炉烟道的最后，进入这两种受热面的烟气温度也是最低的，所以统称它们为尾部受热面或低温受热面。

省煤器是为了使给水在进入汽包前先在尾部烟道吸收烟气热量，以降低排烟温度，提高锅炉效率，节约燃煤量。省煤器能省煤是因为锅炉给水温度比汽包压力下的饱和水温度低很多，所以使用省煤器与使用蒸发受热面相比，可以使烟气温度降得更低。在省煤器中工质是强制流动，这样不但使受热面布置自由和紧凑，而且还可以提高换热系数。其次，由于给水温度低，管子工作条件好，因此，省煤器均为逆流布置，其传热温差大。

空气预热器是利用烟气的热量加热冷空气，不仅能降低排烟温度，提高锅炉效率，还可以提高参加燃烧的空气温度，从而改善着火和燃烧条件，减少燃料的不完全燃烧损失，进一步提高锅炉效率。空气预热器主要由管式和回转式两种，管式空气预热器中热量连续地通过管壁从烟气传给空气，属于间接传热方式；回转式空气预热器以再生方式传递热量，烟气与空气交替流过受热面。当烟气流过时，热量从烟气传递给受热面，受热面温度升高，并积蓄热量；当空气再流过时，受热面将积蓄的热量放给空气。

7.3　自然循环与强制循环

自然循环与强制循环

7.3.1　自然循环工作原理

自然循环锅炉的蒸发系统由汽包、下降管、分配水管、下联箱、上升管、上联箱、汽水引出管等组成，如图7-7所示。系统是闭合的，工质在闭合的蒸发系统内流动时称为循环。

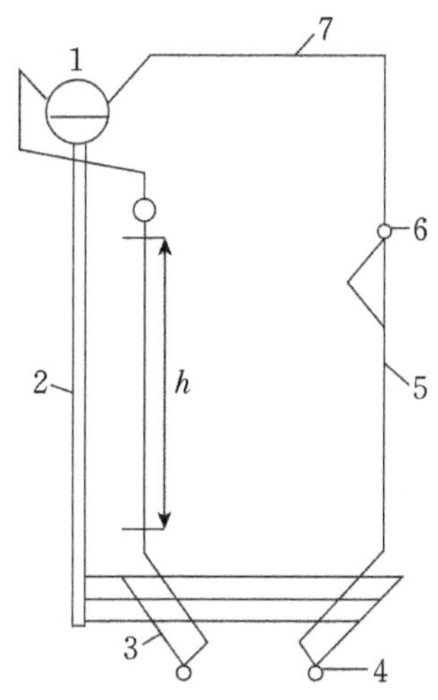

图7-7　自然循环管路蒸发系统回路

1—汽包(内置汽水分离器);2—下降管;3—分配水管;4—下联箱;5—上升管;6—上联箱;7—汽水引出管

如果在下联箱内放一搁板，当上升管不受热时，此时上升管和下降管中工质的温度是一样的，密度也是一样的，左右两侧的压力就会相同，没有压差这个推动力，水就是静止的。当上升管受热，热量集聚到一定程度，部分水先变为蒸气形成汽水混合物，汽水混合物工质的密度小于水的密度，此时左右两边就出现了密度差，也就有了压差，这就是自然循环的推动力。如果板可以运动，那么它就会随着水一起流动。值得注意的是，左右两侧具有密度差的管段长度并不等于汽包水位与下联箱水位之总高度差，在上升管下部，汽化点之前，水还没被汽化，因此密度差非常小，直到达到汽化点，上升管中的工质才处于含汽阶段，因密度差而引起的推动力才足以推动工质流动，因此高差应该取h;另外，在含汽区段工质的密度会随着汽化率的提高而降低，所以密度不唯一，上升管部分应以平均密度作为计算依据。

7.3.2　提高自然循环安全性措施

自然循环安全性指的是在锅炉运行过程中，循环回路中的所有上升管能有连续的水膜来冷却它。具体的指标为:①受热最弱管不发生停滞和倒流;②受热最强管不发生传热恶化;③循环回路具有自然补偿特性;④下降管入口不形成旋涡漏斗。

自然循环锅炉的水循环故障问题主要包括3个方面。首先是停滞和倒流的问题,引起该问题的主要原因是水冷壁受热不均,即可能出现的传热恶化。从气液两相流的流动结构可知,连续水膜的存在是影响传热的关键,当混合工质中连续水膜没有被破坏时,对流传热系数很大,管壁温度大于工质温度,但一般不会超过25℃,受热面可以安全地工作;当连续水膜遭到破坏时,对流传热系数大大降低,管壁温度提高。停滞时工质不动了,气泡容易在弯头焊缝处聚集,形成蒸气塞,破坏连续水膜,管子被烧坏;倒流时,上升管内的水不升反降,但只有水下降,而气泡受浮力作用要上升,在此种情况下,气泡不上不下也会形成汽塞,把管子烧坏,但这种现象比较少见,大多数还是出现自由水面,因自由水面会上下波动引起管子材料的疲劳破坏。此外,在水平或倾斜度不高的上升管段,当流速很低时汽水会分层。若该管段受热,会引起管壁温差应力和汽水交界面的交变应力,管壁结盐结垢,增大热阻。所以要尽可能避免布置小于15°的蒸发管。还有一种情况是,下降管带汽。一般情况下,下降管中的水都不会汽化,若下降管口阻力较大,产生压降,水就可能汽化造成下降管带汽;或下降管入口距离锅筒水位面太近,上方水面形成涡旋而吸入蒸气。下降管带汽使平均体积流量增大,阻力增大,下降管中汽水混合物密度减小,有效压头减小,不利于水循环。

目前主要从限制循环流速和循环倍率来实现锅炉的安全运行。循环流速是上升管中水开始沸腾处的饱和水速,我们将其限定在一个范围,就是要保证所有的上升管都能得到足够的冷却,维持有连续水膜冲刷管壁,防止管壁超温和结盐。

循环倍率是进入上升管的循环水量与上升管出口产气量之比,常用K来表示,循环流速足够时,产汽量较大的上升管也可能出现出口处连续水膜无法维持的现象。为保证上升管中有足够的水来冷却管壁,每一循环回路中下降管进入上升管的水流量G常常是几倍的蒸气量。

为了提高循环安全性,同时也可以采取以下措施:

(1)减少受热不均;

(2)合理设计上升管吸热量、高度和管径;

(3)减小汽水导管和旋风分离器阻力;

(4)减小下降管阻力。

7.3.3 强制循环工作原理和工作过程特点

为了提高循环推动力,在循环回路下降管系统中增加了一个循环泵,这样蒸发受热面工质流动的动力是循环泵的压头和汽水密度差。因为此结构,强制循环锅炉具有如下特点:①由于增加了水泵推动力,工质流量可以人为控制,减小水流量;②可采用小直径水冷壁;③可采用小直径旋风分离器,因此可减小汽包直径。其主要困难是高温高压循环泵的运行可靠性。直流锅炉解决此矛盾的主要办法是取消汽包，因此工质在给水泵的压头作用下可顺序通过预热、蒸发、过热各受热面，而达到所需的温度。所以直流锅炉是工质一次通过各受热面、没有循环的强制流动锅炉。

工作过程特点：

(1)本质特点。包括：①没有汽包；②工质一次通过，强制流动；③受热面无固定界限。

(2)蒸发受热面中的工质流动过程特点。自然循环锅炉具有自补偿能力，即受热强的管子循环流速大，而强制流动锅炉没有自补偿能力，即受热强的管子流速小。所以，受热不均对流动过程具有明显影响。此外，水动力特性呈多值性，且管屏里流量具有脉动现象。

(3)传热过程特点。因为直流锅炉是一次通过各受热面的，所以肯定会出现传热恶化的现象。

(4)热化学过程特点。自然循环锅炉由于有汽包，故可进行排污，给水品质要求低。但直流锅炉没有汽包，给水带来的盐分除一部分被蒸气带走外，其余将全沉积在受热面上，因此直流锅炉的给水品质高。

(5)调节过程特点。直流锅炉的参数调节和自动调节比汽包锅炉复杂得多。对于汽包锅炉，当负荷发生变化时，压力发生变化，我们可以先调燃煤量，稳住气压，然后再调节给水量，使给水量等于蒸发量。但对于直流锅炉，当负荷发生变化时，必须同时调节给水量和燃煤量，以保持物质平衡和能量平衡，才能稳住气压和气温。

7.4 供热锅炉

供热锅炉

供热是采用人工方法向室内供应热量以保持一定的室内温度，创造适宜的生活环境。集中供热系统一般都由热源、供热管网和散热设备三个主要部分组成，而锅炉则是主要的提供热源的设备。供热锅炉又称为工业锅炉。

随着部分地区能源结构的转变以及人们对环保的要求越来越高，燃油燃气锅炉进入了一个发展期。与燃煤锅炉相比，燃油燃气锅炉具有如下优点：

(1)环保、污染小。一方面。燃油燃气锅炉房不像燃煤锅炉房那样需要较大的煤场；另一方面，燃烧产物比较清洁，无需除灰和除渣。

(2)设备少。操作简单。燃油燃气锅炉的燃料供应系统和燃烧设备简单、辅助设备少，操作管理简单，自动化控制程度高。

(3)与同等供热规模的燃煤锅炉房相比，燃油燃气锅炉房的设计、安装、运行和维修都比较简单，基建投资、管理费用及施工周期都短。

但也要注意，燃油燃气锅炉房的火灾和爆炸的危险比燃煤锅炉房大，对燃料的储存、供应系统和燃料的燃烧系统等提出了新的要求。

前述3节内容主要是针对燃煤锅炉进行的阐述,下面就重点介绍燃油燃气锅炉作为热源设备时的特征。

7.4.1 燃油燃气锅炉的种类

燃油燃气锅炉按照制取的热媒形式不同,可以分为热水锅炉和蒸气锅炉。按照工作压力可分为承压锅炉、常压锅炉和真空锅炉。在蒸气锅炉中,当蒸气压力低于0.7MPa时,称为低压锅炉;当蒸气压力高于0.7MPa时,称为高压锅炉。此外,按照供水温度不同,当热水温度低于100℃时,为低温热水锅炉;当热水温度高于100℃时,为高温热水锅炉。承压热水锅炉一般可承压0.7MPa、1.0MPa和1.6MPa。这类锅炉可用于高层建筑中直接供热,它既可以提供100℃以下的热水,也可以提供高于100℃的高温热水,是目前建筑中应用较多的一类锅炉。常压热水锅炉无承压能力,锅筒水面上部空间接通大气,安全性高,它又分为直接式和间接式两类。直接式常压水热锅炉中燃料燃烧的热量直接加热用户系统的热媒,锅炉供出热水的温度小于95℃,主要用于供暖和空调系统,宜将锅炉设置在建筑顶层,这样可以减少提升水位所消耗的能量。间接式常压热水锅炉的热水不参与用户系统的循环,而是加热用户系统的热媒,在这类锅炉中需要设置水—水换热器,它可以设置在锅炉本体内,也可设在外部。由于水—水换热器可承受一定的压力,因而可用于高层建筑的供暖和空调系统中作热源。但由于采用了二次换热,供出的热水温度低于95℃,一般小于85℃。真空热水锅炉是利用水在真空压力下汽化所产生的温度低于100℃的蒸气,加热用户系统的热水。

燃油燃气锅炉按照排烟状态又可分为冷凝式锅炉和非冷凝式锅炉。目前大多数锅炉为了防止对钢或铸铁的腐蚀,排烟温度不能太低,烟气中不能有凝结水出现,这就是非冷凝式锅炉。为了提高锅炉效率,一些小型锅炉中传热部件改用不锈钢等材料,使排烟温度大幅降低,烟气中有凝结水析出,这种锅炉就是冷凝式锅炉,此类锅炉的效率一般可达到95%以上。

燃油燃气锅炉按照传热面的材质可分为铸铁锅炉、钢制锅炉和其他材质锅炉,其他材质锅炉有铜和镀铜钢材、不锈钢和铝制锅炉。其中,钢制锅炉按本体结构形式分为锅壳式(火管式)和水管式两类。锅壳式锅炉的烟气在换热管内,水在管外,故又称火管式锅炉;水管式锅炉的烟气在换热管外,水在管内。

7.4.2 燃油燃气锅炉的结构与特点

1.锅壳式锅炉的结构与特点

(1)立式锅壳式锅炉。图7-8是一种立式锅壳式燃油燃气锅炉,是燃烧器顶置式,空气从炉胆顶部切线送入,使火焰沿炉膛内壁旋转下行。为延长火焰在炉胆内的滞留时间,在炉胆内设置火焰滞留器。烟气从底部反转,经环形锅筒的外侧上行,并从下侧部排出。在环形锅筒的外侧装有与烟气方向相同的肋片，以增强换热。给水从锅筒的下部进入，蒸气从顶部排出，在锅筒底部设有排污口，在上部水面下也设有表面排污管。燃料入口管设有与燃料品种相匹配的调节阀、电磁阀、保护开关、压力表、过滤器等部件。如果是双燃料锅炉，则同时设有燃油和燃气的管路和控制系统。这种结构适用于规格较小的锅炉，规格稍大的锅炉，上行程采用烟管，烟管内设有扰流子以增强换热。锅炉的炉胆是平直形的圆筒，有的锅炉的炉胆采用波纹与平直组合结构。这种类型的热水锅炉与蒸气锅炉的结构形式基本相同。

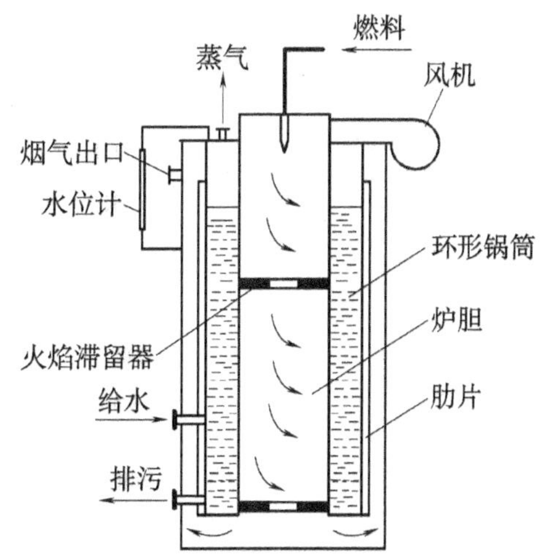

图7-8　立式锅壳式燃油燃气锅炉

立式锅壳式锅炉总的特点是结构简单，安装操作方便，占地面积小，热效率为85%～90%；蒸气锅炉的容量一般在2.4t/h以下，热水锅炉的容量一般在1.6MW以下；应用面很广，可用于建筑空调、供暖、热水供应和小型企业的工艺用热等。

(2)卧式锅壳式锅炉。图7-9为一种卧式锅壳式锅炉的结构图。这台锅炉采用3回程、湿背式结构。燃油在波纹形炉胆内燃烧，所产生的高温烟气在炉胆后部的湿烟箱折返进入第二回程管簇，在前烟箱又折返进入第三回程的管簇，再经后烟箱排出。炉胆与烟管均浸没在炉水内，烟气中的热量通过炉胆壁、烟管、湿烟箱等传给炉水。蒸气从上部供出，给水从侧下部进入锅筒。此外，在锅筒的侧部装有水位计，有的锅炉的炉胆是平直圆筒，炉胆在锅筒中的位置可以是居中偏下，烟管簇对称布置，也可以偏于一侧，烟管簇在另一侧布置。烟管采用高传热性能的管，可以使结构更为紧凑。

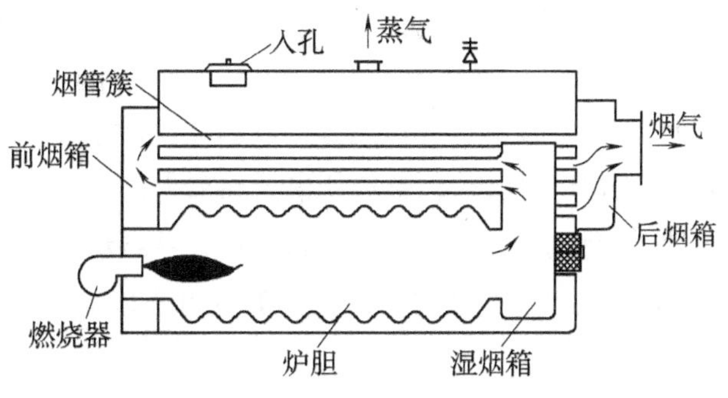

图7-9　卧式锅壳式蒸气锅炉示意图

锅壳式锅炉中热水锅炉的结构与蒸气锅炉基本相同。汽水两用锅炉的结构与蒸气锅炉一样，只是增加了热水出口管。常压热水锅炉的结构基本与蒸气锅炉相同，但其水面上方空间通大气。另外，锅炉不需按压力容器制造。

(3)真空热水锅炉。图7-10是真空热水锅炉的结构示意图。负压蒸气室用真空泵保持一定真空度，水沸腾汽化的蒸气温度低于100℃。在负压蒸气室内装有汽水换热器，蒸气加热管内的热水，供热用户使用，管外蒸气被冷凝成水滴，滴入炉水中再被加热汽化，如此不断的循环。

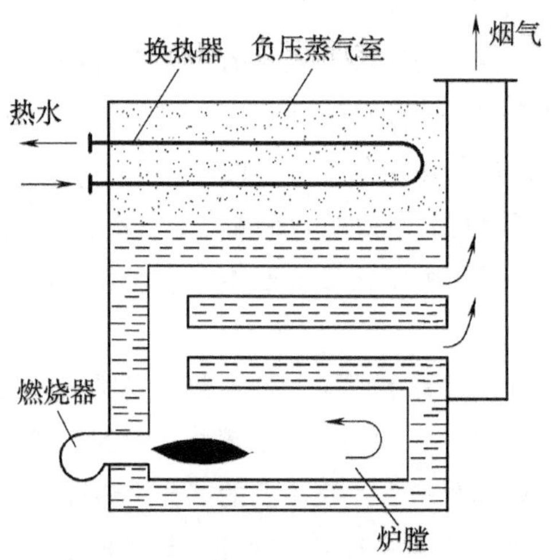

图7-10　真空热水锅炉示意图

锅炉本体的结构形式与卧式锅壳式类似。由于锅炉在负压下工作，锅筒等不需按压力容器制造，常采用椭圆形筒体，有较大的负压蒸气室，便于设置汽水换热器，由于汽水换热器可承压，因此可用于有压的系统中做热源。真空热水锅炉的特点是安全性高，能同时满足不同的需求，炉内真空无氧，大大降低炉内金属的腐蚀，寿命长，炉内是高纯度水不易结垢，且有较高的热效率，约为90%～93%。真空热水锅炉的容量一般为58kW～4.2MW，适用于建筑供暖、空调或热水供应中作为热源。

2.水管式锅炉的结构与特点

在水管式锅炉内，燃料在炉膛内燃烧产生的烟气从侧面出口进入水管之间的流道，横向冲刷水管，而后转入外圈水管外侧的流道，最后从锅炉侧部出口排出。烟气流道的设计有不同的形式，有对称流道和不对称流道。容量小的锅炉，只有一圈水管，可以布置成立式，使锅炉结构紧凑，占地面积小；两圈水管立式锅炉容量一般在3t/h以下，一圈水管的锅炉容量在500kg/h以下。

家用壁挂式燃气热水器就是小型的燃气热水锅炉，俗称燃气热水器，其简要的结构如图7-11所示。机内装有水泵，可作为单户供暖系统热水循环的动力，而气压罐起到定压的作用。生活热水由供暖系统的热水进行加热，供暖系统中的水并不与生活热水相混，互为独立系统。供暖系统热水在铜翅片管换热器中由燃气燃烧的烟气加热，燃气经调节阀进入燃烧器,由脉冲电子点火电极点火燃烧。燃烧后的烟气由风机强制排到室外,在燃烧室中产生一定负压,从而吸入燃烧所需的空气。采用套管结构的平衡式排烟/进气口,即烟气直接排到室外,而空气也由室外吸入,不消耗室内的空气,并且空气吸取烟气热量而被预热,以改善燃烧过程。所以,该设备可以挂在密闭的房间中使用。在供、回水管之间设有自动旁通阀,以防止在供暖系统运行时由于外部阀门关闭或关小导致水流停止或流量过小和换热器局部过热。

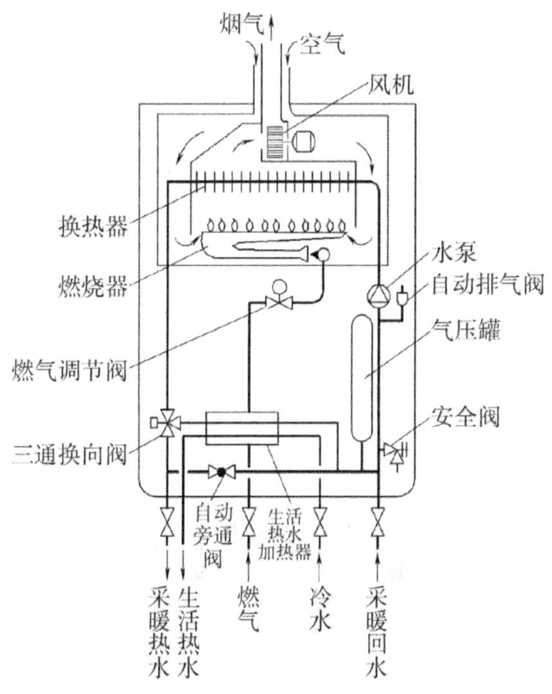

图7-11 家用壁挂式燃气热水锅炉

这种家用的燃气锅炉,自动化程度高,且有多重保护,如电机过载保护、防冻保护、漏气保护等。壁挂式燃气锅炉可采用燃气或液化气,热效率一般为85%~93%,冷凝式的可达96%。大部分产品的采暖输出功率为18~36kW,可满足建筑面积300多平方米家庭的供暖与热水供应。

7.4.3 燃油燃气锅炉的燃烧器

燃油燃气锅炉由于采用液(气)体燃料,所以都采用火室燃烧,即燃料在炉膛内悬浮燃烧,燃烧产物无灰渣,无需排渣系统。燃油燃气锅炉的本体与燃煤锅炉区别不大,但燃烧设备是不相同的。需单独讨论。

1.燃油燃烧器

燃油是液体燃料,它的沸点低于它的着火点,因此,燃油的燃烧总是在气态下进行,燃油雾化成细小油粒喷入炉膛后被加热而汽化,汽化后的油气与空气中的氧气接触,着火燃烧形成火焰。燃烧产生的热量有一部分传给油滴,使油粒不断汽化和燃烧直至燃尽。燃烧器雾化的油滴越细小,油滴与空气相对速度越大,越有利于强化燃烧。此外,还需要合理地配风,尽量在最小的空气过量系数下保证燃油完全燃烧。

燃油燃烧器由雾化器和调风器组成,且通常都与风机、油泵、控制器等组装在一起。

雾化器又称为油喷嘴,有机械式和介质雾化式。机械式雾化器中应用最广泛的是压力式雾化器(如图7-12所示)。压力约为0.7～2.1MPa的燃油从供油管进入,经分油器的油孔均匀地进入环形油槽中,再进入油道使油在旋流片上的旋流室中产生强烈的旋转,最后从雾化片上的喷口喷出。油在离心力的作用下被粉碎成细小的油滴,形成一个空心的圆锥形雾炬。在旋流片的另外一侧有回油孔,部分油可从回油管返回。从理论上说,当油压不变时,总供油量基本不变,当改变回油量时,喷油量随之变化。因此,可利用此原理来控制喷油量以实现对负荷的调节。最简单的压力式雾化器不设回油道,燃油量的控制靠调节压力来实现。

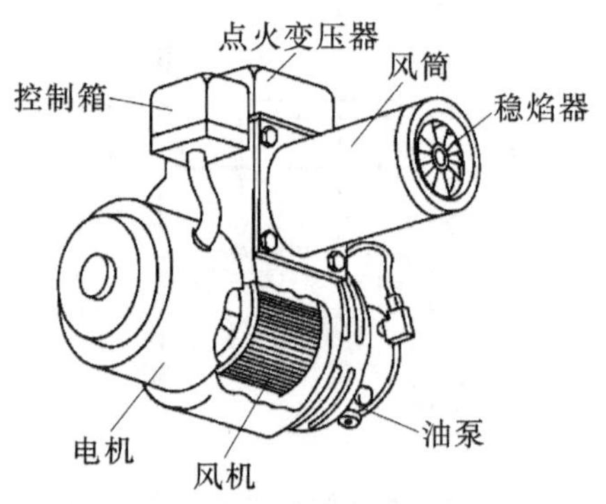

图7-12　压力式雾化器结构图

调风器的作用是分配燃烧所需的空气。通常分两股风送入,一小部分从油雾化器的根部送入,称根部风或一次风,即在油燃烧前混入空气,以减少油因高温而热分解;大部分风使油气扩散混合,强烈扰动以保证炭黑和焦粒燃尽,称为二次风。调风器内设有电子点火的电极,点火变压器提供高压电。此外,风机提供燃烧所需的空气,油泵为油的雾化提供必需的压力。

燃烧器用功率来表示它的供油能力。锅炉根据供热能力来选配燃烧器,压力式雾化燃油燃烧器适用范围为0.02～2MW;低压空气雾化的燃烧器适用范围为0.02～0.3MW。

2.燃气燃烧器

燃气燃烧器有多种形式,按照燃烧方式可分为①扩散燃烧器,燃料所需空气不预先混合;②大气式燃烧器,燃烧所需空气预先与燃气混合一部分;③完全预混式燃烧器,燃烧所需全部空气预先与燃气混合。按空气供给方式可分为:①引射式燃烧器,空气依靠燃气射流吸入或燃气被空气射流吸入;②自然引风式燃烧器,空气依靠炉膛的负压吸入;③鼓风式燃烧器,空气依靠风机送入炉膛。按照燃烧器的入口压力分为低压(<5kPa)、中压(5~300kPa)和高压(>300kPa)燃烧器。

思考题与习题

7-1 锅炉房设备由哪几部分构成?

7-2 为什么要对锅炉进行水处理? 如何进行锅炉水处理?

第 8 章　燃料与燃烧

燃料是由可燃物质、不可燃成分和水分等物质组成的混合物，是常规能源的主要组成部分，在燃烧过程中能够放出大量热量。天然矿物质燃料，除核燃料外，是由地壳内部深处的动植物残骸，历经数千万年漫长的生物、化学和物理变化而形成的。由于形成的原因、地质条件与年代的不同，产生了不同种类的燃料。

8.1　燃料的形成

矿物燃料主要由煤、石油和天然气组成。煤主要是远古时代的高等植物在地壳运动中被深埋在地下或水中，其残体在缺氧条件下被厌氧细菌生化降解，纤维素、木质素、蛋白质等被分解并聚缩，形成胶体状的腐殖酸。其余具有抗腐能力的部分如树脂、角质、孢子等保留原有形态分散在腐殖酸中，逐步变成含水很多、黑褐色的泥炭。这是成煤的第一阶段——泥炭化阶段。经过漫长的地质年代，泥炭在地热和泥沙盖层不断增厚或地壳下沉而受压增大的作用下，泥炭层被压实、失水，其化学性质和成分发生变化。泥炭的密度和碳含量相对增加，腐殖酸、水分、氧、氢和甲烷等挥发物逐渐减少。随着泥炭的质变由浅到深，依次形成不同种类的褐煤、烟煤、无烟煤等。这是成煤的第二阶段——煤化阶段。

石油的生成过程与煤相似。它的形成物质主要是低等动、植物遗体中的脂肪、蛋白质和碳水化合物。这些有机物质的沉积物在地壳长期缓慢下降中不断增厚，或在深水中被沉积保存。同样经历了缺氧或强还原环境中的细菌分解阶段和温度、压力增加条件下的转化阶段，碳和氢的含量富集形成一种流动或半流动的黏稠性液体。石油的生成条件要求较严格，沉积过程初期温度和压力不够，不能生成石油。当沉积深度达到1000～4000m，温度达到60～150℃时有机质生成大量石油。若压力和温度进一步增加，有机质被热分解，如深度超过4000m，温度超过150～200℃后几乎不能生成石油。

天然气的形成物质非常广泛，除石油有机物质可以产气外，高等植物中的木质纤维腐烂分解，无机物质如地下深处碳钙等各种矿物的分解都可以生成天然气。天然气的生成过程比石油容易、简单，除生成石油的压力和温度范围外，在常温、常压、高温、高压下均能产生气体。同时，天然气除在强还原环境外，有氧气存在的弱还原条件下，如沼泽地带也可生成。天然气中富集了有机物质被菌化或分解后形成的分散碳氢化合物，成为可燃气体。

燃料按物质状态可分为固体燃料、液体燃料和气体燃料三大类。天然燃料中的固体燃料包括木柴、煤、油页岩等；液体燃料主要是石油；气体燃料主要是天然气。这些燃料通过一定的加工处理后就转变成人工燃料。例如，木柴可以制成木炭，煤可以加工成焦炭、型煤、煤矸石等，石油可以提炼成汽油、重油、柴油、油渣等，煤和石油还可以制成各种煤气和石油裂化气等。

8.2 燃料的成分

8.2.1 液体燃料

液体燃料中的石油主要由碳(C)、氢(H)、氧(O)、氮(N)、硫(S)、灰分(A)和水分(M)等化学元素组成，它们以各种化合物的形式存在。其中，碳和氢是主要的可燃物质，氧和氮是不可燃元素，硫是燃料中的有害成分，灰分和水分影响燃料热值的高低。

(1)碳和氢。碳是燃料中基本可燃元素，其含量(质量分数)一般占燃料成分的83%～88%。氢是燃料中热值最高的元素，其含量(质量分数)一般占燃料成分的11%～14%。这两种元素结合成各种碳氢化合物，也称为烃，按其化学结构不同一般分为烷烃、环烷烃和芳香烃三类。

碳在高温下着火燃烧，1kg碳完全燃烧生成二氧化碳时可放出32783kJ的热量；在缺氧或燃烧温度较低时会形成不完全燃烧产物一氧化碳，并仅放出9270kJ的热量。烃类物质受热分解成为氢气或各种碳氢化合物气体挥发出来。氢是一种着火容易、燃烧性能好的气体，1kg氢完全燃烧时可放出120370kJ的热量，约是碳燃烧放热量的3.67倍。燃料中碳和氢各自含量的比例称为碳氢比，用符号k_{CH}表示，$k_{CH}=C/H$。碳氢比可以用来衡量燃料及燃烧的性能。碳氢比小的燃料热值较高，燃烧过程中着火容易燃烧完全，形成的不完全燃烧产物如炭黑、一氧化碳较少。

(2)氧和氮。氧是燃料中反应能力最强的元素，燃烧时能与氢化合成水，降低了燃料的热值。氮是燃料中的惰性与有害元素，在高温烟气中与氧生成氮氧化合物NO_x(NO及NO_2)，排放后对环境形成污染。这两种元素在石油中的含量均很少，氮的质量分数约为0.1%～1.5%，氧的质量分数一般小于2%。氧的化合物大多数存在于沥青中，少数分布在渣油的油质和胶质中；而氮在石油中主要构成重杂原子化合物和石油酸(脂肪酸、环烷酸和酚)，其中环烷酸的质量分数约占石油酸的9%，特别易溶于水，是寻找石油田的重要标志。

(3)硫。硫是燃料中的有害元素，在石油中以硫酸、亚硫酸或硫化氢、硫化铁等化合物的形式存在。硫也是一种可燃物质，其热值很低，1kg硫燃烧后仅放出9040kJ的热量。硫的燃烧产物二氧化硫和三氧化硫会对大气产生严重的污染，是形成酸雨的主要物质；若与烟气中的水蒸气反应生成硫酸或亚硫酸，在燃油锅炉低温受热面凝结后产生强烈的腐蚀作用。燃料在运输过程中对金属管道也有很强的腐蚀性。

硫是评价油质的重要指标。按照硫在燃料中的含量多少，可分成高硫油，质量分数大于

2%;含硫油,质量分数为0.5%~2%;低硫油,质量分数小于0.5%。也有认为含量大于1%的即为高硫油。我国低硫石油有大庆大港、克拉玛依等地的产品,胜利油田原油属含硫油,而高硫油主要集中在中东产油区。石油在加热蒸馏提取各种燃料油的过程中,80%的硫残存在重馏分(润滑油、渣油)中。

(4)灰分和水分。灰分是石油中的矿物杂质在燃烧过程中经过高温分解和氧化作用后形成的固体残存物(V_2O_3、Na_2SO_4、$MgSO_4$、$CaSO_4$等),会在锅炉的各种受热面上形成积灰并引起金属的腐蚀。灰分的含量极少,质量分数小于0.05%,但化学成分十分复杂,含有30多种微量元素,如铁镁、镍铝、铜、钙、钠、硼、硅、氯、磷、砷等。由于石油中的灰分具有较强的粘结性,燃油锅炉受热面上的积灰不易清除,含量很少的灰分会对长期运行的锅炉产生很大的影响。

除了灰分以外,石油及其产品在开采输运贮存过程中还会混入一些不溶物质,称为机械杂质,在燃料油中的含量(质量分数)为0.1%~0.2%。这些以悬浮或沉淀状态存在的杂质有可能堵塞或磨损油喷嘴和管道设备,使锅炉的正常运行受到影响。

通常石油与水共存于油田中,原油中含有很高的水分。燃料油中的高水分会使燃料的热值降低,导致燃烧过程中出现火焰脉动等不稳定工况或熄火,增大排烟热损失,一般是有害成分。只有少量水分呈乳状液并与油均匀混合,雾化后的油滴中水分先受热蒸发膨胀,油滴形成二次破碎雾化,改善了燃烧条件,提高燃烧火焰温度,可以降低不完全燃烧热损失。石油输运前要经过脱水处理,燃料油中的水分含量(质量分数)应低于2%。

8.2.2 气体燃料

各种气体燃料均由一些单一气体混合组成,也包括可燃物质与不可燃物质两部分。主要的可燃气体成分有甲烷(CH_4)、乙烷(C_2H_6)、氢气(H_2)、一氧化碳(CO)、乙烯(C_2H_4)、硫化氢(H_2S)等。不可燃气体成分有二氧化碳(CO_2)、氮气(N_2)和少量的氧气(O_2)。其中可燃单一气体的主要性质如下:

(1)甲烷。无色气体,微有葱臭,难溶于水,0℃时水中的溶解度为0.0556%,低位热值为35906kJ/m^3。甲烷与空气混合后可引起强烈爆炸,其爆炸极限范围为5%~15%。最低着火温度为540℃,当空气中甲烷浓度高达25%~30%时才具有毒性。

(2)乙烷。无色无臭气体,0℃时水中的溶解度为0.0987%,低位热值为64396kJ/m^3。乙烷最低着火温度为515℃,爆炸极限范围为2.9%~13%。

(3)氢气。无色无臭气体,难溶于水,0℃时水中的溶解度为0.0215%,低位热值为10794kJ/m^3。氢气最低着火温度为400℃,极易爆炸,在空气中的爆炸极限范围为4%~75.9%。燃烧时具有较高的火焰传播速度,约为260m/s。

(4)一氧化碳。无色无臭气体,难溶于水,0℃时水中的溶解度为0.0354%,低位热值为12644kJ/m^3。一氧化碳的最低着火温度为605℃,若含有少量的水蒸气即可降低着火温度,在空气中的爆炸极限范围为12.5%～74.2%。一氧化碳是一种毒性很大的气体，空气中含有0.06%即有害于人体，含0.2%时可使人失去知觉，含0.4%时致人死亡，空气中允许的一氧化碳浓度为0.02g/m³。

(5)乙烯。无色气体，具有窒息性的乙醚气味，有麻醉作用，0℃时水中的溶解度为0.226%，低位热值为59482kJ/m³，相对较高。乙烯最低着火温度为425℃，在空气中的爆炸极限范围为2.7%～3.4%，浓度达到0.1%时对人体有害。

(6)硫化氢。无色气体，具有浓厚的腐蛋气味，易溶于水，0℃时水中的溶解度为4.7%，低位热值为23383kJ/m³。硫化氢易着火，最低着火温度为270℃，在空气中的爆炸极限范围为4.3%～45.5%。毒性大，空气中含有0.04%时有害于人体，0.10%可致人死亡，大气中允许的硫化氢浓度为0.01g/m³。

8.2.3　固体燃料

固体燃料煤的主要化学成分与液体燃料相同，有碳、氢、氧、氮、硫、灰分和水分等。随着成煤的物质地质条件和地质年代的差异，各种化学元素在煤中的含量(质量分数)变化范围很大。主要可燃物质碳的质量分数约为20%～70%，甚至更多，煤化程度深的无烟煤含量最高，其热值一般高于其余品种的煤。氢的质量分数约在2%～6%范围内，多以碳氢化合物形式存在，受热分解成为挥发性气体逸出。煤化程度浅的烟煤含量较高，容易着火燃烧。煤中氮的含量一般都很少，质量分数小于2.5%。氧的含量随煤化程度加深而减少，无烟煤质量分数只有1%～2%；烟煤及褐煤约4%～15%；而泥煤高达40%。有害元素硫的质量分数占0.3%～5%，个别煤种还要高。高硫煤(＞2%)在使用前或在炉内应采取脱硫措施，以防止对锅炉受热面严重腐蚀和造成对大气的污染。

煤中的灰分含量随煤品种不同而异，变化范围很大。质量分数小则仅为4%～5%，大则可达60%～70%(如石煤和煤矸石)。灰分含量高的煤种降低了燃料的热值，影响燃烧过程的着火与燃尽，有可能加剧锅炉受热面的结渣、积灰、腐蚀和磨损，并增加了对大气的污染程度。水分在煤中的含量变化也很大，烟煤和无烟煤的质量分数约为4%～15%，而褐煤可高达40%。水分增加不仅使燃料热值减小，而且影响燃料的着火，延长燃烧过程，并使排烟热损失增大，增加了尾部受热面低温腐蚀和堵灰的可能性。

8.3　燃料的成分分析方法

8.3.1　液体燃料和固体燃料

液体燃料和固体燃料的各种成分含量，一般用质量分数来表示。由于燃料中的水分和灰分会随周围环境的不同而变化，其他各种成分的质量分数也随之变动。为此，采用4种基准表示不同状态下各组成的含量，作为燃料成分分析和应用的基础。

(1)收到基(原称为应用基)——以入炉前燃料的全部化学成分作为100%，即包括全部水分和灰分的锅炉实际应用的燃料成分，作为计算基准，用下标ar表示。其计算式为：

$$C_{ar}+H_{ar}+O_{ar}+N_{ar}+S_{ar}+A_{ar}+M_{ar}=100\% \tag{8-1}$$

(2)空气干燥基(原称为分析基)——以去除外在水分后的燃料成分作为100%，即在实验室内经过空气干燥失去外在水分后的燃料成分，用下标ad表示。其计算式为：

$$C_{ad}+H_{ad}+O_{ad}+N_{ad}+S_{ad}+A_{ad}+M_{ad}=100\% \tag{8-2}$$

(3)干燥基(原称为干燥基)——以去除全部水分后的燃料成分作为100%，用下标d表示。其计算式为：

$$C_{d}+H_{d}+O_{d}+N_{d}+S_{d}+A_{d}=100\% \tag{8-3}$$

(4)干燥无灰基(原称为可燃基)——以去除灰分和水分后的燃料成分作为100%，用下标daf表示。其计算式为：

$$C_{daf}+H_{daf}+O_{daf}+N_{daf}+S_{daf}=100\% \tag{8-4}$$

收到基是指锅炉运行燃料的实际状况，表示燃料中水分的含量；空气干燥基作为燃料分析时的试样成分；干燥基去除了受环境因素影响最大的水分，可以更确切地反映出燃料的含灰量；干燥无灰基没有不稳定成分灰分和水分变化的影响，比较准确地反映了燃料的实质，便于区别不同种类的燃料。

上述4种燃料计算基准之间存在着相应的关系，可以互相换算，这种换算对于判别燃料的特性和进行计算是很有必要的，举例如下。

已知，燃料通过实验室元素分析后的空气干燥基的质量分数，求其收到基的质量分数。

可以将式(8-1)和式(8-2)分别改成：

$$C_{ar}+H_{ar}+O_{ar}+N_{ar}+S_{ar}+A_{ar}=(100-M_{ar})\% \tag{8-5}$$

$$C_{ad}+H_{ad}+O_{ad}+N_{ad}+S_{ad}+A_{ad}=(100-M_{ad})\% \tag{8-6}$$

这两式比较后得到：

$$\frac{C_{ar}}{C_{ad}}=\frac{100-M_{ar}}{100-M_{ad}} \tag{8-7}$$

$$\frac{H_{ar}}{H_{ad}}=\frac{100-M_{ar}}{100-M_{ad}} \tag{8-8}$$

从而可以得到：

$$C_{ar}=C_{ad}\frac{100-M_{ar}}{100-M_{ad}} \tag{8-9}$$

$$H_{ar}=H_{ad}\frac{100-M_{ar}}{100-M_{ad}} \tag{8-10}$$

上式中$\frac{100-M_{ar}}{100-M_{ad}}$即为由空气干燥基转换成收到基的换算系数。

表8-1列出燃料各种分析基准的换算系数。该表还能用于挥发分和高位热值，但水分之间的换算除外。

表8-1　燃料分析基准换算系数

已知的“基”	要转换到的“基”			
	收到基	空气干燥基	干燥基	干燥无灰基
收到基	1	$\frac{100-M_{ad}}{100-M_{ar}}$	$\frac{100}{100-M_{ar}}$	$\frac{100}{100-A_{ar}-M_{ar}}$
空气干燥基	$\frac{100-M_{ar}}{100-M_{ad}}$	1	$\frac{100}{100-M_{ad}}$	$\frac{100}{100-A_{ad}-M_{ad}}$
干燥基	$\frac{100-M_{ar}}{100}$	$\frac{100-M_{ad}}{100}$	1	$\frac{100}{100-A_{d}}$
干燥无灰基	$\frac{100-A_{ar}-M_{ar}}{100}$	$\frac{100-A_{ad}-M_{ad}}{100}$	$\frac{100-A_{d}}{100}$	1

注：此表适用于除水分以外的各种成分、挥发分和高位热值。水分的换算要用式(8—11)。

燃料中的水分可分为外在水分和内在水分两部分，它们的总和称为全水分。各种水分之间的关系可用下例计算式进行换算：

$$M_{q}=M_{w}+M_{n}\frac{100-M_{w}}{100}\% \tag{8-11}$$

式中，M_w—外在水分，空气干燥过程中逸走的水分，是收到基水分中的一部分($M_{ar\cdot f}$)，%；

M_n—内在水分，空气风干过程中仍残存的水分，即空气干燥基水分(M_{ad})，%；

W_q—全水分，外在水分和内在水分之和，即收到基水分(M_{ar})，%。

这样，式(8-11)也可用式(8-12)表示

$$M_{ar}=M_{w}+M_{ad}\frac{100-M_{w}}{100}\% \tag{8-12}$$

此外，同种燃料的水分在运输贮存及使用中可能会发生变化，这将引起收到基成分的变动但不会影响干燥基的组成。若以下标1和2分别表示水分变化前、后收到基含量，由表8-1中的换算系数可得到某一成分的变化关系。以碳为例可以得到式(8-13)：

$$C_{ar,2}=C_{ar,1}\frac{100-M_{ar,2}}{100-M_{ar,1}}\% \tag{8-13}$$

8.3.2　气体燃料

气体燃料的各种组分含量通常用单一气体的体积分数来表示，单位为%。通常，气体燃料可分为干气体成分和湿气体成分两种表示方法。

(1)干气体成分——以去除水蒸气后的燃料成分作为100%。其计算式为：

$$CH_4+C_2H_4+C_2H_6+CO+H_2+\cdots+O_2+N_2+CO_2=100\% \tag{8-14}$$

(2)湿气体成分——包括水蒸气在内的燃料成分作为100%,用上标w表示。其计算式

$$CH^w{}_4+C_2H^w{}_4+C_2H^w{}_6+CO^w+H^w{}_2+\cdots+O^w{}_2+N^w{}_2+CO^w{}_2+H_2O^w=100\% \tag{8-15}$$

气体燃料中的水蒸气含量一般为对应某一温度下的饱和水蒸气量。当温度发生变化，燃料中的饱和水蒸气量也随之变化,从而影响湿气体成分的体积分数。为了反映气体燃料的特性,其技术资料通常用干气体成分表示,而在实际应用计算时,要考虑含水量的影响,用湿气体成分作为计算的依据。因此,这两种成分之间经常需要进行换算。

干、湿气体的体积分数之间的换算按下式计算：

$$Z_i^w = Z_i \frac{100 - H_2O^W}{100} \tag{8-16}$$

式中,Z_i^w—湿气体中某种气体组分的体积分数,%；

Z_i—干气体中相应气体组分的体积分数,%；

H_2O^w—湿气体中水蒸气的体积分数,%。

气体中水蒸气的含量与气体的温度和水蒸气的分压力有关,可用单位气体体积中水蒸气的质量来表示：

$$H_2O^w = \frac{100d_g}{0.833 + d_g}\% \tag{8-17}$$

式中,d_g—1m^3干气体所吸收的饱和水蒸气的质量,即含湿量,kg/m^3。

8.4 燃料的分类及特点

燃料特性

8.4.1 油质燃料

油质燃料是石油通过一系列加工处理后的部分产品。组成石油的化合物主要分两类，烃类化合物和非烃类化合物。烃类随分子中碳和氢原子排列方式和数目的不同,可以组成种类繁多的化合物。大的烃分子相对分子质量高达几千,其组成结构至今还不清楚。小的烃分子相对分子质量只有几十,如甲烷,烃的含碳原子数越少沸点越低。在常温常压下,含碳原子数少的,如甲烷(CH_4)、乙烷(C_2H_6)是气体;石蜡等物质的含碳原子数高达20以上,则成为固体;含碳原子数中等的,如甲苯(C_6H_6)是液体。溶解了一些气体和固体的液体烃类物质,随着压力和温度的变化,部分化合物会以气态或固态的形式从液体中析出,形成不同种类的燃料油或石油产品。

石油产品按其用途可以分作两大类。一类是工业生产中用的油剂或原料,如在油脂橡胶油漆生产中作溶剂用的溶剂油;机械上作润滑油剂用的润滑油;作为防锈和制药用的凡士

林；生产蜡纸和绝缘材料用的石蜡；铺路、建筑防腐剂用的沥青以及制电极和生产碳化硅用的石油焦。另一类作为油质燃料，用于动力机械或产生热能为工业生产和生活服务。常用油质燃料主要可以分成4类：汽油、煤油、柴油和重油。

(1)汽油。为水白色、易挥发液体，主要由$C_5 \sim C_{11}$的烃类组成。它主要用作汽油发动机的燃料，可分为汽车用的车用汽油和飞机用的航空汽油。

(2)煤油。煤油是一种用途非常广泛的燃料，可以作为照明用燃料，如灯用煤油，也能作为动力燃料，如拖拉机煤油和航空煤油(喷气燃料)。

(3)柴油。柴油是压燃式内燃机的燃料，也能作为锅炉的燃料。按柴油的用途划分，通常可分为轻柴油和重柴油两类。轻柴油一般作为火力发电厂锅炉的点火燃料，当前已成为小型燃油锅炉的主要用油。轻柴油的燃烧性能好，具有足够的粘度，能够保证良好的雾化和平稳燃烧。杂质含量极少，燃烧时不易在燃烧室内形成明显的结焦、积炭和沾污物。由于含硫酸碱等化合物很少，使用过程中不会对设备产生腐蚀性，对环境污染小。

重柴油也可作为锅炉的燃用油。重柴油与轻柴油相比较，其粘度大得多，凝点也高，故一般使用时应先进行预热；相对杂质含量较高，油品易氧化，使用前须进行过滤和沉淀，以免堵塞油喷嘴和滤清器。

(4)重油。重油是石油在各种加工工艺过程中重质馏分和残渣的总称，是燃料油中密度最大的油品，主要作为各种锅炉、冶金加热炉和工业窑炉的燃料。石油经过常、减压蒸馏得到重质直流重油；经过各种裂化加工后得到裂化重油；蒸馏和裂化工艺中的残留物即为渣油。商品重油一般通过各种重油与轻质油按不同比例调和制成，如常压重油和渣油的粘度较小，有时可不加轻质油直接作为各种窑炉燃油；减压渣油因含沥青质较多粘度大，须调和一些轻质油料(如柴油)后才能燃用；而裂化加工后的渣油，其粘度更大，并存在大量游离碳和不饱和烃类，着火温度高，不易燃烧，无法直接燃用，须调制更多的轻质油料。重油或渣油由于其热值较高，着火和燃烧及时稳定，生产量大，对环境污染较小，是目前燃油锅炉的首选燃料。

8.4.2　气体燃料

气体燃料是由多种可燃与不可燃单一气体成分组成的混合气体，可燃成分包括碳氢化合物、氢气、一氧化碳等，不可燃成分包括氧气、氮气、二氧化碳等。通常按照燃气的获得方式分为天然气体燃料和人工气体燃料两大类。

1.天然气体燃料

天然气体燃料是指从自然界直接收集和开采得到的，不需经过再加工，即可投入使用的气体燃料。这些燃气按照其贮藏特点可分为以下三种：

(1)气田气。气田气通常称为天然气，是储集在地下岩石孔隙和裂缝中的纯气藏。天然气的主要成分是甲烷，体积分数大于90%，还含有少量的乙烷、丙烷、丁烷和非烃气体。气田气在标态下低位热值为35000～39000kJ/m^3。

(2)油田气。油田气是与原油共存的或是石油开采过程中压力降低析出的气体,又称为油田伴生气,主要成分是甲烷,体积分数为80%左右,标态下低位热值约39000～44000kJ/m^3。

(3)煤田气。煤田气是在煤矿井的采煤过程中,从煤层或岩层内释放出的可燃气体,通常称为矿井瓦斯或矿井气。这种气体不仅有爆炸的危险,而且对人体有窒息作用。煤田气可燃成分甲烷的体积分数为50%左右,标态下低位热值约为13000～19000kJ/m^3,燃烧速度也比气田气和油田气低。

2.人工气体燃料

人工气体燃料是以煤、石油产品或各种有机物为原料经过各种加工方法而得到的气体燃料。主要的人工气体燃料有以下六种:

(1)气化炉煤气。气化炉煤气是将煤焦炭与气化剂作用通过一系列复杂的物理化学变化,使之气化为燃料用的煤气或合成用煤气。

(2)焦炉煤气。焦炉煤气是煤在炼焦炉的炭化室内进行高温干馏时分解出来的燃气。煤气的组成随着炉内的干馏温度和炭化时间不断变化,因此,其出炉煤气的成分很复杂,主要可燃成分中氢的体积分数约为60%,甲烷的体积分数约为25%,标态下其低位热值约为15000-25000kJ/m^3。

(3)高炉煤气和转炉煤气。高炉煤气是高炉炼铁过程中的副产品。其主要的可燃成分一氧化碳的体积分数约为30%,还含有极少量的氢气和甲烷。标态下低位热值约为3500kJ/m^3。转炉煤气是氧气顶吹转炉炼钢过程中铁水中的碳和氧气作用后产生的可燃气体。其主要可燃成分一氧化碳的体积分数为60%～90%,标态下低位热值为7000kJ/m^{3}左右。

(4)液化石油气。液化石油气是在气田、油田的开采中或是从石油炼制过程中获得的部分气态碳氢化合物。这种气态烃类的主要可燃成分是丙烷(C_3H_8)、丁烷(C_4H_{10})、丙烯(C_3H_6)和丁烯(C_4H_8),在常压、常温下以气态形式存在。它的临界压力和临界温度较低,为3.53～4.45MPa和92～162℃。因此采用降低温度或提高压力的方法,很容易使气态烃类液化。通常采用压缩的方法,即在常温下对混合燃气加压超过0.8MPa,碳氢化合物中的C_3、C_4组分从气态转为液态,从而获得液化石油气。

液态的液化石油气体积缩小了约270倍,标态下密度约为2.0kg/m^{3}左右,比空气重,便于运输和贮存。液化石油气的热值很高,标态下低位热值约为90000～120000kJ/m^3(气态)或45000～46000kJ/kg(液态)。它的燃烧速度中等,使用时通常采用降压气化的方法,也可以直接雾化燃烧。因为液化石液气的爆炸下限低于2%,泄漏后极易形成爆炸气体,遇明火引起火灾或爆炸事故,危害各种设施和人员人身安全。

(5)油制气。油制气是以石油或重油为原料油,通过加热裂解或部分氧化等制气工艺获得的燃气。加热裂解法按其不同的工艺可以制取热裂解气和催化裂解气两种。热裂解气标态下热值为35900-39700kJ/m^3,可作为城市天然气供应的调峰气源;催化裂解气裂化工艺温度不同,热值变化范围较大,标态下热值约为18800kJ/m^3(高温深裂)或27200kJ/m^3(低温浅裂),高热值燃气可作为增富气源掺混在贫煤气或多气源混气之中。

(6)沼气。沼气是各种有机物(动植物残骸、人畜粪便、城市垃圾及工业废水等)在无氧条件下,通过兼性菌和厌氧菌的代谢作用,对有机物进行生化降解产生的生物燃气。其主要成分是甲烷(体积分数为55%～70%)及少量的一氧化碳、氢气及硫化氢等。其标态下热值约为23000kJ/m^3。

8.4.3　固体燃料

煤是由有机化合物和无机化合物组成的一种复杂的混合物。古代的植物经过地下长期的物理和化学变化,最终形成了煤。它大体经历了两个阶段,一是菌解作用阶段,二是变质作用阶段。前者即为植物在隔绝空气的条件下,进行着缓慢的菌解而腐蚀,它使植物中的各种有机物起腐蚀、溶解和消化的作用,放出CO、CO_2和O_2等气体,使碳素相对地增加,这样就完成了第一阶段泥煤的形成过程。在压力和温度的作用下泥煤进一步变质,使煤进一步受到压缩与坚化,同时水分和挥发份逐渐减少,这就是变质作用阶段。所以煤的形成过程就是煤的碳化过程。埋藏越深,受到压力越大,则碳化程度越高。

按碳化的程度可分为泥煤、褐煤、烟煤(挥发分大于20%)、贫煤(挥发分在10%～20%)、无烟煤(挥发分小于10%)。

(1)泥煤。泥煤是最年轻的一种煤,水分含量大,达40%～50%,因此热值很低,只有8000～1000kJ/kg,但挥发分含量较高,故很容易着火。

(2)褐煤。水分大、孔隙大、密度小、挥发分高、不黏结,含有不同数量的腐殖酸。煤中氢含量高达15%～30%,化学反应性强,热稳定性差。因为褐煤的含水量大,所以其热值较低,因挥发分含量大,也易着火。

(3)烟煤。该种煤含碳量为75%～90%,不含游离的腐殖酸。大多数具有黏结性;发热量较高,燃烧时火焰长而多烟。烟煤是比较高级的煤,它的挥发分较高,但水分、灰分含量不多,因此易点燃,是重要的锅炉燃料和炼焦原料,也可用来干馏石油和制造煤气。

(4)贫煤。贫煤是煤化程度最高的烟煤,挥发分含量较少,接近于无烟煤,着火较难,但发热量不低,因其水、灰分含量不大,一旦着火,放出热量较大,不黏结或弱黏结。燃烧时火焰短,耐烧,燃点高。主要用作电厂燃料、民用和工业锅炉的燃料。

(5)无烟煤。无烟煤是碳化程度最高的煤,其挥发分含量极少。因此很难着火,着火后燃烧稳定性也不好,但其热值很高,一旦燃烧完全,放出的热量很大。无烟煤的特点是挥发分含量低,固定碳含量高,纯煤真相对密度达到1.35～1.90,无黏结性,燃点高,燃烧时不冒烟。低灰、低硫、可磨性好的无烟煤是理想的高炉喷吹和烧结铁矿石的燃料。

8.4.4 燃料的特点

气体燃料与使用煤或石油燃料相比较，具有如下特点：

(1)使用性能好。气体燃料在燃烧过程中容易与空气充分混合，使用最少的空气就可以保证稳定燃烧，从而减少了排烟热损失，提高锅炉热效率。由于气体燃料的混合及时充分，提高了混合气体的燃烧速度，比煤和油容易燃尽，减少了燃烧室的空间尺寸，气体燃料中含有的灰分和硫分很少，燃烧时不会出现高温结渣和腐蚀现象。气体燃料的流动及输送性能好，使用中可以进行预热，不仅提高了炉膛的燃烧温度，有助于气体燃料的及时着火和稳定燃烧，强化辐射受热面的传热，而且有利于回收烟气余热。

(2)调节性能灵活。气体燃料的热值很容易调整，往往根据热值的要求将两种不同燃气混合使用。气体燃料有很强的应热负荷变动的能力，容易实现燃烧调节。燃烧气体燃料，只要选择合适的喷嘴，就能够在相当大的范围内进行燃烧，调整使燃烧过程处于最佳状态，从而提高锅炉运行的经济性。

由于气体燃料的燃烧调节特性好，容易实现较高程度的自动化控制。燃气锅炉的运行、维修均比燃煤、燃油锅炉方便，运行中的能量消耗也比较小。

(3)环境污染小。气体燃料是一种环保型清洁优质燃料，燃烧使用中有效地减轻了对环境的污染。它的有害成分，如含硫量及灰分远比煤和油质燃料要低。燃用气体燃料不会产生燃煤时需要大量处理的灰渣，烟气中的含尘量也极少，避免了固体废物占用土地和对土壤的污染，以及废渣随降水流失时对水体的污染和高浓度烟尘排放对大气的污染。净化后的气体燃料几乎不含有硫和硫化物，燃烧中仅产生微量的硫氧化物，大大降低了烟气排放中的SO_x。

(4)运输简单方便。气体燃料的管道输送相比煤的交通输送既经济又安全；相对油质燃料的管道输送，减少了加热降粘、管道保温等一系列设备。在用户处也免除了燃料油所必需的加热、加压等预处理措施和贮存装置，以及燃煤时的燃料堆放场地和处理系统、除尘设施等，使燃气锅炉房的占地面积、建设投资等均低于燃煤、燃油锅炉房。

气体燃料的主要缺点是燃气中的许多成分含有毒性，对人身有很大的伤害。尤其是一氧化碳含量较高的燃气泄漏后，短时内就会使人因缺氧引起头痛、眩晕，甚至窒息死亡。另外，气体燃料与空气在一定比例下混合会形成爆炸性气体。因此，使用气体燃料时应采取更加完善的安全措施。

8.5 燃烧的计算

燃烧的计算

燃料的燃烧过程就是燃料中的可燃成分与空气中的氧在高温条件下，发生强烈放热并发光的化学反应过程。燃烧之后生成烟气和灰。要使燃料完全燃烧必须供给燃烧所需足够的氧气(空气),并使燃料与氧气充分混合,同时及时排走烟气和灰,否则就不能保证燃料完全燃烧。燃料的燃烧计算就是计算燃料燃烧所需的空气量和生成的烟气量。燃料燃烧所需的空气量,可以根据燃料中可燃成分燃烧反应所需氧气量计算得出,作为送风机、送风管道尺寸的选择和确定的依据。产生的烟气量同理可求,也作为引风机、烟囱和烟道尺寸的选择和确定的依据。

8.5.1　空气量计算

燃料燃烧所需空气量可以根据燃料中可燃成分燃烧的化学反应方程式来计算。计算时认为,空气和烟气所含有的各种组成气体,包括水蒸气在内均认为是理想气体,在标准状态下 1mol体积等于22.4Nm^3;同时还假定空气只是氧和氮的混合气体,其体积比为21:79。

单位燃料中可燃元素完全燃烧,而又无过剩氧存在时所需的空气量,称为理论空气量,用符号V_a^0表示,对于固体和液体燃料,单位为Nm^3/kg,对于气体燃料,单位为Nm^3/Nm^3。

固体和液体燃料中可燃成分为碳、氢、硫,它们燃料时的化学反应方程如下:

碳完全燃烧反应方程式为:

$$C + O_2 = CO_2 \tag{8-18}$$

$$12kgC + 22.4Nm^3O_2 = 22.4Nm^3CO_2 \tag{8-19}$$

1kg碳完全燃烧时需要1.866Nm^3氧气,并产生1.86Nm^3二氧化碳。

硫的完全燃烧反应方程式为:

$$S + O_2 = SO_2 \tag{8-20}$$

$$32kgS + 22.4Nm^3O_2 = 22.4Nm^3SO_2 \tag{8-21}$$

1kg硫完全燃烧时需要0.7Nm^3氧气,并产生0.7Nm^3二氧化硫。

氢的完全燃烧反应方程式为:

$$2H_2 + O_2 = 2H_2O \tag{8-22}$$

$$2\times 2.016kgH_2 + 22.4Nm^3O_2 = 2\times 22.4Nm^3H_2O \tag{8-23}$$

1kg氢完全燃烧时需要5.55Nm^3氧气,并产生11.1Nm^3水蒸气。

1kg收到基燃料中的可燃元素分别为碳$C_{ar}/100$kg,硫$S_{ar}/100$kg,氢$H_{ar}/100$kg,而1kg燃料中已含有氧$O_{ar}/100$kg,相当于$\frac{22.4}{32}\times\frac{O_{ar}}{100}=0.7\frac{O_{ar}}{100}Nm^3/kg$。这样,1kg收到基燃料完全燃烧时所需外界供应的理论氧气量为:

$$\begin{aligned} V_a^0 &= \frac{1}{0.21}\left(1.866\frac{C_{ar}}{100}+0.7\frac{S_{ar}}{100}+5.55\frac{H_{ar}}{100}-0.7\frac{O_{ar}}{100}\right) \\ &= 0.0889(C_{ar}+0.375S_{ar})+0.265H_{ar}-0.0333O_{ar} \end{aligned} \tag{8-24}$$

气体燃料中可燃成分有CO、H_2、C_mH_n、H_2S,它们的化学反应方程式如下:

一氧化碳完全燃烧反应方程式为：

$$2CO+O_2=2CO_2 \tag{8-25}$$

$1Nm^3$一氧化碳完全燃烧时需要$0.5Nm^3$氧气，并产生$1Nm^3$二氧化碳。

C_mH_n完全燃烧反应方程式为：

$$C_mH_n+(m+\frac{n}{4})O_2=mCO_2+\frac{n}{2}H_2O \tag{8-26}$$

$1Nm^3C_mH_n$完全燃烧时需要$(m+\frac{n}{4})$氧气，并产生mNm^3二氧化碳和$\frac{n}{2}Nm^3$水蒸气。

H_2S完全燃烧反应方程式为：

$$2H_2S+3O_2=2SO_2+2H_2O \tag{8-27}$$

$1Nm^3H_2S$完全燃烧时需要$1.5Nm^3$氧气，并产生$1Nm^3$二氧化硫和$1Nm^3$水蒸气。

H_2完全燃烧反应方程式为：

$$2H_2O+O_2=2H_2O \tag{8-28}$$

即$1Nm^3H_2$完全燃烧时需要$0.5Nm^3$氧气，并产生$1Nm^3$水蒸气。

$1Nm^3$气体收到基燃料中的可燃成分为$\frac{CO^{ar}}{100}Nm^3$、$\frac{H_2^{ar}}{100}Nm^3$、$\frac{CH_4^{ar}}{100}Nm^3$、$\frac{C_2H_4^{ar}}{100}Nm^3$、$\frac{H_2S^{ar}}{100}Nm^3$，$1Nm^3$气体燃料中有氧气$\frac{O_2^{ar}}{100}Nm^3$，这样，$1Nm^3$气体燃料完全燃烧时所需外界供应的理论空气量为：

$$V_a^0=\frac{1}{21}[0.5\times\frac{CO^{ar}}{100}+\sum(m+\frac{n}{4})\frac{C_mH_n^{ar}}{100}+1.5\times\frac{H_2S^{ar}}{100}+0.5\times\frac{H_2^{ar}}{100}-\frac{O_2^{ar}}{100}] \tag{8-29}$$

在锅炉运行时，由于锅炉的燃烧设备不完善和燃烧技术条件等的限制，送入的空气不可能做到与燃料理想的混合，为了使燃料在炉内尽可能燃烧完全，实际送入炉内的空气量总大于理论空气量。实际供给的空气量V_a比理论空气量V_a^0多出的这部分空气，称为过量空气；两者之比a则称为过量空气系数，即：

$$a=\frac{V_a}{V_a^0} \tag{8-29}$$

单位燃烧燃料实际所需要的空气量可由式(8-30)计算：

$$V_a=aV_a^0 \tag{8-30}$$

计算各种燃料所需理论空气量的经验公式如下：

对于贫煤及无烟煤：

$$V_a^0=\frac{0.239Q_{net,v,ar}+600}{990} \tag{8-31}$$

对于烟煤：

$$V_a^0=0.251\frac{Q_{net,v,ar}}{1000}+0.278 \tag{8-32}$$

对于劣质煤($Q_{net,v,ar} < 12560kJ/kg$)

$$V_a^0 = \frac{0.239Q_{net,v,ar} + 450}{990} \tag{8-33}$$

对于液体燃料：

$$V_a^0 = 0.203\frac{Q_{net,v,ar}}{1000} + 2.0 \tag{8-34}$$

对于气体燃料，当 $Q_{net,v,ar} < 10500kJ/Nm^3$ 时：

$$V_a^0 = 0.209\frac{Q_{net,v,ar}}{1000} \tag{8-35}$$

当 $Q_{net,v,ar} > 10500kJ/Nm^3$ 时：

$$V_a^0 = 0.260\frac{Q_{net,v,ar}}{1000} - 0.25 \tag{8-36}$$

最后需要指出的是上述空气量的计算，全按不含水蒸气的干空气计算，事实上1kg干空气含有10g左右的水蒸气，其所占份额很小而可以略去。

8.5.2　烟气量计算

1.理论烟气量

燃料燃烧后生成烟气，如供给单位燃料以理论空气量 V_a^0，燃料又达到完全燃烧，烟气中只含有二氧化碳 CO_2、二氧化硫 SO_2、水蒸气 H_2O 及氮 N_2 四种气体，这时烟气所具有的体积称为理论烟气量，用符号 V_g^0 表示，固(液)体燃料的单位为 Nm^3/kg，气体燃料的单位为 Nm^3/Nm^3。

理论烟气量，可根据前述燃料中可燃元素的完全燃烧反应方程式进行计算。固(液)体燃料的计算如下：

(1)理论二氧化碳体积 $V_{CO_2}^0$(Nm^3/kg)：每kg碳完全燃烧产生 $1.866Nm^3CO_2$，1kg燃料中含碳量为 $\frac{C_{ar}}{100}$kg，燃烧后产生 CO_2 体积为：

$$V_{CO_2}^0 = 1.866\frac{C_{ar}}{100} = 0.01866C_{ar} \tag{8-37}$$

(2)理论二氧化硫体积 $V_{SO_2}^0$(Nm^3/kg)：每kg硫完全燃烧产生 $0.7Nm^3SO_2$，1kg燃料中含硫量为 $\frac{S_{ar}}{100}$kg，燃烧后产生 SO_2 体积为：

$$V_{SO_2}^0 = 0.7\frac{S_{ar}}{100} = 0.007S_{ar} \tag{8-38}$$

(3)理论二氧化碳和理论二氧化硫气体体积的总和称为理论三原子气体体积：

$$V_{RO_2}^0 = V_{CO_2}^0 + V_{SO_2}^0 = 0.01866(C_{ar} + 0.375S_{ar}) \tag{8-39}$$

(4)理论水蒸气体积 $V_{H_2O}^0$。(Nm^3/kg):理论水蒸气有以下四个来源:

①燃料中氢完全燃烧生成的水蒸气。每kg氢完全燃烧产生 $11.1Nm^3$ 的水蒸气,1kg燃料的含氢量为 $\frac{H_{ar}}{100}$kg,燃烧后产生水蒸气体积为 $0.111H_{ar}Nm^3/kg$。

②燃料中水分形成的水蒸气。1kg燃料中水分含量为 $\frac{M_{ar}}{100}$kg,形成的水蒸气体积为:

$$\frac{22.4}{18}\times\frac{M_{ar}}{100}=0.0124M_{ar}Nm^3/kg \tag{8-40}$$

③理论空气量 V_a^0 带入的水蒸气。前已提及,空气并非干空气,通常计算中取空气含湿量d为10g/kg。已知干空气密度为 $1.293kg/Nm^3$,水蒸气比容v为 $1.24Nm^3/kg$,则1kg燃料所需理论空气量带入的水蒸气体积为:

$$1.293V_a^0dv\times10^{-3}=1.293\times10\times1.24\times10^{-3}V_a^0=0.016V_a^0 \tag{8-41}$$

④燃用重油且用蒸气雾化时带入炉内的水蒸气。雾化1kg重油消耗的蒸气量为 M_{at} kg,这部分水蒸气体积为 $1.24M_{at}$ Nm^3/kg。如用蒸气二次风时,所带入水蒸气的计算与上相同。

理论水蒸气体积为上述四部分体积之和,即:

$$V_{H_2O}^0=0.111H_{ar}+0.0124M_{ar}+0.0161V_a^0+1.24M_{at} \tag{8-42}$$

(5)理论氮气体积 $V_{N_2}^0$(Nm^3/kg):烟气中氮气有以下两个来源:

①理论空气量 V_a^0 中含有的氮。空气中氮的体积百分数为79%,1kg燃料所需要的理论空气量带入的氮气体积为 $0.79V_a^0Nm^3/kg$。

②燃料本身所含的氮。每kg燃料含氮 $\frac{N_{ar}}{100}$kg,燃料本身所含氮的体积为:

$$\frac{22.4}{28}\times\frac{N_{ar}}{100}=0.008N_{ar}Nm^3/kg \tag{8-43}$$

理论氮的体积为上述两部分之和,即:

$$V_{N_2}^0=0.79V_a^0+0.008N_{ar} \tag{8-44}$$

将上述理论三原子气体体积 $V_{RO_2}^0$、理论氮气体积 $V_{N_2}^0$ 和理论水蒸气体积 $V_{H_2O}^0$ 相加,便得到理论烟气量,即:

$$V_g^0=V_{RO_2}^0+V_{N_2}^0+V_{H_2O}^0=V_{g,d}^0+V_{H_2O}^0 \tag{8-45}$$

式中,$V_{g,d}^0=V_{RO_2}^0+V_{N_2}^0$,称为理论干烟气体积。

气体燃料燃烧产生的理论烟气量可根据燃料中可燃成分 CO、H_2、C_mH_n、H_2S 的完全燃烧反应方程式计算。

三原子气体:

$$V_{RO_2}^0=V_{CO_2}^0+V_{SO_2}^0=\frac{CO_2^d}{100}+\frac{CO^d}{100}+\Sigma m\frac{C_mH_n^d}{100}+\frac{H_2S^d}{100} \tag{8-46}$$

水蒸气：

$$V_{H_2O}^0 = V_{CO_2}^0 + V_{SO_2}^0 = \frac{H_2^d}{100} + \frac{H_2S^d}{100} + \Sigma \frac{n}{2} \frac{C_mH_n^d}{100} + 120(d_g + V^0 d) \quad (8-47)$$

氮气：

$$V_{N_2}^0 = 0.79 V_a^0 + \frac{N_2^d}{100} \quad (8-48)$$

式中，$V_{RO_2}^0$、$V_{H_2O}^0$、$V_{N_2}^0$—单位体积干燃气完全燃烧理论烟气量中的三原子气体。水蒸气、氮气体积，m^3/m^3；

d_g、d—分别是标态下燃气和空气的含湿量，kg/m^3(干气体)；

其他符号同前。

将上述三原子气体体积 $V_{RO_2}^0$、理论氮气体积 $V_{N_2}^0$ 和理论水蒸气体积 $V_{H_2O}^0$ 相加，便得到理论烟气量。

计算各种燃料理论烟气量的经验公式如下：

对于无烟煤、贫煤及烟煤：

$$V_a^0 = 0.248 \frac{Q_{net,v,ar}}{1000} + 0.77 \quad (8-49)$$

对于劣质煤，当 $Q_{net,v,ar} < 12560kJ/kg$ 时：

$$V_a^0 = 0.248 \frac{Q_{net,v,ar}}{1000} + 0.54 \quad (8-50)$$

对于液体燃料：

$$V_a^0 = 0.265 \frac{Q_{net,v,ar}}{1000} \quad (8-51)$$

对于气体燃料，当 $Q_{net,v,ar} < 10500kJ/Nm^3$ 时：

$$V_a^0 = 0.173 \frac{Q_{net,v,ar}}{1000} + 1.0 \quad (8-52)$$

当 $Q_{net,v,ar} > 10500kJ/Nm^3$ 时：

$$V_a^0 = 0.272 \frac{Q_{net,v,ar}}{1000} - 0.25 \quad (8-53)$$

8.5.3 实际烟气量

实际的燃烧过程是在有过量空气的条件下进行的。因此，烟气中除了含有三原子气体、氮气以及水蒸气外，还有过量氧气，并且烟气中氮气和水蒸气的含量也随之有所增加。

过量空气的体积：

$$V_a - V_a^0 = (a-1)V_a^0 \quad (8-54)$$

其中氧气体积为 $0.21(a-1)V_a^0 Nm^3/kg$；氮气体积为 $0.79(a-1)V_a^0 Nm^3/kg$。此外，过

量空气还带入水蒸气，设空气含湿量 d=10g/kg，则带入的水蒸气体积为 $0.0161(a-1)V_a^0$ Nm^3/kg。故实际烟气中的水蒸气体积为：

$$V_{H_2O}=V_{H_2O}^0+0.0161(a-1)V_a^0 \tag{8-55}$$

式中，理论水蒸气体积由式 $V_{H_2O}^0=0.111H_{ar}+0.0124M_{ar}+0.0161V_a^0+1.24M_{at}$ 和 $V_{H_2O}^0=V_{CO_2}^0+V_{SO_2}^0=\frac{H_2^d}{100}+\frac{H_2S^d}{100}+\Sigma\frac{n}{2}\frac{C_mH_n^d}{100}+120(d_g+V^0d)$ 求得。

实际烟气量为理论烟气量和过量空气（包括氧、氮和相应的水蒸气）之和，即：

$$\begin{aligned}V_g&=V_g^0+0.21(a-1)V_a^0+0.79(a-1)V_a^0+0.0161(a-1)V_a^0\\&=V_g^0+1.0161(a-1)V_a^0\end{aligned} \tag{8-56}$$

将式 $V_g^0=V_{RO_2}^0+V_{N_2}^0+V_{H_2O}^0=V_{g,d}^0+V_{H_2O}^0$ 代入上式，可得：

$$V_g=V_{RO_2}^0+V_{N_2}^0+V_{H_2O}^0+1.0161(a-1)V_a^0 \tag{8-57}$$

不计入烟气中水蒸气时，即得实际干烟气体积为：

$$V_{g,d}=V_{RO_2}^0+V_{N_2}^0+(a-1)V_a^0 \tag{8-58}$$

8.5.4 空气和烟气焓的计算

理论空气量的焓：

$$H_a^0=V_a^0(ct)_a \tag{8-59}$$

式中，H_a^0—单位燃料理论空气量的焓，固（液）体燃料的单位为 kJ/kg（燃料）；气体燃料的单位为 kJ/Nm^3（燃料）；

$(ct)_a$—$1Nm^3$ 空气的焓，kJ/Nm^3。

实际燃烧产物（烟气）的焓由理论烟气量的焓与过量空气的焓及飞灰的焓所组成，即：

$$H_g=H_g^0+(a-1)H_a^0+H_{f,a} \tag{8-60}$$

式中，H_a^0—单位燃料烟气的焓，固体、液体燃料的单位为 kJ/kg（燃料），气体燃料的单位为 kJ/Nm^3（燃料）；

H_g^0—理论烟气量的焓，kJ/kg（燃料）或 kJ/Nm^3（燃料）；

$H_{f,a}^0$—飞灰的焓，kJ/kg（燃料）或 kJ/Nm^3（燃料）。

理论烟气量的焓应为：

$$H_g^0=V_{RO_2}^0(ct)_{RO_2}+V_{N_2}^0(ct)_{N_2}+V_{H_2O}^0(ct)_{H_2O} \tag{8-61}$$

式中：$(ct)_{RO_2}$、$(ct)_{N_2}$、$(ct)_{H_2O}$ 分别为 $1Nm^3$ 的 RO_2、N_2、水蒸气的焓，kJ/Nm^3，它们与温度有关。

飞灰的焓可由式（8-62）计算：

$$H_{f,a}^0=\alpha_{f,a}\frac{A_{ar}}{100}(ct)_{f,a} \tag{8-62}$$

式中，$(ct)_{f,a}$—每kg燃料飞灰的焓，kJ/kg(燃料)；

$\alpha_{f,a}$—烟气中带走的飞灰份额，它与炉型有关，可按表8-2取值。

表8-2　烟气中带走的飞灰份额取值参考

炉型	层燃炉	沸腾炉	干态除渣煤粉炉	液态除渣煤粉炉	旋风炉
$\alpha_{f,a}$	0.1～0.3	0.25～0.6	0.92～0.95	0.6～0.7	0.1～0.15

8.6　燃烧的方法

燃料形态的不同，燃烧过程与燃烧特点也不相同，固体燃料为了能够更充分地燃烧，需要将煤粉颗粒细化，液体燃料需要将液滴雾化，使燃料与空气增加接触面积、延长燃烧组分在炉膛内的停留时间，而气体燃料的燃烧则不需要有破碎过程，有关不同燃料的燃烧方法在《燃烧学》教材中有详细描述，为了让读者能够深入了解燃烧的基础概念，本章以气体燃料的燃烧为例，讲述燃烧的气流组织方法和影响燃烧的因素，掌握这些内容，有助于对锅炉的受热面、燃烧效率、锅炉事故、燃烧器及锅炉基本结构等内容的理解。比如：为什么锅炉要设置省煤器和预热器？炉膛的通道形状有何作用？

8.6.1　扩散式燃烧

1.燃烧的动力区和扩散区

燃料燃烧所需要的全部时间通常由两部分组成，即氧化剂和燃料之间发生物理性接触所需要的时间τ_{ph}和进行化学反应所需要的时间τ_{ch}，亦即：

$$\tau=\tau_{ph}+\tau_{ch} \tag{8-63}$$

对气体燃料来说，τ就是燃气和氧化剂的混合时间。如果混合时间和进行化学反应所需的时间相比非常之小，即$\tau_{ph}\ll\tau_{ch}$，则实际上：

$$\tau\approx\tau_{ch} \tag{8-64}$$

这时，称燃烧过程在动力区进行。将燃气和燃烧所需的空气预先完全混合均匀送入炉膛燃烧，可以认为是在动力区内进行燃烧的一个例子。反之，如果燃料与氧化剂混合所需要的时间与化学反应所需要的时间相比非常之大，即$\tau_{ph}\gg\tau_{ch}$，则：

$$\tau\approx\tau_{ph} \tag{8-65}$$

这时，称燃烧过程在扩散区进行。例如，将气体燃料和空气分别引入炉膛燃烧，由于炉膛内温度较高，化学反应能在瞬间内完成，这时燃烧所需的时间就完全取决于混合时间，燃烧就在扩散区进行。

显然，当燃烧过程在动力区进行时，燃烧速度将受化学动力学因素的控制，例如反应物的活化能温度和压力等。若燃烧过程在扩散区进行，则燃烧速度将取决于流体动力学的一些因素，例如，气流速度和气体流动过程中所遇到物体的尺寸、形状等。

在燃烧的动力区和扩散区之间，还有所谓的中间区（或称动力-扩散区）。在中间区，燃烧过程所需的物理接触时间和化学反应时间几乎相等，即：

$$\tau_{ch} \approx \tau_{ph} \tag{8-66}$$

这时，燃烧速度同时取决于物理因素和化学因素，情况就较为复杂。了解燃烧过程受哪些因素控制，对分析燃烧状况和改进燃烧过程是十分必要的。

2.层流扩散火焰的结构

将管口喷出的燃气点燃进行燃烧，如果燃气中不含氧化剂（即 $\alpha'=0$），则燃烧所需的氧气将依靠扩散作用从周围大气获得，这种燃烧方式称为扩散式燃烧。

在层流状态下，扩散燃烧依靠分子扩散作用使周围氧气进入燃烧区；在紊流状态下，则依靠紊流扩散作用来获得燃烧所需的氧气。由于分子扩散进行得比较缓慢，因此，层流扩散燃烧的速度取决于氧的扩散速度。燃烧的化学反应进行得很快，因此火焰焰面厚度很小。

图8-1示出了层流扩散火焰的结构。燃气从喷口流出，着火后出现一圆锥形焰面。在焰面以内为燃气，焰面以外是静止的空气。氧气从外部扩散到焰面，燃气从内部扩散到焰面，而燃烧产物又不断从焰面向内、外两侧扩散。该图还示出了 $a-a$ 截面上氧气、燃气和燃烧产物的浓度分布。氧气浓度从静止的空气层朝着焰面方向逐步降低，燃气浓度则从火焰中心朝相反方向逐步降低。燃气和空气的混合比等于化学计量比的那层表面是火焰焰面。亦即在焰面上 α 正好等于1，而不可能大于或小于1。试设想，假如在 $\alpha<1$ 的区域内首先着火，那么剩下的未燃燃气将继续向着氧气扩散，与焰外的空气混合面燃烧，使焰面向 $\alpha=1$ 的表面移动；假设在 $\alpha>1$ 的地区先着火，那么多余的氧气将向着燃气扩散，与焰内燃气混合而燃烧，亦即焰面又移向 $\alpha=1$ 的表面。在焰面上，燃烧产物的浓度最大，然后向内、外两侧逐步降低。纯燃气和纯空气之间的混合区被焰面分隔为两个区。内侧为燃气和燃烧产物相互扩散的区域，外侧为空气和燃烧产物相互扩散的区域。氧气通过外侧混合区向焰面扩散，而燃气则通过内侧混合区向焰面扩散。

扩散火焰的形状为圆锥形。这是因为沿火焰轴线方向流动的燃气要穿过个较厚的内侧混合区才能遇到氧气，这就需要一段时间，而在这段时间内燃气将流过一定的距离，使焰面拉长。燃气在向前流动过程中不断燃烧，纯燃气的体积越来越小，最后在中心线上全部燃尽，所以火焰末端变尖而整个焰面成圆锥形。锥顶与喷口之间的距离称为火焰长度或火焰高度。

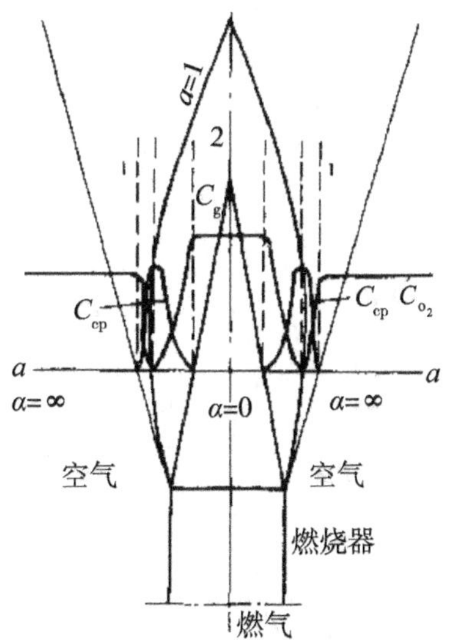

图8-1　层流扩散火焰的结构

1-外侧混合区(燃烧产物+空气);2-内侧混合区(燃烧产物+燃气);C_g-燃气浓度;C_{cp}-燃烧产物浓度;C_{o_2}-氧气浓度

3.层流扩散火焰向紊流扩散火焰的过渡

如前所述,当燃气流量逐渐增加时,火焰中心的气流速度也渐渐加大。但氧气向焰面扩散的速度基本未变,这就使焰面的收缩点离喷口越来越远,火焰的长度不断增加。这时,火焰的表面积增大,单位时间内燃烧的燃气量也就增加了。但是,当气流速度增加至某一临界值时,气体流动状态由层流转为紊流,火焰顶点开始跳动。若气流速度再增加,则火焰本身也开始扰动。这时扩散过程由分子扩散转变为紊流扩散,燃烧过程得到强化,因此火焰的长度便相应缩短。随着气流扰动程度的加剧,燃烧所需的物理时间大为缩短,最后,当混合速度大大超过化学反应的速度时($\tau_{ph} \ll \tau_{ch}$),燃烧就开始在动力区进行。这时所呈现的特点是火焰开始丧失稳定性。如果继续强化燃烧,就会使火焰发生间断,甚至完全脱离喷口。

图8-2表示随着气流速度增加,扩散火焰长度和燃烧工况的变化情况。这是采用直径为3.1mm的管子,用城市燃气喷入静止的空气中进行试验而获得的。从图中可以看出,在层流区火焰有着清晰的轮廓,气流速度增加时火焰长度也逐渐增加。在过渡区火焰顶部开始扰动并向根部扩展。由过渡区进入紊流区时火焰根部的层流火焰变得很短,火焰总长度反而缩小。在紊流区火焰长度与气流速度无关。

在紊流扩散火焰中无法区分焰面和其他部分,在整个火炬内都进行着燃气与空气的混合、预热和化学反应:这种火焰的形状和长度完全取决于燃气与空气的流动方向(交角)和流动特性。例如,当空气沿平行于火炬纵轴的方向进入炉膛时,形成一股瘦长的圆锥体火炬;当空气流强烈旋转时,混合情况改善,形成一股短而宽的火炬。在工程上可以采用各种方法来调节和强化紊流扩散燃烧过程。

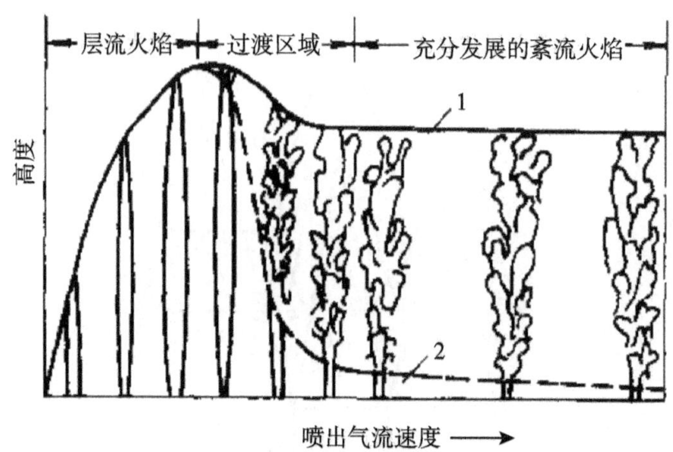

图8-2　气流速度增加时扩散火焰长度和燃烧工况的变化

1-火焰长度终端曲线;2-层流火焰终端曲线

8.6.2　部分预混式燃烧

1.部分预混层流火焰

1855年,本生创造出一种燃烧器,它能从周围大气中吸入一些空气与燃气预混,在燃烧时形成不发光的蓝色火焰,这就是实验室常用的本生灯。预混式燃烧的出现使燃烧技术得到了很大的发展。

扩散式燃烧容易产生煤烟,燃烧温度也相当低。但当预先混入部分燃烧所需空气后火焰就变得清洁,燃烧得以强化,火焰温度也提高了。因此,部分预混式燃烧(通常是$\theta < \alpha' < 1$)得到了广泛的应用。在习惯上又称大气式燃烧。

图8-3所示为本生灯的示意图。本生火焰是部分预混层流火焰的一个典型例子。从图中可以看到,本生火焰由内锥体和外锥体组成,在内锥表面火焰向内传播,而未燃的燃气空气混合物则不断地从锥内向外流出。在气流的法向分速度等于法向火焰传播速度之处便出现一个稳定的焰面,其形状近似于一个圆锥面。焰面内侧有一层很薄的浅蓝色燃烧层,因此内锥又称蓝色锥体。

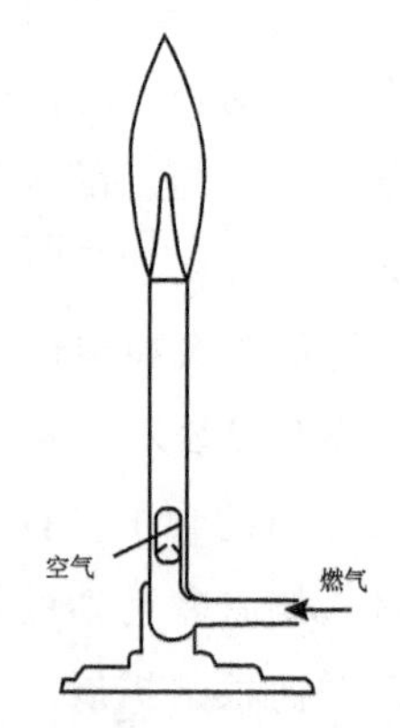

图8-3　本生燃烧器示意图

由于一次空气量小于燃烧所需的空气量,因此,在蓝色锥体上仅仅进行部分燃烧过程。所得的中间产物穿过内锥焰面,在其外部按扩散方式与空气混合面燃烧。一次空气系数越小,外锥就越大。

含有较多碳氢化合物的燃气进行大气式燃烧时,外锥部分可能出现两种不同情况。当一次空气量较多时($\alpha'>0.4$),碳氢化合物在反应区内转化为含氧的醛、乙醇等,扩散火焰可能是透明而不发光的。当一次空气量较少时,碳氢化合物在高温下分解,形成碳粒,扩散火焰就成为发光的火焰。

蓝色锥体的出现是有条件的。假如燃气空气混合物的浓度大于着火浓度上限,火焰就不可能向中心传播,蓝色锥体就不会出现,而成为扩散式燃烧。假如混合物中燃气的浓度低于着火浓度下限,则该气流根本不可能燃烧。氢气燃烧火焰出现蓝色锥体的一次空气系数范围相当大,而甲烷和其他碳氢化合物的燃烧火焰出现蓝色锥体的一次空气系数范围相当窄。

蓝色锥体的实际形状(见图8-4)可以用管道中气流速度的分布和火焰传播速度的变化来解释。层流时,沿管道横截面上气体的速度按抛物线分布。喷口中心气流速度最大,至管壁处降为零。截面上任一点的气流法向分速度均等于法向火焰传播速度,故火焰虽有向内传播的趋势,但仍能稳定在该点。另一方面,该点还有一个切向分速度,使该处的质点向上移动。因此,在焰面上不断进行着下面质点对上面质点的点火。为了说明什么是最下部的点火源,需要分析一下根部的情况。在火焰根部,靠近壁面处气流速度逐渐减小,至管壁处降至零,但火焰并不会传到燃烧器里去,因为该处的火焰传播速度因管壁散热也减小了。在图8-4中的点1处,火焰的传播速度小于气流速度,即$S<v$。在离燃烧器出口处某一距离的点2处,气流速度变化不多。火焰传播速度却因管壁散热影响的明显减小而增加,故$v<S$。可以肯定,在点1和点2之间,必定存在一个$v=S$的点3,在点3上焰面稳定,而且没有分速度,$\phi=0$,这就是说,在燃烧器出口的周边上,存在一个稳定的水平焰面,它是空气-燃气混合物的点火源,又称点火环。点火环使层流大气火焰根部得以稳定。

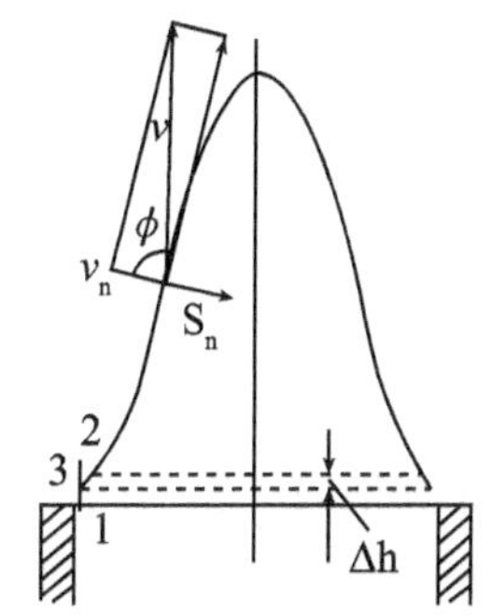

图8-4　蓝色锥体表面上的速度分析

2.部分预混紊流火焰

燃气空气混合物的层流燃烧只适用于小型加热设备。在工业窑炉中,往往需要很大的燃烧热强度(即单位时间从燃烧器喷口单位面积上燃烧发出的热量),这只有采用紊流燃烧才能达到。

从直观来看,紊流火焰比层流火焰明显地缩短,而且顶部较圆。焰面由光滑变为皱曲,可见火焰厚度增加,火焰总表面积也相应增加。当紊动尺度很大时,焰面将强烈扰动,气体各个质点离开焰面,分散成许多燃烧的气流微团,它们随着可燃混合物和燃烧产物的流动而不断飞散,最后完全燃尽。这时焰面变为由许多燃烧中心所组成的一个燃烧层,其厚度取决于在该气流速度下质点燃尽所需的时间。显然,这时燃烧表面积大大增加,燃烧也得到强化。

对自由空间预混式紊流火焰进行研究以后，可以把紊流火焰分为三个区(见图8-5)。它们是：焰核1—燃气空气混合物尚未点着的冷区；焰面2—着火与燃烧区，大约90%的燃气在这里燃烧；燃尽区3—在这里完成全部燃烧过程，这个区的边界是看不见的，要通过气体分析来确定。

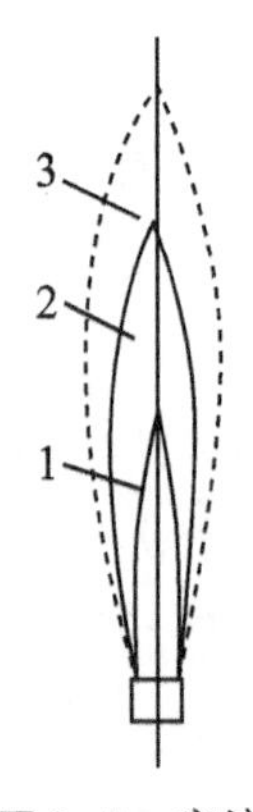

图8-5　紊流火焰的结构

8.6.3　完全预混式燃烧

完全预混式燃烧是在部分预混式燃烧的基础上发展起来的。它虽然出现较晚，但因为在技术上比较合理，很快便得到了广泛应用。

进行完全预混式燃烧的条件是：

第一，燃气和空气在着火前预先按化学当量比混合均匀；

第二，设置专门的火道，使燃烧区内保持稳定的高温。

在以上条件下，燃气—空气混合物到达燃烧区后能在瞬间燃烧完毕。火焰很短甚至看不见，所以又称无焰燃烧。

完全预混式燃烧火道的容积热强度很高，可达$(100-200)\times10^6$kJ/(m^3•h)或更高，并且能在很小的过剩空气系数下(通常$\alpha=1.05\sim1.10$)达到完全燃烧，因此燃烧温度很高。完全预混可燃物的燃烧速度很快，但火焰稳定性较差。

工业上的完全预混式燃烧器，常常用一个紧接着的火道来稳焰，图8-6所示为火道中火焰的稳定。来自燃烧器1的燃气空气混合物进入火道3，在火道中形成火焰2。由于引射作用，在火焰的根部吸入炽热的烟气，形成烟气回流区，是一个稳定的点火源。如果火道有足够的长度，则火焰将充满火道的断面，燃烧就稳定。但火道较短时，火焰仅占火道的部分，可能会吸入来自周围的冷空气使燃烧中断。另外，如果火道的壁面未达到炽热状态，也将增加烟气向周围介质的热损失，使烟气温度降低而失去点燃混合物的能力。因此，必须对燃烧室采取良好的保温措施。

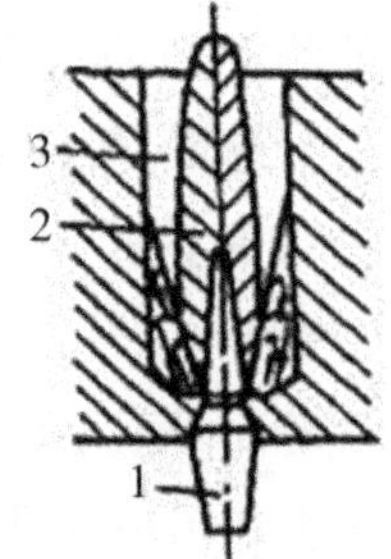

图8-6　火道中火焰的稳定

1-燃烧器；2-火焰；3-火道

8.6.4　燃烧的影响因素

在工程应用中，可燃混合物着火的方法是先引入外部热源，使局部先行着火，然后点燃部分向未燃部分输送热量及生成活性中心，使其相继着火燃烧。这就是所谓火焰传播问题。控制燃烧器上燃气的稳定燃烧，就涉及火焰的传播。因而，了解和熟悉火焰传播，对燃烧方法的选择、燃烧器的设计和燃气的安全使用等具有重要的实用意义。

8.7　火焰传播的理论基础

火焰传播的理论基础

一个正在传播的火焰，实际上是化学反应波在气体中（或气流中）的运动。要了解这一复杂问题，需要流体力学、工程热力学、传热传质学、物理化学等方面的知识，可以说研究火焰传播是以上诸学科中有关理论的具体综合应用。

在可燃混合物中放入点火源点火时，产生局部燃烧反应而形成点火源火焰，由于反应释放的热量和生成的自由基等活性中心向四周扩散传输，使紧挨着的一层未燃气体着火、燃烧，形成一层新的火焰。反应依次往外扩张，形成瞬时的球形火焰面，如图8-7所示，此火焰面的移动速度称为法向火焰传播速度S_n（或称层流火焰传播速度S_f或正常火焰传播速度），简称火焰传播速度，球内是已燃的炽热气体，周围为未燃气体。未燃气体与已燃气体之间的分界面即为火焰锋面，或称火焰面。

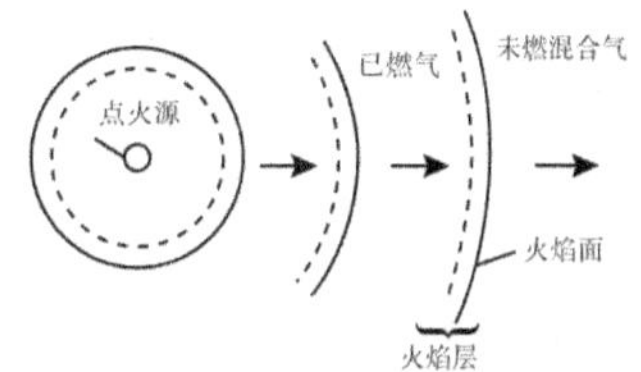

图8-7　静止均匀混合气体中的火焰传播

如取一根水平管子，一端封住，另一端敞开，并设有点火装置，管内充满可燃混合气。点火时，可以观察到靠近点火热源处的可燃气体先着火，形成一燃烧的火焰面。此火焰面以一定的速度向未燃方向移动，直到另一端，把全部可燃混合气烧尽。这种情况下的火焰与在静止可燃气体中向周围传播有所不同。由于管壁的摩擦和向外的热量损失，轴心线上的传播速度要比管壁处大。气体的黏性使火焰面略呈抛物线形状，而不是完全对称的火焰锥。冷热气体产生的浮力又使抛物面变形，成为向前推进的倾斜的弯曲焰面。实际燃烧装置中，可燃混合气不是静止的，而是连续流动的，如图8-8所示，若可燃混合气在一管内流动，其速度是均匀分布的，点燃后可形成一平整的火焰锋面。此锋面对管壁的相对位移可能出现以下三种情况：①如$S_n>u$，则火焰面向气流的上游方向移动；②如$S_n<u$，则火焰向气流的下游方向移动；③如$S_n=u$，则气流速度与火焰传播速度相平衡，火焰面便驻定不动。最后一种情况，是燃烧装置中连续流动的可燃混合物稳定燃烧的必要条件。

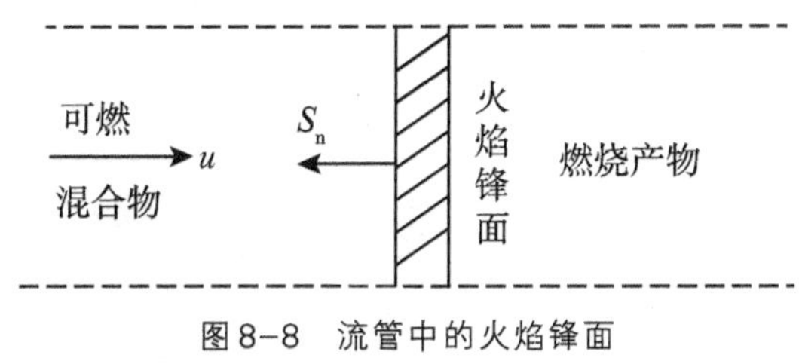

图8-8　流管中的火焰锋面

8.8 影响火焰传播速度的因素

通过分析表达火焰传播速度的公式，可以定性地了解到可燃混合气的初温、压力、燃气浓度及热值等物理化学参数对火焰传播速度的影响，下面将结合有关作者的实验结果作进一步分析讨论。

1.混合气比例的影响

燃气—空气混合物中，火焰传播速度与混合物内的燃气含量(浓度)直接有关。燃气和空气的混合比例变化时，S_n也随之变化，其变化规律如图8-9上的系列曲线所示，由图可见，所有单一燃气或混合燃气的S_n值随混合物中燃气含量变化的曲线均呈倒U形，中间大，为S_n^{max}，两侧变小直至最小值，接近于最小值的含量即为混合物着火浓度的上限和下限。当混合物中的燃气含量低于下限或高于上限时，由于反应释放热量不足而使火焰传播停止。

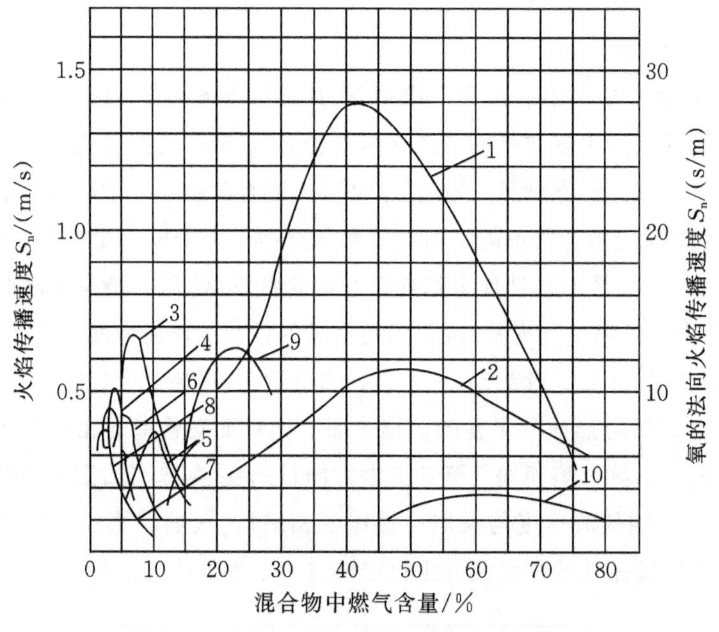

图8-9 燃气-空气混合物的S_n与燃气含量的关系

1-氢；2-一氧化碳；3-乙烯；4-丙烯；5-甲烷；6-乙烷；7-丙烷；8-丁烷；9-炼焦煤气；10-发生炉煤气

实验观测表明，最大值S_n^{max}是在燃气含量略高于化学计量比时出现的。其原因是当混合物中燃气含量略高时，火焰中H、OH等自由基的浓度较大，链反应的断链率较小所致。上述情况出现在以空气作为氧化剂的火焰中、对于大多数火焰，当混合比接近于化学计量比时，火焰燃烧速度最大，一般认为火焰温度达到最高时，其传播速度也最大。

2.燃气性质的影响

火焰传播速度首先与燃气的物性有关。气体导热系数λ越大，则S_n也越大。例如氢气，其导热系数在燃气中为最高，故它的火焰传播速度也最大。甲烷和其他碳氢燃气的导热系数均较小，它们的S_n值也都不大（参见图8-9所示曲线）。碳氢燃料的结构对火焰传播速度也有不同的影响。图8-10所示为燃料分子中碳原子数n_c对火焰传播速度的影响。由图示曲线可见，对于饱和烃类（烷烃、甲烷除外），如乙烷、丙烷等，火焰传播速度几乎与分子中的n_c无关，约为70cm/s左右。但对不饱和烃燃料（如乙烯、丙烯、乙炔、丙炔等），则火焰速度随n_c的增多而减小，并且在$n_c<4$的范围内，S_n下降很快，但当$n_c>4$时，则S_n又下降缓慢，并逐步趋向于一极限值。这些结果，可用反应活化能不同（含碳多者活化能大）或者反应中离子（如H、O、OH等）之扩散速度不同来解释。实验结果还表明，随着燃料分子量的增大，火焰传播范围也越来越小。因为燃料分子量增大，混合气总分子量也变大，使得混合气密度增大，由原理上分析得出的火焰传播极限值减小（见图8-9）。

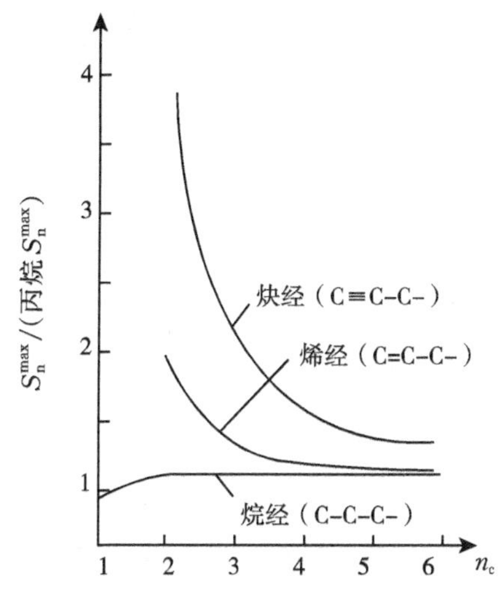

图8-10　S_n^{max}与燃料分子中碳原子数的关系

3.温度的影响

混合物初始温度的影响由燃烧热平衡条件可知，混合物起始温度的提高，将导致反应温度的上升，燃烧反应速率加快，从而使火焰传播速度增大。不少学者对不同燃料进行实验研究，测定S_n随混合物起始温度T_0的变化，如图8-11所示为氢气和甲烷与空气混合燃烧时的上述变化关系。归纳实验结果表明，火焰传播速度S_n随初始温度T_0的变化规律大致为：

$$S_n \propto T_0^m \tag{8-67}$$

此处m大约在1.5至2之间，这可从图8-12所列曲线估计得出。

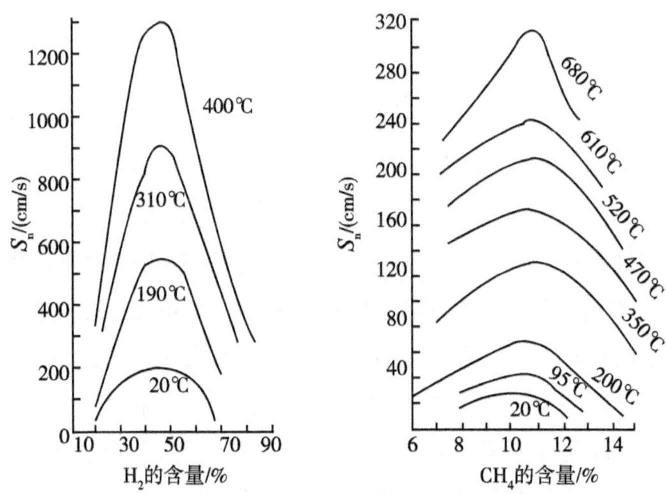

图 8-11　混合物的初温对 S_n 的影响

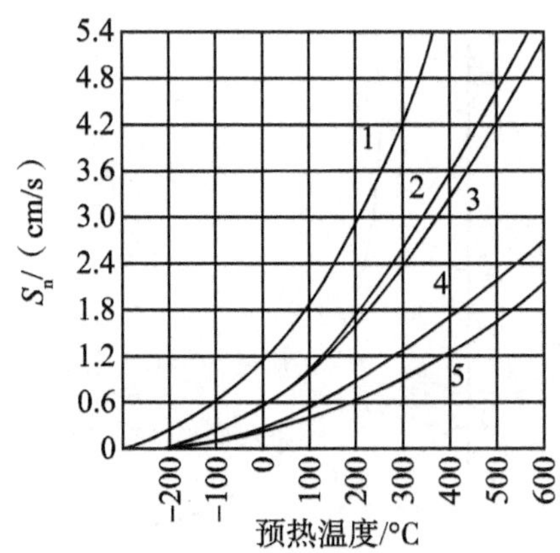

图 8-12　火焰传播速度与混合物初温的关系

1-水煤气；2-炼焦煤气；3-汽油增热煤气；4-天然气；5-发生炉煤气

4. 压力的影响

长期以来的许多实验表明，随着燃烧时压力的升高而其他参数不变时，火焰传播速度将要减小。由热理论分析已知：

$$S_n \propto P_0^{(\frac{n}{2}-1)} \tag{8-68}$$

对大多数碳氢燃料的燃烧反应来说，其反应总级数均小于2。据上述比例关系式，只有 $n>2$ 时，S_n 才有可能随压力的提高而增大，否则n将随压力的上升而变小。但压力增加时，燃烧强度明显增大，即火焰质量传播速度增大。压力影响可表示为 $S_n \propto p^k$。图8-13上所示曲线说明了上述关系，该图上实验数据为Wilhelmi和Van Tiggelen及其他作者所得。由图可知，$S_n<50$cm/s时，$K<0$ 为负值，即压力提高时火焰传播减慢；$S_n=50\sim100$cm/s之间时，

$K=0$,说明传播速度与压力无关;$S_n>100$cm/s以后,K约为$+0.3$,随压力上升S_n稍有增大。传播速度较低时,如$S_n=20$cm/s时,$K=-0.3$。以上数据表明,对于$S_n<50$cm/s的火焰,反应级数n<2;而对于50cm/s<S_n<100cm/s的火焰,n=2;对于$S_n>100$cm/s的火焰,n>2。Spalding证实:$S_n=25$m/s的火焰,n=1.4;$S_n>800$cm/s时,n=2.5。

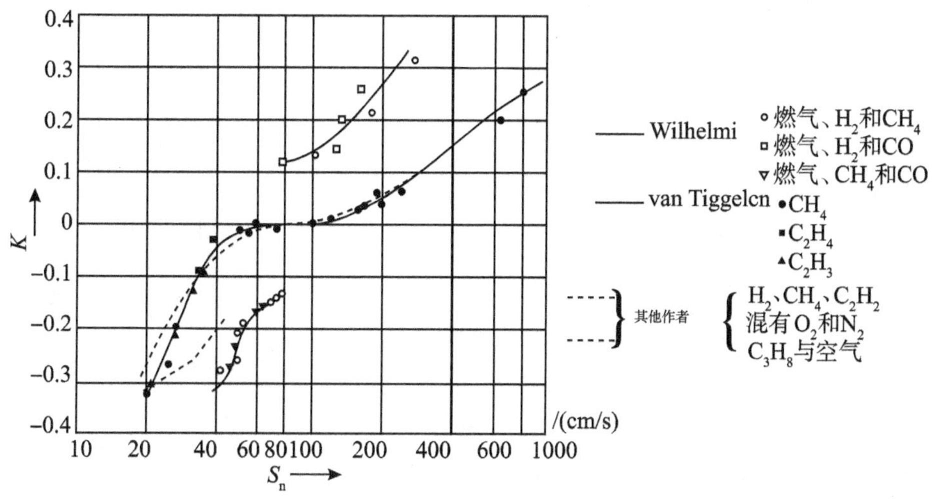

图8-13　压力对火焰传播速度的影响

5.湿度和惰性气体的影响

在单一燃气或可燃混合气中加入添加气时可以增大或减小火焰传播速度。大多数添加气或是改变混合气的物理性质(如导热系数),或是起催化作用。所以可以认为,加入添加气的结果,往往使混合气具有全新的性质。例如,一氧化碳燃烧时加入很少量添加气,由于反应加快而使火焰传播速度显著增大。图8-14上表示了一氧化碳燃烧时加入不同量的水蒸气使火焰传播速度增大的实验结果。可以看出,当混合气中水蒸气含量为2.3%时,最高S_n可达52cm/s,比干气燃烧时高出一倍多。因此,在CO火焰中一定要用水蒸气来促使反应加快,提高火焰传播速度。

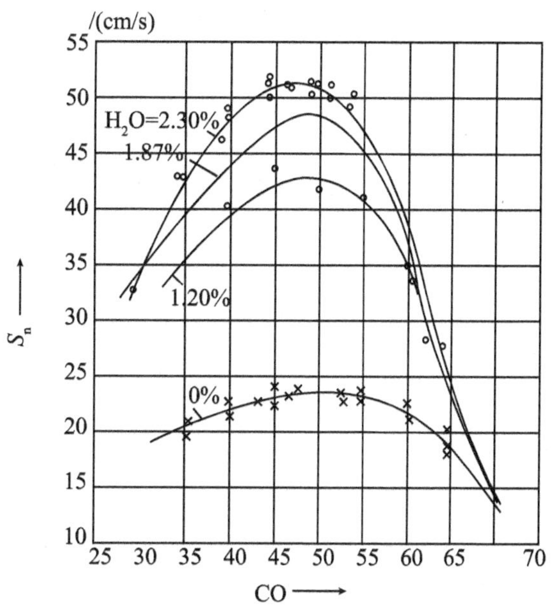

图8-14　CO-空气混合气火焰传播速度与加入水蒸气量的关系

在混合气中以惰性气体氮、氩、氦和二氧化碳等代替氧，从而改变氧化剂中氧气的浓度，视其含量不同对火焰传播速度有不同的影响。一般来说，加入惰性气体(或降低氧的浓度)，将使燃烧温度大大下降，从而降低了火焰传播速度。但是不同惰性气体的影响可能是相互矛盾的。图8-15所示为氮气含量不同时甲烷—氧混合气的火焰传播速度变化的一系列曲线。若掺混二氧化碳，所得结果是相似的。从图示曲线可以看出，随着氧气量的减少，着火范围缩小，这与点火的极限相适应；另外，含氧量降低时，火焰传播速度的峰值位置向左移动，虚线表示化学计量成分的火焰传播速度值的连线。

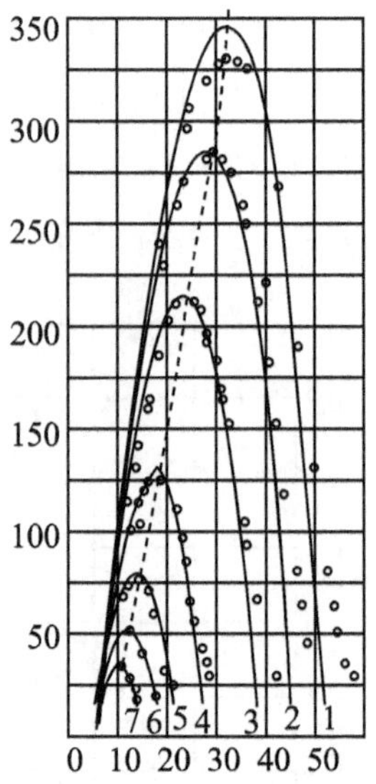

图8-15 氮含量对火焰传播速度的影响
(预混气：甲烷+氧气)
1-1.5%N_2+98.5%O_2；5-70%N_2+30%O_2；
2-20%N_2+80%O_2； 6-75%N_2+25%O_2；
3-40%N_2+60%O_2； 7-79%N_2+21%O_2；
4-60%N_2+40%O_2；

实验结果表明，烃类燃料燃烧时加入氢气燃烧的中间产物，如O、H、OH等活性中心，则可显著改善燃烧反应的动力学特性。就工程应用而言，根据添加物质对火焰传播速度的影响来判断改善反应动力学特性的程度，是很有意义的。

思考题与习题

8-1 理论烟气量中的水蒸气有哪几个来源？

8-2 气体燃料燃烧时，随着燃料分子量的增大，火焰传播范围越来越小。试分析其原因是什么。

第9章　热　泵

热泵作为冷热源的一种常用设备，在人们生活中起到重要的作用。

近几年，用于家庭地暖的热泵已经进入千家万户，并在市场上得到用户的认可。尤其是北方“煤改电”项目进行得如火如荼，对热泵的应用起到了推动的作用。

9.1　背　景

背景

9.1.1　环境问题

环境问题很大程度上是由于能源结构不合理造成的。图9-1和图9-2分别是我国能源和世界能源结构图，从图中可以看出，煤炭在我国能源结构占比中占70%。燃煤污染日益严重，而且煤燃烧产生的CO_2是造成温室效应的罪魁祸首。

因此必须寻找新型的能源结构来供热。热泵是一种技术相对成熟、无污染的采暖设备。

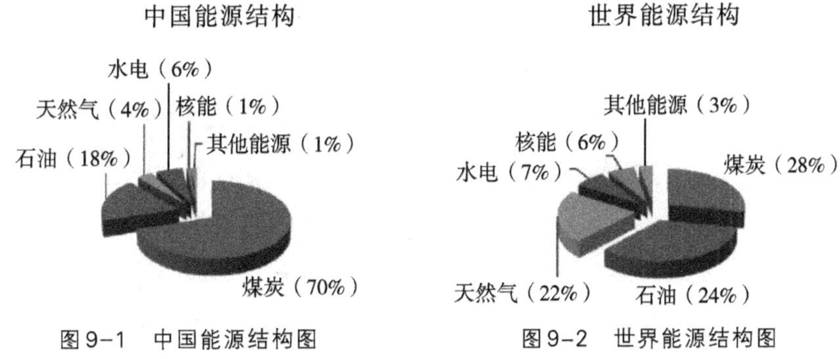

图9-1　中国能源结构图　　图9-2　世界能源结构图

9.1.2　能源问题

随着经济的发展和生活水平的不断提高，空调采暖设备的使用日益广泛，由此带来的建筑能耗巨大。全球范围内，发达国家建筑能耗约占社会总能耗的37%～40%，我国建筑能耗占社会总能耗的33%以上。在建筑能耗中，空调和采暖设备耗能占比最大，高达65%以上。意味着空调和采暖设备能耗约占社会总能耗的20%。常规空调和采暖设备能效低，能量浪费大。需要节能型的空调和采暖设备来替代常规的设备。热泵由于从空气中吸收热量，属于节能产品，在能源问题日益突出的今天应运而生。

9.1.3 舒适性

随着人们生活水平的提高,人们对居住环境的舒适性和健康性提出了更高的要求。传统的空调在过渡季节制冷运行,出风温度低,有吹凉风的感觉,夏季高温和冬季低温,制冷/制热效果不好,尤其是冬季,机组结霜,如果室外湿度大,结霜霜层厚,除霜时间长,舒适性变差。

另外,对普通空调,房间温度场分布不均匀,严重影响了舒适性。

噪音也是影响舒适性的因素,室内风机运行,噪音高,降低了舒适性。

正是由于以上原因,通过技术革新,研发节能环保热泵取代传统的空调和采暖设备势在必行。

9.1.4 采暖设备现状

通过对比各种主要的采暖设备特点,能体现热泵的重要性。

首先来看采暖设备的类型,按照能源介质来分,主要分为以下几种。

第一种:以“煤”为能源的供暖设备,主要包括:

(1)大型锅炉——用于生活小区集中供热的供热管网系统;

(2)小型锅炉或煤炉——适用于家庭,目前北方“煤改电”,就是要改掉这部分污染重、能耗高的燃煤设备。

此类采暖设备的特点是:污染大、不卫生、属于一次性能源,不可再生。

第二种:以“燃气”为能源的供暖设备,如燃气壁挂炉。特点是:清洁、环保,但是燃烧过程中产生大量的CO_2,造成温室效应,尤其是运行费用高,而且会导致城市煤气供应不足,影响居民生活。

第三种:以“电”为能源,如电炉、油汀、电加热扇、电地暖。这种供暖设备的特点是:耗电量尤其大,而且存在一定的危险性。

第四种:热泵,这里只是简单介绍一下热泵及其特点,在下一节会详细讲解。

热泵是一种充分利用低品位热能的高效节能装置。热量可以自发地从高温物体传递到低温物体中去,但不能自发地沿相反方向进行。热泵的工作原理就是以逆循环方式迫使热量从低温物体流向高温物体的机械装置,它仅消耗少量的逆循环净功,就可以得到较大的供热量,可以有效地把难以应用的低品位热能利用起来以达到节能目的。

目前热泵产品类型很多,如:风冷模块机热泵(主要是用于工装场所)、家用低温型热泵(家装)、用于低温环境的复叠式热泵等。

特点是:节能、环保(不存在温室效应)、舒适性好,而且安全,不存在漏电的隐患。

正是基于以上这些原因,热泵的研究和应用得到了前所未有的关注和重视。

9.2　热泵原理

9.2.1　热泵基本原理

热泵的基本组成包括五大部件，即压缩机、冷凝器、蒸发器、节流部件、水泵。其他辅助部件有：风扇电机、储液罐、过滤器、截止阀、控制器等。

基本原理是：机组接通电源后，室外风扇开始运转，室外空气通过蒸发器进行热交换，温度降低后的空气被风扇排出系统，同时，蒸发器内部的工质吸热汽化被吸入压缩机，压缩机将这种低压工质气体压缩成高温、高压气体送入冷凝器，被水泵强制循环的水也通过冷凝器，被工质加热后供用户使用，而工质被冷却成液态，该液体经膨胀阀节流降温后再次流入蒸发器，如此反复循环工作，空气中的热能被不断"泵"送到水中，使保温水箱里的水温逐渐升高，最后达到设定的温度，这就是热泵的基本工作原理。如图9-3所示。

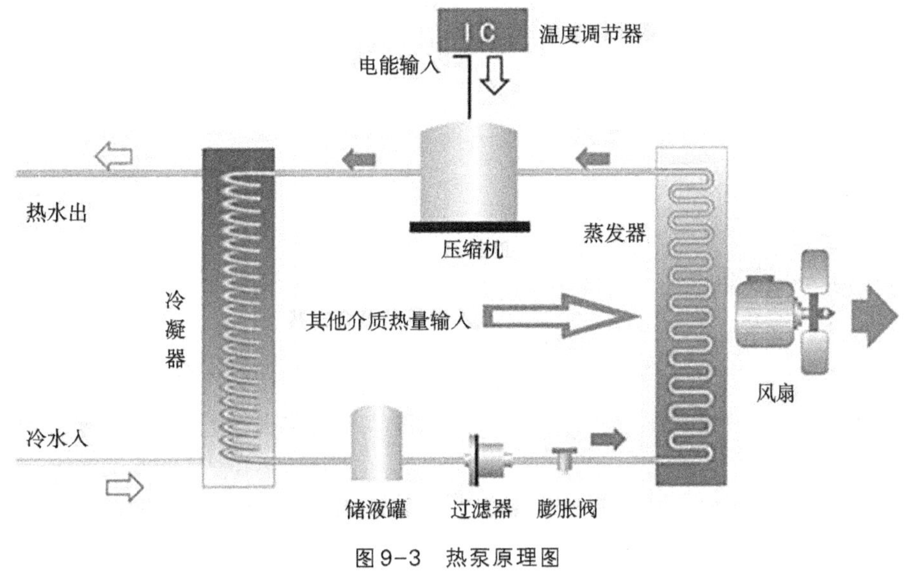

图9-3　热泵原理图

热泵热水器其实是空调器的演变产品，在制冷系统中装上四通换向阀（又称换向阀），通过四通换向阀的切换方向，改变制冷剂的流动方向，空调器就能制热。压缩机排出的高温高压蒸气制冷剂流向保温水箱里的冷凝器，将热量传给通过水箱的自来水，然后通过膨胀阀节流降压，在室外热泵机组的蒸发器中蒸发吸热，用工质吸收室外空气中的热量。热泵热水器就是这样吸收室外空气中的热量，向保温水箱内自来水传递，它比单纯用电加热器制热更能省电、快速、安全。

从图9-4可以看出热泵的热力学能量转换关系。

蒸发吸热后的制冷剂以气态形式进入压缩机，被压缩后，变成高温高压的制冷剂，此时制冷剂中所蕴藏的热量分为两部分：一部分是从空气中吸收的热量 Q_2，另一部分是输入压缩机中的电能在压缩制冷剂时转化成的热量 W。

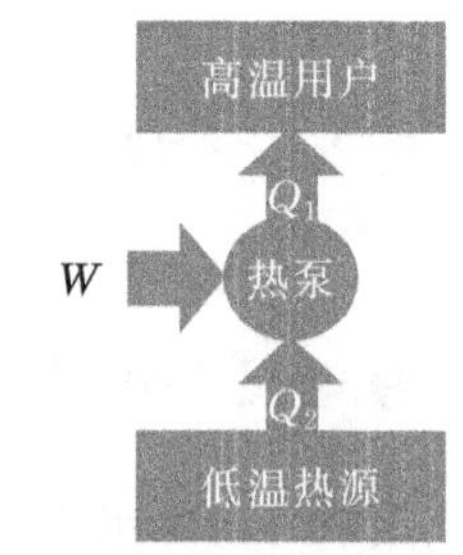

图 9-4　热泵热量转换关系

被压缩后的高温高压制冷剂进入热交换器，将其所含热量 (Q_2+W) 释放给进入热交换热器中的冷水，冷水被加热到一定的温度，如 60℃，直接进入保温水箱储存起来供用户使用。

至于热泵制冷，在夏季空调降温时，按制冷工况运行，由压缩机排出的高压蒸气，经四通换向阀进入冷凝器，制冷剂蒸气被冷凝成液体，经节流装置进入蒸发器，并在蒸发器中吸热，将室内空气冷却，蒸发后的制冷剂蒸气，经四通换向阀后被压缩机吸入，这样周而复始，实现制冷循环。

9.2.2　热力循环

压焓图是分析蒸气压缩式制冷（热泵）热力循环的重要工具。其作用包括：

循环设计：它是构造各种制冷（热泵）循环的主要分析依据；

循环计算：计算制冷（热泵）循环，选配各部件规格；

循环分析：用于对已知系统进行热力循环分析。

热泵循环计算请参见第 2 章。

9.3　低温热泵

低温热泵

热泵在生产生活中有着广泛的应用，但是存在的问题是：低温环境下，制热效果不好，能效不高。影响了在寒冷地区的使用效果。冷媒喷射技术是解决这一问题而采取的主要技术措施。

9.3.1　喷气增焓

喷气增焓是采用喷气增焓功能的压缩机，在压缩机中间多了一个吸气口，也就是喷射口。过冷器出口的气态制冷剂通过此吸气口进入压缩机的中间腔体，从而降低中间腔的温度，提高制热量和热泵能效。

热泵系统的部件有：喷气增焓的压缩机（见图 9-5）、经济器（闪蒸罐）、其余部件和普通热泵。

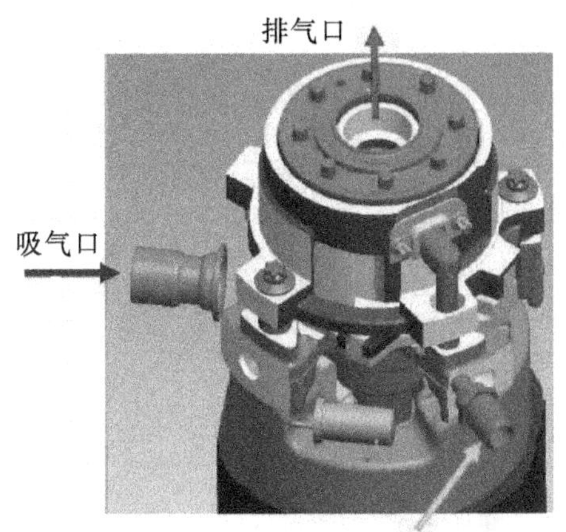

图9-5 喷气增焓压缩机结构图

9.3.2 喷射方式

目前喷射方式主要是液喷射和气喷射,两相喷射研究的较少。关于喷射方式,目前没有严格的定义,是从喷射装置来区分的。

1.液喷射

液喷射特点:从冷凝器出口引入部分制冷剂,此时制冷剂为液态,经过节流阀节流后直接喷射到压缩机中间腔,不经过经济器和闪蒸罐,没有经济器内部的换热过程,如图9-6所示。

作用:仅仅只是降低排气温度和排气过热度,对制热量和能效的提高微乎其微。

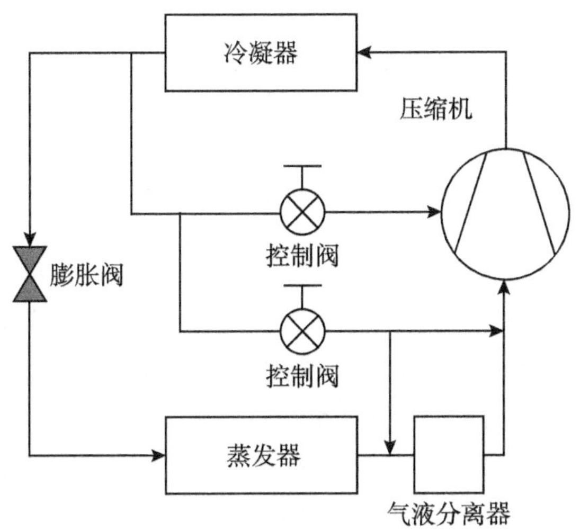

图9-6 液喷射系统原理图

2.气喷射

气喷射，目前都是从装置上来区分，分为经济器喷射和闪蒸罐喷射。

(1)经济器制冷剂气喷射。采用过冷器的无源喷射热泵系统原理图和对应的压焓图如图9-7、9-8所示。图中各数字表示制冷剂状态点。

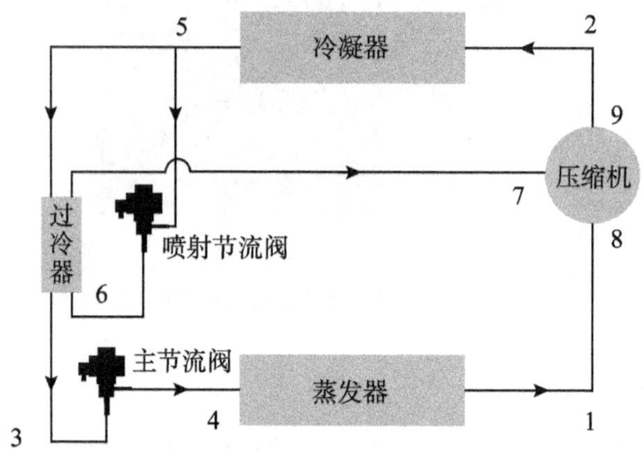

图9-7　带过冷器的制冷剂喷射空气源热泵系统原理图

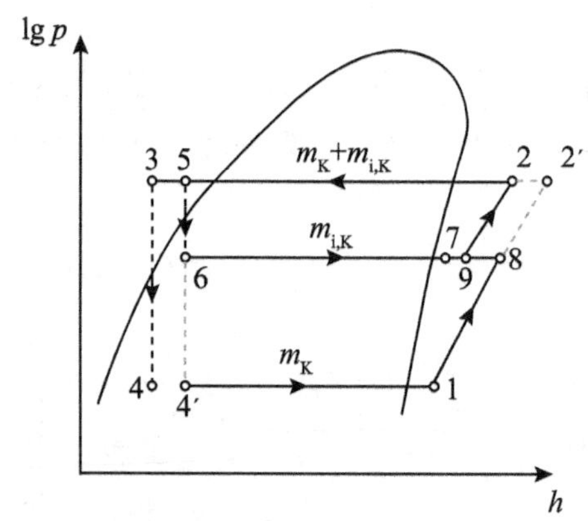

图9-8　带过冷器的制冷剂喷射热泵循环压焓图

无喷射时热泵循环过程如下：喷射节流阀关闭，压缩机运转，冷媒经压缩机吸气口进入压缩机压缩后，变为高温气态冷媒从压缩机排气口排出，流入冷凝器中与空气或水交换热量，高温气态冷媒放出热量，把水或空气加热。放出热量的冷媒经过过冷器、主节流阀流入蒸发器，吸收空气中的空气能，然后回到压缩机吸气口。

当进行制冷剂喷射时，热泵循环过程如下：喷射节流阀打开，按照一定的目标进行调节，如按照过冷度调节。压缩机运转，冷媒经压缩机吸气口进入压缩机压缩后，变为高温气态冷媒从压缩机排气口排出，流入冷凝器中与空气或水交换热量，高温气态冷媒放出热量，把水或空气加热。放出热量的冷媒流经两条路径，主循环路径为经过冷器、主节流阀流入蒸发器，吸收空气中的空气能，然后回到压缩机吸气口。另外一条路径为经喷射节流阀节流，进入过冷器中和主循环管路的冷媒换热，然后在压差作用下喷射到压缩机的中间压力腔。

假定制冷剂回到压缩机吸气口的制冷剂量为m_{K}，喷射制冷剂量为$m_{i,K}$，那么压缩机排出的制冷剂量为$m_{K}+m_{i,K}$，见图9-8。

根据热泵循环理论可知，制热量($Q_{h,K}$)等于冷凝器放出的热量，表达式为

$$Q_{h,K}=(m_{0}+m_{i,K})\times(h_{K,2}-h_{K,5}) \tag{9-1}$$

根据能量守恒原则，冷凝器放出的热量等于蒸发器从空气中吸收的热量($Q_{e,K}$)与压缩机输出功(EP_{K})的总和，表达式为

$$Q_{h,K}=Q_{e,K}+EP_{K} \tag{9-2}$$

从压焓图可以得到$Q_{e,K}$表达式为

$$Q_{e,K}=m_{K}\times\left(h_{K,1}-h_{K,4}\right) \tag{9-3}$$

式(9-3)带入式(9-2)得到

$$Q_{h,K}=m_{K}\times\left(h_{K,1}-h_{K,5}\right)+m_{K}\times\left(h_{K,5}-h_{K,3}\right)+EP_{K} \tag{9-4}$$

在过冷器中，主循环管路的制冷剂和喷射制冷剂换热，换热量($Q_{sc,K}$)表达式为

$$Q_{sc,K}=m_{K}\times\left(h_{K,5}-h_{K,3}\right) \tag{9-5}$$

当过冷阀关闭，热泵为常规热泵，不能进行制冷剂喷射，蒸发器吸收空气能($Q_{e,0}$)为

$$Q_{e,0}=(m_{K}+m_{i,K})\times\left(h_{K,1}-h_{K,4'}\right)=(m_{K}+m_{i,K})\times\left(h_{K,1}-h_{K,5}\right) \tag{9-6}$$

把式(9-5)和式(9-6)带入式(9-2)，式(9-2)变为

$$Q_{h,K}=(1-K_{inj,K})\times Q_{e,0}+Q_{sc,K}+EP_{K} \tag{9-7a}$$

$$R_{inj,K}=m_{i,K}/(m_{K}+m_{i,K}) \tag{9-7b}$$

式(9-7b)中$R_{inj,K}$定义为喷射流量比。

考虑到喷射制冷剂流量远小于主循环流路中的制冷剂量，式(9-7a)可以近似表示为

$$Q_{h,K}\approx Q_{e,0}+Q_{sc,K}+EP_{K} \tag{9-8a}$$

喷射制冷剂经过两级压缩，压缩功可以写为

$$EP_{K}=EP_{K_{-1}}+EP_{K_{-2}}=m_{K}\times\left(h_{K,9}-h_{K,1}\right)+\left(m_{K}+m_{i,K}\right)\times\left(h_{K,2}-h_{K,8}\right) \tag{9-8b}$$

热泵制热能效(COP_{K})定义为

$$COP_{K}=\frac{Q_{h,K}}{EP_{K}} \tag{9-9}$$

以上理论计算表明：带有经济器喷射的热泵，制热量的提高来源于两部分，即蒸发器吸收的空气能的增加和压缩功的增加。对前者，经济器换热提高了热泵过冷度，增加了蒸发器从空气中吸收热量。但是，喷射过程的焓差$m_{i,K}\times\left(h_{K,7}-h_{K,6}\right)$并没有算入制热量中，因此制热量的提升幅度有限，且不能用于极低温环境，这种喷射循环是无源喷射。

(2)闪蒸罐制冷剂喷射。闪蒸罐制冷剂喷射系统原理图如图9-9所示。

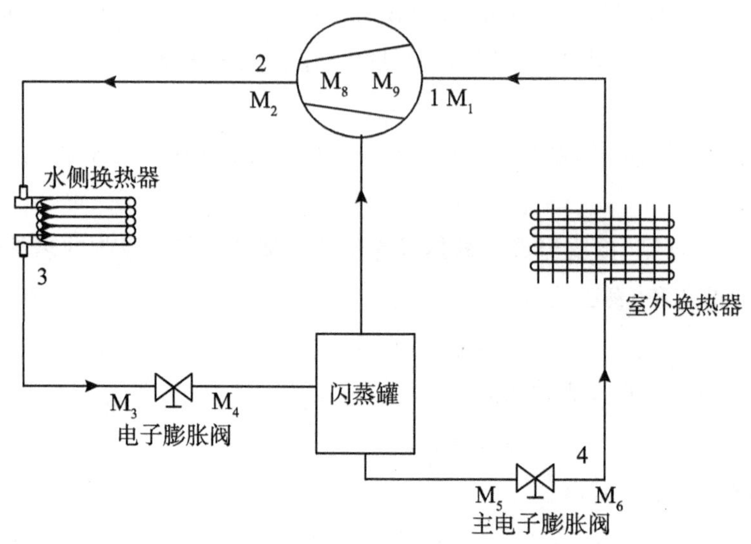

图9-9　闪蒸罐制冷剂气喷射原理图

系统中增加了一个闪蒸罐和电子膨胀阀,作用是:

通过电子膨胀阀调节制冷剂流量,制冷剂进入闪蒸罐,由于压力降低,制冷剂在闪蒸罐中蒸发为气态制冷剂,被吸入到压缩机的中间腔。闪蒸罐中的液态制冷剂经过主电子膨胀阀,节流后进入室外换热器中,吸收室外空气中的热量,然后回到压缩机低压侧。

热泵制冷剂循环路径是:

压缩机排出高温气态制冷剂,进入水侧换热器,换热后进入主液管,然后制冷剂经节流阀进入闪蒸罐,由于压力降低,制冷剂在闪蒸罐中蒸发为气态制冷剂,被吸入到压缩机的中间腔。闪蒸罐中的液态制冷剂经过主电子膨胀阀,节流后进入室外换热器中,吸收室外空气中的热量,然后回到压缩机低压侧。对应的压焓图如图9-10所示。

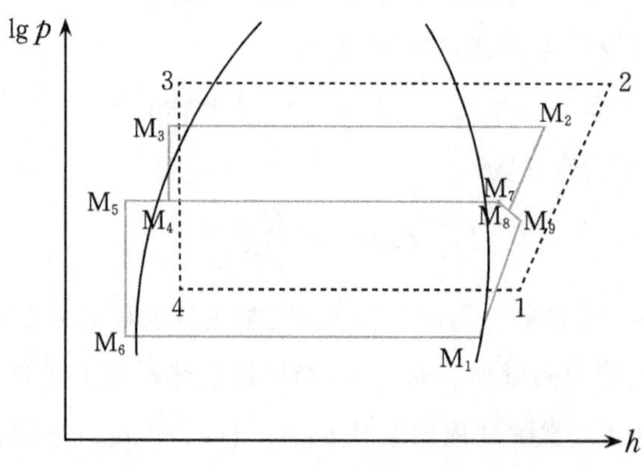

图9-10　闪蒸罐制冷剂气喷射压-焓图

压缩机压缩过程为：M_1到M_9，闪蒸罐喷射到中间腔的喷射过程为M_4到M_7，两股制冷剂混合达到M_8点，然后进行第二级压缩，排出压缩机，即M_8到M_2。被压缩机排出的制冷剂，经过排气管进入冷凝器换热的过程，为M_2到M_3，主电子膨胀阀节流过程为M_5到M_6。在室外蒸发器中换热过程为M_6到M_1。

可以采用同经济器喷射相类似的方法，写出制热量和压缩功的表达式。对比以上两种喷射方式，有如下异同点。

相同点：都可以实现气喷射，提高压缩功和制热量。

不同点：闪蒸罐的构造简单，成本低；经济器喷射的成本高，但是可以实现定量喷射。

带闪蒸罐喷射的低温热泵，难以定量喷射，闪蒸罐内压力的波动会导致喷射量的波动，如当压力降低时，大量的冷媒蒸发为气体进入压缩机中间腔，导致喷射量瞬时增大。

目前市场上，对小型热泵机组，如1匹、2匹的热风机，为节省成本，大都采用闪蒸罐喷射的方案，对3匹及以上的低温热泵，大多采用经济器喷射的方案。

9.4 热泵应用

热泵应用

热泵的应用已经很成熟，广泛应用于工业、农业、商业办公楼、家庭用户等场所。

风冷模块机组具有高效、低噪音、结构合理、操作简便、运行安全、安装维护方便等优点，广泛应用于宾馆、商场、办公楼、展览馆、机场、体育馆等公共场所，并能满足电子、制药、生物、轻纺、化工、冶金、电力、机械等行业工艺性对空调系统的不同使用要求。

风冷模块机组分为单冷型和热泵型，其中热泵型风冷模块机组集制冷、制热功能于一体，既可供冷，又可供热，能实现夏季降温，冬季采暖，一机多用。因此，风冷热泵机组通常是既无供热锅炉，又无供热热网或其他稳定可靠热源，却又要求全年空调的暖通工程设计中优先选用的方案。该机组可与风机盘管或柜式、吊顶式空气处理机，以及新风机组一起组成半集中式空气调节系统，具有风机盘管系统的诸多优点，布置灵活，外形美观、节省建筑空间、调节方便，可以单独停、开而不影响其他房间，运行噪声低。系统原理图如图9-11所示。机组共用一个壳管换热器，共用一个水系统。

制热冷媒循环流路是：压缩机-排气管-四通阀D-四通阀E-壳管换热器入口-壳管换热器-壳管换热器出口-电子膨胀阀-室外风侧换热器-四通阀C-四通阀S-气液分离器-压缩机。

制冷时冷媒循环流路是：压缩机-排气管-四通阀D-四通阀E-室外风侧换热器-电子膨胀阀+单向阀和毛细管-壳管换热器入口(制冷方向)-壳管换热器-壳管换热器出口-四通阀E-四通阀S-气液分离器-压缩机。

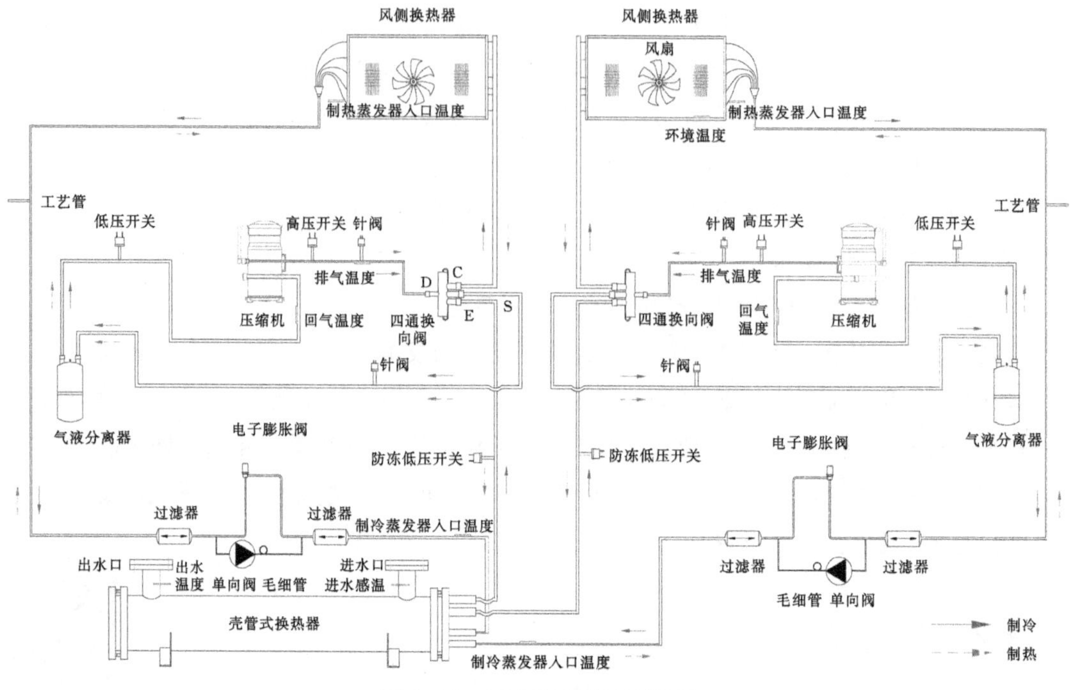

图9-11　风冷热泵系统原理图

制冷原理是:从压缩机排出的高温高压气体通过四通换向阀进入到风侧换热器放热冷凝,冷凝后的高温高压液体经干燥过滤器、膨胀阀,经过单向阀进入冷热水换热器与水进行换热,蒸发后的气液混合物经过气液分离器的分离后回到压缩机的吸气端,完成整个压缩过程。

制热原理是:从压缩机排出的高温高压的气体通过四通换向阀进入冷热水换热器,被冷凝后的高温高压的液体经干燥过滤器和膨胀阀节流后,再经过单向阀进入到风侧换热器进行蒸发过程,蒸发后的气液混合物在气液分离器分离后,气体回到压缩机的吸气端,完成整个压缩过程。

这种热泵的特点是:

第一:模块化设计,可自由组合。

机组采用模块化设计,如图9-12所示,且单模块可自由组合,最多可实现16台模块组合,制冷范围为65～2080kW,极大满足不同场所对冷量的需求。

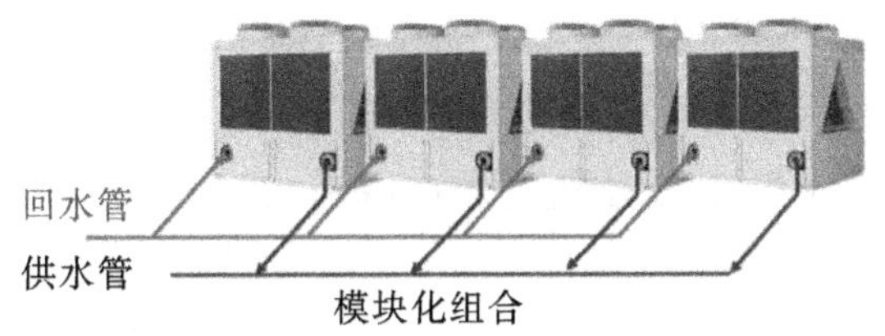

图9-12 模块化组合的风冷热泵

模块化的风冷式冷水热泵机组，其每个制冷系统都是彼此独立，互为备用。任何一个制冷回路发生异常情况都不会影响其他制冷回路的正常运行，电脑会在某一回路发生故障时，发出指令由其他备用状态的回路接替故障回路的运行，机组的制冷、制热量保持相对稳定。

第二：机组自动轮换设置优先开启模块及模块内压缩机，均衡各个模块机模块内压缩机运转顺序及时间，延长机组整体使用寿命。

第三：能效高。壳管换热器或者板式换热器，实现制冷剂和水的换热，水的换热性能远高于空气，换热效率高。

第四：精确控制。室外风机采用多级转速的风机，且采用电子膨胀阀节流，可以实现冷媒流量的精确控制。

9.4.1 户式小型热泵

此类热泵的系统原理图如图9-13所示。

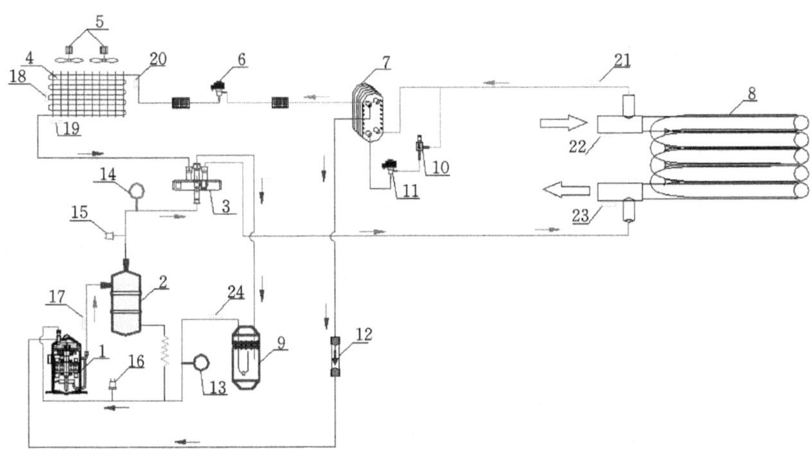

图9-13 户式小型热泵系统原理图

1—直流变频压缩机；2—油分离器；3—四通换向阀；4—室外换热器；5—风扇电机；6—制热主电子膨胀阀；7—板式换热器；8—套管换热器；9—气液分离器；10—喷焓电磁阀；11—喷焓电子膨胀阀；12—单向阀；13—低压压力传感器；14—高压压力传感器；15—高压压力开关；16—低压压力开关；17—排气温度传感器；18—冷凝器中部温度；19—室外环温传感器；20—除霜温度传感器；21—液管温度传感器；22—进水温度传感器；23—出水温度传感器；24—吸气温度传感器。

此类机型原理和风冷热泵相同，只是水侧换热器不同，模块机大多采用壳管换热器，这种热泵的水侧换热器主要是套管换热器或者高效罐。

系统流程为：制热模式运行，经直流变频压缩机1压缩后的高温高压气态冷媒，经过油分离器2、四通换向阀3，进入套管换热器8中与水进行对流换热，冷凝放热后变成中温中压的液态冷媒，然后经过板式换热器7和制热主电子膨胀阀6进入室外换热器4中与空气进行对流换热，蒸发吸热后变成低温低压的气液两相冷媒，经四通换向阀3进入气液分离器9，液态冷媒沉积在气液分离器底部，气态冷媒回到直流变频压缩机1进行压缩，完成制热循环。其中，在板式换热器7进口（制热方向）处，分流一部分冷媒，经过喷焓电磁阀10、喷焓电子膨胀阀11节流后进入板式换热器11，与主路冷媒进行对流换热，蒸发吸热后经单向阀12回到直流变频压缩机1喷焓口，对直流变频压缩机1进行补气增焓，提高系统制热量。

这种机型除了目前北方煤改电使用外，可以用于普通家庭地暖制热。另外，机组连接风机盘管，夏天可以实现制冷。

此类机型存在的缺点是：低温环境性能下降；二次换热降低能效；存在冻坏管路的风险；室外温度越低，空调的制热效果越差，能效比越低。随着室外环境温度的不断下降，系统的制热量不断减少，不能满足室内的热负荷需求。压缩机压比的增大，系统的性能系数也急剧下降。

另外，系统低压随着外界环境温度的下降而降低，低压降到一定值时，为防止系统低压保护，机组会进入限频控制，压缩机降频运行，维持系统低压在安全值以上，保证机组正常运转。而变频热泵系统制热运行模式下，压缩机是按照一定目标冷凝温度控制运行，压缩机为保证机组稳定可靠而降频运行会导致系统冷凝温度下降，机组制热效果降低。

针对以上问题，市场上开始出现带经济器的准二级压缩热泵系统（喷气增焓热泵系统），通过补气增焓回路来提高低温使用环境下热泵系统的制热效果和性能系数。但是，实际使用过程中，分流到喷焓辅路的冷媒有可能是液相或者气液两相，若是控制不好，很可能进入压缩机喷焓口的是带液冷媒，导致压缩机液压缩，系统长时间运转会使压缩机磨损严重，影响系统正常运转。因此，要同时兼顾提高机组制热效果、性能系数和保证系统长期稳定可靠运行，喷焓辅路的控制尤为重要。

9.4.2 多联干式毛细管辐射热泵

下面介绍一种性能更加优越的热泵——多联干式毛细管辐射热泵。

多联干式毛细管辐射热泵的优点为：①舒适性好，温度场均匀。②因为室内无风扇电机，无噪音。③无二次换热、能效高；无冻坏风险；无漏水风险。

多联干式毛细管辐射热泵的系统原理图如图9-14所示。这种多联干式毛细管辐射热泵机组可实现以下功能：

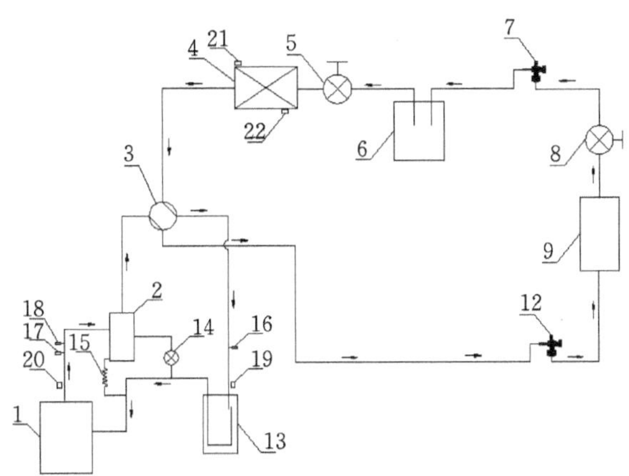

图9-14 多联干式毛细管辐射热泵地暖制热原理图

1—直流变频压缩机;2—油分离器;3—四通换向阀;4-室外换热器;5-室外电子膨胀阀;6-储液器;7—液管截止阀;8-毛细管电子膨胀阀;9-毛细管;10-空调内机电子膨胀阀;11-空调内机;12-气管截止阀;13-气液分离器;14-卸荷电磁阀;15-回油毛细管;16—低压压力开关;17—高压压力开关;18-高压压力传感器;19—吸气温度传感器;20—排气温度传感器;21—室外环境温度传感器;22—除霜温度传感器。

1.地暖制热

制冷剂经直流变频压缩机1压缩后,经过油分离器2、四通换向阀3、气管截止阀12,进入毛细管9空气进行辐射换热,冷凝放热后经过毛细管电子膨胀阀8,经液管截止阀7、储液器6和室外电子膨胀阀5,进入室外换热器4中与空气进行对流换热,蒸发吸热后经四通换向阀3进入气液分离器13,气液分离后的气态冷媒回到直流变频压缩机1进行压缩,完成地暖循环。

2.空调制热+地暖制热

制热+地暖功能系统流程如图9-15所示。

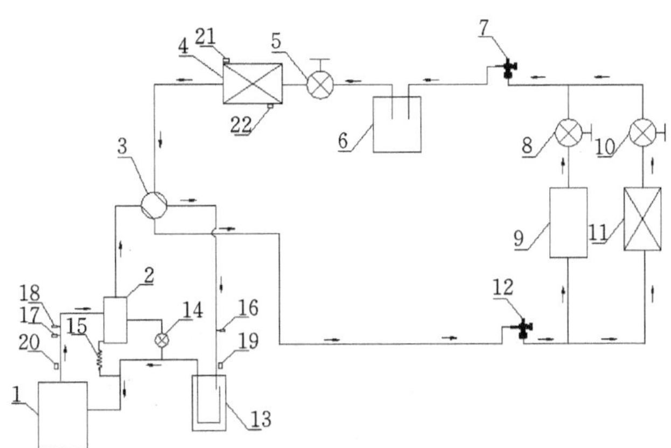

图9-15 多联干式毛细管辐射热泵空调制热+地暖功能系统流程图

制热+地暖运行,制冷剂经直流变频压缩机1压缩后,经过油分离器2、四通换向阀3、气管截止阀12,分别进入毛细管9和空调内机11中与空气进行辐射换热和对流换热,冷凝放热后经过毛细管电子膨胀阀8和空调内机电子膨胀阀10,经液管截止阀7、储液器6和室外电子膨胀阀5,进入室外换热器4中与空气进行对流换热,蒸发吸热后经四通换向阀3进入气液分离器13,气液分离后的气态冷媒回到直流变频压缩机1进行压缩,完成制热+地暖循环。

3.制冷功能

制冷循环时,制冷剂流向正好相反,同普通空调制冷。存在的主要问题是凝露的问题。目前在防凝露问题上,有许多学者进行了研究。刘光远团队研究了复合系统热湿独立控制策略,采用室内露点温度反馈+毛细管辐射板表面温度控制可以防止结露。沈德强和郁惟昌分别采用进水温度和进出水温差的控制方法,解决凝露的问题。王婷婷采用间歇运行策略控制机组运行。王伟研究了冷冻型除湿新风机组的温湿度独立控制策略,以室内温度为被控参数控制送风温度。肖益民分析了利用最小新风量去除室内湿负荷的可行性。杨芳针对冷却顶板结露问题对辐射板表面进行憎水膜处理。

9.4.3 三联供热泵

三联供热泵机组提供空调、地暖、生活热水三联供的热泵系统,能够解决传统热泵空调装置与热泵热水装置功能单一、能源利用率低等问题,实现制冷、制热及生活热水的三联供,提高设备的能源利用率。

系统原理图如图9-16所示。

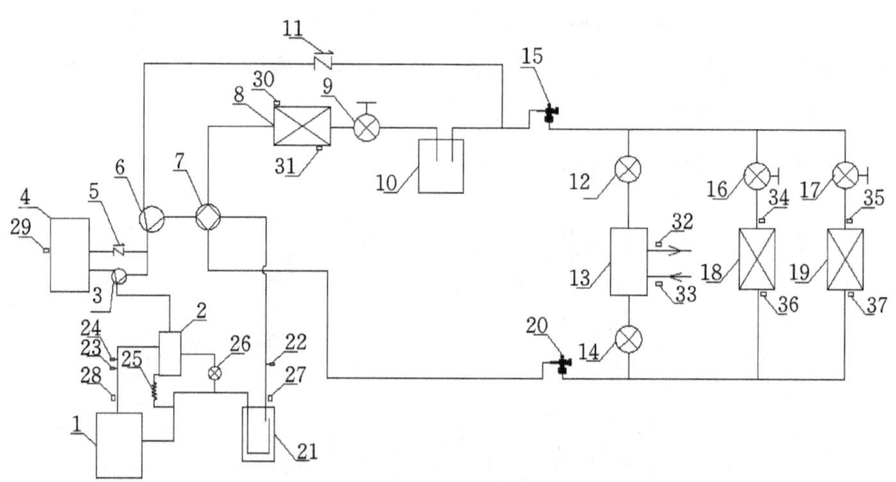

图9-16 三联供热泵系统原理图

1-直流变频压缩机;2-油分离器;3、6-三通换向阀;4-水箱;5、11-单向阀;7-四通换向阀;8-室外换热器;9-制热主电子膨胀阀;10-储液器;12、14-电磁阀;13-水侧换热器;15-液管截止阀;16、17-室内电子膨胀阀;18、19-空调换热器;20-气管截止阀;21-气液分离器;22-低压开关;23-高压开关;24-高压压力传感器;25-回油毛细管;26-卸荷阀;27-吸气温度传感器;28-排气温度传感器;29-水箱温度传感器;30-外环温传感器;31-除霜温度传感器;32-出水温度传感器;33-进水温度传感器;34、35-室内毛细管温度传感器;36、37-室内出管温度传感器。

该系统可以实现以下六种功能：

1.单制冷模式

经直流变频压缩机1压缩后的高温高压气态冷媒，经过油分离器2、三通换向阀3、三通换向阀6、四通换向阀7，进入室外换热器8中与室外空气进行对流换热，冷凝放热后变成中温中压的液态冷媒，然后经过制热主电子膨胀阀9、储液器10、液管截止阀15，经室内电子膨胀阀16、17节流后，进入空调换热器18、19中与室内空气进行对流换热，蒸发吸热后变成低温低压的气液两相冷媒，经气管截止阀20、四通换向阀7进入气液分离器21，液态冷媒沉积在气液分离器底部，气态冷媒回到直流变频压缩机1中进行压缩，完成单制冷模式。系统流程如图9-17所示。

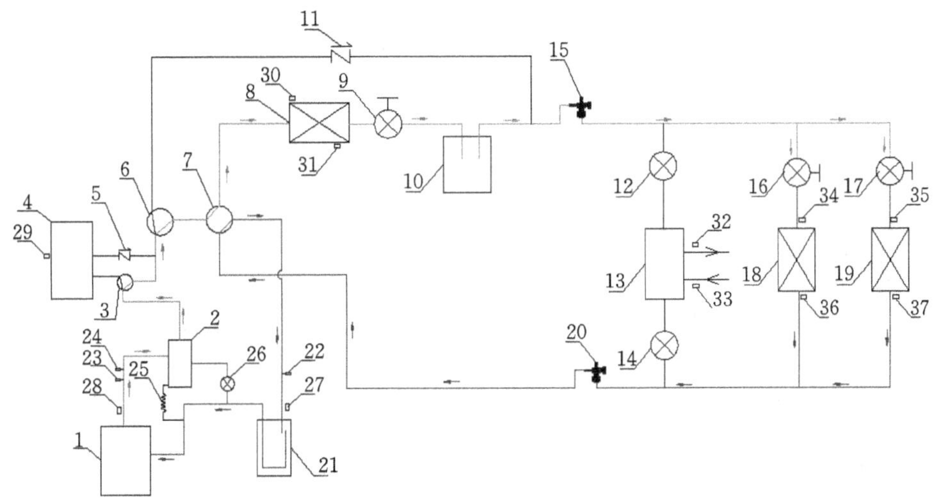

图9-17 单制冷模式系统流程图

2.制冷+生活热水模式

经直流变频压缩机1压缩后的高温高压气态冷媒，经过油分离器2、三通换向阀3进入水箱4中冷凝放热产生生活热水，然后经过三通换向阀6、四通换向阀7，进入室外换热器8中与室外空气进行对流换热，进一步冷凝放热后变成中温中压的液态冷媒，然后经过制热主电子膨胀阀9、储液器10、液管截止阀15，经室内电子膨胀阀16、17节流后，进入空调换热器18、19中与室内空气进行对流换热，蒸发吸热后变成低温低压的气液两相冷媒，经气管截止阀20、四通换向阀7进入气液分离器21，液态冷媒沉积在气液分离器底部，气态冷媒回到直流变频压缩机1中进行压缩，完成制冷＋生活热水模式。系统流程如图9-18所示。

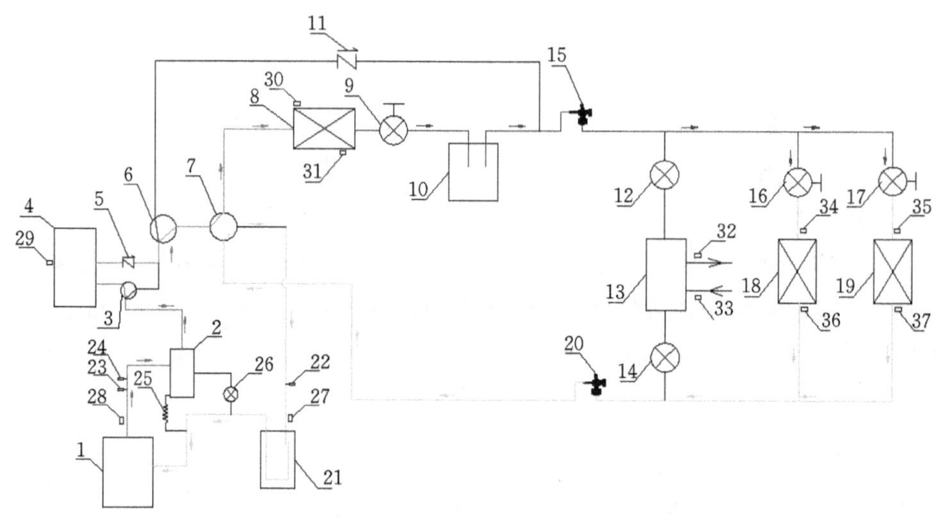

图 9-18 制冷+生活热水模式系统流程图

3.单制热模式

经直流变频压缩机1压缩后的高温高压气态冷媒，经过油分离器2、三通换向阀3、三通换向阀6、四通换向阀7、气管截止阀20，进入空调换热器18、19中与室内空气进行对流换热，冷凝放热后变成中温中压的液态冷媒，然后经过室内电子膨胀阀16、17，经液管截止阀15、储液器10，经制热主电子膨胀阀9节流后，进入室外换热器8中与室外空气进行对流换热，蒸发吸热后变成低温低压的气液两相冷媒，经四通换向阀7进入气液分离器21，液态冷媒沉积在气液分离器底部，气态冷媒回到直流变频压缩机1中进行压缩，完成单制热模式。系统流程如图9-19所示。

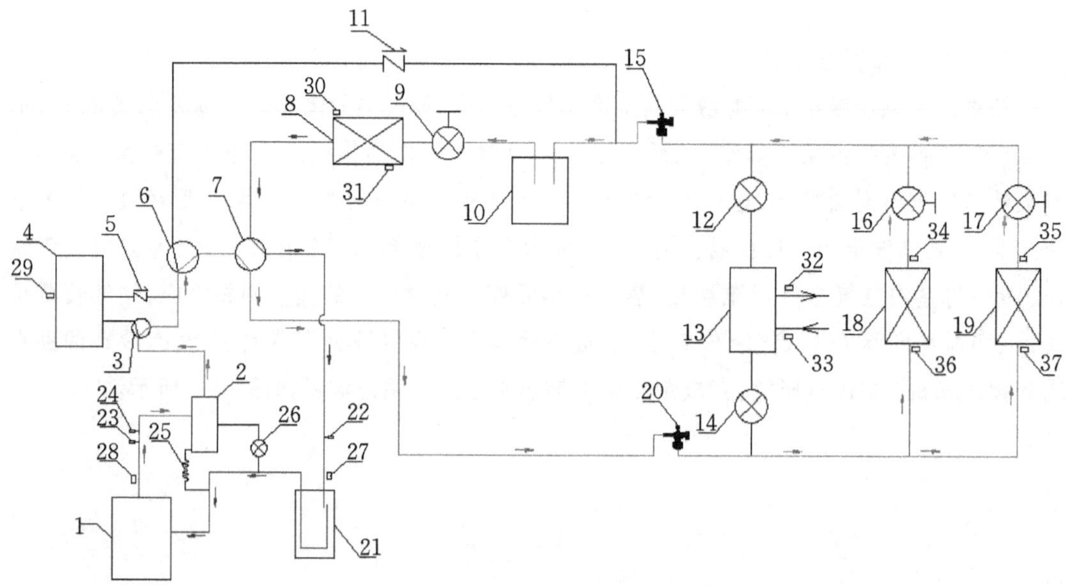

图 9-19 单制热模式系统流程图

4. 制热+生活热水模式

经直流变频压缩机1压缩后的高温高压气态冷媒，经过油分离器2、三通换向阀3进入水箱4中冷凝放热产生生活热水，再经单向阀5、三通换向阀6、四通换向阀7、气管截止阀20，进入空调换热器18、19中与室内空气进行对流换热，冷凝放热后变成中温中压的液态冷媒，然后经过室内电子膨胀阀16、17，经液管截止阀15、储液器10，经制热主电子膨胀阀9节流后，进入室外换热器8中与室外空气进行对流换热，蒸发吸热后变成低温低压的气液两相冷媒，经四通换向阀7进入气液分离器21，液态冷媒沉积在气液分离器底部，气态冷媒回到直流变频压缩机1中进行压缩，完成制热+生活热水模式。系统流程如图9-20所示。

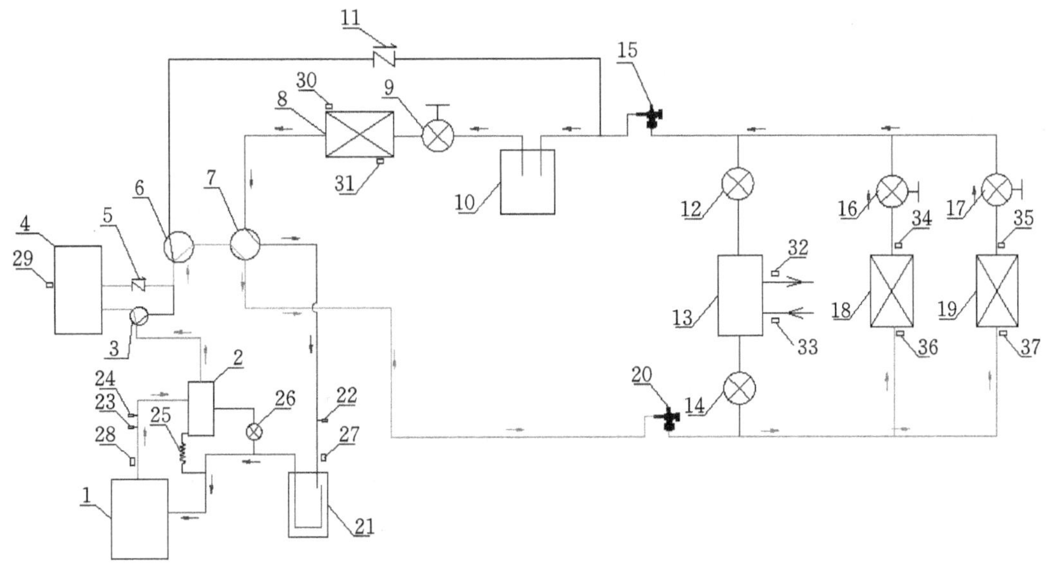

图9-20 制热+生活热水模式系统流程图

5. 单生活热水模式

经直流变频压缩机1压缩后的高温高压气态冷媒，经过油分离器2、三通换向阀3进入水箱4中冷凝放热产生生活热水，再经单向阀5、三通换向阀6、单向阀7、储液器10，再经过制热主电子膨胀阀9节流后进入室外换热器8中与室外空气进行对流换热，蒸发吸热后经过四通换向阀7，进入气液分离器21，液态冷媒沉积在气液分离器底部，气态冷媒回到直流变频压缩机1中进行压缩，完成单生活热水模式。系统流程如图9-21所示。

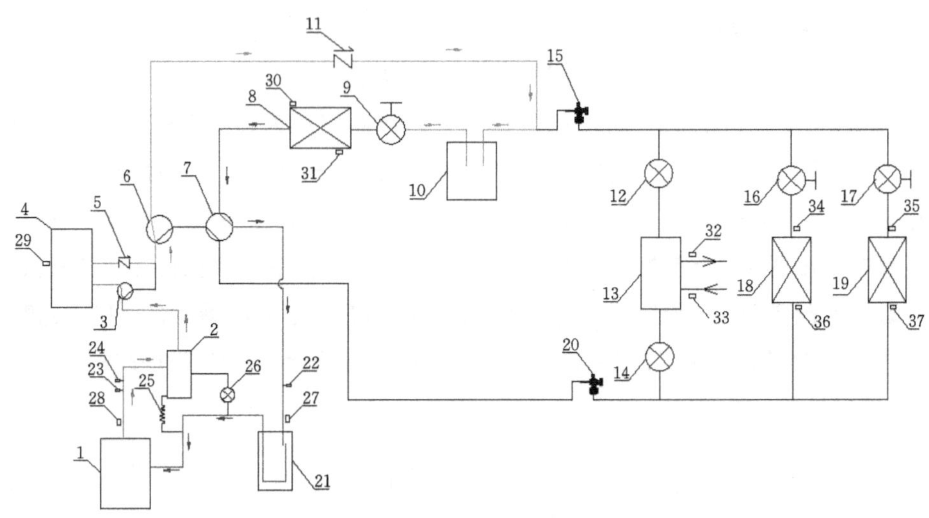

图9-21　单生活热水模式系统流程图

6.制热+地暖+生活热水

经直流变频喷气增焓压缩机1压缩后的高温高压气态冷媒，经过油分离器2、三通换向阀3进入水箱4中冷凝放热产生生活热水，再经单向阀5、三通换向阀6、四通换向阀7、截止阀20，一部分冷媒进入空调换热器18、19中与室内空气进行对流换热，冷凝放热后变成中温中压的液态冷媒，然后经过室内电子膨胀阀16、17。一部分冷媒经过电磁阀14进入水侧换热器13中，与水对流换热产生地暖用热水，经液管截止阀15，与空调侧换热的冷媒汇合后经制热主电子膨胀阀9节流后，进入室外换热器8中与室外空气进行对流换热，蒸发吸热后变成低温低压的气液两相冷媒，经四通换向阀7进入气液分离器21，液态冷媒沉积在气液分离器底部，气态冷媒回到直流变频喷气增焓压缩机1中进行压缩，完成制热＋地暖＋生活热水模式。系统流程如图9-22所示。

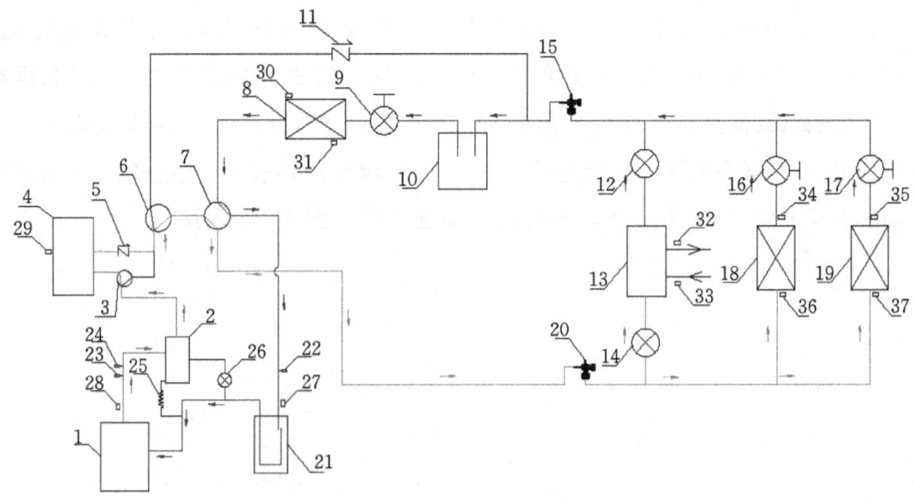

图9-22　制热+地暖+生活热水模式系统流程图

9.4.4 复叠式热泵

复叠式热泵循环是将较大的总温差分割成两段或若干段，根据每段的温区选择适宜的制冷剂循环，然后将它们叠加起来，用低温级的冷凝热来供应高温级的蒸发负荷，从而使得高温级获取较高冷凝温度的方式。

以两级复叠式热泵循环为例，它由高温级和低温级两部分组成，高温级使用中温制冷剂，低温级使用低温制冷剂，形成两个单级压缩热泵系统复叠工作的循环。两级系统之间采用冷凝蒸发器衔接起来，高温级的制冷剂在其中蒸发吸热，低温级制冷剂在其中冷凝放热。从冷凝蒸发器出来的中温制冷剂蒸气带走低温制冷剂的冷凝热量，经过高温级制冷循环将热量传递给循环热水，实现高温热水。而从冷凝蒸发器出来的低温制冷剂液体，经低温级节流阀降压后，进入蒸发器吸取外界环境中的热量，从而实现低环境温度下的运行。

复叠式热泵系统原理图如图9-23所示。机组由双级系统组成，第一级(低温级)是常规制冷、制热，目前市场上大多采用的是R410A冷媒，变频压缩机。当室外环境温度很低时，如低于-10℃以下，仅仅靠常规制热，制热效果很差，因为室外环境温度很低，室外换热器中的冷媒与室外空气之间无温差，甚至高于室外空气的温度，无法从室外空气中吸热，因此需要开启第二级系统。第二级(高温级)一般采用R134a冷媒，为节约成本，压缩机采用的是定频压缩机。

第一级和第二级之间的冷媒管路切换是通过电磁阀1和电磁阀2进行的。

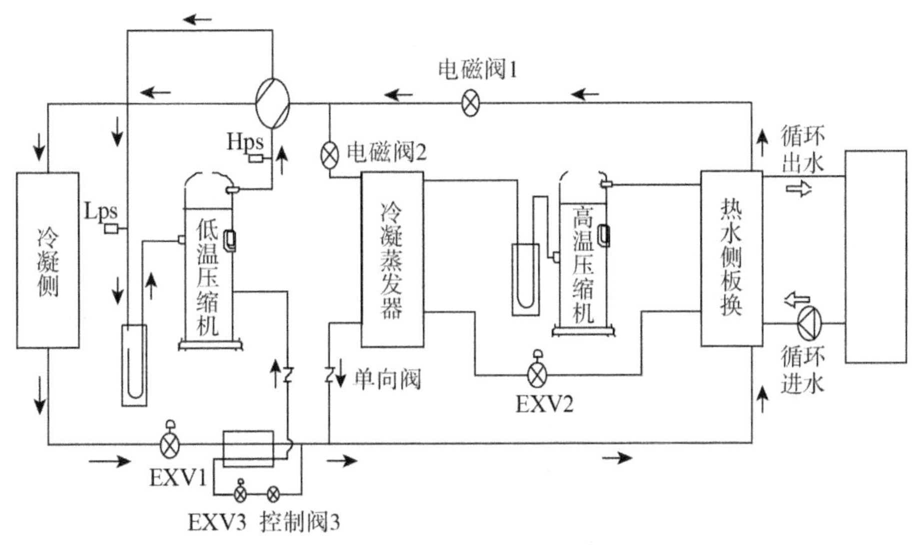

图9-23 复叠式热泵系统原理图

该系统可以实现以下三种功能：

1.单级制冷

先看单级制冷系统循环图(见图9-23)。

第一级低温级压缩机开启,第二级系统待机。

制冷剂先从压缩机到四通阀,冷凝侧室外换热器,主电子膨胀阀EXV1,经过液管段,进入水侧换热器,制取冷水,然后经过电磁阀1,到四通阀回到压缩机,完成制冷循环。

2.单级制热

单级制热系统管路流程如图9-24所示。

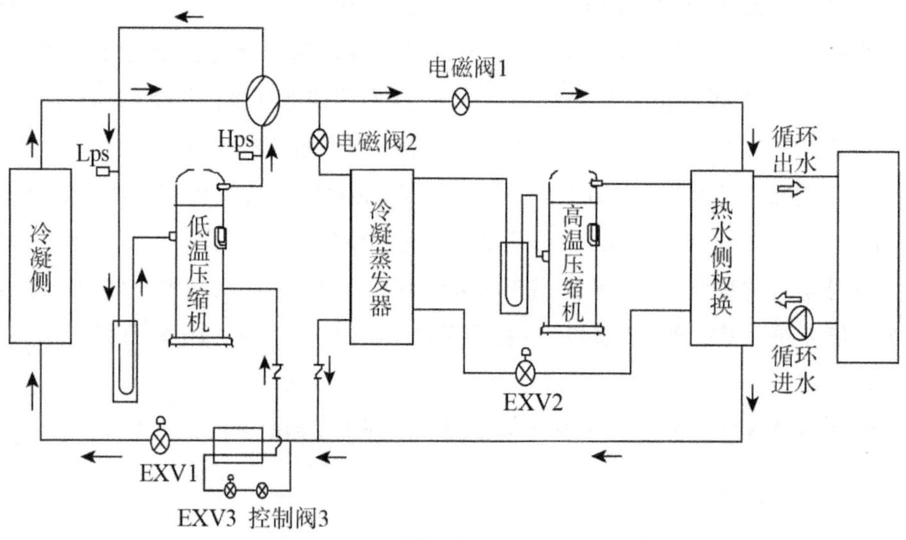

图9-24　复叠式热泵系统低温级制热流程图

对单级制热,二级制热侧的压缩机不开机。

第一级压缩机提供动力,循环过程是:电磁阀1打开,电磁阀2关闭。制冷剂经第一级压缩机—四通阀—水侧换热器,放出热量到水中,再经过电子膨胀阀EXV1到室外换热器,进入四通阀,然后回到压缩机,完成制热循环。

3.双级复叠式制热

双级复叠式制热系统流程图如图9-25所示。

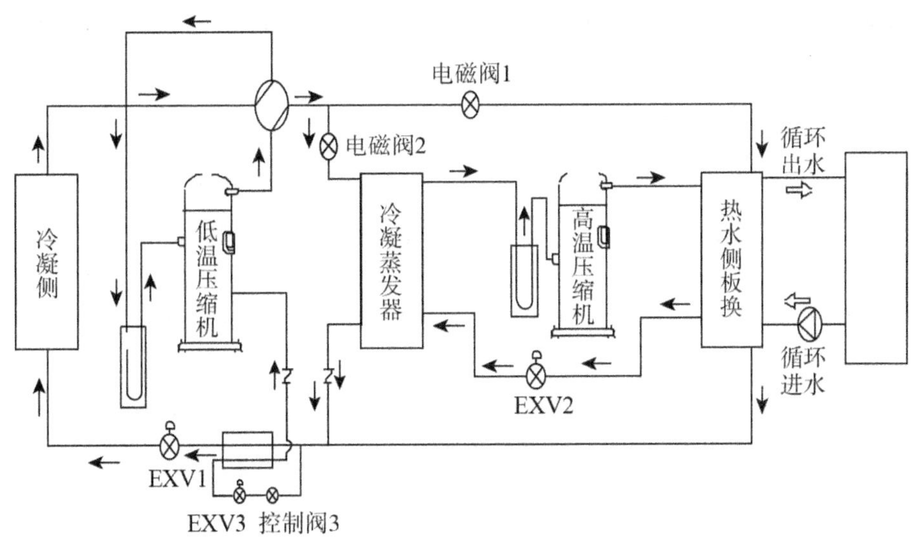

图9-25 复叠式热泵系统高温级制热流程图

所谓高温级制热，指一级系统和二级系统都开启，低温级侧的热量提供给高温级侧的蒸发器，以提高高温级侧的蒸发压力，并使得高温级的蒸发侧从低温级吸收热量。该系统按照双级制热运行时，电磁阀1关闭，电磁阀2打开。

循环路径是：对低温级侧，低温压缩机排出高温气态制冷剂，进入冷凝蒸发器，放出热量，然后流经电子膨胀阀EXV1，再到室外换热器吸收热量，然后经过四通阀回到压缩机。

对高温级侧，压缩机排出气态制冷剂，进入热水换热器，放出热量，把水加热，制冷剂放出热量后，经过电子膨胀阀EXV2，进入冷凝蒸发器，吸收热量，然后回到压缩机。

思考题与习题

9-1 压焓图的作用是什么？

9-2 热泵的制热系数总是大于1，这是不是说热泵总是节能的？为什么？

9-3 请介绍多联干式毛细管辐射热泵空调制热＋地暖功能系统的循环特点，并说明其优点。

9-4 低温环境下，如何提高热泵的制热效果？

第10章 吸收式冷热水机组

吸收式制冷是液体汽化制冷的另一种形式，它和蒸气压缩式制冷一样，是利用液态制冷剂在低温低压下汽化以达到制冷目的。所不同的是：蒸气压缩式制冷是靠消耗机械功（或电能）使热量从低温物体向高温物体转移，而吸收式制冷则依靠消耗热能来完成这种非自发过程。由于吸收式制冷机需要排出冷凝热和吸收热，故利用冷凝和吸收热的吸收式热泵则成了吸收式制冷机的孪生兄弟。

本章将首先介绍吸收式制冷的基本原理、吸收式工质对以及吸收式制冷机，再介绍吸收式热泵，最后集中对吸收式制冷机与热泵机组性能及改善措施进行简要阐述。

10.1 吸收式制冷的基本原理

吸收制冷的基本原理

10.1.1 基本原理

图10-1示出了蒸气压缩式制冷与吸收式制冷的基本原理。蒸气压缩式制冷的整个工作循环包括压缩、冷凝、节流和蒸发四个过程，如图10-1(a)。其中，压缩机的作用是，一方面不断地将完成了吸热过程而汽化的制冷剂蒸气从蒸发器抽出来，使蒸发器维持低压状态，便于蒸发吸热过程能持续不断地进行下去；另一方面，通过压缩作用，提高气态制冷剂的压力和温度，为制冷剂蒸气向冷却介质（空气或冷却水）排放冷凝热创造条件。

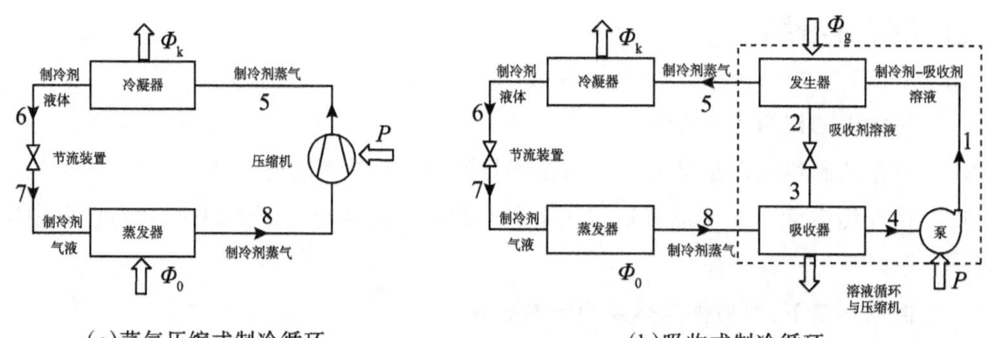

(a)蒸气压缩式制冷循环　　(b)吸收式制冷循环

图10-1　吸收式与蒸气压缩式制冷循环的比较

由图10-1(b)可见，吸收式制冷机主要由四个热交换设备组成，即发生器、冷凝器、蒸发器和吸收器，它们组成两个循环环路：制冷剂循环与吸收剂循环。右半部为吸收剂循环（图中的点画线部分），属正循环，主要由吸收器、发生器和溶液泵组成，相当于蒸气压缩式制冷的压缩机。在吸收器中，用液态吸收剂不断吸收蒸发器产生的低压气态制冷剂，以达到维持蒸发器内低压的目的。吸收剂吸收制冷剂蒸气而形成的制冷剂—吸收剂溶液，经溶液泵升压后进入发生器。在发生器中该溶液被加热、沸腾，其中沸点低的制冷剂汽化成高压气态制冷剂，与吸收剂分离进入冷凝器，浓缩后的吸收剂经降压后返回吸收器，再次吸收蒸发器中产生的低压气态制冷剂。

图10-1(b)中的左半部和吸收剂循环部分构成一个制冷循环，属逆循环。发生器中产生的高压气态制冷剂在冷凝器中向冷却介质放热、冷凝为液态后，经节流装置减压降温进入蒸发器，在蒸发器内该液体被汽化为低压气体，同时吸取被冷却介质的热量产生制冷效应。这些过程与蒸气压缩式制冷是完全一样的。

对于吸收剂循环而言，可以将吸收器、发生器和溶液泵看作是一个“热力压缩机”，吸收器相当于压缩机的吸入侧，发生器相当于压缩机的压出侧。吸收剂可视为将已产生制冷效应的制冷剂蒸气从循环的低压侧输送到高压侧的运载液体。值得注意的是，吸收过程是将冷剂蒸气转化为液体的过程，和冷凝过程一样为放热过程，故需要有冷却介质带走其吸收热。

吸收式制冷机中的吸收剂通常并不是单一物质，而是以二元溶液的形式参与循环的，吸收剂溶液与制冷剂—吸收剂溶液的区别只在于前者所含沸点较低的制冷剂含量比后者少，或者说前者所含制冷剂的浓度较后者低。

10.1.2　吸收式制冷机的热力系数

蒸气压缩式制冷机用制冷系数ε评价其经济性。由于吸收式制冷机所消耗的能量主要是热能，故常以“热力系数”作为其经济性评价指标。热力系数ξ是吸收式制冷机所获得的制冷量Φ_0与消耗的热量Φ_g之比。即

$$\xi=\frac{\Phi_0}{\Phi_g} \tag{10-1}$$

与蒸气压缩式制冷中逆卡诺循环的制冷系数最大相对应，吸收式制冷也有其最大热力系数。

如图10-2所示，发生器中热媒对溶液系统的加热量为Φ_g，蒸发器中被冷却介质对溶液系统的加热量(即制冷量)为Φ_0，溶液泵的功率为P，系统对周围环境的放热量为Φ_c(等于在吸收器中放热量Φ_a与冷凝器中放热量Φ_k之和)。由热力学第一定律得

$$\Phi_g+\Phi_0+P=\Phi_a+\Phi_k=\Phi_c \tag{10-2}$$

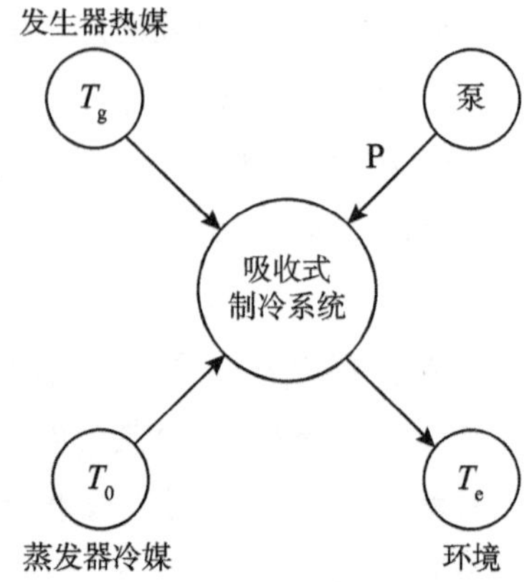

图 10-2　吸收式制冷系统与外界的能量交换

设该吸收式制冷循环是可逆的，发生器中热媒温度等于 T_g、蒸发器中被冷却物温度等于 T_0、环境温度等于 T_e，并且都是常量，则吸收式制冷系统单位时间内引起外界熵的变化为：对于发生器的热媒是 $\Delta S_g = -\Phi_g / T_g$，对于蒸发器中被冷却物质是 $\Delta S_o = -\Phi_0 / T_0$，对周围环境是 $\Delta S_e = -\Phi_e / T_e$。由热力学第二定律可知，系统引起外界总熵的变化应大于或等于零，即

$$\Delta S = \Delta S_g + \Delta S_o + \Delta S_e \geqslant 0 \tag{10-3}$$

或

$$\Delta S = -\frac{\Delta \Phi_g}{T_g} - \frac{\Delta \Phi_0}{T_0} - \frac{\Delta \Phi_e}{T_e} \tag{10-4}$$

由式(10-2)和(10-4)可得

$$\Phi_g \frac{T_g - T_e}{T_g} \geqslant \Phi_0 \frac{T_e - T_0}{T_0} - P \tag{10-5}$$

若忽略泵的功率，则吸收式制冷机的热力系数

$$\xi = \frac{\Phi_0}{\Phi_g} \leqslant \frac{T_0(T_g - T_e)}{T_g(T_e - T_0)} \tag{10-6a}$$

最大热力系数 ξ_{max} 为

$$\xi_{max} = \frac{T_g - T_e}{T_g} \cdot \frac{T_0}{T_e - T_0} = \eta_c \cdot \varepsilon_c \tag{10-6b}$$

热力系数 ξ 与最大热力系数 ξ_{max} 之比称为热力完善度 η_a，即

$$\eta_a = \frac{\xi}{\xi_{max}} \tag{10-7}$$

公式(10-6b)表明，吸收式制冷机的最大热力系数 ξ_{max} 等于工作在温度 T_0 和 T_e 之间的逆卡诺循环的制冷系数与工作在 T_g 和 T_e 之间的卡诺循环热效率 η_c 的乘积，它随热源温度 T_g 的升高、环境温度 T_e 的降低以及被冷却介质温度 T_0 的升高而增大。

由此可见,可逆吸收式制冷循环是卡诺循环与逆卡诺循环构成的联合循环,如图10-3所示,故吸收式制冷机与由热机直接驱动的压缩式制冷机相比,在对外界能量交换的关系上是等效的。只要外界的温度条件相同,二者的理想最大热力系数是相同的。因此,压缩式制冷机的制冷系数应乘以驱动压缩机的动力装置热效率后,才能与吸收式制冷机的热力系数进行比较。

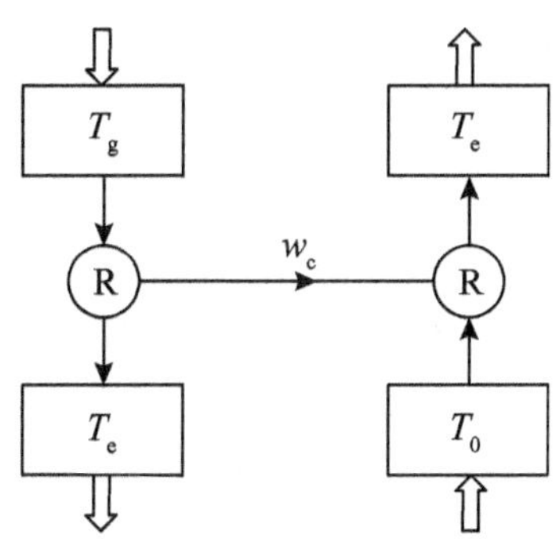

图10-3　可逆吸收式制冷循环

10.2　吸收式工质对的特性

吸收式制冷机中的工作介质是以吸收剂和制冷剂成对出现的,故称为吸收式工质对。吸收式工质对通常以二元溶液的形式存在。溶液的组成可以用摩尔浓度、质量浓度等度量。工业上常采用质量浓度,即溶液中一种物质的质量与溶液质量之比。对于吸收式制冷机通常规定:溴化锂水溶液的浓度是指溶液中溴化锂的质量浓度;氨水溶液的浓度是指溶液中氨的质量浓度。这样,在溴化锂吸收式制冷机中,吸收剂溶液是浓溶液,制冷剂—吸收剂溶液是稀溶液;而氨吸收式制冷机则相反。为了统一起见,也可将吸收制冷剂能力强的溶液称为"强溶液",吸收制冷剂能力弱的溶液称为"弱溶液",故溴化锂浓溶液和氨水稀溶液为强溶液。溴化锂稀溶液和氨水浓溶液则为弱溶液。由此可见,制冷剂—吸收剂工质对(即二元溶液)的特性是吸收式制冷循环的关键问题之一。

10.2.1　二元溶液的基本特性

两种互相不起化学作用的物质组成的均匀混合物称二元溶液。所谓均匀混合物是指其内部各种物理性质,如压力、温度、浓度、密度等在整个混合物中各处都完全一致,不能用纯机械的沉淀法或离心法将它们分离为原组成物质;所有气态混合物也都是均匀混合物。用做吸收式制冷机工质对的混合物,在使用的温度和浓度范围内都应当是均匀混合物。

下面介绍吸收式制冷循环中常用的二元溶液的基本特性。

1.混合现象

两种液体混合时，混合前后的容积和温度一般都有变化。图10-4(a)的容器中有一道隔板将A和B两种液体分开，ξkg的液体A占有容积ξv_A，而$(1-\xi)$kg的液体B占有容积$(1-\xi)v_B$。其中，v_A、v_B分别为液体A、B的比容。

混合前两种液体总容积V_1

$$V_1=\xi v_A+(1-\xi)v_B \tag{10-8}$$

如果除去隔板将A、B两液体混合，如图10-4(b)所示，形成1kg浓度为ξ的均匀混合物，混合后两种液体的总容积为V_2，一般

$$V_1\neq V_2$$

不同液体在不同浓度下混合时，其容积可能缩小，也可能增大，需通过实验确定。

从图10-4容器中温度计的读数可以看到，虽然混合前两种液体温度相同($t_A=t_B=t_1$)，而混合后的温度则与混合前温度不同($t_2\neq t_1$)。在与外界无热交换的条件下，混合时有热量产生者，混合后温度升高；而混合时需要吸热者，混合后温度降低。因需要排出或加入热量，在等压、等温条件下混合时，每生成1kg混合物所需要加入或排出的热量，称为混合物的混合热或等温热$\triangle q_\xi$，它可以由实验测得。

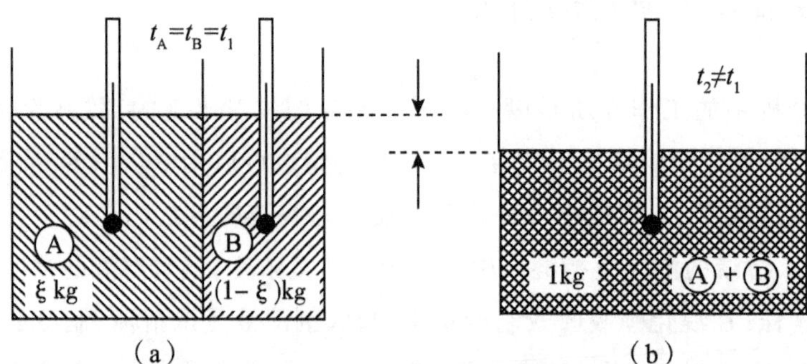

图10-4　两种液体混合容积和温度的变化

两种液体混合前的比焓

$$h_1=\xi h_A+(1-\xi)h_B \tag{10-9}$$

混合后的比焓

$$h_2=h_1+\Delta h_A=\xi h_A+(1-\xi)h_B+\Delta q_\xi \tag{10-10}$$

只要知道两种纯物质的比焓、混合物的混合热，就可利用上式计算出某温度下已知浓度混合物的比焓。溴化锂与水混合，以及水与氨混合时都会放出热量，故混合热为负值。

2.二元溶液的压力—温度关系

图10-5(a)和图10-5(b)为在封闭容器中某一浓度的二元溶液定压汽化实验示意图。容器中的活塞上压有一重块，使容器内的压力在整个过程中维持不变。图10-5(c)的温

度—浓度简图上表示了该实验的状态变化过程。

状态1的未饱和二元溶液，浓度为ξ_1，温度为t_1，在定压下受热，温度逐渐升高。当温度达到t_2时，开始产生气泡，此时状态2的二元溶液为饱和液，浓度$\xi_1=\xi_2$，温度t_2即为该压力、该浓度下溶液的沸腾温度(或称饱和液温度，亦称泡点)。溶液在定压下进一步被加热，温度上升，液体不断汽化，形成气液共存的湿蒸气状态，如图10-5(c)的状态3，其温度为t_3，浓度ξ_3仍应等于ξ_1。但是，二元溶液的湿蒸气也是由饱和液3′和饱和蒸气3″组成。它们的温度均为t_3，而浓度并不相同，饱和蒸气的浓度ξ''_3大于饱和溶液的浓度ξ'_3，即$\xi''_3>\xi_3>\xi'_3$。在定压下继续加热，温度不断上升，液体逐渐减少，蒸气逐渐增多，当温度达到t_4时，溶液全部变为蒸气，此状态4为干饱和蒸气，浓度ξ_4仍等于ξ_1，温度t_4成为该压力、该浓度下蒸气冷凝温度(或称饱和蒸气温度，亦称露点)。若状态4的干饱和蒸气继续被加热，则将在等浓度下过热，如图10-5(c)的状态5。

图10-5(c)中，2、3′等状态点是压力相同而浓度不同的饱和状态点，其连线称为等压饱和液线；4、3″等状态点是压力相同而浓度不同的饱和蒸气状态点，其连线称为等压饱和气线。同一压力下，饱和液线和饱和气线在$\xi=0$的纵轴相交于t_{I}，在$\xi=1$的纵轴上相交于t_{II}，t_{I}和t_{II}分别为该压力下纯物质①和②的饱和温度。这样，饱和液线和饱和气线将二元混合物的温度—浓度图分别为三区：饱和气线以上为过热蒸气区，饱和液线以下为再冷液体区，两曲线之间为湿蒸气区。

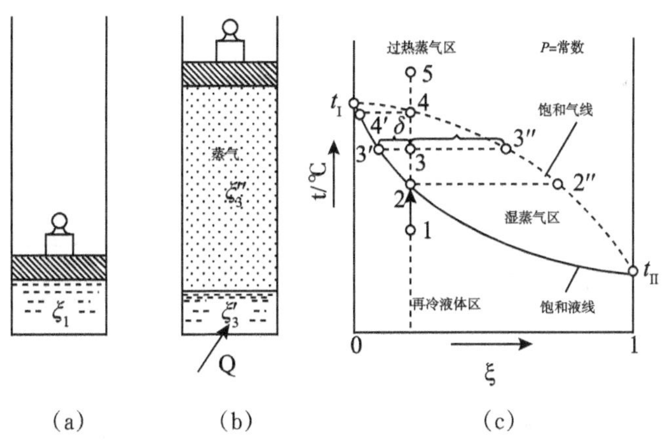

图10-5　封闭容器内二元溶液的定压汽化

湿蒸气中气、液比例可按下法确定。图10-5(c)中，1kg状态3的湿蒸气中有δkg饱和蒸气和ϕkg饱和液：

$$\delta+\phi=1 \tag{10-11}$$

由于汽化前后总浓度不变，即

$$\xi_1=\xi_3=\delta\cdot\xi''_3+\phi\cdot\xi'_3 \tag{10-12}$$

则

$$\delta=\frac{\xi_3-\xi_3'}{\xi_3''-\xi_3'}\quad \phi=\frac{\xi_3''-\xi_3}{\xi_3''-\xi_3'} \tag{10-13}$$

得

$$\frac{\delta}{\phi}=\frac{\xi_3-\xi_3'}{\xi_3''-\xi_3} \tag{10-14}$$

从式(10-14)可看出，$\xi_1=\xi_2=$常数的线上的3点将直线$3'3''$分成线段$3'3$和$33''$，因此两段线长度之比即为δ与ϕ之比。

如果用不同的压力重复前述实验，所得结果示于图10-6，从图状态点1、2、3可以看出，对于同一浓度的二元溶液，当压力$p_3>p_2>p_1$时，饱和温度$t_3>t_2>t_1$。若实验反向进行，使过热蒸气在定压下冷凝，其状态变化过程见图10-7。

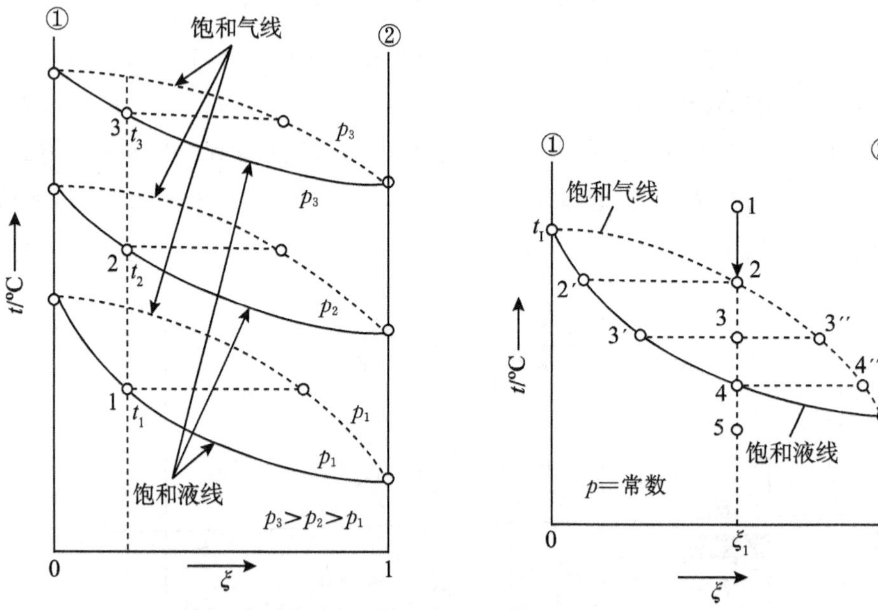

图10-6　二元溶液在不同压力下的温度-浓度关系　　图10-7　封闭容器内二元气态溶液的定压冷凝

综上可见，二元溶液与纯物质有很大不同。纯物质在一定压力下只有一个饱和温度，其定压汽化或冷凝过程是定温过程。而二元溶液在一定压力下的饱和温度却与浓度有关。随着溶液的汽化，剩余液体中低沸点物质含量的减少，其温度将逐渐升高。所以，二元溶液的定压汽化过程是升温过程。同理，二元气态溶液的定压冷凝过程则是降温过程。

湿蒸气中饱和液与饱和气的温度相同而浓度不同，饱和液的浓度低于湿蒸气的浓度，饱和气的浓度高于湿蒸气的浓度。

对于一定浓度的二元溶液，其饱和温度随压力的增加而上升。

纯物质的饱和液或饱和气状态点只需压力或温度二者中一个参数即可确定，其他状态点，如过热水蒸气、湿蒸气等则需由两个状态参数确定。而二元溶液多了一个浓度变量，其饱和液或饱和气状态点必须由压力、温度、浓度中任意两个参数确定，而其他状态点则需由压力、温度和浓度三个参数确定。

10.2.2　溴化锂水溶液的特性

溴化锂水溶液是目前用于暖通空调领域的吸收式制冷与热泵机组的常用工质对。无水溴化锂是无色粒状结晶物，性质和食盐相似，化学稳定性好，在大气中不会变质、分解或挥发，此外，溴化锂无毒（有镇静作用），对皮肤无刺激。无水溴化锂的主要物性值如下：

分子式　　LiBr

分子量　　86.856

成　分　　Li：7.99%，Br：92.01%

比　重　　3.464（25℃）

熔　点　　549℃

沸　点　　1265℃

通常固体溴化锂中会含有一个或两个结晶水，则分子式应为$LiBr\cdot H_2O$或$LiBr\cdot 2H_2O$。溴化锂具有极强的吸水性，对水制冷剂来说是良好的吸收剂。当温度为20℃时，溴化锂在水中的溶解度为111.2g/100g水。溴化锂水溶液对一般金属有腐蚀性。

由于溴化锂的沸点比水高得多，溴化锂水溶液在发生器中沸腾时只有水汽化，生成纯的冷剂水，故不需要蒸气精馏设备，系统较为简单，热力系数较高。其主要缺点是由于以水为制冷剂，蒸发温度不能太低，系统内真空度很高。

1.溴化锂水溶液的饱和压力－温度图

由于溴化锂水溶液沸腾时只有水汽化出来，溶液的蒸气压就是水蒸气压力。而水的饱和蒸气压仅是温度的单值函数。根据杜林（Duhring）法则可知：溶液的沸点t与同压力下水的沸点t'成正比。实验数据表明，一定浓度的溴化锂水溶液具有如下关系：

$$t = At' + B \tag{10-15}$$

式中，A，B——与溶液浓度有关的系数。

若以溶液的温度t为横坐标，同压力p下水的沸点t'和$\lg p$为纵坐标，绘制溴化锂水溶液的蒸气压图，即为一组以浓度为参变量的直线，如图10-8所示，称为$p-t$图。

图中左侧第一根斜线是纯水的压力与饱和温度的关系；右下侧的折线为结晶线，它表明在不同温度下溶液的最大饱和浓度（结晶浓度）。温度越低，结晶浓度也越低。因此，溴化锂水溶液的浓度过高或温度过低时均易于形成结晶，这点是溴化锂吸收式制冷机设计和运行中必须注意的问题。

从图中可见，在一定温度下溶液面上水蒸气饱和压力低于纯水的饱和压力，而且溶液的浓度越高，液面上水蒸气的饱和压力越低。当压力一定时，溶液的浓度越高，其所需的发生温度也越高。

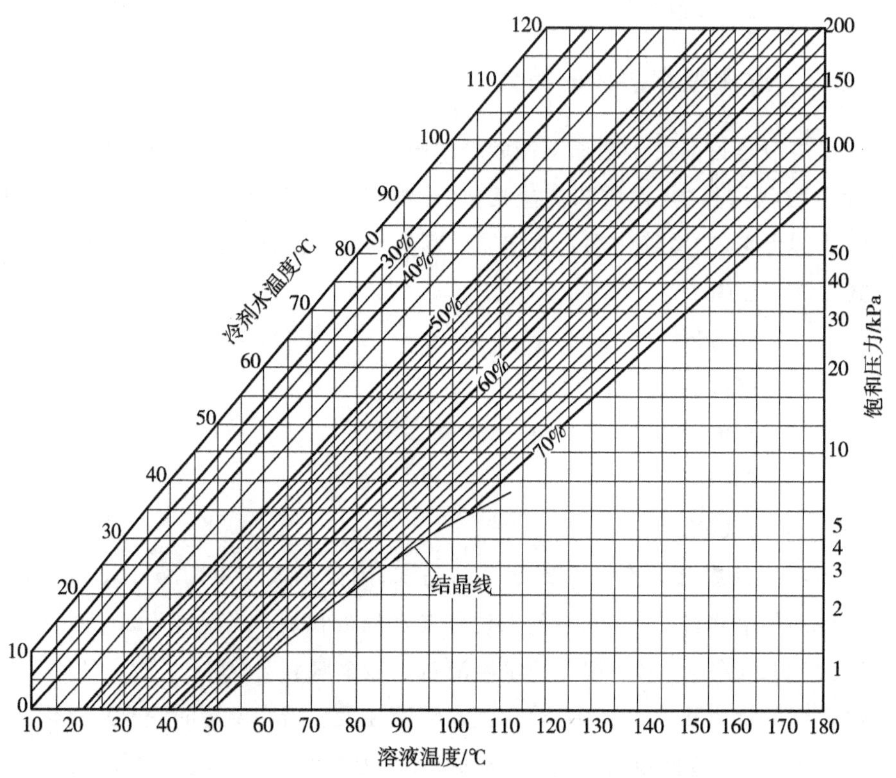

图 10-8　溴化锂水溶液饱和状态下的压力—温度图

2.溴化锂水溶液的比焓-浓度图

根据某一温度下纯水和纯溴化锂的比焓，以及该温度下各种浓度混合时的混合热，按公式(10-10)就可求得此温度下不同浓度溶液的焓值。图 10-9 为溴化锂水溶液的比焓－浓度图(即 $h-\xi$ 图)，其下半部的虚线为液态等温线，通过该线可以查找某温度和浓度下溶液的比焓。

由于当压力较低时，压力对液体的比焓和混合热影响很小，故可认为液态等温线与压力无关，液态溶液的比焓只是温度和浓度的函数。饱和液态和过冷液态溶液的比焓，都可在 $h-\xi$ 图上根据等温线与等浓度线的交点求得，仅用等温线不能判别 $h-\xi$ 图上某点溶液的状态。

图 10-9 下半部的实线为等压饱和液线；某一等压线的下方区域为该压力下的再冷溶液区。根据某状态点与相应等压饱和液线的位置关系，可以判定该点的相态。

溴化锂水溶液的 $h-\xi$ 图只有液相区，气态为纯水蒸气，集中在 $\xi=0$ 的纵轴上。由于平衡时制冷剂蒸气和二元溶液的温度相同，故平衡态溶液面上的蒸气都是过热蒸气。为方便求出气态制冷剂的比焓，在$h-\xi$图的上部给出了一组气态平衡等压辅助线，通过某等压辅助线与某等浓度线的交点即可得出此状态下蒸气的比焓。

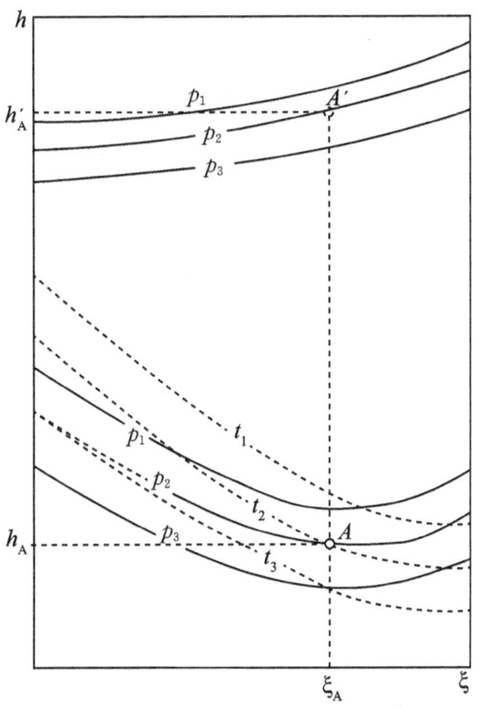

图10-9 溴化锂水溶液比焓-浓度($h-\xi$)示意图

目前我国普遍采用的$h-\xi$图是以0℃饱和水和0℃溴化锂的比焓均为100kcal/kg(=418.68kJkg)为基准，采用工程单位制绘制的(图10-9是转换为SI制的$h-\xi$图)。饱和水蒸气表中0℃饱和水的比焓为0kJ/kg，若用水蒸气表查得纯水比焓值应加418.68kJ/kg，才能与$h-\xi$图上所得纯水比焓相符。此外，由于存在着混合热，0℃溴化锂水溶液的比焓值也不是418.68kJ/kg，而且其值还随浓度不同而变化。

【例题10-1】已知饱和溴化锂水溶液的压力为0.93kPa，温度为40℃，求溶液及其液面上水蒸气的各状态参数。

【解】在比焓一浓度图的液态部分找到0.93kPa等压线与40℃等温线的交点A，读出浓度$\xi_A=59\%$，比焓$h_A=255$kJ/kg(=61kcal/kg)。液面上水蒸气的温度等于溶液温度40℃，浓度$\xi=0$。通过点A的等浓度线$\xi_A=59\%$与压力0.93kPa的辅助线的交点B作水平线与$\xi=0$的纵坐标相交于C点，C点即为液面上水蒸气状态点，比焓$h_C=2998$kJ/kg(=716kcal/kg)，大于0.93kPa下的饱和水蒸气比焓值($h_D=2932$kJ/kg)，所以是过热蒸气。

从饱和水蒸气表可知，压力为0.93kPa时纯水的饱和温度为6℃，远低于40℃，可见溶液面上的水蒸气具有相当大的过热度。

10.3 溴化锂吸收式制冷机

溴化锂吸收制冷机

溴化锂吸收式制冷机因其在余热利用方面具有独特优势，故发展迅速，特别是在冷热电联产系统和低品位热能利用方面占有重要地位。溴化锂吸收式制冷机多采用单效和双效循环，当热源温度过低时为改善其性能则采用双级循环。

10.3.1 单效溴化锂吸收式制冷机

1.单效溴化锂吸收式制冷理论循环

图10-10为蒸气热源驱动的单效溴化锂吸收式制冷系统的流程。其中除图10-1(b)所示简单吸收式制冷系统的主要设备外，在发生器和吸收器之间的溶液管路上装有溶液热交换器，来自吸收器的冷稀溶液与来自发生器的热浓溶液在此进行热交换。这样，既提高了进入发生器的稀溶液温度，减少发生器所需耗热量，又降低了进入吸收器的浓溶液温度，减少了吸收器的冷却负荷，故溶液热交换器又可称为“节能器”。

在分析理论循环时假定：工质流动时无损失，因此，在热交换设备内进行的是等压过程，发生器压力p_g等于冷凝压力p_k，吸收器压力p_a等于蒸发压力p_0。发生过程和吸收过程终了的溶液状态，以及冷凝过程和蒸发过程终了的冷剂状态都是饱和状态。

图10-11是图10-10所示系统理论循环的比焓－浓度图。

1→2为泵的加压过程。将来自吸收器的稀溶液由压力p_0下的饱和液变为压力p_k下的再冷液。$\xi_1=\xi_2$，$t_1=t_2$，点1与点2基本重合。

2→3为再冷状态稀溶液在溶液热交换器中的预热过程。

3→4为稀溶液在发生器中的加热过程。其中3→3_g是将稀溶液由再冷液加热至饱和液的过程；3_g→4是稀溶液在等压p_k下沸腾汽化变为浓溶液的过程。发生器排出的蒸气状态可认为是与沸腾过程溶液的平均状态相平衡的水蒸气（状态7的过热蒸气）。

4→5为浓溶液在溶液热交换器中的预冷过程。即把来自发生器的浓溶液在压力p_k下由饱和液变为再冷液。

5→6为浓溶液的节流过程。将浓溶液5由压力p_k下的再冷液变为压力p_0下的闪蒸溶液（浓溶液＋水蒸气）。

7→8为冷剂水蒸气在冷凝器内的冷凝过程，其压力为p_k。

8→9为冷剂水的节流过程，制冷剂由压力p_k下的饱和水变为压力p_0下的湿蒸气。状态9的湿蒸气是由p_0压力下的饱和水$9'$与饱和水蒸气$9''$组成。

9→10为状态9的制冷剂湿蒸气在蒸发器内吸热汽化（即蒸发）至状态10的饱和水蒸气过程，其压力为p_0。

6→1为浓溶液在吸收器中的吸收过程。其中6→6_a为浓溶液由湿蒸气状态冷却至饱和液状态；6_a→1为状态6_a的浓溶液在等压p_0下与状态10的冷剂水蒸气放热混合为状态1的稀溶液的过程。

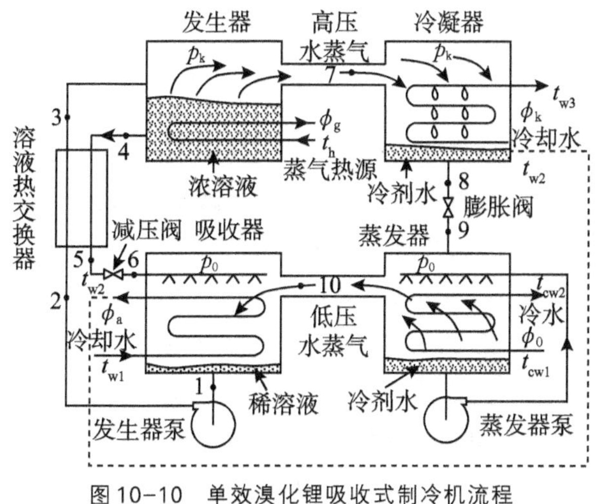

图10-10　单效溴化锂吸收式制冷机流程

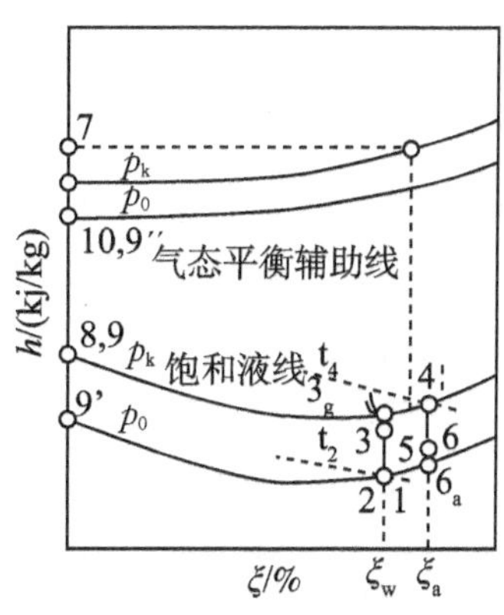

图10-11　吸收式制冷循环$h-\xi$图

决定吸收式制冷热力过程的外部条件是三个温度：热源温度t_h，冷却介质温度t_w和被冷却介质温度t_{cw}。它们分别影响机组的各个内部参数。

被冷却介质温度t_{cw}决定了蒸发压力p_0(蒸发温度t_0)；冷却介质温度t_w决定了冷凝压力p_k(或冷凝温度t_k)及吸收器内溶液的最低温度t_1；热源温度t_h决定了发生器内溶液的最高温度t_4，进而，p_0和t_1又决定了吸收器中稀溶液浓度ξ_w；p_k和t_4决定了发生器中浓溶液的浓度ξ_s等。

图10-11所示的单效理想溴化锂吸收式制冷循环的热力系数ξ_{R1}为

$$\xi_{R1}=\frac{h_{10}-h_9}{f\left(h_4-h_3\right)+h_7-h_4} \tag{10-16}$$

式中，f——溶液的循环倍率，表示系统中每产生1kg制冷剂所需要的制冷剂—吸收剂的kg数，即

$$f=\frac{F}{D}=\frac{\xi_S}{\Delta\xi} \tag{10-17}$$

式中，D——从发生器流入冷凝器的制冷剂流量，kg/s；

F——从吸收器进入发生器的制冷剂—吸收剂稀溶液流量，kg/s

$\Delta\xi$——放气范围，表示浓溶液与稀溶液的浓度差，即

$$\Delta\xi=\xi_S-\xi_w \tag{10-18}$$

由式(10-16)可知，循环倍率f对热力系数ξ_{R1}的影响非常大，为提高ξ_{R1}，必须减小f，由式(10-17)可知，欲减小f，必须降低浓溶液浓度ξ_s及增大放气范围$\Delta\xi$。

经验认为溴化锂吸收式制冷机的放气范围$\Delta\xi=5\%$为好，此范围内的热源温度常被看做是经济热源温度。当冷却水温为28～32℃，制取5～10℃的冷水时，单效溴化锂吸收式制冷机可采用表压0.04～0.1MPa的蒸气或相应温度的热水作热源，其热力系数约为0.7。

2.热力计算

热力计算的原始数据有：制冷量ϕ_0，加热介质温度t_h，冷却水入口温度t_w和冷水出口温度t_{cw}。可根据下面一些经验关系选定设计参数。

溴化锂吸收式制冷机中的冷却水，一般采用先通过吸收器再进入冷凝器的串联方式。冷却水出入口总温差取8～9℃。冷却水在吸收器和冷凝器内的温升之比与这两个设备的热负荷之比相近。一般吸收器的热负荷及冷却水的温升稍大于冷凝器。

冷凝温度t_k比冷凝器内冷却水出口温度高3～5℃；蒸发温度t_0比冷水出口温度低2～5℃；吸收器内溶液的最低温度比冷却水出口温度高3～5℃；发生器内溶液最高温度t_4比热媒温度低10～40℃；热交换器的浓溶液出口温度t_5比稀溶液侧入口温度t_2高12～25℃。

【例题10-2】如图10-10所示的溴化锂吸收式制冷系统，已知制冷量$\phi_0=1000\text{kW}$，冷水入口温度$t_{cw1}=12$℃、出口温度$t_{cw2}=7$℃，冷却水入口温度$t_{w1}=32$℃，发生器热源的饱和蒸气温度$t_h=119.6$℃，试对该系统进行热力计算。

【解】

(1)根据已知条件和经验关系确定如下设计参数

冷凝器冷却水出口温度$t_{w3}=t_{w1}+9=41$ ℃

冷凝温度$t_k=t_{w3}+5=46$ ℃

冷凝压力$p_k=10.09$ kPa

蒸发温度$t_0=t_{cw2}-2=5$ ℃

蒸发压力$p_0=0.87$ kPa

吸收器冷却水出口温度$t_{w2}=t_{w1}+5=37$ ℃

吸收器溶液最低温度$t_1=t_{w2}+6.2=43.2$ ℃

发生器溶液最高温度$t_4=t_h-17.4=102.2$ ℃

热交换器最大端部温差$t_5-t_2=25$ ℃

(2)确定循环各点的状态参数

将已确定的压力及温度填入表例题10-2中，利用$h-\xi$图或公式求出处于饱和状态点的点1(点2与之相同)、4、8、10、3_g和6_a的其他参数，填入表中。

计算溶液的循环倍率

$$f=\frac{\xi_s}{\xi_s-\xi_w}=\frac{0.64}{0.64-0.595}=14.2$$

热交换器出口浓溶液为过冷液态，由$t_5=t_2+25=68.2$℃及$\xi_s=64\%$求得焓值$h_5=$

332.43kJ/kg。$h_6 \approx h_5$。热交换器出口稀溶液点3的比焓由热交换器热平衡求得

$$\begin{aligned} h_3 &= h_2 + (h_4 - h_5)[(f-1)/f] \\ &= 281.77 + (393.56 - 332.43)(14.2 - 1)/14.2 \\ &= 338.60\ \text{kJ/kg} \end{aligned}$$

表例题10-2 计算用参数

状态点	压力 p/kPa	温度 t/℃	浓度 ξ/%	比焓 h/(kJ/kg)
1	0.87	43.2	59.5	281.77
2	10.09	≈43.2	59.5	≈281.77
3	10.09	—	59.5	338.60
3_g	10.09	92.0	59.5	—
4	10.09	102.0	64.0	393.56
5	10.09	68.2	64.0	332.43
6	0.87	—	64.0	332.43
6_a	0.87	52.4	64.0	—
7	10.09	97.1	0	3100.33
8	10.09	46	0	611.11
9	0.87	5	0	611.11
10	0.87	5	0	2928.67

(3)计算各设备的单位热负荷

$q_g = f(h_4 - h_3) + (h_7 - h_4) = 14.2 \times (393.56 - 338.60) + (3100.33 - 393.56) = 3487.20\ \text{kJ/kg}$

$q_a = f(h_6 - h_1) + (h_{10} - h_6) = 14.2 \times (332.43 - 281.77) + (2928.67 - 332.43) = 3313.61\ \text{kJ/kg}$

$q_k = h_7 - h_8 = 3100.33 - 611.11 = 2489.22\ \text{kJ/kg}$

$q_0 = h_{10} - h_9 = 2928.67 - 611.11 = 2317.56\ \text{kJ/kg}$

$q_t = (f-1)(h_6 - h_1) = (14.2 - 1) \times (393.56 - 332.43) = 806.92\ \text{kJ/kg}$

总吸热量 $q_g + q_0 = 5804.8\ \text{kJ/kg}$

总放热量 $q_a + q_k = 5804.8\ \text{kJ/kg}$

由此可见，总吸热量=总放热量，符合能量守恒定律。

(4)计算各设备的热负荷及流量

冷剂循环量$D = \dfrac{\phi_0}{q_0} = \dfrac{1000}{2317.56} = 0.4315\ \text{kg/s}$

稀溶液循环量$F = f \cdot D = 14.2 \times 0.4315 = 6.1271\ \text{kg/s}$

浓溶液循环量$F - D = (f-1)D = (14.2 - 1) \times 0.4315 = 5.6956\ \text{kg/s}$

各设备的热负荷

发生器 $\phi_g = D \cdot q_g = 1504.7$ kW

吸收器 $\phi_a = D \cdot q_a = 1430.6$ kW

冷凝器 $\phi_k = D \cdot q_k = 1074.1$ kW

热交换器 $\phi_t = D \cdot q_t = 348.2$ kW

(5)计算冷却水流量、冷水流量及加热蒸气量

冷却水流量(冷凝器)$G_{wk} = \dfrac{\phi_k}{c_{pw}\Delta t_{wk}} = \dfrac{1074.1}{4.18 \times 4} \times \dfrac{3600}{1000} = 231.3$ t/h

或,冷却水流量(吸收器)$G_{wa} = \dfrac{\phi_a}{c_{pw}\Delta t_{wa}} = \dfrac{1430.6}{4.18 \times 4} \times \dfrac{3600}{1000} = 246.4$ t/h

二者的冷却水量基本吻合。

冷水流量

$$G_{cw} = \frac{\phi_0}{c_{pw}(t_{cw1} - t_{cw2})} = \frac{1000}{4.18 \times (12 - 7)} \times \frac{3600}{1000} = 172.2 \text{ t/h}$$

加热蒸气消耗量(汽化潜热 r=2202.68 kJ/kg)

$$G_g = \frac{\phi_g}{r} = \frac{1504.7}{2202.68} \times \frac{3600}{1000} = 2.46 \text{ t/h}$$

(6)热力系数

$$\xi = \frac{\phi_0}{\phi_g} = \frac{1000}{1504.7} = 0.665$$

(7)热力完善度

在计算吸收式制冷机的最大热力系数时,不用考虑传热温差,则取环境温度 T_e=305K(冷却水进水温度,$T_e \approx t_{w1} + 273$),被冷却物体温度 T_0=280K(冷却水出水温度,$T_0 \approx t_{c2} + 273$),热源温度 T_g(蒸气温度,$T_g \approx t_h + 273 = 392.6$K),由公式(10-6b)和(10-7)可知,其最大热力系数

$$\xi_{max} = \frac{T_g - T_e}{T_g} \cdot \frac{T_0}{T_e - T_0} = \frac{392.6 - 305}{392.6} \cdot \frac{280}{305 - 280} = 2.5$$

热力完善度 $\eta_a = \dfrac{\xi}{\xi_{max}} = \dfrac{0.665}{2.5} = 0.266$。

3.实际循环

实际过程是有损失的。在吸收过程中,由于制冷剂蒸气的流动损失,吸收器压力(吸收器内冷剂蒸气的压力)p_a 应低于蒸发压力 p_0;作为吸收的推力,溶液的平衡蒸气分压力 p_a^* 又必须低于吸收器压力 p_a;还有不凝性气体的影响等,都构成了吸收过程的损失。这些损失的存在使吸收终了状态不是 t_2 与 p_0 线的交点 2^*,而是在 t_2 与 p_a^* 的交点 2;吸收终了稀溶液浓度由

ξ_w^*升高至ξ_w(见图10-12)。吸收过程的损失用溶液的吸收不足来度量,即$\Delta\xi_w=\xi_w-\xi_w^*$或$\Delta p_a=p_0-p_a^*$。实际吸收过程终了的溶液状态2及稀溶液浓度取决于蒸发压力p_0、吸收器溶液的最低温度t_2及溶液的吸收不足值$\Delta\xi_w$或Δp_a。

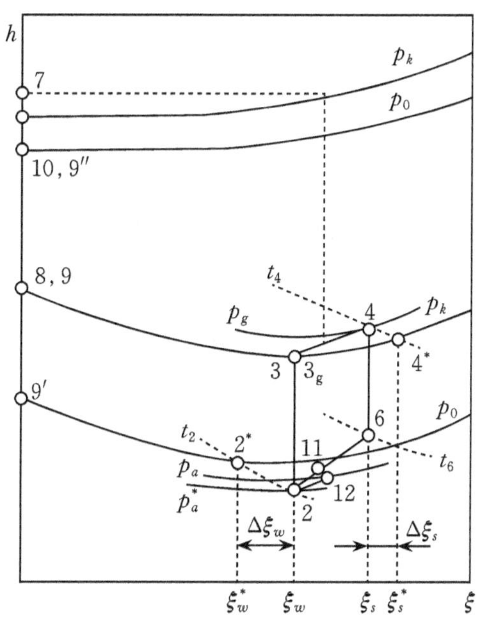

图10-12　$h-\xi$图上的溴化锂吸收式制冷实际循环

在发生器的溶液沸腾过程中,由于液柱静压等影响,使过程偏离等压线3_g-4^*而沿3_g-4进行。发生终了的溶液状态不是在t_4与p_k线的交点4^*,而是在t_4与p_g交点4;发生终了浓溶液浓度由ξ_s^*降低为ξ_s。发生过程的损失用溶液的发生不足来度量,即$\Delta\xi_s=\xi_s^*-\xi_s$或$\Delta p_k=p_g-p_k$。实际发生过程终了的溶液状态4及浓溶液浓度$\xi_s$,由冷凝压力$p_k$、发生器溶液最高温度$t_4$及溶液的发生不足值$\Delta\xi_s$或$\Delta p_k$来决定。

为了保证吸收器管束上浓溶液的喷淋密度,需要一部分稀溶液再循环:浓溶液(点6)与部分稀溶液(点2)混合,混合溶液(点11)在吸收器节流至状态12。吸收过程沿12-2线变化。溶液的再循环提高了热质交换强度,而降低了吸收过程的传热温差。

4.单效溴化锂吸收式制冷机的典型流程

溴化锂吸收式制冷机是在高度真空下工作的,稍有空气渗入制冷量就会降低,甚至不能制冷。因此,结构的密封性是最重要的技术条件,要求结构安排必须紧凑,连接部件尽量减少。通常把发生器等四个主要换热设备合置于一个或两个密闭筒体内,即所谓单筒结构或双筒结构。

因设备内压力很低(高压部分约1/10绝对大气压,低压部分约1/100绝对大气压),冷剂水的流动损失和静液高度对制冷性能的影响很大,必须尽量减小,否则将造成较大的吸收不足和发生不足，严重降低机组的效率。为了减少冷剂蒸气的流动损失，采取将压力相近的设备合放在一个筒体内，以及使外部介质在管束内流动，冷剂蒸气在管束外较大的空间内流动等措施。

在蒸发器的低压下，100mm高的水层就会使蒸发温度升高10～12℃，因此，蒸发器和吸收器必须采用喷淋式换热设备。至于发生器，仍多采用沉浸式，但液层高度应小于300～350mm，并在计算时需计入由此引起的温度变化。有时发生器采用双层布置以减少沸腾层高度的影响。

图10-13为双筒型单效溴化锂吸收式制冷机结构简图。上筒是压力较高的发生器和冷凝器，下筒是压力较低的蒸发器和吸收器。

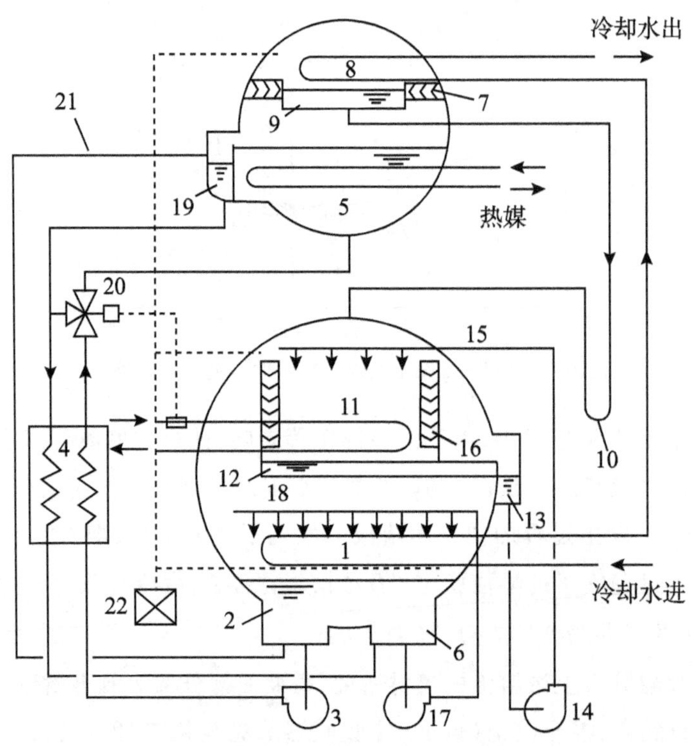

图10-13　双筒型单效溴化锂吸收式制冷机结构简图

1-吸收器；2-稀溶液囊；3-发生器泵；4-溶液热交换器；5-发生器；6-浓溶液囊；7-挡液板；8-冷凝器；9-冷凝器水盘；10-U形管；11-蒸发器；12-蒸发器水盘；13-蒸发器水囊；14-蒸发器泵；15-冷剂水喷淋系统；16-挡水板；17-吸收器泵；18-溶液喷淋系统；19-发生器浓溶液囊；20-电磁三通阀；21-防晶管；22-抽气装置

在吸收器内，吸收水蒸气而生成的稀溶液，积聚在吸收器下部的稀溶液囊2内，此稀溶液通过发生器泵3送至溶液热交换器4，被加热后进入发生器5。热媒（加热用蒸气或热水）在发生器的加热管束内通过；管束外的稀溶液被加热、升温至沸点，经沸腾过程变为浓溶液。

此浓溶液自液囊19沿管道经热交换器4，被冷却后流入吸收器内的浓溶液囊6中。发生器溶液沸腾所生成的水蒸气向上流经挡液板7进入冷凝器8(挡液板的作用是避免溴化锂溶液飞溅入冷凝器)。冷却水在冷凝器的管束内通过，管束外的水蒸气被冷凝为冷剂水，收集在冷凝器水盘9内，靠压力差的作用沿U形管水封10流至蒸发器11。U形管10相当于膨胀阀，起减压节流作用，其高度应大于上下筒之间的压力差。吸收式制冷机也可不采用U形管，而采用节流孔口，采用节流孔口简化了结构，但对负荷变化的适应性则不如U形管强。

冷剂水进入蒸发器后，被收集在蒸发器水盘12内，并流入蒸发器水囊或称为冷剂水囊13，靠冷剂水泵(蒸发器泵)14送往蒸发器内的喷淋系统15，经喷嘴喷出，淋洒在冷水管束外表面，吸收管束内冷水的热量，汽化变成水蒸气。一般冷剂水的喷淋量都要大于实际蒸发量，以使冷剂水能均匀地淋洒在冷水管束上。因此，喷淋的冷剂水中只有一部分蒸发为水蒸气，另一部分未曾蒸发的冷剂水与来自冷凝器的冷剂水一起流入冷剂水囊，重新送入喷淋系统蒸发制冷。冷剂水囊应保持一定的存水量，以适应负荷变化和避免冷剂水量减少时冷剂水泵发生气蚀。蒸发器中汽化形成的冷剂水蒸气经过挡水板16再进入吸收器，这样可以把蒸气中混有的冷剂水滴阻留在蒸发器内继续汽化，以避免造成制冷量的损失。

在吸收器1的管束内通过的是冷却水。浓溶液囊6中的浓溶液，由吸收器泵17送入溶液喷淋系统18，淋洒在冷却水管束上，溶液被冷却降温，同时吸收充满于管束之间的冷剂水蒸气而变成稀溶液，汇流至稀、浓两个液囊中。流入稀溶液囊的稀溶液，由发生器泵经热交换器4送往发生器。流入浓溶液液囊的稀溶液则与来自发生器的浓溶液混合，由吸收器泵重新送至溶液喷淋系统。回到喷淋系统的稀溶液的作用只是“陪同”浓溶液一起循环，以加大喷淋量，提高喷淋式热交换器喷淋侧的放热系数。

在真空条件下工作的系统中所有其他部件也必须有很高的密封要求。如溶液泵和冷剂泵需采用屏蔽型密闭泵，并要求该泵有较高的允许吸入真空高度，管路上的阀门需采用真空隔膜阀等。

从以上结构特点看出，溴化锂吸收式制冷机除屏蔽泵外没有其他转动部件，因而振动、噪声小，磨损和维修量少。

10.3.2　双效溴化锂吸收式制冷机

从公式(10-6b)可以看出，当给定冷却介质和被冷却介质温度时，提高热源温度t_h可有效改善吸收式制冷机的热力系数。但由于溶液结晶条件的限制，单效型溴化锂吸收式制冷机的热源温度不能太高。当有较高温度热源时，应采用多级发生的循环。如利用表压0.6～0.8MPa的蒸气或燃油、燃气做热源的双效型溴化锂吸收式制冷机，它们分别称为蒸气双效型和直燃双效型。

双效型溴化锂吸收式制冷机设有高、低压两级发生器，高、低温两级溶液热交换器，有时为了利用热源蒸气的凝水热量，还设置溶液预热器（或称凝水回热器）。以高压发生器中溶液汽化所产生的高温冷剂水蒸气作为低压发生器加热溶液的内热源，释放其潜热后再与低压发生器中溶液汽化产生的冷剂蒸气汇合，作为制冷剂，进入冷凝器和蒸发器制冷。由于高压发生器中冷剂蒸气的凝结热已用于机组的正循环中，使发生器的耗热量减少，故热力系数可达1.0以上；冷凝器中冷却水带走的主要是低压发生器的冷剂蒸气的凝结热，冷凝器的热负荷仅为普通单效机的一半。

1.蒸气双效型溴化锂吸收式制冷机的流程

根据溶液循环方式的不同，常用的双效溴化锂吸收式制冷机主要分为串联流程和并联流程两大类，串联流程系统操作方便、调节稳定；并联流程系统热力系数较高。

（1）串联流程双效型吸收式制冷机。串联流程双效型吸收式制冷系统流程如图10-14(a)所示。

从吸收器E引出的稀溶液经发生器泵I输送至低温热交换器G和高温热交换器F吸收浓溶液放出的热量后，进入高压发生器A（压力为p_r），在高压发生器中加热沸腾，产生高温水蒸气和中间浓度溶液，此中间溶液经高温热交换器F减压后进入低压发生器B（压力为p_k），被来自高温发生器的高温蒸气加热，再次产生水蒸气并形成浓溶液。浓溶液经低温热交换器G与来自吸收器的稀溶液换热后进入吸收器E（压力为p_0），在吸收器中吸收来自蒸发器D的水蒸气而成为稀溶液。

串联流程双效型吸收式制冷机的工作过程如图10-14(b)所示。

①溶液的流动过程：点2的低压稀溶液（浓度为ξ_w）经发生器泵加压后压力提高至p_r，经低温热交换器加热到达点7，再经过高温热交换器加热达到点10。溶液进入高压发生器后，先加热到点11，再加热至点12，成为中间浓度ξ_s'的溶液，在此过程中产生水蒸气，其焓值为h_{3c}。从高压发生器流出的中间浓度溶液在高温热交换器中放热后，达到13点，并进入低压发生器。

中间浓度溶液在低压发生器中被高温发生器产生的水蒸气加热，成为浓溶液（浓度为ξ_s）点4，同时产生水蒸气，其焓值为h_{3a}。点4的浓溶液经低温热交换器冷却放热至点8，成为低温浓溶液，它与吸收器中的部分稀溶液混合后，达到点9，闪发后至点9′，再吸收水蒸气成为低压稀溶液2。

②冷剂水的流动过程：高压发生器产生的蒸气在低压发生器中放热后凝结成水，比焓值降为h_{3b}，进入冷凝器后冷却又降至h_3。而来自低压发生器产生的水蒸气也在冷凝器中冷凝，焓值同样降至h_3。冷剂水节流后进入蒸发器，其中液态水的比焓值为h_1，在蒸发器中吸热制冷后成为水蒸气，比焓值为h_{1a}，此水蒸气在吸收器中被溴化锂溶液吸收。

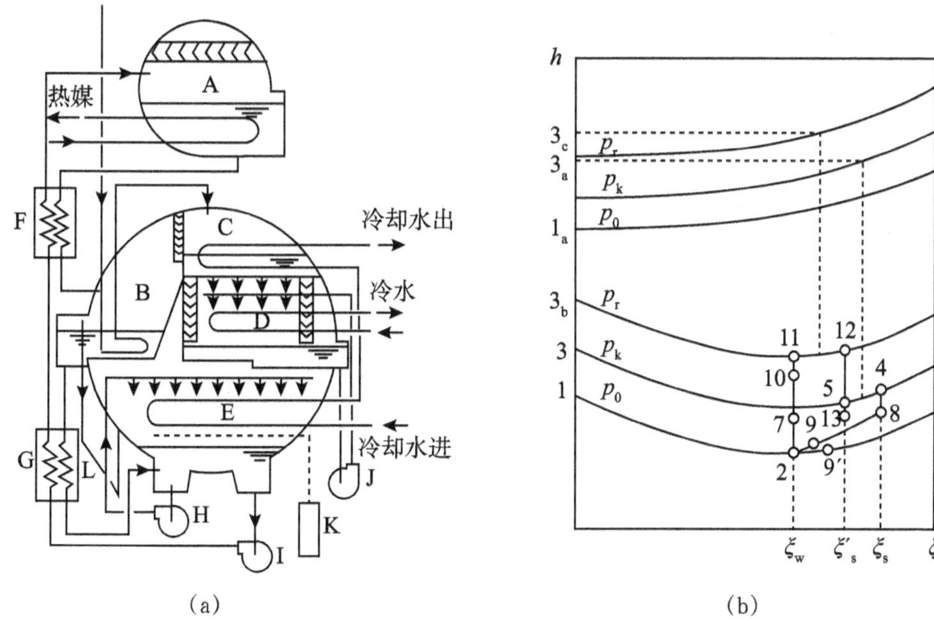

（a）　　　　　　　　　　　　（b）

图10-14　串联流程溴化锂吸收式制冷原理图

A—高压发生器；B—低压发生器；C—冷凝器；D—蒸发器；E—吸收器；F—高温热交换器；G—低温热交换器；H—吸收器泵；I—发生器泵；J—蒸发器泵；K—抽气装置；L—防晶管

(2)并联流程双效型吸收式制冷机。并联流程双效型吸收式制冷系统的流程如图10-15(a)所示。从吸收器E引出的稀溶液经发生器泵J升压后分成两路。一路经高温热交换器F,进入高压发生器A,在高压发生器中被高温蒸气加热沸腾,产生高温水蒸气。浓溶液在高温热交换器F内放热后与吸收器中的部分稀溶液以及来自低压发生器的浓溶液混合,经吸收器泵I输送至吸收器的喷淋系统。另一路稀溶液在低温热交换器H和凝水回热器G中吸热后进入低压发生器B,在低压发生器中被来自高压发生器的水蒸气加热,产生水蒸气及浓溶液。此溶液在低温热交换器中放热后,与吸收器中的部分稀溶液及来自高温发生器的浓溶液混合后,输送至吸收器的喷淋系统。

并联流程双效型溴化锂吸收式制冷机的工作过程如图10-15(b)表示。

①溶液的流动过程:点2的低压稀溶液(浓度为ξ_w)经发生器泵J增压后分为两路,一路在高温热交换器F中吸热达到点10,然后在高压发生器内吸热(压力为p_r),产生水蒸气,达到点12,成为浓溶液(浓度为ξ_{rH}),所产生的水蒸气的焓值为h_{3c}。此浓溶液在高温热交换器中放热至点13,然后与吸收器中的部分稀溶液2及低压发生器的浓溶液8混合,达到点9,闪发后至点9′。

另一路稀溶液经低温热交换器H加热至点7,再经过凝水回热器G和低压发生器B升温至点4(压力为p_k)成为浓溶液(浓度为ξ_{rL}),此时产生的水蒸气焓值为h_{3a}。浓溶液在低温热交换器内放热至点8,然后与吸收器的部分稀溶液2及来自高压发生器的浓溶液13混合,达到点9,闪发后至点9′。

②冷剂水的流动过程:高压发生器产生的水蒸气(焓值为h_{3c})在低压发生器中放热,凝结成焓值为h_{3b}的水(点3_b),再进入冷凝器中冷却至点3;低压发生器产生的水蒸气(焓值为h_{3a})在冷凝器中冷凝成冷剂水(点3)。压力为p_k的冷剂水经节流在蒸发器中制冷,达到点1_a,然后进入吸收器,被溶液吸收。

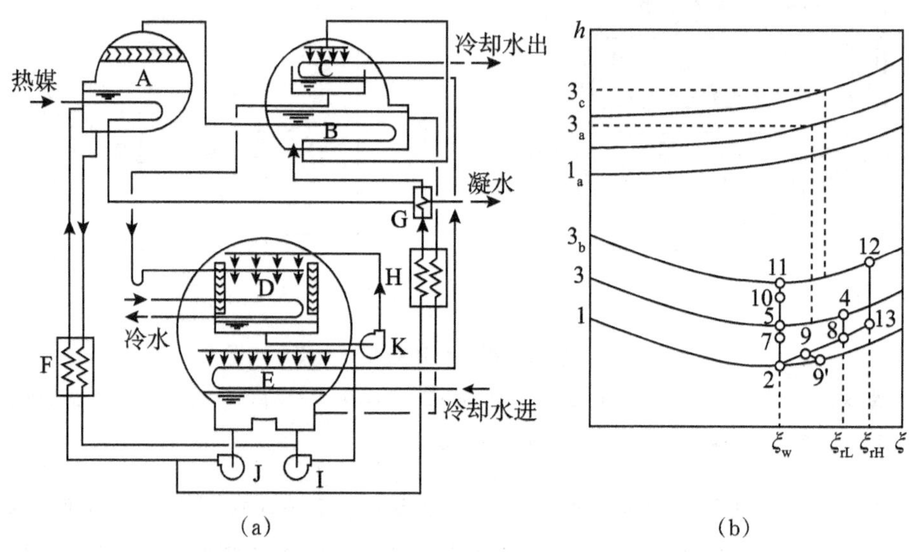

图10-15　并联流程溴化锂吸收式制冷原理图

A-高压发生器;B-低压发生器;C-冷凝器;D-蒸发器;E-吸收器;F-高温热交换器;G-凝水回热器;H-低温热交换器;I-吸收器泵;J-发生器泵;K-蒸发器泵

2.直燃双效型溴化锂吸收式制冷机的流程

直燃双效型溴化锂吸收式制冷机(简称:直燃机)和蒸气双效型制冷机原理完全相同,只是高压发生器不是采用蒸气或热水换热器,而是锅筒式火管锅炉,由燃气、燃油或高温烟气余热直接加热稀溶液,产生高温水蒸气;当采用高温烟气余热作为热源时,在热量不足时也采用燃气或燃油作为辅助热源。此外,直燃机也可作为一种热水生产设备,全年制取生活热水和在冬季制取采暖热水。

直燃机的溶液循环均可采用串联和并联流程。根据制取热水方式不同,目前主要有两种机型:

(1)设置与高压发生器相连的热水器的机型。图10-16示出了一种该型直燃机的工作原理图,直燃机在高压发生器的上方设置一个热水器12。

①制热运行时,关闭与高压发生器1相连管路上的A、B、C阀,热水器借助高压发生器所发生的高温蒸气的凝结热来加热管内热水,凝水则流回高压发生器。

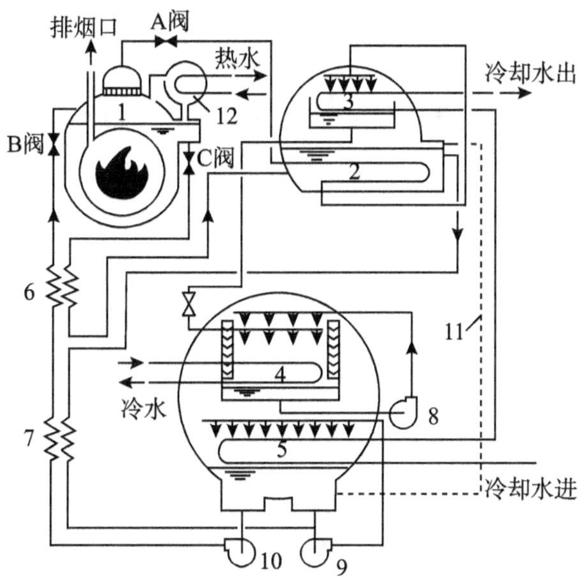

图10-16　直燃机1制热循环工作原理图

1-高压发生器；2-低压发生器；3-冷凝器；4-蒸发器；5-吸收器；6-高温热交换器；7-低温热交换器；8-蒸发器泵；9-吸收器泵；10-发生器泵；11-防晶管；12-热水器

②制冷运行时，开启A、B、C阀，直燃机按照串联流程蒸气双效型溴化锂吸收式制冷机的工作原理制取冷水，还可以同时利用热水器12制取生活热水。

(2)将蒸发器切换成冷凝器的机型。图10-17给出了这一机型直燃机制热运行的工作原理。制热时，同时开启冷热转换阀A与B(制冷运行时，需关闭图中冷热转换阀A与B)，冷水回路则切换成热水回路。冷却水泵及蒸发器泵停止运行。

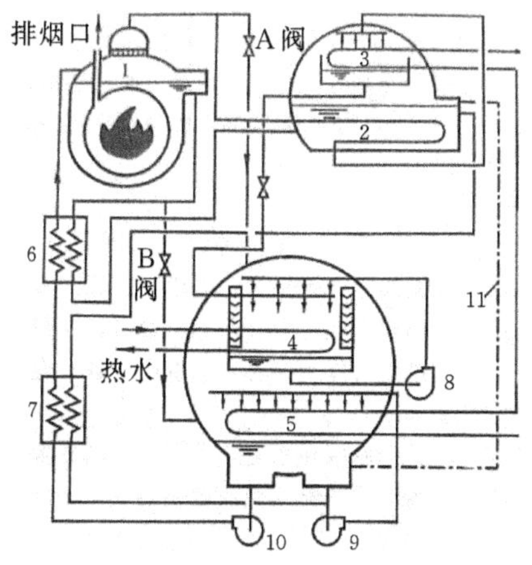

图10-17　直燃机2制热循环工作原理图

1-高压发生器；2-低压发生器；3-冷凝器；4-蒸发器；5-吸收器；6-高温热交换器；7-低温热交换器；8-蒸发器泵；9-吸收器泵；10-发生器泵；11-防晶管

稀溶液由发生器泵10送入高压发生器1，加热沸腾，发生的冷剂蒸气经阀A进入蒸发器4；同时高温浓溶液经阀B进入吸收器5，因压力降低闪发出部分冷剂蒸气，经挡水板进入蒸发器。两股高温蒸气在蒸发器传热管表面冷凝释放热量，凝结水自动流回吸收器，并与发生器返回的浓溶液混合成稀溶液。稀溶液再由发生器泵10送往高压发生器1加热。蒸发器传热管内的水吸收冷剂蒸气释放的冷凝热而升温，制取热水。

10.3.3 双级溴化锂吸收式制冷机

前已述及，当其他条件一定时，随着热源温度的降低，吸收式制冷机的放气范围$\Delta\xi$将减小。如若热源温度很低，致使其放气范围$\Delta\xi<3\%\sim4\%$甚至成为负值，此时需采用多级吸收循环(一般为双级)。

图10-18(a)所示的双级吸收式制冷循环，它包括高、低压两级完整的溶液循环，来自蒸发器E的低压(p_0)冷剂蒸气在低压级溶液循环中，经过低压吸收器A_2、低压热交换器T_2和低压发生器G_2，升压为中间压力p_m的冷剂蒸气，再进入高压级溶液循环升压为高压(冷凝压力p_k)冷剂蒸气，最后去冷凝器、蒸发器制冷。

如将吸收器、溶液泵、换热器和发生器看作是热力压缩机，可见，低压级热力压缩机将蒸发压力为p_0的冷剂蒸气加压至中间压力p_m，再经过高压级热力压缩机加压至冷凝压力p_k。这与蒸气压缩式双级压缩制冷循环极为相似。

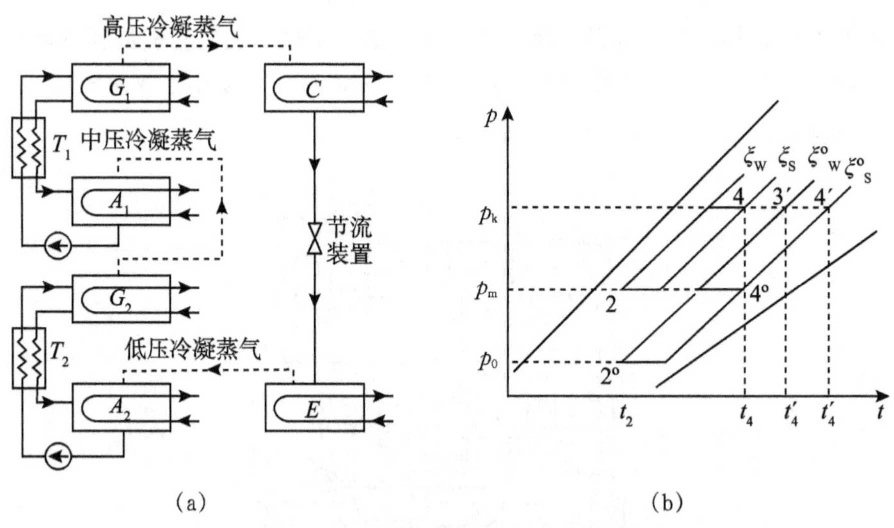

图10-18 双级溴化锂吸收式制冷原理图

G_1-高压发生器；A_1-高压吸收器；T_1-高压热交换器；C-冷凝器；G_2-低压发生器；A_2-低压吸收器；T_2-低压热交换器；E-蒸发器

在双级吸收式制冷循环中，高、低压两级溶液循环中的热源和冷却水条件一般是相同的。因而，高、低压两级的发生器溶液最高温度 t_4，以及吸收器溶液的最低温度 t_2 也是相同的。

从图10-18(b)所示的压力—温度图上可以看出，在冷凝压力 p_k、蒸发压力 p_0 以及溶液最低温度 t_2 一定的条件下，发生器溶液最高温度 t_4 若低于 t_3'，则单效循环的放气范围将成为负值。而同样条件下采用两级吸收循环就能增大放气范围，实现制冷。

这种双级吸收式机可以利用70～90℃废气或热水作热源，但其热力系数较低，约为普通单效机的1/2，但所需的传热面积约为普通单效机的1.5倍。

吸收式热泵

10.4　吸收式热泵

吸收式制冷机可以作为热泵使用，它可以回收废热水的热量，制取高温热水，用于供热等场合。吸收式热泵是热能驱动实现从低温向高温输送热量的设备，因此，从广义上说，吸收式制冷机也是一种吸收式热泵。

10.4.1　吸收式热泵的类型

吸收式热泵有两种类型：输出热的温度低于驱动热源的第一类热泵（增热型）和输出热的温度高于驱动热源的第二类热泵（升温型，又称热变换器），两类热泵的能量及温度转换关系如图10-19所示。第一类吸收式热泵用于采暖和制备生活热水与工业热水，第二类热泵常用于制备工业热水和蒸气。

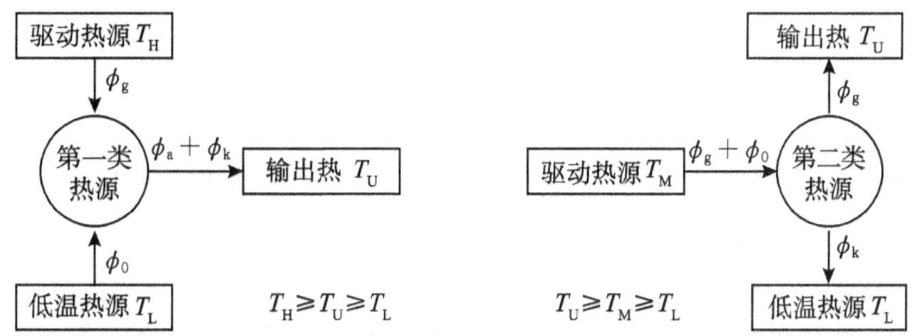

图10-19　吸收式热泵的能量、温度转换关系

1.第一类热泵

利用高温热源，把低温热源的热能提高到中温的热泵系统，它是同时利用吸收热和冷凝热以制取中温热水的吸收式循环。图10-20示出了以溴化锂—水为工质对的单效第一类热泵机组的工作原理，低温热水获得吸收热和冷凝热后被加热成较高温度的热水。

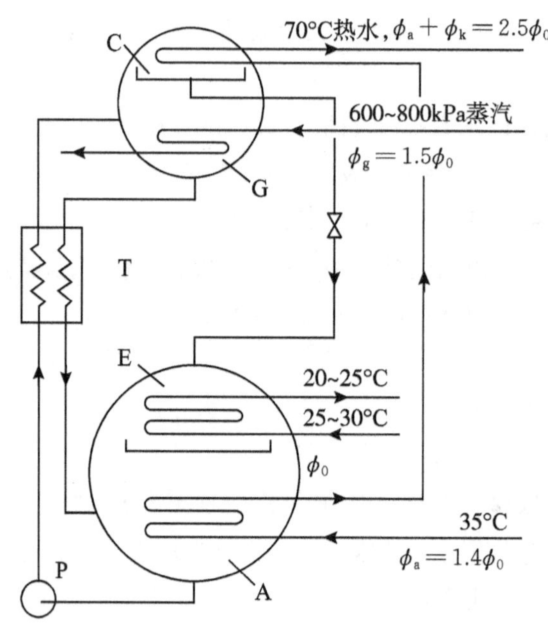

图10-20 第一类吸收式热泵的工作原理

A-吸收器；C-冷凝器；E-蒸发器；G-发生器；P-溶液泵；T-热交换器

例如：蒸发器将25～35℃水冷却5～10℃，用吸收热和冷凝热将工艺排出的25～35℃水加热到60～80℃，热媒温度为160～180℃，此时，发生器每输入1kW的热量可获得1.6～1.8kW的制热量(制热系数1.6～1.8)。

从图中可以看出，将单效吸收式冷水机组冷水回路作为低温热源水回路、将串联的冷却水回路作为热水回路，就构成了单效第一类吸收式热泵机组。冷水机组和热泵机组的差别在于二者的使用目的不同，前者用于制冷，后者用于供热；而且二者的运行工况和热力系数有很大的差别。

同理，利用双效吸收式制冷循环还可以研制双效第一类吸收式热泵机组。可见，第一类吸收式热泵与吸收式制冷机具有相同的工作原理。

现有的第一类吸收式热泵提升热水的温升一般不超过40℃。在实际过程中，经常遇到余热温度较低且用户需求温度较高的情况，希望进一步提高温升。采用两级或多级吸收式热泵串联的方式虽然可以达到较大幅度提升热水温度的目的，但导致系统复杂、体积庞大、投资高、能源利用效率降低及运行调节复杂等问题。对上述问题，目前已发展出如图10-21所示，通过改善循环形式，热水升温幅度可达到50℃。

大温升吸收式热泵机组属于第一类吸收式热泵，由发生器、冷凝器、低压蒸发器、蒸发吸收器(即高压蒸发器也是低压吸收器)、高压吸收器、溶液换热器、节流装置、溶液泵、冷剂泵等组成。其工作原理如下：

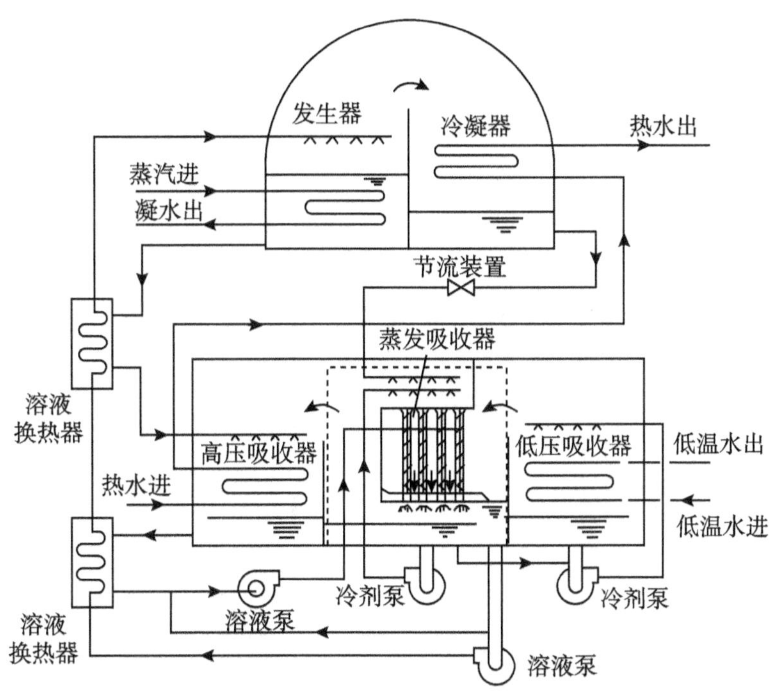

图10-21 大温升吸收式热泵机组原理图

溶液循环：稀溶液在发生器中被高温热源（如蒸气或燃油、燃气）加热，产生冷剂蒸气后变成浓溶液，通过高温溶液换热器后进入高压吸收器，吸收高压蒸发器中产生的冷剂蒸气；从高压吸收器中流出的较稀的溶液通过低温溶液换热器后，由溶液泵送入低压吸收器中，吸收低压蒸发器中产生的冷剂蒸气；低压吸收器中的稀溶液通过溶液泵送入低温及高温溶液换热器并返回发生器中，完成溶液循环。

冷剂循环：发生器产生的冷剂蒸气进入冷凝器冷凝放热，加热用于供热的热水；冷凝后的冷剂水通过节流装置进入高压蒸发器，吸收低压吸收器产生的吸收热，蒸发出的水蒸气被高压吸收器中的溶液吸收；未被蒸发的部分冷剂水通过冷剂泵送入低压蒸发器中，吸收低温热源（低温水）的热量，蒸发出的水蒸气进入低压吸收器被溶液吸收，完成冷剂循环。

该机组的主要特点体现在两个方面：①采用了两级蒸发、两级吸收的方式，低压蒸发器从低温热源（低温水）吸收热量，将低压吸收器中产生的热量作为高压蒸发器的热源，高压吸收器和冷凝器中产生的热量用于加热热水。其优点是能够从较低温度的热源中吸热，并产生出较高温度的热水；②将低压吸收器和高压蒸发器结合在一起，组成了一体化结构的蒸发吸收器，简化了机组的结构和流程，可减小整个机组的体积。

2.第二类热泵

利用中温废热和发生器形成驱动热源系统，同时还利用中温废热和蒸发器构成热源系统，在吸收器中制取温度高于中温废热的热水的热泵系统。

图10-22示出了单效第二类热泵机组的工作原理。进入蒸发器的废热水把热量传给冷剂水,使冷剂水蒸发成冷剂蒸气,被吸收器中的溴化锂溶液吸收,由于吸收过程放出热量,因而在吸收器管内流动的水被加热,得到所需的热水。

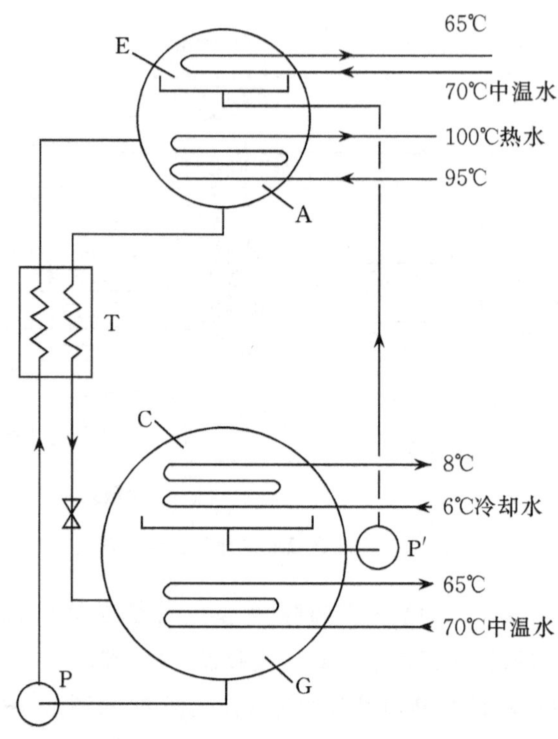

图10-22　第二类溴化锂吸收式热泵原理图

吸收冷剂蒸气后的稀溶液,经节流阀进入发生器,被在发生器管内流动的废热水加热沸腾、浓缩。浓缩后的浓溶液由溶液泵输送,经热交换器与来自吸收器的高温稀溶液换热后,进入吸收器,重新吸收冷剂蒸气。发生器中产生的冷剂蒸气进入冷凝器,被管内流动的低温冷却水冷却成冷剂水,再由冷剂水泵送往蒸发器。

由于热泵循环的冷凝压力低于蒸发压力,所以,需由溶液泵P将浓溶液从发生器送至吸收器,而冷剂水需用冷剂水泵P'将其从冷凝器送至蒸发器。

当有5~10℃的低温水(如冬季)作为冷却水时,这种机型可利用较低温度(如70℃)的中温废热水作发生器和蒸发器的热源,使较高温度的水在吸收器内升温(95℃→100℃),其热力系数约0.5。应当指出的是:冷凝器中的冷却水温度越低,所得到的高温水温度越高。

10.4.2　吸收式热泵在热电联产集中供热系统中的应用

1.应用背景

热电联产的综合能效显著高于常规分产系统，是未来城市能源系统发展的主要方向。然而，目前的城市热电联产集中供热方式还存在着各种能源损失，如：

(1)冷却塔循环水的散热损失：我国火力发电厂供电效率平均仅在35%左右，多数热量以烟气或凝汽器的废热形式排向大气环境，造成较大的环境热污染。目前热电厂普遍采用大容量的抽凝式汽轮机发电机组，即使在冬季最大供热工况下，也有占电厂总能耗10%～20%的热量由循环水(一般通过冷却塔)排放到环境。

(2)热量传递的不可逆损失：从供热环节来看，传统的热电联产集中供热流程中存在两大热量传递造成的不可逆损失环节，即热电厂首站的汽—水换热和热力站的水—水换热。即用0.4MPa甚至更高压力的汽轮机抽气加热130/70℃的一次网供回水，再用130/70℃的一次网热水加热70/50℃的二次网供回水，这两个环节均存在较大的换热温差，必将造成较大的热量传递不可逆损失。

(3)现有大型集中热网几乎都是采用间接换热方式，受管道保温材料的耐温限制，一次水供水温度最高为130℃左右，而回水温度受二次网温度限制，一般为70℃左右，使得一次网的供回水温差仅约60℃，限制了热网的供热能力。

在热电联产集中供热系统中利用吸收式热泵技术可有效地提高一次网的供热能力，并将冷却塔排热部分或全部转化为供热热量，提高整个系统的热能转换效率。

下面对相关技术进行简要介绍。

2.吸收式换热机组

吸收式换热机组是利用第一类吸收式热泵技术，大幅度降低集中供热系统一次网回水温度(甚至显著低于二次网回水温度)并能够产生满足使用要求的采暖或生活热水的换热机组。图10-23示出了吸收式换热机组的工作原理。

吸收式换热机组由热水型吸收式热泵和水—水换热器以及连接管路组成，水路系统分为一次侧热水管路和二次侧热水管路两部分。实际运行中，高温侧130℃的热水首先作为驱动能源进入热水型吸收式热泵机组，在其发生器中加热浓缩溴化锂溶液，降温至90℃左右后，从吸收式热泵中流出；90℃的热水进入水—水换热器作为热源加热二次网热水回水，降温至55℃时从水—水换热器中流出，再返回吸收式热泵，作为其低位热源，在蒸发器中降温至25℃左右后再返回集中热源，如此循环。

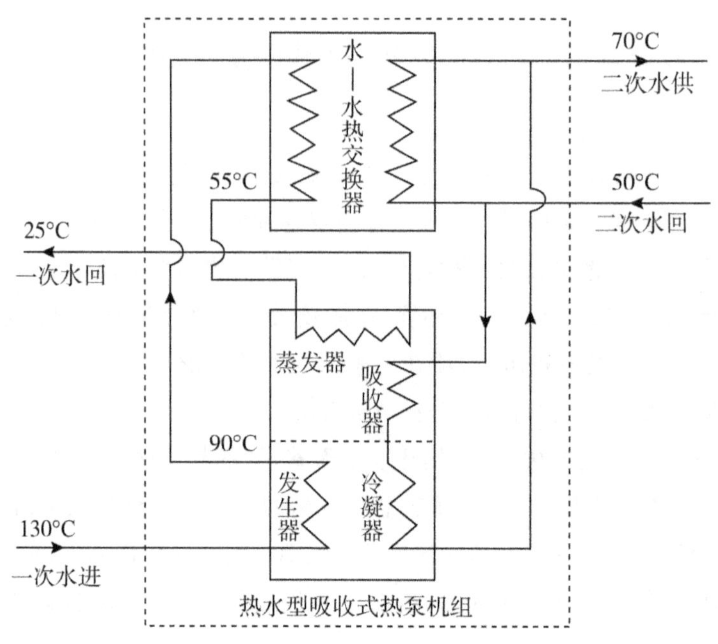

图 10-23 吸收式换热机组

二次网 50℃的热水回水分为两路进入机组，一路进入吸收式热泵，在其吸收器和冷凝器中吸收热量，被加热到 70℃左右后流出；另一路进入水—水换热器，与从吸收式热泵发生器中流出的 90℃热水进行换热，被加热到 70℃后流出；两路 70℃的热水出水汇合后送往热用户，为用户提供采暖或生活热水。

可以看出，吸收式换热机组采用吸收式热泵与换热器组合的方式，能够有效地进行高温热水的梯级利用，使一次网的供回水温差从 60℃扩大为 105℃，大幅度提高了热网的供热能力，降低了管网投资；同时，一次网回水温度降低到 25℃左右，使得回收电厂汽轮机凝汽器低温余热成为可能，为大幅度提高电厂综合能源利用效率创造了条件。

3.基于吸收式换热技术的热电联产供热系统

图 10-24 示出了基于吸收式换热技术的城市集中供热系统的示意图。

在城市集中供热系统的用户热力站设置图 10-24 所示的吸收式换热机组，将一次网供回水温度由传统的 130/70℃扩大至 130/25℃。返回电厂后的一次网回水温度很低，直接或间接回收凝汽器内的低温汽轮机排气余热，然后依次通过蒸气驱动的第一类双效吸收式热泵、单效吸收式热泵和大温升吸收式热泵（参见图 10-21），逐级升温至 95℃，最后使用汽—水换热器或调峰锅炉加热至一次网供水要求的温度 130℃。

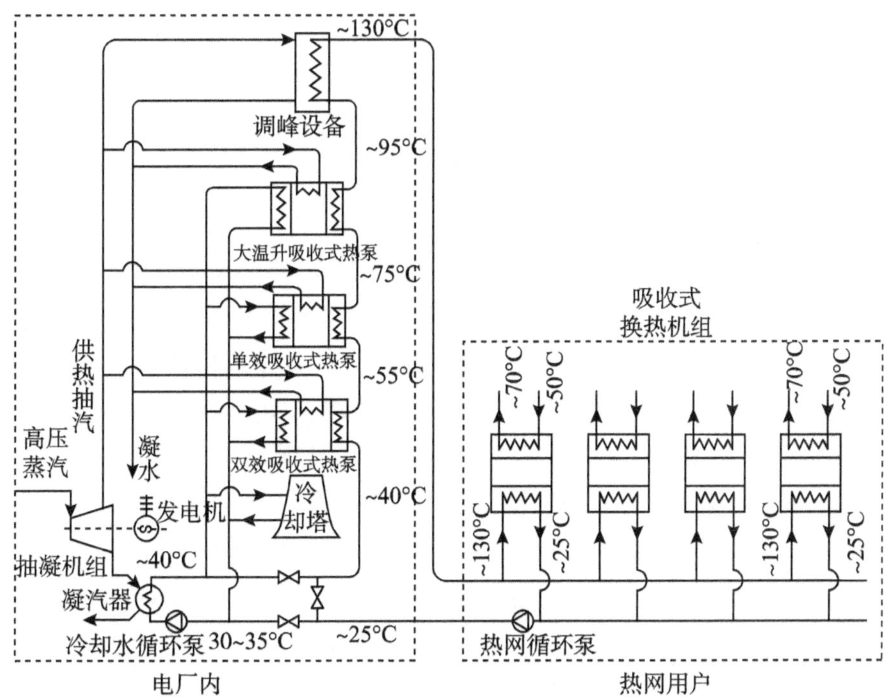

图10-24　基于吸收式换热技术的城市集中供热系统示意图

该系统具有如下显著优点：

(1)电厂的循环水不再单独依靠冷却塔降温，而是作为各级吸收式热泵的低温热源，一次网回收了循环水的余热资源，具有显著的节能效果；

(2)各级热泵的驱动热源均来自于抽凝机组的抽气，该部分蒸气的热量最终仍然进入一次网中，与常规热电联产系统相比，减少了汽轮机的抽气量，增加了汽轮机的发电能力，提高了系统的整体能效；

(3)逐级升温的一次网加热过程避免了大温差传热导致的不可逆损失；

(4)吸收式换热机组大幅提升一次网供回水温差，使城市热网的输送能力大幅度提高，可降低大量管网投资，也为既有管网扩容提供了可能性。

随着溴化锂吸收式制冷与热泵技术的不断发展，目前除在余热利用与楼宇空调系统中得到广泛应用外，在建筑冷热电联产(Building Cooling Heating & Power，简称BCHP)系统和热电联产集中供热系统中也得到较大的发展。可见，溴化锂吸收式制冷与热泵技术在城市能源的优化利用方面将具有良好的发展前景。

10.5 溴化锂吸收式机组的性能及改善措施

溴化锂吸收式机组的性能及改善措施

10.5.1 溴化锂吸收式机组的性能特点

与蒸气压缩式机组相同,吸收式制冷与热泵机组在设计时也必须先确定其设计工况(通常为名义工况)。由于吸收式机组的冷却(或热源)介质和被冷却(加热)介质都是水,其驱动热源为蒸气、热水、化石燃料或余热烟气,故机组的设计工况主要包含三个方面:①冷水(或热水)工况:出口温度、进口温度或流量;②冷却水(或低温热源水)工况:进口温度、出口温度或流量;③热源工况:视热源的类型不同,包括蒸气压力、流量,或驱动热源水的进口温度、出口温度或流量,或燃料类型与流量,或余热烟气的进口温度、出口温度或流量等。此外,设计工况还包括冷水和冷却水侧的污垢系数,电源的类型、额定电压和频率等参数。

在给定机组容量和设计工况后,通过技术经济分析确定机组的循环形式和内部参数(如蒸发温度、冷凝温度、发生温度以及各个位置的溶液状态),进而确定机组的结构布局、各换热器(发生器、冷凝器、蒸发器和吸收器)的换热面积、各种泵体(溶液泵,冷剂泵)的扬程与流量、节流装置的结构尺寸等。

对于一台按照设计工况生产的制冷(热泵)机组,在实际运行过程中,往往其输出能力需要随着用户侧需求而变化,且外部工况也与设计工况存在偏差,因而需要了解吸收式的部分负荷特性和变工况运行性能。

下面简要介绍溴化锂吸收式冷水机组的性能特点。

1.吸收式冷水机组的性能参数

所谓机组的性能是指在给定工况条件下的性能,不同的工况其性能存在差异。吸收式冷水机组的性能参数主要包括制冷量Φ_0、加热耗量(或加热耗热量)Φ_g、消耗电功率P、性能系数,此外,直燃机还有供热量Φ_h参数。

由于加热热源的类型不同,其输入能耗的表述方式也不同,例如,蒸气型机组用热源蒸气压力(MPa)和流量(kg/h)、直燃机则用燃料的低位热值换算的热量值(kW)来表示。因此,各类机组的性能系数的表述方式也有所差异,如:蒸气型机组用“单位冷量蒸气耗量”[kg/(h·kW)]表示;直燃机的制冷性能系数用COP_c[制冷量除以加热耗热量与消耗电功率之和,即$COP_c=\Phi_0/(\Phi_g+P)$]、制热性能系数用COP_h[$COP_h=\Phi_h/(\Phi_g+P)$]来表示。

2.部分负荷性能和变工况性能

溴化锂吸收式机组在实际运行中,100%负荷时的使用时间很少,大多数时间运行在部分负荷工况和变工况条件下。

在描述确定工况下的机组性能时,常以名义工况下的性能参数作为基准(100%),用相对制冷量(或负荷率)、相对燃料耗量百分数来表示输出的制冷量和输入的能耗大小(相对制冷量为100%时,又习惯称为“满负荷”)。

(1)部分负荷性能。图10-25给出了直燃型机组在部分负荷条件下运行时的制冷量与燃料耗量的关系,其测试条件为:①冷水出口温度7℃,流量100%,蒸发器水侧污垢系数0.018m²•℃/kW;②冷却水流量100%,其进口温度在100%负荷率时为32℃,20%时为24℃,中间温度随负荷减小呈线性变化,污垢系数为0.086m²•℃/kW。

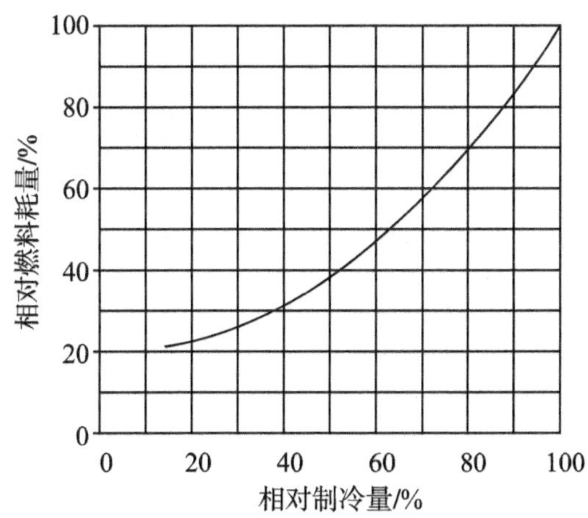

图10-25　直燃机制冷量与燃料耗量的关系

从图中可以看出,直燃型溴化锂冷水机在负荷率小于25%~100%范围内运行时,机组的部分负荷性能系数比满负荷高,但在负荷率小于25%时其性能系数才变差。

(2)变工况性能。图10-26~图10-28给出了某一条件改变,但其他条件仍为名义工况参数时测得的溴化锂吸收式冷水机组的性能,从中可以看出冷水温度、冷却水温度和热源温度对机组制冷量和耗气量的影响规律。

①冷水温度的影响。图10-26给出了蒸气型溴化锂吸收式冷水机组性能随冷水出水温度的变化曲线。当其他参数一定(蒸气压力为0.6MPa,冷水和冷却水的流量为设计流量)时,冷水出口温度(压力)降低,导致吸收器的吸收能量下降,稀溶液的浓度增大,放气范围减小,制冷量和性能系数(单位耗气量)均下降。

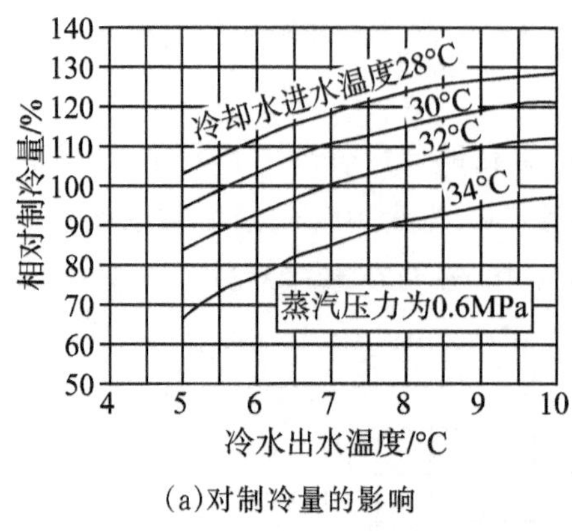

(a)对制冷量的影响

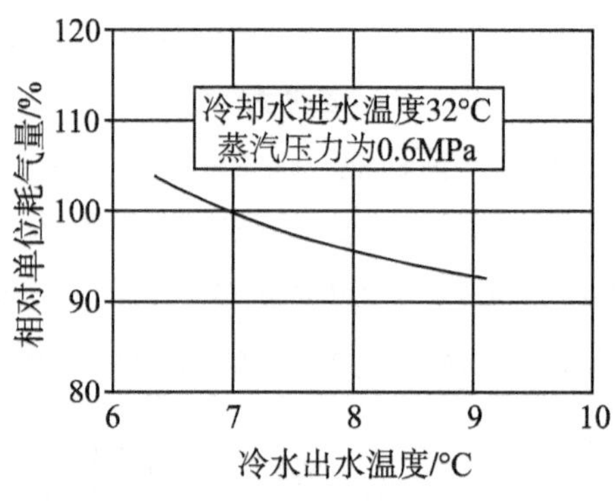

(b)对性能系数(单位耗气量)的影响

图 10-26　冷水温度对机组性能的影响

冷水机组的冷水出水温度是在一定范围内变化的,温度过低会使稀溶液浓度升高,引起溶液泵吸空和溶液结晶,蒸发温度过低会引起蒸发器液囊冷剂水冻结,同时制冷量急剧下降;出水温度过高,则会使蒸发器液囊的冷剂水位下降,造成蒸发器泵吸空,同时制冷量的上升也趋于平缓。

②冷却水温度的影响。图 10-27 示出了蒸气型溴化锂吸收式冷水机组性能随冷却水进水温度的变化情况。当溴化锂参数一定(蒸气压力为 0.6MPa,冷水出水温度 7℃,冷水和冷却水的流量为设计流量)时,冷却水进水温度降低,使吸收器中的稀溶液温度下降,吸收能力增强,制冷量增加;另一方面,冷却水温度降低使冷凝压力下降,发生器出口浓溶液浓度升高,放气范围增大,也有利于提升制冷性能。但是,冷却水温过低会使稀溶液温度过低,浓溶液浓度过高,均会增加结晶危险;冷却水温过高则会使吸收能力和制冷量大幅降低,严重时也将导致结晶危险。

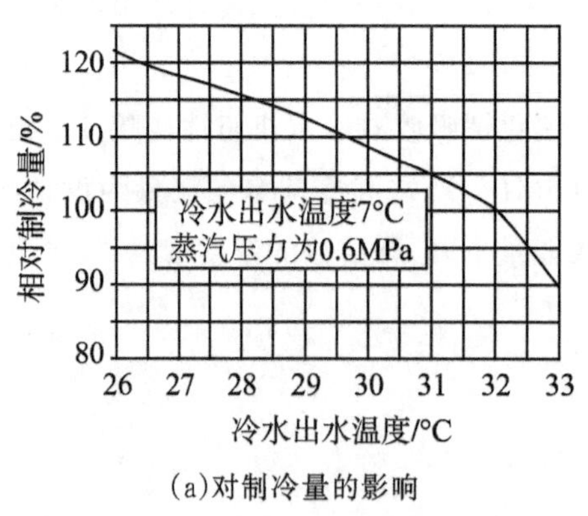

(a)对制冷量的影响

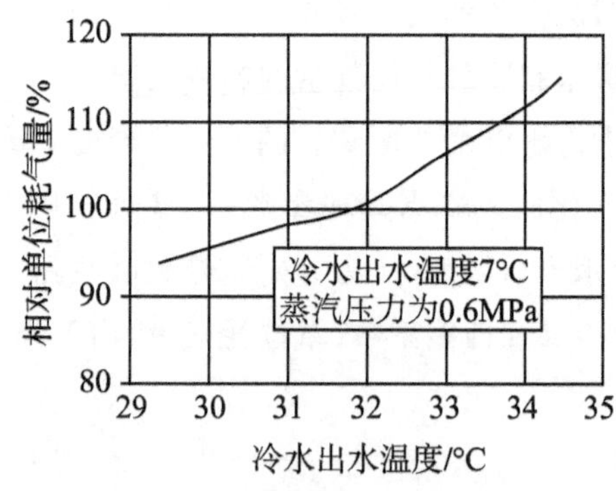

(b)对性能系数(单位耗气量)的影响

图 10-27　冷却水温度对机组性能的影响

③热源温度的影响。热源温度(或蒸气压力)对吸收式冷水机组的制冷量影响显著。热源温度降低会使发生器出口浓溶液的浓度降低,放气范围减少,机组制冷量降低。对于蒸气

型机组,热源对双效机组的影响要比单效机组大,这是因为热源的变化还将影响高压发生器产生的冷剂蒸气压力和温度(亦即低压发生器的加热源)。

图10-28给出了不同类型机组的热源温度或蒸气压力对制冷量的影响曲线(冷水和冷却水为设计流量)。热源温度或蒸气压力过高,不仅会导致浓溶液浓度过高,增加溶液结晶的危险,而且将增加溶液对材料的腐蚀性;热源温度或蒸气压力过低则会使制冷量太小,甚至无法正常运行。

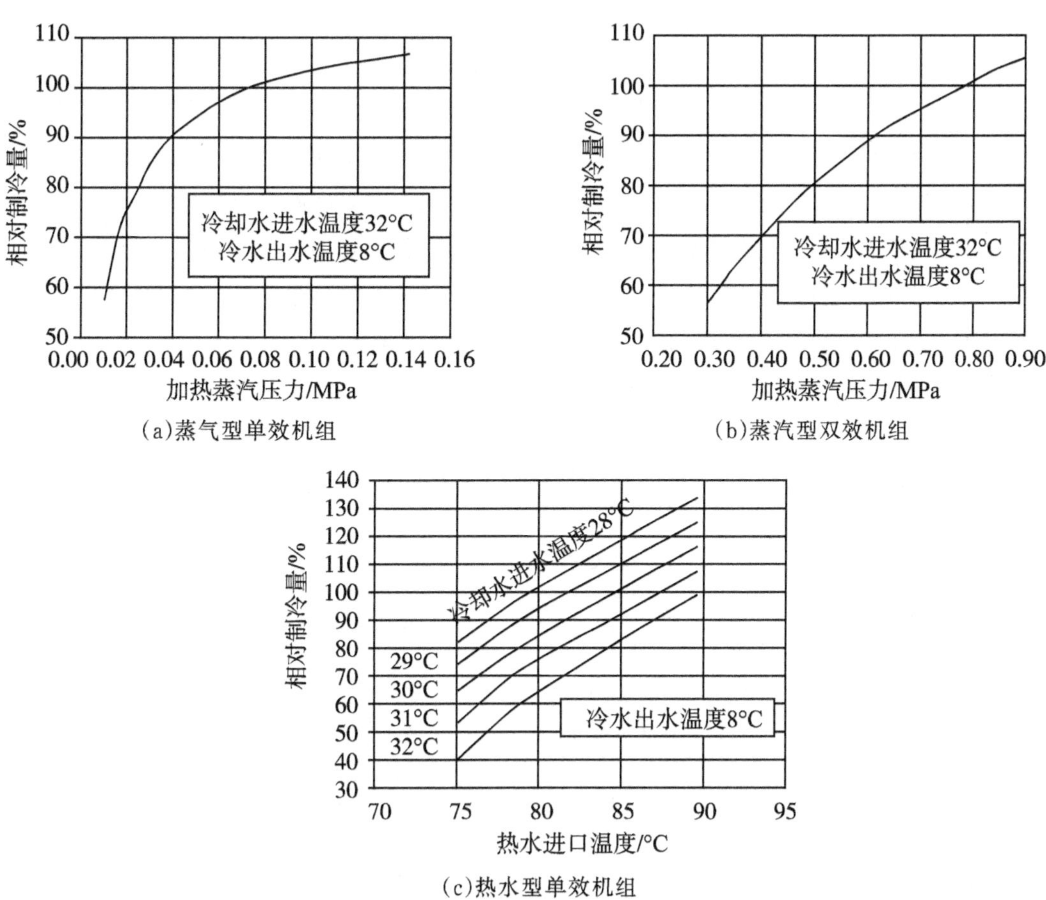

(a)蒸气型单效机组

(b)蒸汽型双效机组

(c)热水型单效机组

图10-28 热源温度或蒸气压力对机组制冷量的影响

10.5.2 溴化锂吸收式机组的容量调节

建筑的冷负荷随环境温度等因素在不断变化,容量调节的目的是使机组的制冷量与所需要的冷负荷相匹配。溴化锂吸收式机组的容量调节主要有驱动热源调节和溶液循环量调节方式。

1.驱动热源调节

根据吸收式机组的驱动热源类型的不同,热源调节包括蒸气(或热水)流量调节和燃料流量调节,其本质都是通过调节热源的供热量来改变机组的制冷量。

直燃型机组的容量调节控制原理如图10-29所示。温度传感器安装在冷水进口或出口,根据被测冷水温度与设定冷水温度的偏差控制进入燃烧器中的燃料和空气量。在满负荷下,燃烧器处于最大燃烧量;当负荷减少时,冷水出水温度降低,燃烧器将减小燃烧量以减小制冷量,从而匹配冷负荷需求;当所需燃烧热量低于最小燃烧量时,燃烧器将出现断续供气运行。

蒸气型或热水型机组的容量调节控制原理如图10-30所示。调节阀安装在发生器蒸气或热水进口管道上,根据被测冷水温度与设定冷水温度的偏差控制进入发生器的蒸气或热水流量。在满负荷下,调节阀全开;当负荷减少时,冷水出水温度降低,调节阀将减小蒸气或热水流量以减小制冷量。随着发生器获取热量的变化,发生器中溶液的液位也会发生变化,故发生器中要有液位保护和液位控制措施,通常需要和溶液循环量的调节配合,共同完成制冷量的调节,使机组在低负荷率运行时仍具有较高的性能系数。

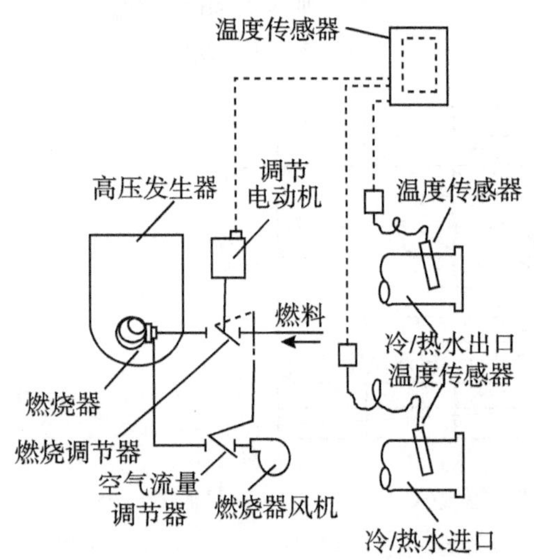

图10-29 直燃型机组容量调节原理

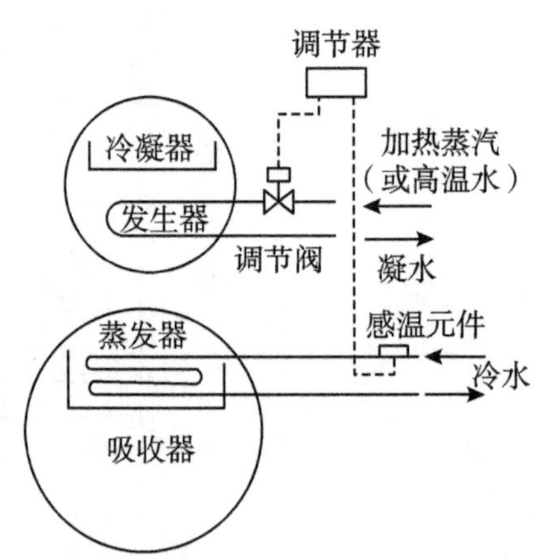

图10-30 蒸汽或热水型机组容量调节原理

调节热水流量时机组的性能变化曲线如图10-31所示(设计工况:冷水出水温度8℃,冷却水进水温度31℃,热水进水温度85℃),在一定范围内,制冷量与热水流量成比例变化,性能系数值保持不变。但热水流量低于70%时,性能系数开始下降。

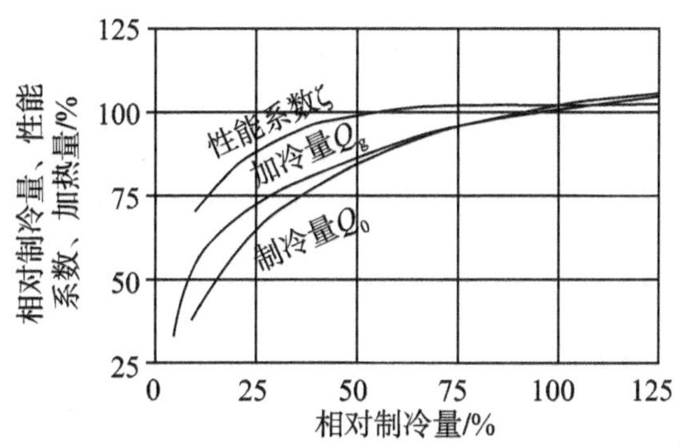

图10-31　热水型机组容量调节的性能曲线

2.溶液循环量调节

调节溶液循环量有两个目的:①保证高压发生器内的液位正常。通过安装在高压发生器的液位计测量溶液液位来调节溶液循环量,低液位时增加循环量,高液位时减少循环量或停止溶液泵,中间液位时,根据高压发生器中的压力变化或浓溶液出口温度变化,调节进入发生器的溶液量。②配合调节机组的制冷量。

溶液循环量控制常采用如下方法(可参照图10-13):

(1)二通阀控制:二通阀设置在发生器泵与发生器之间的稀溶液管路上,一般与热源流量控制组合使用,这种方法可使放气范围基本不变,但循环量不能过小,否则会出现高温侧溶液结晶与腐蚀。

(2)三通阀控制:其安装位置参见图10-13(电磁三通阀20),该方法无须控制发生器出口溶液温度,也不须与热源流量控制组合使用,但控制阀机构相对复杂。

(3)发生器泵变频控制:改变发生器泵转速可实现对溶液循环量的调控,可以节省泵耗,流量调节比较有效,但频率降到一定程度时,会使溶液泵扬程小于高压发生器压力,影响正常运行,故也可与三通阀控制组合使用,改善溶液调节性能。

调节溶液循环量时蒸气型单效吸收式机组的性能变化曲线如图10-32所示。当蒸气压力一定时,溶液循环量减小会导致制冷量降低,反之会使制冷量升高。通过溶液循环量的调节能实现制冷量在10%~100%范围内无级调节。

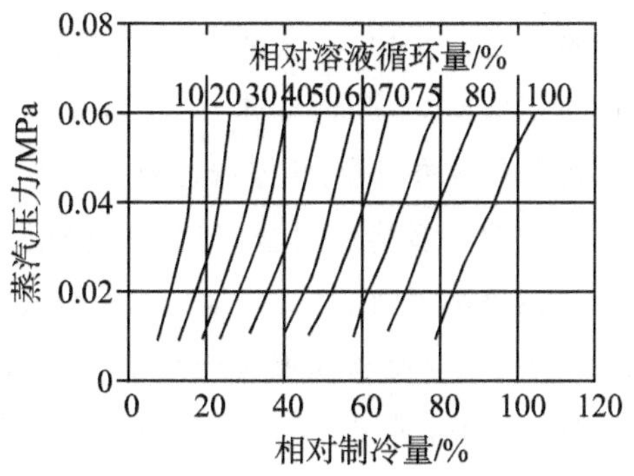

图10-32　溶液循环量与制冷量的关系

10.5.3 改善溴化锂吸收式机组性能的措施

为提高吸收式制冷与热泵机组的性能，不仅应采用高效的制冷与热泵循环、优良的吸收式工质对，强化各换热器的传热传质性能，还需采取如下附加措施。

1.添加表面活性剂

为提高热质交换效果，常在溴化锂溶液中加入表面活性剂，以降低表面张力，常用的表面活性剂是异辛醇或正辛醇。表面活性剂提高吸收式机组性能的机理如下：①降低表面张力，增强溶液和水蒸气的结合能力，增加吸收器中传热传质的接触面积；②降低溶液表面水蒸气压力，提高吸收器中传质推动力；③传热管表面形成马拉各尼对流效应，提高吸收系数和吸收速率，强化吸收效果；④含有辛醇的水蒸气与铜管表面几乎完全浸润，然后很快形成一层液膜，使水蒸气在铜管表面的凝结状态由原来的膜状凝结变成珠状凝结，从而提高冷凝时的传热效果。

辛醇添加量对制冷量的影响如图10-33所示，添加质量分数为0.1%～0.3%的辛醇可以带来10%～20%的制冷量提升，继续提高添加量的改善效果则并不明显。

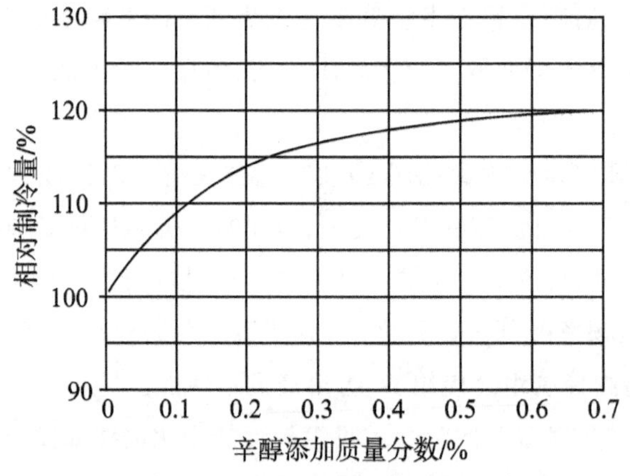

图10-33　辛醇添加量与制冷量的关系

2.添加缓蚀剂

溴化锂水溶液对一般金属有腐蚀作用，尤其在有空气存在的情况下腐蚀更为严重。腐蚀不但缩短机组的使用寿命，而且产生不凝性气体，使筒内真空度难以维持。所以，吸收式制冷机的传热管采用铜镍合金管或不锈钢管，筒体和管板采用不锈钢板或复合钢板。

在溶液中加入缓蚀剂可有效地减缓溶液对金属的腐蚀作用。在溶液温度不超过120℃时，在溶液中加入0.1%～0.3%的铬酸锂（Li_2CrO_4）和0.02%的氢氧化锂，使溶液呈碱性，PH值在9.5～10.5范围，对碳钢—铜的组合结构防腐蚀效果良好。当溶液温度高达160℃时，上述缓蚀剂对碳钢仍有很好的缓蚀效果。此外，还可选用其他耐高温缓蚀剂，如在溶液中加入0.001%～0.1%的氧化铅（PbO），或加入0.2%的三氧化二锑（Sb_2O_3）与0.1%的铌酸钾

($KNbO_3$)的混合物等。

尽管如此,为了防止溶液对金属的腐蚀,在机组运行期间,必须确保机组的密封性维持机组内的高度真空;在机组长期不运行时需充入氮气并保持微正压,以防止空气渗入。

3.排除不凝性气体

由于吸收式制冷系统内的工作压力远低于大气压力,尽管设备密封性好,也难免有少量空气渗入,并且,因腐蚀也会产生一些不凝性气体。所以,必须设有抽气装置,排除聚积在筒体内的不凝性气体,以保证制冷机的正常运行。此外,抽气装置还可用于制冷机的抽空、试漏与充液。

(1)机械真空泵抽气装置。常用的抽气装置如图10-34所示。图中辅助吸收器3又称冷剂分离器,其作用是发生器将一部分溴化锂—水溶液淋洒在冷却盘管上,在放热条件下吸收所抽出气体中含有的冷剂水蒸气,使真空泵排出的只是不凝性气体,以提高真空泵的抽气效果并减少冷剂水的损失。阻油器2的作用是防止真空泵停车时泵内润滑油倒流入机体内。真空泵1一般采用旋片式机械真空泵。

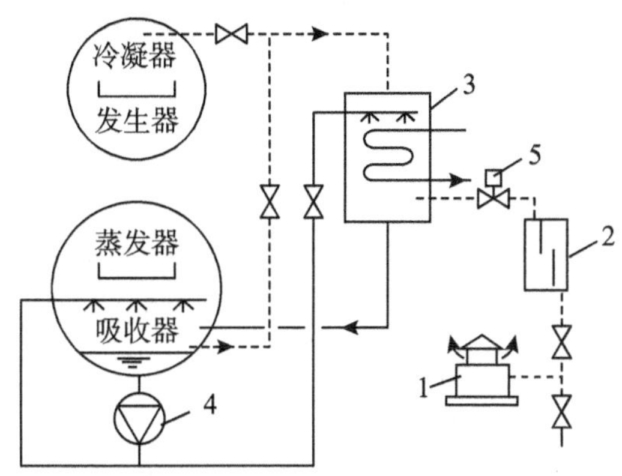

图10-34 抽气装置

1-真空泵;2-阻油器;3-辅助吸收器;4-吸收器泵;5-调节阀

(2)自动抽气装置。上述机械真空泵抽气装置只能定期抽气,为了改进溴化锂吸收式制冷机的运转效能,除设置上述抽气装置外,可附设自动抽气装置。图10-35示出了一种自动抽气装置的原理结构图。该装置利用溶液泵1和引射器2,将系统中的不凝性气体通过抽气管3引射到辅助吸收器4中,经过气液分离,稀溶液通过回流阀8返回吸收器,不凝性气体则通过管道进入储气室5,并聚集于顶部气包中待集中排出。利用设置在储气室上的压力传感器9(薄膜式真空压力计)检测其不凝性气体的压力,当压力超过设定值时,自动进行排气操作。排气时先关闭抽气管和回液管上的阀门,此时溶液仍在不断进入引射器,储气室内气体被压缩,压力升高,当大于大气压力时,则打开排气阀排气。另外,压力传感器时刻检测储气室的压力,根据压力的变化情况也可判断机组气密性能的好坏。

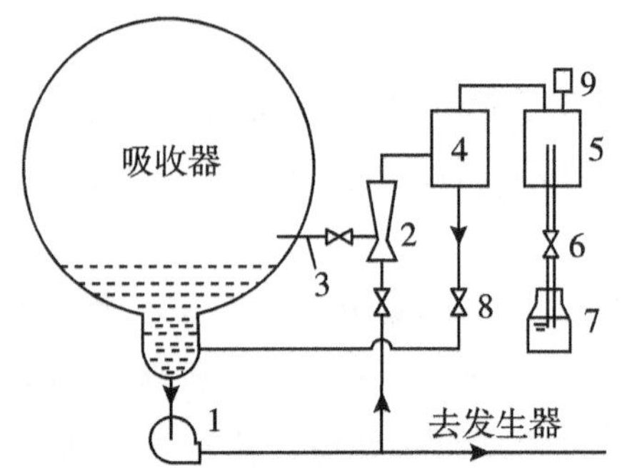

图10-35　自动抽气装置原理图

1-溶液泵;2-引射器;3-抽气管;4-辅助吸收器;5-储气室;6-排气阀;7-排气瓶;8-回流阀;9-压力传感器

(3)钯膜抽气装置。溴化锂吸收式制冷机在正常运行过程中,由于溶液对金属材料的腐蚀作用,会产生一定量的氢气。如果机组的气密性能良好,产生的氢气则是机组中不凝性气体的主要来源。为了排出氢气,可以设置钯膜抽气装置。钯金属对氢气具有选择透过性,可将产生的氢气排出机组之外。但是,钯膜抽气装置的工作温度约300℃,因此,需利用加热器进行加热。除长期停机外,一般不切断加热器的电源。钯膜抽气装置通常装设在自动抽气装置的储气室上。

4.溶液结晶控制

从溴化锂水溶液$p-t$图(参见图10-18)可以看出,溶液的温度过低或浓度过高均容易发生结晶。因此,当进入吸收器的冷却水温度过低(如小于20～25℃)或发生器加热温度过高时就可能引起结晶。结晶现象一般先发生在溶液热交换器的浓溶液出口处,因为此处溶液浓度最高,温度较低,通路窄小。发生结晶后,浓溶液通路被阻塞,引起吸收器液位下降,发生器液位上升,直到制冷机不能运行。

为解决热交换器浓溶液侧的结晶问题,在发生器上设有浓溶液溢流管,也称为防晶管(如图10-13中的21)。该溢流管不经过热交换器,而直接与吸收器的稀溶液囊相连。当热交换器浓溶液通路因结晶被阻塞时,发生器的液位升高,浓溶液经溢流管直接进入吸收器。这样,不但可以保证制冷机在部分负荷下继续工作,而且由于热的浓溶液在吸收器内直接与稀溶液混合,提高了热交换器稀溶液侧的温度,从而使浓溶液侧结晶部位的温度升高,以消除结晶现象。此外,还可通过机组的控制系统,停止冷却水泵,利用吸收热使吸收器内的稀溶液升温,以融化热交换器浓溶液侧的结晶。

思考题与习题

10-1 吸收式制冷机是如何完成制冷循环的？在溴化锂吸收式制冷循环中,制冷剂和吸收剂分别起哪些作用？从制冷剂、驱动能源、制冷方式、散热方式等各方面比较吸收式制冷与蒸气压缩式制冷的异同点。

10-2 试分析在吸收式制冷系统中为何双效系统比单效系统的热力系数高？

10-3 简述蒸气型单效吸收式冷水机组有哪些主要换热部件？说明各个部件的作用与工作原理。为什么说溶液热交换器是一个节能部件？

10-4 为什么在溴化锂吸收式制冷机中，蒸发器不采用蒸气压缩式制冷系统中的满液式蒸发器结构？

10-5 试分析吸收式冷水机组与蒸气压缩式制冷机组的冷却水温度是否越低越好？

10-6 吸收式制冷机中LiBr溶液的吸收、发生过程与溴化锂溶液除湿机组中的除湿、再生过程有何区别和联系。

10-7 利用溴化锂溶液的$p-t$图，说明A(温度t=90℃，压力p=8kPa)状态的饱和溶液等压加热到温度为95℃时溶液的变化过程，并求终了状态B溶液的质量浓度。

10-8 利用溴化锂溶液的$h-\xi$图，计算溶液从状态a(ξ_a=62%，t_a=50℃)变化到状态b(ξ_b=58%，t_b=40℃)时所放出的热量。

10-9 已知直燃型溴化锂吸收式冷水机组的COP_c=1.4，离心式冷水机组的COP_c=6.0，当制冷量和冷却水温差均相同时，请问哪种冷水机组的冷却水量更大？一次能源利用效率更高？

10-10 将蒸气压缩式热泵与吸收式热泵有机结合的压缩—吸收式热泵系统可获得较大的热水温升，以三氟乙醇(TFE，$C_2H_2F_3OH$)和四甘醇二甲醚(TEGDME，$CH_3(C_2H_4O)_4CH_3$，又称E181)为工质对的压缩—吸收式热泵系统的工作原理如图10-36所示，试分析其工作原理，并比较它与第二类吸收式热泵的区别与联系。

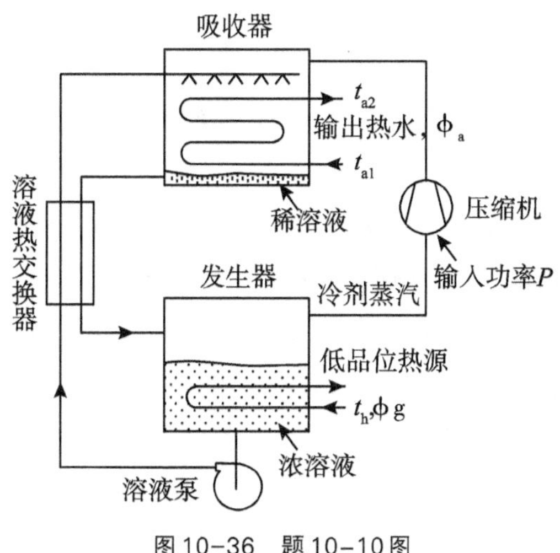

图10-36　题10-10图

第11章　冷热源的运行管理与维护

螺杆式冷水机组的运行管理与维护

11.1　螺杆式冷水机组的运行与维护

随着我国经济的发展及生产工艺要求的提高，螺杆式冷水机组广泛应用于空调系统，因此螺杆式冷水机组越来越广泛地应用于企业，然而随之而来的相关螺杆式冷水机组的运行与维护成为运营过程中的重要流程。

11.1.1　螺杆式冷水机组启动前的准备工作

螺杆式冷水机组启动前应做好以下准备工作：

(1)确认机组中各有关阀门所处的状态是否符合开机要求；

(2)压缩机油位应介于压缩机油分视镜之间；

(3)检测润滑油油温是否达到30℃。若不到30℃，就应打开电加热器进行加热，同时可启动油泵，使润滑油循环温度均匀升高。

(5)油泵启动运行后，将能量调节控制阀处于减载位里，并确定滑阀处于零位。

(6)调节油压调节阀，使油压达到0.5～0.6MPa。

(7)确认水流开关正确装在蒸发器和冷凝器出口的用户管道上，并与控制中心正确相连。

11.1.2　螺杆式冷水机组的启动及运行

螺杆式制冷压缩机在经过试运转操作，并对发现的问题进行处理后，即可进入正常运转操作程序。其操作方法是：

(1)闭合压缩机电源，启动控制开关，打开压缩机吸气阀，经延时后压缩机启动运行，在压缩机运行以后进行润滑油压力的调整，使其高于排气压力0.15～0.3MPa。

(2)闭合供液管路中的电磁阀控制电路，启动电磁阀，向蒸发器供液态制冷剂，将能量调节装置置于加载位置，并随着时间的推移，逐级增载。同时观察吸气压力，通过调节膨胀阀，使吸气压力稳定在0.36～0.56MPa。

(3)压缩机运行以后，当润滑油温度达到45℃时，断开电加热器的电源，同时打开油冷却器的冷却水的进、出口阀，使压缩机运行过程中，油温控制在40～55℃范围内。

(4)若冷却水温较低，可暂时将冷却塔的风机关闭。

(5)将喷油阀开启1/2～1圈，同时应使吸气阀和机组的出液阀处于全开位置。

(6)将能量调节装置调节至100%的位置,同时调节膨胀阀使吸气过热度保持在6℃以上。

(7)螺杆式冷水机组启动运行中的检查。机组启动完毕投入运行后,应注意对下述内容的检查,确保机组安全运行。

①冷媒水泵、冷却水泵、冷却塔风机运行时的声音、振动情况,水泵的出口压力、水温等各项指标是否在正常工作参数范围内。

②润滑油的油温是否在60℃以下,油压是否高于排气压力0.15～0.3MPa,油位是否正常。

③压缩机处于满负荷运行时,吸气压力值是否在0.36～0.56MPa范围内。

④压缩机的排气压力是否在1.55MPa以下,排气温度是否在100℃以下。

⑤螺杆式冷水机组压缩机运行过程中,电机的运行电流是否在规定范围内。若电流过大,就应调节至减载运行,防止电动机由于运行电流过大而烧毁。

⑥压缩机运行时的声音、振动情况是否正常。

上述各项中,若发现有不正常情况时,就应立即停机,查明原因、排除故障后,再重新启动机组。切不可带着问题让螺杆式冷水机组运行,以免造成重大事故。

11.1.3　螺杆式冷水机组压缩机正常运行的标志

(1)压缩机排气压力为1.47～1.8MPa(表压);

(2)压缩机排气温度为45～90℃,最高不得超过105℃;

(3)压缩机的油温为40～55℃左右;

(4)压缩机的油压为0.2～0.3MPa(表压);

(5)压缩机运行过程中声音应均匀、平稳,无异常声音;

(6)机组的冷凝温度应比冷却水温度高3～5℃;冷凝温度一般应控制在40℃左右,冷凝器进水温度应在32℃以下;

(7)机组的蒸发温度应比冷媒水的出水温度低3～4℃,冷媒水出水温度一般为5～7℃左右。

11.1.4　螺杆式制冷压缩机的停机操作

螺杆式制冷压缩机的停机分为正常停机、紧急停机、自动停机和长期停机等停机方式。

1.正常停机的操作方法

(1)将手动卸载控制装置置于减载位置。

(2)关闭冷凝器至蒸发器之间的供液管路上的电磁阀、出液阀。

(3)停止压缩机运行,同时关闭其吸气阀。

(4)待能量减载至零后，停止油泵工作。

(5)将能量调节装置置于“停止”位置上。

(6)关闭油冷却器的冷却水进水阀。

(7)停止冷却水泵及冷却塔风机的运行。

(8)停止冷媒水泵的运行。

(9)关闭总电源。

2.机组的紧急停机

螺杆式制冷压缩机在正常运行过程中，如发现异常现象，为保护机组安全，就应实施紧急停机。其操作方法是：

(1)停止压缩机运行。

(2)关闭压缩机的吸气阀。

(3)关闭机组供液管上的电磁阀及冷凝器的出液阀。

(4)停止油泵工作。

(5)关闭油冷却器的冷却水进水阀。

(6)停止冷媒水泵、冷却水泵和冷却塔风机。

(7)切断总电源。

机组在运行过程中出现停电、停水等故障时的停机方法可参照离心式压缩机紧急停机中的有关内容处理。

机组紧急停机后，应及时查明故障原因，排除故障后，可按正常启动方法重新启动机组。

3.机组的自动停机

螺杆式制冷压缩机在运行过程中，若机组的压力、温度值超过规定范围时，机组控制系统中的保护装置会发挥作用，自动停止压缩机工作，这种现象称为机组的自动停机。机组自动停机时，其机组的电气控制板上相应的故障指示灯会点亮，以指示发生故障的部位。遇到此种情况发生时，主机停机后，其他部分的停机操作可按紧急停机方法处理。在完成停机操作工作后，应对机组进行检查，待排除故障后才可以按正常的启动程序进行重新启动运行。

4.机组的长期停机

由于用于中央空调冷源的螺杆式制冷压缩机是季节性运行，因此机组的停机时间较长。为保证机组的安全，在季节停机时，可按以下方法进行停机操作。

(1)在机组正常运行时，关闭机组的出液阀，使机组进行减载运行，将机组中的制冷剂全部抽至冷凝器中。为使机组不会因吸气压力过低而停机，可将低压压力继电器的调定值调为0.15MPa。当吸气压力降至0.15MPa左右时，压缩机停机，当压缩机停机后，可将低压压力值再调回。

(2)将停止运行后的油冷却器、冷凝器、蒸发器中的水卸掉，并放干净残存水，以防冬季时冻坏其内部的传热管。

(3)关闭好机组中的有关阀门,检查是否有泄漏现象。

(4)每星期应启动润滑油油泵运行10～20min,以使润滑油能长期均匀地分布到压缩机内的各个工作面,防止机组因长期停机而引起机件表面缺油,造成重新开机时的困难。

11.1.5 螺杆式冷水机组的维护保养

螺杆式冷水机组维护保养的主要内容,包括日常保养和定期检修。定期的检修保养能保证机组长期正常运行,延长机组的使用寿命,同时也能节省制冷能耗。对于螺杆式冷水机组,应有运行记录,记录下机组的运行情况,而且要建立维修技术档案。完整的技术资料有助于发现故障隐患,及早采取措施,以防故障出现。

1.螺杆压缩机

螺杆压缩机是机组中非常关键的部件,压缩机的好坏直接关系到机组的稳定性。如果压缩机发生故障,由于螺杆压缩机的安装精度要求较高,一般都需要请厂方来进行维修。

2.冷凝器和蒸发器的清洗

水冷式冷凝器的冷却水由于是开式的循环回路,一般采用的自来水经冷却塔循环使用。当水中的钙盐和镁盐含量较大时,极易分解和沉积在冷却水管上而形成水垢,影响传热。结垢过厚还会使冷却水的流通截面缩小,水量减少,冷凝压力上升。因此,当使用的冷却水的水质较差时,对冷却水管每年至少清洗一次,去除管中的水垢及其他污物。清洗冷凝器水管的方法通常有以下两种:

(1)使用专门的清管枪对管子进行清洗。

(2)使用专门的清洗剂循环冲洗,或充注在冷却水中,待24h后再更换溶液,直至洗净为止。

3.更换润滑油

机组在长期使用后,润滑油的油质变差,油内部的杂质和水分增加,所以要定期地观察和检查油质。一旦发现问题应及时更换,更换的润滑油牌号必须符合技术资料。

4.更换干燥过滤器

干燥过滤器是保证制冷剂进行正常循环的重要部件。由于水与制冷剂互不相溶,如果系统内含有水分,将大大影响机组的运行效率,因此,保持系统内部干燥是十分重要的,干燥过滤器内部的滤芯必须定期更换。

5.安全阀的校验

螺杆式冷水机组上的冷凝器和蒸发器均属于压力容器,根据规定,要在机组的高压端即冷凝器本体上安装安全阀,一旦机组处于非正常的工作环境时,安全阀可以自动泄压,以防止高压可能对人体造成的伤害。所以,安全阀的定期校验对于整台机组的安全性是十分重要的。

6.制冷剂的充注

如没有其他特殊的原因,一般机组不会产生大量的泄漏。如果由于使用不当或在维修后,有一定量的制冷剂发生泄漏,就需要重新添加制冷剂。充注制冷剂时必须注意机组使用制冷剂的牌号。

11.2 离心式冷水机组的运行与维护

离心式冷水机组的运行与维护

离心式冷水机组在建筑中央空调中得到广泛应用,在运行中若操作、管理不善,会频繁出现故障,导致制冷量下降甚至不能开机,使得维修费用增加,影响人体舒适度,只有科学管理、合理维护保养才能保障机组安全运行。

11.2.1 离心式冷水机组启动前的准备工作

离心式冷水机组在系统启动前应做好以下准备工作:

(1)检查供电系统是否正常;

(2)检查蒸发器内制冷剂液位,应在视镜2/3处能见到制冷剂;

(3)检查油槽中的油位,使油位处于油位计“运行范围”以内;如果油位处于油位指示器中的“过量”区,则应当从油槽中放油。如果油位处于油位指示器中的“低液位”区,则应当向油槽中充油;

(4)检查压缩机机槽内的油温,油温应保持在55~60℃左右,不应低于40℃;

(5)检查手动油泵油压;

(6)检查冷水、冷却水管道上的阀门开启状态;

(7)检查冷却水、冷冻水的流量开关,开启冷却水泵、冷却塔风机、冷水泵,向油冷却器供水;

(8)压缩机进口导叶处于全封闭状态。

11.2.2 离心式冷水机组的启动及运行

(1)如果冷冻水泵为手动式,则应先开启冷冻水泵,当冷水机组中冷冻水流量建立起来时,控制中心才将启动机组。如果水泵与电脑控制中心相连,则自动启动,可以省去开启冷冻水泵环节。

(2)按下自动控制系统启动键后,在冷冻水泵、冷却水泵、冷却塔的继电器触点与机组控制柜连锁接线后将执行如下控制逻辑:机组启动前,先启动冷冻水泵,然后启动冷却水泵,最后启动机组。

(3)当离心式冷水机组开始启动时,以下步骤为机组自动完成:

①油泵预运行50秒,建立起旋转油压,并给压缩机内轴承、齿轮等提供足够润滑。

②压缩机启动开关接通,冷冻水泵触点闭合,冷冻水泵工作。

③预运行后,压缩机启动。

(4)当压缩机达到了其运行速度以后,微处理器板将控制导流片开启。为保持冷冻水出水温度恒定,通过检测冷冻水出水温度,机组容量会做相应变化。当冷冻水温度下降时,执行机构将关小导流叶片,以减小机组容量。当冷冻水温度上升时,执行机构将开大导流叶片,以增大机组的容量。如果负荷持续下降,待导流片完全关闭后,低水温控功能将使冷水机组停机。

(5)冷却水温度控制:目前市场上主流机型的冷却水控制方案为充分利用低于设计温度的冷却水(一般由冷却塔提供),这样可以起到更好的节能作用。故只需冷却水最低温度不低于下式数值:

最低ECWT=LCWT-CRANGE+5℉+12

最低ECWT=LCWT-CRANGE+2.8℃+6.6

ECWT=冷却水入口温度

LCWT=冷却水出口温度

CRANGE=在给定负荷下冷却水温度变化范围

启动时,冷却水进水温度可以低于待回水的冷冻水温度25℉(14℃)。只需让冷却塔风机周期运行,一般就能控制冷凝器的入口水温。

(6)机组正常运行时,应观察以下指标,保证在正常范围内即可:

①压缩机吸气口温度应比蒸发温度高1~2℃或2~3℃。蒸发温度一般在0~10℃,一般机组多控制在0~5℃。

②压缩机排气温度一般不超过60~70℃。如果排气温度过高,会引起冷却水水质的变化,杂质分解增多,设备被腐蚀损坏的可能性增加。

③油温应控制在40℃以上,油压差应在0.15~0.2MPa。润滑油泵轴承温度应为60~74℃范围。如果润滑油泵运转时轴承温度高于80℃,就可能会引起机组停机。

④冷却水通过冷凝器时的压力降低范围应为0.06~0.07MPa。冷媒水通过蒸发器时的压力降低范围应为0.05~0.06MPa。如果超出要求的范围,就应通过调节水泵出口阀门及冷凝器、蒸发器的进水阀门,将压力控制在要求的范围内。

⑤冷凝器下部液体制冷剂的温度,应比冷凝压力对应的饱和温度低2℃左右。

⑥从电动机的制冷剂冷却管道上的含水量指示器上,应能看到制冷剂液体的流动及干燥情况在合格范围内。

⑦机组的冷凝温度比冷却水的出水温度高2~4℃,冷凝温度一般控制在40℃左右,冷凝器进水温度要求在32℃以下。

⑧机组的蒸发温度比冷媒水出水温度低2～4℃,冷媒水出水温度一般为5～7℃左右。

⑨控制盘上电流表的读数小于或等于规定的额定电流值。

⑩机组运行声音均匀、平稳,听不到喘振现象或其他异常声响。

(7)离心机组的停机操作。离心式压缩机停机操作分手动停机、自动停机和事故停机。正常停机一般采用手动方式,也可以采用自动方式停机。

①手动停机

•采用手动点动的操作方式。将进口导叶开度关至30%,使机组处于减载运行状态。

按下"主机停止"按钮,使主电动机停止运转,同时控制柜上主电动机运行电流表指针应位于"0"。主机停车后,延时1～3min(根据不同机组延时时间不同而定)后油泵电机停转。此时导叶应关闭(采用自动复位或手动复位)。

•关闭油冷却器进出口冷却水阀(手动或电磁阀动作)和主电动机供液态制冷剂阀。油温调节系统仍按自动方式运行,油槽底部电加热器运转2min后(即压缩机完全停止),自动停止油泵。此时仍需维持油槽油温在50～60℃,以防止制冷剂大量溶入润滑油中。

•关闭冷水泵出口阀,停冷水泵,停止向蒸发器供水。一般在制冷压缩机停车后,冷水泵还要运行一段时间,保持蒸发器中制冷剂温度高于2℃,防止冻结。关闭冷却水泵出口阀,停冷却水泵,停冷却塔风机。

•在停压缩机时注意主电动机有无反转现象。主电动机的反转是由于停车过程中,压缩机的增压作用突然消失,蜗壳及冷凝器中的高压制冷剂气体倒灌所造成。因此,压缩机停车前应在保证安全的前提条件下,尽可能关小导叶角度,降低压缩机出口压力。

•停车后关闭抽气回收装置与蒸发器、冷凝器连通的两个波纹管阀,及供压缩机加油的加油阀。如在运行中,油回收装置前后的波纹管阀已打开,停车时则必须关闭,防止润滑油向压缩机内倒灌。

•停车过程中仍需注意油槽的油位。停车后油位不宜过高也不宜过低,且与机组运行前油位比较,以检查机组在运行过程中的漏油情况,并采取措施。

•停机后仍应保持主电动机供油、回油管路畅通,中间各阀一律不得关闭。

•切断机组电源。

•检查蒸发器制冷剂液位高度,与运行前相比较。检查浮球室内浮球回位和液位情况。

•进一步检查导叶关闭情况,且使之处于全闭状态。

②自动停机

•当蒸发器的出水温度低于设定的冷媒水供水温度时,空调系统主电机和冷却水泵立刻自动停止运转,但中央空调的冷媒水系统仍保持运行状态。

•冷水机组因发生故障而由安全保护装置动作引起的自动停机,一般均有报警信号出现或相应故障指示灯亮,显示的故障诊断代码分为"自锁型"和"非自锁型"两类,前者在诊断的故障状态消除后需要手动再启动，而后者只要诊断的故障状态消除就可以自动地再启动。

③故障停机。机组的故障停机指某控制部位出现故障，电气控制中的保护装置动作，实现机组正常自动保护停机。停机时有报警(声、光)显示，运行人员可先消除音响，再按下控制柜上显示按钮，观察故障内容，并在停机后排除。

11.2.3　离心式冷水机组常见故障及处理方法

制冷压缩机在运行过程中，值班人员应定时和不定时进行巡视检查和调整，以便及时发现问题，以下为制冷压缩机在运行过程中常见故障及处理方法：

(1)蒸发压力过低

原因：

①冷水量不足。

②冷负荷少。

③节流孔板故障(仅使蒸发压力低)。

④蒸发器的传热管因水垢等污染而使传热恶化(仅使蒸发压力过低)。

⑤冷媒量不足(仅使蒸发压力过低)。

处理办法：

①检查冷水回路，使冷水量达到额定水量。

②检查自动起停装置的整定温度。

③检查膨胀节流管是否畅通。

④清扫传热管。

⑤补充冷媒至所需量。

(2)冷凝压力过高

原因：

①冷水量不足。

②冷却塔的能力降低。

③冷水温度太高，制冷能力太大，使冷凝器负荷加大。

④有空气存在。

⑤冷凝器管子因水垢等污染，传热恶化。

处理方法：

①检查冷却水回路，调整至额定流量。

②检查冷却塔。

③检查膨胀节流管等，使冷水温度尽快接近额定温度。

④进行抽气运转排除空气，若抽气装置需频繁运行，则必须找出空气漏入的部位消除之。

⑤清扫管子。

(3)油压差过低

原因:

①油过滤器堵塞。

②油压调节阀(泄油阀)开度过大。

③油泵的输出油量减少。

④轴承磨损。

⑤油压表(或传感器)失灵。

⑥润滑油中混入的制冷剂过多(由于启动时油起泡而使油压过低)。

处理方法:

①更换油过滤器滤芯。

②关小油压调节阀使油压升至额定油压。

③解体检查。

④解体后更换轴承。

⑤检查油压表,重新标定压力传感器,必要时更换。

⑥制冷机停车后务必将油加热器开启,保持给定油温(确认油加热器有无断线,油加热器温度控制的整定值是否正确)。

(4)油温过高

原因:

①油冷却器冷却能力降低。

②因冷媒过滤器滤网堵塞而使油冷却器冷却用冷媒的供给量不足。

③轴承磨损。

处理方法:

①调整油温调节阀。

②清扫冷媒过滤器滤网。

③解体后修理或更换轴承。

(5)断水

原因:

冷水量不足。

处理方法:

检查冷水泵及冷水回路,调至正常流量。

(6)主电机过负荷

原因:

①电源相电压不平衡。

②电源线路电压降大。

③供给主电动机的冷却用制冷剂量不足。

处理方法：

①采取措施使电源相电压平衡。

②采取措施减小电源线路电压降。

③检查冷媒过滤器滤网并清扫滤网；开大冷媒进液阀。

11.2.4　离心式冷水机组的维护保养

为保证离心式压缩机的正常运转，延长使用寿命，作为离心式冷水机组运行规程中的一个重要环节，就是要重视和强化机组的维护和保养，以保证机组的正常运行，提高使用寿命，并使机组各部分工作协调一致。

11.2.5　压缩机维护

压缩机组件维护包括：检查回油系统的运行、更换干燥剂、润滑油和油过滤器的检查与更换、检查油加热器和油泵的运行以观察压缩机的运行情况。

11.2.6　蒸发器和冷凝器的维护

蒸发器和冷凝器的保养在实现冷水机组无故障运行方面起了重要的作用。传热管的水侧要保持清洁无垢。管束的清洁目前主要采用管束刷洗、管束酸洗两种方式。

11.2.7　制冷剂充注

机组在停机时要经常检查制冷剂的充注量，并在停机时及时修正。待冷凝器和蒸发器的压力及温度达到平衡之后，应检查制冷剂的液位，须等压缩机和水泵停机4小时之后，才能进行，以液位在视镜中可见为宜。

在对一个真空系统充注制冷剂时，为了防止蒸发器管束里的液体结冰，只准将充注桶顶部的制冷剂蒸气充入系统，直到系统压力超过蒸发器液体冰点所对应的压力为止。充注制冷剂时，要小心谨慎，避免将湿空气带入系统。

除按照本章节中介绍的开机、运行、关机的操作执行外，尚应在长时间停止使用时，做好当年运行的记录情况，为下一年开机前的检修提供依据和物质、技术准备，维护好机组，使其在停机期间不受损坏。

11.3 溴化锂吸收式冷水机组的调试、运行与维护

溴化锂吸收式冷水机组的运行与维护

溴化锂吸收式冷水机组可以一机多用，可供夏季空调，冬季采暖，兼顾冷、热水同时供应，使用方便。但由于其独特的内部构造，为了使设备经常处于完好状态，必须对机组进行专业调试、维护和保养。

11.3.1 溴化锂吸收式冷水机组的调试

1.对溴化锂机组进行气密性检验

由于溴化锂制冷机组在真空下运行，此时系统内的绝对压力很低，与系统外的大气压力存在较大的压差。如气密性不好，一方面会使机内腐蚀加重，缩短主机使用寿命；另一方面冷剂水也不能低温蒸发导致制冷量下降，能耗上升，从而影响机组的正常运行。

因此，必须定期对机组进行气密性检查和试验。

气密性检查分为正压检漏和高真空的负压检漏两种形式。

(1)正压检漏。正压检漏就是向机组内充入一定的压力气体，查找漏气的部位，然后进行补漏。补漏后再充气试验，这样反复几次，直至不漏为止。

(2)高真空的负压检漏。严格地说，机组漏气是绝对的，而不漏气则是相对的。因此，在正压检漏和补漏合格后，再进行高真空的负压检漏，使机组的气密程度达到标准。

2.系统的清洗

溴化锂吸收式制冷机组的清洗应在经过严格的气密性检验后，必须进行水洗，水洗有三个目的：一是检查屏蔽泵的转向和运转性能；二是清洗内部系统的铁锈、油污及其他污物；三是检查冷剂和溶液循环管路是否畅通。

11.3.2 溴化锂吸收式冷水机组的运行与维护

1.机组的开关机程序

(1)开机程序

①合上机组控制箱上的空气开关，确认机组“故障监视”画面上无故障灯亮(除冷水断水故障外)，切换到“机组监视”画面。

②确认冷水泵出口阀门处于关闭位置后启动冷水泵，缓慢打开冷水泵出口阀门，调整冷水流量(或压差)到机组额定流量(或压差)。

③确认冷却水泵出口阀门处于关闭位置后启动冷却水泵，缓慢打开冷却水泵出口阀门，调整冷却水流量(或压差)到机组额定流量(或压差)。

④打开机组燃料进口阀门。

⑤在“机组监视”画面上按“系统启动”键，然后按“确认”键，“确认完毕”键，机组进入运行状态。

⑥启动冷却塔风机，调整冷却水流量，控制冷却水进水温度在28℃到32℃之间或出水温度在36℃到38℃之间。

⑦巡回检查机组运行情况，每隔一小时记录数据一次。

(2)停机程序

①按“系统停止”键，机组进入稀释运行状态。

②手动关闭燃料进口阀门。

③3～5分钟后关闭冷却塔风机，关闭冷却水泵出口阀门后，停冷却水泵。

③机组稀释运行停止后，关闭冷水泵出口阀门，再停冷水泵。

⑤切断机组控制箱电源。

2.溴化锂吸收式冷水机组的日常保养

①机组启动前检查：冷水系统和冷却水系统是否正常；蒸气供应是否正常；供电是否正常；控制柜内各控制开关是否正确开启。

②制冷机运行过程中不允许随意停止冷水泵或冷却水泵，否则可能造成重大事故。

③在未启动真空泵情况下禁止乱动三个抽真空手柄，否则易造成空气进入制冷机内部，形成腐蚀，降低使用寿命和制冷量。

④停机后禁止蒸气进入溴冷机，一旦长时间地进入易造成结晶。

⑤溴冷机稀释运转中，冷水泵仍需运转，因为在稀释运转中溴化锂机组也具有一定的制冷能力，否则可能会造成冻结事故。

⑥开机组时最后开蒸气，停机组时最先关蒸气。防止机组内部继续制冷，冻坏机组。

⑦要注意真空度(10mmHg)。机组必须保持高度真空状态才能进行稳定工作。

⑧长期停机时，要将机组里的水排掉，防止水结冰，最好用空气吹扫干净(干燥保养)。

⑨溴化锂机组的冷凝器、发生器、吸收器、蒸发器是由铜管制成的。由于水中含有害物质，经腐蚀后会产生沉淀物和结垢，严重影响传冷、传热效果。维护保养时要用机械或化学清洗方法。为防止铜管冻裂，应避免在0℃以下维护保养机组。一般在每年3-4月对机组进行维护保养。如遇到冬天机组故障，维修时一定要先将水盖中的存水(冷凝器、发生器、吸收器、蒸发器)和管道及热交换器中的存水放净。

⑩检测或更换易损件，如屏蔽泵的石墨轴承、隔膜阀的密封圈和隔膜、真空泵的阀片、Y形过滤器的拆洗、垃圾清除等。如不及时对Y形过滤器进行拆洗，将导致Y形过滤器内垃圾堆积，阻塞管道，流水不畅，影响制冷或制热效能。

3.常见故障与突发性故障的处理(见表11-1)

表11-1 常见故障与突发性故障的处理

序号	故障现象	原因	排除方法
1	起动运转时,发生器液面波动,偏高或偏低,吸收器液面随它而偏高或偏低(有时产生汽蚀)	1.溶液调节阀开度不当,使溶液循环量偏小或偏大 2.加热蒸气压力不当,偏高或偏低 3.冷却水温偏低或偏高时,水量偏大或偏小 4.机器内有不凝性气体,真空度未达到要求	1.调整送往高低发生器的溶液循环量 2.调整加热蒸气的压力 3.调整冷却水温或水量 4.起动真空泵排除不凝性气体,使之达到真空度要求
2	制冷量低于设计值	1.送往发生器的溶液循环量不当 2.机器密封性不良,有空气漏入,抽气总管隔膜阀老化 3.真空泵抽气不良 4.喷淋管喷嘴堵塞 5.传热管结垢 6.冷剂水中溴化锂含量超过预定标准 7.蒸气压力过低 8.冷剂水和溶液充注量不足 9.溶液泵和冷剂泵有故障 10.冷却水进口温度过高 11.冷却水量过小 12.阻汽排水器故障 13.结晶	1.调整送往发生器的溶液循环量,满足工况要求 2.运转真空泵,并排除泄漏更换隔膜阀橡胶垫片 3.测定真空泵抽气性能,排除故障 4.冲洗喷淋管喷嘴 5.清洗传热管内的污垢和杂质 6.测定冷剂水相对密度,超过1.04kg/m³时进行再生 7.调整蒸气压力 8.添加适量的冷剂水和溶液 9.测量泵的电流,注意运转声音,检查故障,并予以排除 10.降低冷却水进口温度 11.适当加大冷却水量 12.检修阻汽排水器 13.排除结晶
3	结晶	1.蒸气压力高,浓溶液温度高 2.溶液循环量不足,浓溶液浓度高 3.漏入空气,制冷量降低 4.冷却水温急剧下降 5.安全保护继电器有故障 6.运转结束后,稀释不充分	1.降低加热蒸气压力 2.加大送往发生器的溶液循环量 3.运转真空泵,抽除不凝性气体,并消除泄漏 4.提高冷却水温或减少冷却水量,并检查冷却塔及冷却水循环系统 5.检查溶液高温,冷剂水防冻结等安全保护继电器,并调整至给定值 6.延长稀释循环时间,检查并调整时间继电器或温度继电器的给定数值,在稀释运转的同时,通以冷却水

续表

序号	故障现象	原因	排除方法
4	冷剂水里含有溴化锂溶液	1.送往发生器的溶液循环量过大,或发生器中液位过高 2.加热蒸气压力过高 3.冷却水温过低或水量调节阀有故障 4.运转中有冷凝器抽气	1.调节溶液循环量,降低发生器液位 2.降低加热蒸气压力 3.提高冷却水温并检修水量调节阀 4.停止冷凝器抽气
5	浓溶液温度高	1.蒸气压力过高 2.机内漏入空气 3.溶液循环量少	1.调整减压阀,压力维持在给定值 2.运转真空泵并排除泄漏 3.加大溶液循环量
6	冷剂水温过低	1.低负荷时,蒸气阀开度值比规定大 2.冷却水温过低或水量调节有故障 3.冷媒水量不足	1.关小蒸气阀并检查蒸气阀开大的原因 2.提高冷却水温,并检修水量调节阀 3.检查冷媒水量与水循环系统
7	冷媒水出口温度越来越高	1.外界负荷大于制冷能力 2.机组制冷能力降低 3.冷媒水量过大	1.适当降低外界负荷 2.见序号2 3.适当降低冷媒水量
8	运转中突然停机	1.断电 2.溶液泵或冷剂泵出现故障 3.冷却水与冷媒水断水 4.防冻结的低温继电器动作	1.见11.3.2 2.检查冷却水与冷媒水系统,恢复供水 3.检查低温继电器刻度并调整至适当位置
9	抽气能力下降	1.真空泵有故障 ①排气阀损坏 ②旋片弹簧失去弹性,旋片不能紧密接触,定子内腔旋转时有撞击声。 ③泵内脏及抽气系统内部严重污染。 2.真空泵油中混入大量冷剂蒸气,油呈乳白色,黏度下降,抽气效果降低。 ①抽气管位置布置不当 ②冷剂分离器中喷嘴堵塞或冷却水中断 3.冷却分离器中结晶	1.检查真空泵运转情况,拆开真空泵 ①更换排气阀 ②更换弹簧 ③拆开清洗 2.更换真空泵油 ①更换抽气管位置,应在吸收器管簇下方抽气 ②清洗喷嘴,检查冷却水系统 3.清除结晶

11.4　锅炉与辅助设备的运行管理和维护

11.4.1　锅炉在运行前应具备的条件

除真空热水锅炉和常压热水锅炉外,其余锅炉均属于压力容器的一种,其管理必须符合压力容器的使用管理规定。

为了确保锅炉安全运行,国家质量监督检验检疫总局发布了《锅炉压力容器使用登记管理办法》,其主要内容包括下面几部分。

(1)使用锅炉压力容器的单位和个人(以下统称使用单位)应当按照本办法的规定办理锅炉压力容器使用登记,领取《特种设备使用登记证》(以下简称使用登记证)。未办理使用登记并领取使用登记证的锅炉压力容器不得擅自使用。锅炉压力容器使用登记证在锅炉压力容器定期检验合格期间内有效。

(2)国家质量监督检验检疫总局(以下简称国家质检总局)负责全国锅炉压力容器使用登记的监督管理工作,县以上地方质量技术监督部门(以下简称质监部门)负责本行政区域内锅炉压力容器使用登记的监督管理工作。

省级质监部门和设区的市的质监部门是锅炉压力容器使用登记机关。移动式压力容器、国家大型发电公司所属电站锅炉的使用登记由省级质监部门办理,其他锅炉压力容器的使用登记由设区的市的质监部门负责办理。

地级州、盟以及未设区的地级市等同于设区的市,负责办理本行政区域内锅炉压力容器的使用登记工作。

直辖市质监部门可以委托下一级质监部门,以直辖市质监部门的名义办理锅炉压力容器的使用登记工作。

(3)每台锅炉压力容器在投入使用前或者投入使用后30日内,使用单位应当向所在地的登记机关申请办理使用登记,领取使用登记证。

使用租赁的锅炉压力容器,除移动式压力容器外,均由产权单位向使用地登记机关办理使用登记证,交使用单位随设备使用。

11.4.2 健全锅炉房各项管理制度

1.司炉工及水质化验员的操作证

锅炉投入运行前,上岗的所有司炉工及水质化验员,必须经过理论知识和实际操作的培训,经当地劳动部门考试合格后,发给操作证,即可允许上岗。司炉工人所操作的锅炉必须与所取得的司炉操作证类别相符。定期对司炉工、水质化验员组织技术培训和进行安全教育。

2.明确管理制度

(1)岗位责任制。按锅炉房内操作工种如司炉工组的职责范围明确任务和要求。应设专职或兼职管理人员负责锅炉安全技术管理工作。管理人员应具备锅炉安全技术知识,熟悉国家安全法规中的有关规定。

(2)司炉工安全操作规程。设备投运前的检查与准备工作;起动与正常运行的操作方法;正常停炉和紧急停炉的操作方法;设备的维护保养。

(3)巡回检查制度。明确定时检查的内容。

(4)交接班制度。明确交接班的要求、检查内容及交接手续。接班人员按规定、班次和时间提前到锅炉房做好接班准备工作,交班人员交接班时要认真掌握锅炉运行情况,按规定向接班人员交待当班设备运行情况,巡视检查设备状况,包括:水位表、压力表、温度计等。没有交待清楚岗位设备运行情况或接班人员没有到达现场,交班人员不得离开工作岗位,保证锅炉正常运行。

(5)设备维修保养制度。规定锅炉本体、安全保护装置、仪表及辅机的维护保养周期、内容和要求。

(6)水质管理制度。明确水质定时化验的项目和合格标准。

(7)清洁卫生制度。明确锅炉房设备及内外环境卫生区域的划分和清扫要求。

(8)事故报告制度。明确事故发生后及时处理的方法。

3.锅炉运行各项记录

(1)锅炉及附属设备的运行记录。

(2)交接班记录。

(3)保护现场措施并根据事故的类别逐级上报的要求。

(4)水处理设备运行及水质化验记录。

(5)设备检修保养记录。

(6)单位主管领导和锅炉房管理人员的检查记录。

(7)事故记录。当班问题当班处理,不能隐晦。

4.锅炉及辅助设备经检查维修保持完好状态

投入运行前要求设备的完好率为100%,是确保安全投入运行的重要环节,所有动力及传动设备在运行中必须保持不带故障运转、不带故障备用。

11.4.3　锅炉附属设施的管理

锅炉房是保证锅炉正常运行的辅助设备和设施的综合体。其配套设备和设施包括消防设备、配电设施、给水系统、通风设备、采暖系统等。在锅炉运行前,必须保证各项设施设备状态良好。

(1)锅炉房属于丁类生产厂房,一般会配置干粉灭火器。平时应对灭火器进行定期检查。消防设备检查:①检查灭火器铅封是否完好。灭火器一经开启后即使喷出不多,也必须按规定要求再充装。充装后应作密封试验并牢固铅封;②检查压力表指针是否在绿色区域,如指针在红色区域,应查明原因,检修后重新灌装。③检查可见部位防腐层的完好程度,轻度脱落的应及时补好,明显腐蚀的应送消防专业维修部门进行耐压试验,合格者再进行防腐处理;④检查灭火器可见零部件是否完整;有无变形、松动、锈蚀(如压杆)和损坏,装配是否合理;⑤检查推车式灭火器行走机构是否灵活可靠,及时在转动部分加润滑油;⑥检查喷嘴是否通畅,如有堵塞应及时疏通。

对于燃油锅炉,应在储油间配备沙坑或沙袋,当有燃油泄漏时及时用沙土覆盖,定期清理。

(2)锅炉房停电的直接后果是中断供热,甚至严重的会引起生产安全事故。配电设施的检查:①维护好配电系统标识,防止误操作。②清洁配电设备,检测运行温度。③做好高低压配电运行记录。

(3)锅炉给水设备主要包括给水管道系统、水处理系统及给水箱、给水泵等。给水系统检查:①供水水量水压是否满足运行要求;②检查给水阀门的标识,确定各给水阀门的开关是否满足设计要求;③给水箱水位符合运行要求。

(4)锅炉房通风系统包括平时进排风系统、事故通风系统。水处理间、储油间、燃气计量间等房间的平时排风系统是为了排除房间的污染空气,所以排风系统应保证24h开启。锅炉房的平时排风系统主要是为了排除房间内的热量,所以可以根据房间内温度适当调节排风量,温度不高时可以低速运行。燃油燃气锅炉储油间、燃气计量间、调压间、锅炉房等房间设置有事故通风,主要是为了在突然排放大量有毒气体或有燃烧、爆炸危险的气体时能快速排出,事故通风风机在其对应的房间内外均设置有启停开关,在平时的安全检查时要定期检查事故通风系统的可靠性。锅炉房进风系统是为了补充排风系统及锅炉燃烧系统的空气消耗,对有外窗的锅炉房,一般不另外设置进风风机,通过外窗自然补风,但对于设置在地下室的锅炉房,为了防止因排风的负压引起锅炉烟气倒灌,在锅炉运行时必须同时开启进风风机。

(5)在寒冷及严寒地区,锅炉房设置有采暖系统,为防止锅炉房内设备及管道冻裂,应保证即使在非生产时间锅炉房内空气温度也不能低于5℃。

11.4.4 燃油燃气锅炉的运行与操作

1.运行前的准备工作

(1)给水系统检查

①检查自动给水装置的各部件,并确认各部件毫无异常,达到正常运行条件。

②将给水泵的空气孔打开排出空气。给水泵的开关位置处于手动,并检查电机的回转方向是否正确。

③将给水泵进出口的阀门全部开启。

④检查锅炉给水阀或电动给水阀开启情况。

⑤检查水位计并观察考克是否灵活通畅。

⑥冲洗水位计并观察考克排水后、关闭考克后水位能否恢复正常。如有异常现象立即检查系统及考克有否堵塞。

⑦检查自动给水系统的止回阀、截止阀等各阀是否正确开启或关闭。

(2)锅炉本体检查

①本体正常无渗漏、外皮正常无破损,烟箱、烟囱连接牢固、观察孔是否正常可视。

②检查锅炉的安全附件是否正常,压力表指示是否正常,水位表指示是否正确,安全阀是否畅通。

(3)蒸气系统检查

①检查压力表管道及阀门是否畅通、灵活。压力表表面玻璃如有污,可用稀盐酸拭净。

②检查安全阀有无异常,排气管支撑牢固。

③主蒸气阀开启轻松,其副气阀、空气阀均属正常状态。

④压力控制器调整完毕处于正常自动控制状态。

⑤检查阀组前压力是否正常。

(4)燃烧系统检查

①日用油箱必须注满一定的燃油,并在油位计目测到一定油位,检查有无泄漏。日用油箱油位调节是否正常,低油位报警是否正常。燃气炉应检测进气压力是否满足燃烧器要求。

②检查燃气过滤器有无积塞的污物。

③启动油泵,燃油注入燃烧系统;气体燃料通过稳压器同样进入燃烧系统。

④打开缓冲器上方的回油阀排除空气。

⑤检查点火装置能否正常操作运行。

⑥对重油燃料检查加热后的油温是否达到规定的油温。

⑦检查空气油量(气量)调节阀等相关部件有无异常,是否松动。

(5)电气系统。检查控制盘内外部各操作和自动元件有无异常,各操作防护开关是否关闭或者在停止位置。并检查锅炉有关的电气燃烧系统、电气及自动元件是否正常,最后开启控制盘内的动力电路总开关,完成操作准备工作。

(6)水压试验。锅炉初次使用或锅炉大、中修以后首次投运应进行水压试验。锅炉安装完毕后必须进行整体水压试验,水压试验应符合《蒸气锅炉安全技术监察规程》的规定。

(7)安全阀整定。安全阀应在初次升压时进行整定,蒸气锅炉的锅筒(锅壳)和过热器的安全阀整定压力应按《蒸气锅炉安全技术监察规程》。锅炉本体及各管路的安全阀设定值应符合锅炉房设计的要求,并且不能大于锅炉说明书要求的限值。

(8)真空热水机组气密性的检查。真空热水机组在出厂前已进行了严格的气密性检查。但为了确定在运输或安装过程中是否产生了泄漏,可直接读取机组内的真空度,读数大于-90KPa时,应启动真空泵抽气。

以上各项必须逐步检查,均符合要求才能启动机组。

2.锅炉启停

(1)开机

①打开供、回油阀(燃油型机组)或供气阀门(燃气型机组),确保油路或气路畅通。

②对蒸气锅炉,打开蒸气管路阀门,开启换热器循环水泵;对热水锅炉,开启热水循环泵。

③合上机组控制箱电源,进行控制系统各参数的设定,调节温度压力参数至合适值。

④按开机按钮,机组投入运行。开机前检查以下内容是否符合要求:日用油箱油位或供气压力、采暖水或卫生热水压力、热媒介质液位、真空控制器压力设定值等。

(2)运行

①机组刚启动时应对燃烧器燃烧状况进行监视,若有异常状况应立即停机检查。

②启动后20分钟内观看各水温或蒸气压力上升是否正常。

(3)运行监视

机组运行应不定时监视:日用油箱油位、供气压力、燃烧机运行状况、真空压力表压力、热水水温等。如发现异常,应立即停机并查找原因。

(4)停机

①按停机按钮,关控制箱电源。

②关闭供油阀或供燃气阀门。

③停热水循环泵。

3.锅炉运行操作

锅炉正常运行时应做到锅炉内水位正常,蒸气压力稳定,锅炉锅筒水位控制和各保护装置正常。同时,加强各设备和自控仪表的监察,确保安全可靠,防止事故的发生,同时应注意下述诸项。

(1)给水系统。锅炉给水水质必须符合锅炉给水标准的规定。

蒸气锅炉注意水位变化,不管自动或手动操作,锅炉水位不得高于最高安全水位,或低于最低安全水位。在自动控制下水位不合理时锅炉应能发出警报。在最低安全水位时自动切断燃烧停炉,待水位恢复正常,经手动复位后锅炉方可重新启动。

(2)冷凝换热器操作。启动循环泵,开启进出水阀,使冷凝换热器内水循环良好,检查进出水口压力损失,确认冷凝换热器工作正常,打开换热器冷凝水排放阀,确认冷凝水排放畅通。

(3)燃烧系统的操作。开启油泵,将油由贮油罐注进日用油箱保持一定的油位、油量。

气源通过过滤器调整阀直至调压器进入工作状态。

燃油或燃气进入工作状态时,再开送风机燃烧器点火,各阀及控制开关切入自动状态。燃烧装置开始自动运转,随蒸气压力上升变化。如果蒸气压力上升过高,则自动保护装置开始动作,即刻报警直至停机。燃烧正常后,在蒸发量维持均匀状态,避免负荷的急剧变化。

注意空气挡板的调正。为提高燃烧效率,节省燃料,应控制燃料品质。保证燃烧器雾化均匀。如锅炉配有空气预热器,则检查空气预热器进出烟温和进出风温是否正常,确认空气预热器工作正常。

(4)排污。排污是使炉水碱度不超过一定的浓度,符合炉水碱度要求,同时排出炉水沉积物。排污应在锅炉低负荷时进行,排污量可根据炉水化学分析结果进行确定。

大容量锅炉除定期排污外,可根据用户要求配置连续排污。通过排除炉水表面附近的含盐量及泡沫、油污等杂质,防止汽水共沸,进而影响蒸气品质。

锅炉排污应注意炉水水位,如有任何不正常状况应立即停止排污。

4.运行突发事情处理

(1)停电。停电后机组自动停机,停止燃烧机及水泵工作。

处理方法:应关闭电控箱主空气开关,待重新供电且电压稳定后再启动机组。

(2)停水。停水对机组一般不会造成损伤。但对于卫生热水型机组要确保热水箱中水位,否则水位过低会引起卫生热水循环泵空转而损坏水泵。

(3)油箱缺油(燃油型机组)。日用油箱没油后燃烧机会自动停机并且故障指示灯亮。

处理方法:将日用油箱重新加满油,并排出油管中的空气,按下燃烧机故障指示灯(复位按钮),重新启动机组。

(4)供气压力不稳定(燃气型机组)。停机并关闭供气主阀,检查原因,压力稳定后重新启动机组。

(5)烟囱冒白烟或黑烟。可能燃烧机风门松动或有异物堵塞,也可能是机组烟管积灰,此时应作停机处理,如再次启动后仍有烟,应立即与锅炉售后服务工程师联系。

(6)机组内部突然有水漏出。原因:水室漏水或机组防爆阀破裂。

处理方法:立即关闭进出口水管阀门,停机并拆开机组面板检查。

(7)机组内部突然有汽冒出。原因:机组超压,防爆阀破裂。

处理方法:立即停机并拆开机组面板检查,并立即与售后服务工程师联系,检查原因。

(8)地震。立即停机并关闭电控箱主空气开关,关闭所有机组进出口的水阀及油气阀门。

思考题与习题

11-1 燃油燃气锅炉运行前要做哪些准备?

11-2 离心式冷水机组蒸发压力过低的原因有哪些?

第12章　蓄冷技术

随着人们生活水平的提高，空气调节作为控制建筑室内环境质量的重要技术手段虽然得到广泛应用，但因为消耗电量大，且系统运行时绝大多数处于用电负荷峰值期，这就需要工程人员结合材料性质及相应政策，来研究既符合环保的热能转换材料，又能节约电费的中央空调系统的运行组合方式。因此，蓄冷技术应运而生。

蓄冷技术是受到一些工程材料（介质）的热力学特征启发所产生的技术。一些材料具有蓄冷（热）特性，应用这种蓄冷（热）特性并加以合理应用的技术称为蓄冷（热）技术，即将冷（热）量存储起来，需要消耗冷（热）量时再释放存储下来的能量，这就为空调系统的设计提供了新的思路。单有技术并不能带来最大化的经济效益，还需要政策的扶持。这是因为我国电费计价存在着峰谷电价差，同时空调系统运行时正处于电价峰值期。因此，考虑到蓄冷技术与空调系统的需求时刻，夜间用较低的电价来储存冷量，就产生了蓄冷空调系统。从热力学上说，蓄冷技术应用的是相变潜热、显热，蓄冷技术就是蓄热技术，而蓄冷空调系统则是蓄冷系统和空调系统的总称。

可见，蓄冷式空调系统的原理为在夜间电网低谷时间（低谷电价），同时也是空调负荷较低的时间，制冷主机开机制冷并由蓄冷设备将冷量储存起来，根据水、冰以及其他物质的储能特性，应用蓄冷技术，充分利用电网低谷时段的低价电能，使制冷机在满负荷的条件下运行，将空调所需要的制冷量以显热或潜热的形式部分或全部存储于水、冰或其他物质中。在白天电网高峰用电时间（高峰电价），或者空调负荷高峰时间，再将冷量释放出来满足高峰空调负荷的需要。蓄冷式空调系统全部或部分地将制冷主机的负荷由白天转移至夜间。这样，不仅有利于平衡电网负荷，实现移峰填谷，缓解电力的供需矛盾，而且节省了运行费用，获得较好的经济效益，充分体现了“技术”与“政策”的结合。

本章学习目标：①掌握蓄冷空调系统工作原理；②了解蓄冷空调系统的种类及特点；③掌握蓄冷空调系统设计要点。

12.1　蓄冷技术综述

蓄冷技术综述

国外对蓄冷空调的应用研究非常重视，设计方法也更加完善。早在20世纪30年代，美国开始采用人工蓄冷方式空调，主要用于教堂、影剧院、乳制品加工厂等。后来由于蓄冷装置成本高和耗电多等不利因素的制约，致使该项技术的应用停滞了一段时间。20世纪70年代，由于全球性的能源危机，美国、加拿大和欧洲等一些工业发达国家将蓄能技术作为电力调峰手段，广泛应用于建筑物的空调降温。同时制定分时计费的电价结构和相关奖励政策来推进蓄冷技术的发展，目前美国从事蓄冷系统及设备开发的公司达到数十家，工程应用也相当普及，1994年底，约有4000多个蓄冷空调系统用于不同的建筑物。日本非常重视蓄冷技术的应用，20世纪70年代以来，加快了对冰蓄冷技术应用的研究步伐。目前日本已有9000多个蓄冷空调系统在运行，日本横滨市最大的冰球式冰蓄冷空调系统最大蓄冷量达39万千瓦时。另外日本研究开发家用蓄冷空调获得了许多成果。我国蓄冷技术应用的起步较晚，随着社会生产力和人民生活水平的提高，电力工业的快速增长难以适应需求，电力供应高峰不足而低谷相对过剩的矛盾非常突出。因此，做好削峰填谷，调荷节能的工作显得尤为重要。

蓄冷空调技术的应用，除满足空调系统的要求、运行及维护安全、方便外，还应考虑比常规空调系统具有更好的经济性。在蓄冷空调工程设计中，应根据具体设计条件进行技术经济分析比较，选择适合的蓄冷方式、工作模式和运行策略，实现蓄冷空调系统的整体优化。同时，国家电费体制的进一步完善，给予蓄冷工程策略上的优惠和支持，也是推进蓄冷空调技术发展和应用的重要条件。

蓄冷技术最适宜的应用对象就是间歇使用、冷负荷较大且相对集中的用户，比如公共、商用建筑和一些工业生产工程的空气调节。同时，可以成为城市集中供热、供冷的冷热源形式，也可以为某些特殊工程提供冷热源。目前，用于空调的蓄冷方式较多，根据储能方式可分为显热蓄冷和潜热蓄冷两大类。也可根据冷介质不同分为水蓄冷、冰蓄冷、共晶盐蓄冷等；按工作模式和运行策略可分为全部蓄冷策略和部分蓄冷策略。不同的蓄冷方式具有不同的应用特点和应用范围，应选择符合情况的蓄冷方式。

依据蓄冷空调特性，其典型应用场景如下：

(1)建筑物的冷负荷具有显著的不均衡性，低谷电期间有条件利用闲置设备进行制冷时；

(2)逐时负荷的峰谷差悬殊，使用常规空调系统会导致装机容量过大，且经常处于部分负荷下运行时；

(3)空调负荷高峰与电网高峰时段重合，在电网低谷时段空调的负荷较小时；

(4)有避峰限电要求或必须设置应急冷源的场所；

(5)采用大温差低温供水或低温送风的空调工程；

(6)采用区域集中供冷的空调工程。

此外，在蓄冷方式的确定中还应注意：

(1)分析工程概况时。将建筑规模、负荷等条件了解清楚，包括建筑性质、规模(层数、面积、层高)、机房位置、变配电房位置、冷却塔位置、设备层承载、末端管材、末端定压方式、尖峰负荷、使用时间、分时电价情况、供回水温度等。

(2)负荷的确定时。蓄冷空调系统的负荷，应根据设计逐时气象数据、建筑围护结构传热系数、人员数量、照明情况、内部设备以及使用时间，采用不稳定计算法逐时进行计算(可采用软件计算)。在逐时冷负荷的计算中，除建筑物冷负荷外，还应包括附加冷负荷部分。在方案设计阶段或初步设计阶段，可采用逐时冷负荷系数法或平均负荷系数法，按照峰值负荷估计设计日逐时冷负荷。

(3)确定蓄冷方式时。蓄冷系统的形式有主机在上游的串联系统、主机在下游的串联系统和并联系统。具体采用何种流程，应根据建筑物蓄冷周期、逐时负荷曲线、工程概况、蓄冷设备的特性和现场条件等因素，经技术经济比较后确定。

(4)确定最佳蓄冷比例时。对于部分蓄冷模式，蓄冷空调系统的负荷要按照一定的比例分配给制冷主机与蓄冷装置。在分配负荷时，应根据逐时冷负荷曲线、电力分时电价情况、设备初投资和投资回收情况进行优化设计，最佳的蓄冷比例一般取30%～70%。

(5)施工时。应了解冷冻机房和锅炉所在位置、标注出机房的层高(应为扣除梁高的净高)、大楼总高度、标注设备吊物孔或运输通道的位置以及尺寸、标注冷水、热水管道的管径及坡度、冷却塔的放置位置、配电室的位置、低配动力电缆至机房的走向、排水集水井的位置以及尺寸。

此时的空调系统制冷机房内的布局如图12-1所示，包含了冷水机组、蓄冷槽、冷却塔、板式换热器、循环水泵、分集水器等，在设备布置时应注意：

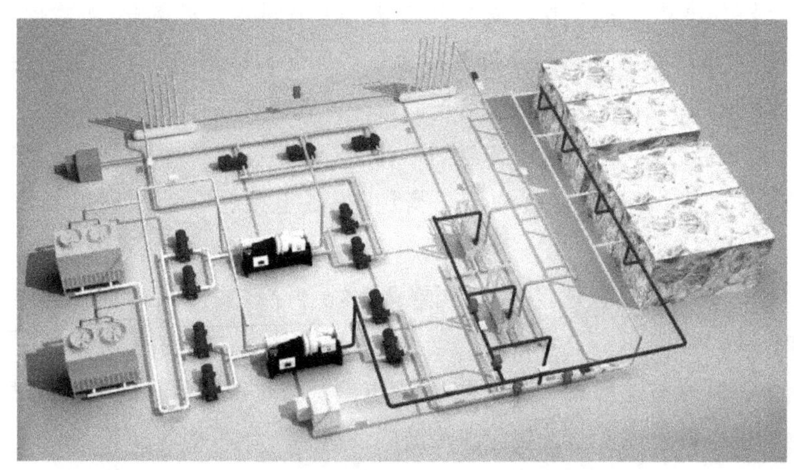

图12-1　蓄冷空调制冷机房布置示意图

(1)冷水机组、电锅炉应与控制室相近，以减少动力电缆的长度。

(2)冷水机组的一侧需考虑检修抽管空间(纵向)。

(3)冷热系统同处一个机房的应划分好区块，将冷热分块布置，以便于管路设计和操作管理。

(4)蓄冷装置和蓄热装置应尽量远离控制室，靠墙角布置。

(5)系统设有燃油、燃气锅炉的应单设锅炉房，与冷冻机房用隔墙隔开。

(6)不同高度而同一方向的管道应尽可能布置成同一水平管位,这样可以减少管道支、吊架的布置数量。

(7)管道布置时尽可能沿建筑物的墙、柱、梁布置,以便于设置支吊架。

12.2　冰蓄冷

冰蓄冷

12.2.1　基础概念

冰蓄冷就是将水制成冰后加以储存,利用冰的相变潜热满足建筑冷热负荷需求,系统结构如图12-2所示。其中,蓄冰槽可分为外融冰式和内融冰式两种,板式换热器是由一系列具有一定波纹形状的金属片叠装而成的一种高效换热器,安装及结构如图12-3所示。各种板片之间形成薄矩形通道,通过板片进行热量交换。随后,在用电低谷时,采用电力制冰并储存,用电高峰时则将储存冷量释放出来,以满足建筑负荷变化的需求。

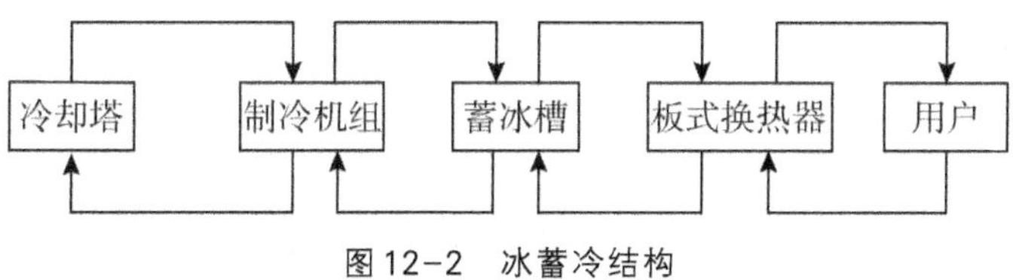

图12-2　冰蓄冷结构

图12-3　板式换热器及其安装示意

12.2.2　冰蓄冷空调系统种类及特点

冰蓄冷结构主要分为静态蓄冰及动态蓄冰两类。其中,静态蓄冰可分为冰盘管式和封装式,蓄冷槽中冰的制备、储存与融化过程发生在同一位置,并且部件为一体结构。而动态蓄冰分为冰片滑落式和冰晶式,冰的制备与储存则发生在不同位置,对应的制冰机与蓄冰槽是相互独立的。此外,根据盘管融冰方式的不同,又可分为内融冰与外融冰两种方式。

图 12-4 为直接蒸发式外融冰蓄冷系统结构。制冰时，制冷剂进入盘管吸热蒸发，使得管壁上结冰，当冰层达到规定厚度时结束蓄冰，蓄冰结束时槽内需保持 50% 以上的水，以便抽水进行融冰。融冰时，冷水泵将蓄冰槽内的冷水，送至空调末端设备，升温后的空调回水进入结满冰的盘管外侧空间流动，使盘管外表面的冰层由外向内逐渐融化。外融冰蓄冷装置的蓄冰率较小，为 20%～50%，但融冰速度快，释冷温度低，可以在较短时间内制出大量的低温冷水，适合于短时间内冷量需求大、水温要求低的场合。若上一周期内的蓄冰没有完全融化而再次制冰，会导致传热效率下降，耗电量增加。因此，应在下一次制冰前将盘管外蓄冰的冷量用完。为了保证槽内结冰密度均匀，避免局部的冰层没有完全融化，常在槽内设置空气搅拌器，将压缩空气导入蓄冷槽的底部，产生大量气泡而搅动水流，促使管壁表面结冰厚度均匀。由于外融冰蓄冰系统为开式系统，且槽内导入大量空气，易导致盘管的腐蚀；此外，开式系统冷水泵的扬程比闭式系统大。

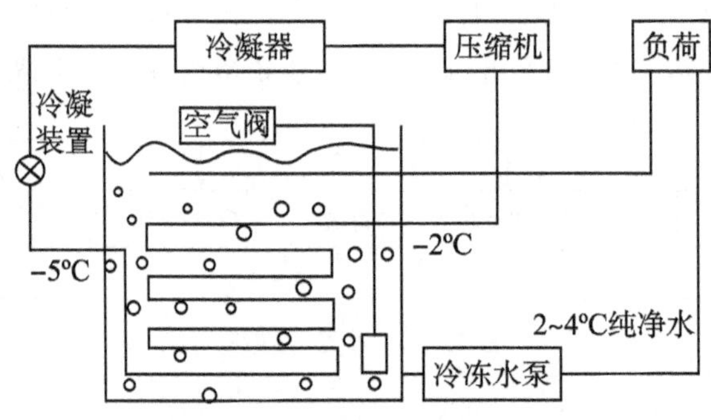

图 12-4　直接蒸发式外融冰蓄冷系统

图 12-5 为间接冷媒式内融冰蓄冷系统结构。蓄冷时，低温的载冷剂在盘管内循环，将盘管外的水逐渐冷却至结冰。融冰时，从空调负荷端流回的升温后的载冷剂在盘管内循环，将盘管外表面的冰层由内向外逐渐融化，使载冷剂冷却到需要的温度，以适应空调负荷的需要。与外融冰方式相比，内融冰方式可以避免上一周期的蓄冰剩余引起的效率下降问题；此外，内融冰系统为闭式系统，盘管不易腐蚀，冷水泵扬程降低。内融冰蓄冷装置的蓄冰率较大，为制冷机 50%～70%。常用的内融板式冰盘管材料有钢和塑料，多采用小管径、薄冰层的方式蓄冰。因此，内融冰蓄冷系统在空调工程中应用较多。根据盘管的结构形状，主要有以下几种：

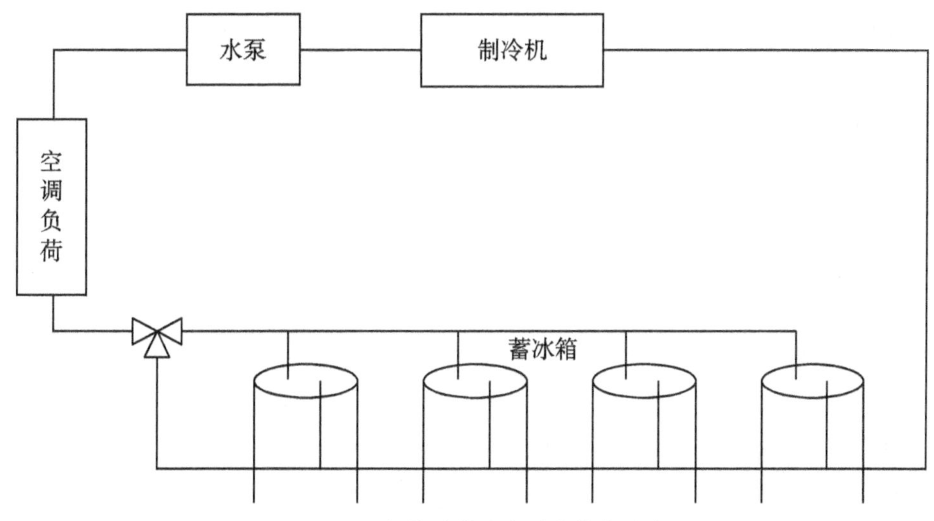

图12-5　间接冷媒式内融冰蓄冷系统

(1)蛇形盘管蓄冰装置。多采用钢制盘管,加工成立置的蛇形,组装在钢架上,外表面热镀锌处理。为了提高传热效率,相邻两组盘管的流向相反,使蓄冷和释冷时温度均匀。槽体一般采用双层镀锌钢板制成,内填聚苯乙烯保温层,也可采用玻璃钢或钢筋混凝土制成。

(2)圆形盘管蓄冰装置。将聚乙烯管加工成圆形盘管,用钢制构架将圆形盘管整体组装后放置在圆柱形蓄冰槽内。相邻两组盘管内载冷剂的流向相反,有利于改善和提高传热效率,并使槽内温度均匀。在蓄冷末期,蓄冰槽内的水基本上全部冻结成冰,故该装置又被称为完全冻结式蓄冷装置。

(3)U形盘管蓄冰装置。盘管材料为耐高温与低温的聚烯烃石蜡脂,盘管分片组合成型垂直放置于蓄冰槽内。每片盘管由200根外径为6.35mm的U形塑料管组成,管两端与直径为50mm的集管相连,结冰厚度通常为10mm。蓄冰槽的槽体采用镀锌钢板或玻璃钢制成,内壁敷设带有防水膜的保温层。

此外,蓄冷形式还可分为封装式、冰片滑落式、冰晶式。其中,封装式蓄冷是以内部充有水或有机盐溶液的塑料密封容器为蓄冷单元,将许多这种密封件有规则地堆放在蓄冷槽内。蓄冰时,制冷机组提供的低温载冷剂(乙二醇水溶液)进入蓄冷槽,使封装件内的蓄冷介质结冰;释冷时,载冷剂流过密封件之间的空隙,将封装件内的冷量取出。密封件由高密度聚乙烯材料制成,由于水结冰时约有10%的体积膨胀,为防止冰球形成后体积增大对密封件壳体造成破坏,要预留膨胀空间。按照其形状可以分为冰球、冰板、哑铃形密封件。冰球直径为50～100mm,球表面有多处凹窝,结冰时凹处凸起成为平滑的球形。冰板一般为长750mm、宽300mm、厚35mm的长方块,内部有90%的空间充水。哑铃形密封件设计有伸缩折皱,可适应制冰、融冰过程中的膨胀和收缩。在哑铃形密封件的一端或两端有金属芯伸入密封件内部,以促进冰球的传热,其金属配重作用也可避免密封件在开敞式储槽制冰时浮起。封装式的蓄冷槽分为密闭式储槽和开敞式储槽。密闭式储罐由钢板制成圆柱形，有卧式和立式两种。开敞式储罐通常为矩形结构，可采用钢板、玻璃钢加工，也可采用钢筋混凝土现场浇筑。蓄冷容器可布置在室内或室外，也可埋入地下，在施工过程中应妥善处理保温隔热、防腐及防水问题，尤其应采取措施保证乙二醇水溶液在容器内和封装件内均匀流动，防止开敞式储槽中蓄冰元件在蓄冷过程中向上浮起。

冰片滑落式蓄冰系统属于直接蒸发式，如图 12-6 所示，设有专门的垂直板片式蒸发器。蓄冰时，通过水泵将水从蓄冷槽送至蒸发器上方喷淋在蒸发器表面，部分冷水会冻结在其表面上。当冰层达到相当的厚度时(一般为 3～6mm)，采用制冷剂热气除霜原理使冰层融化脱落，滑入到蓄冰槽，蓄冰率为 40%～50%；融冰时，抽取蓄冰槽的冷水供用户使用。如果需要在融冰的同时进行制冰，可以将从用户返回的高温水喷淋在低温的蒸发器表面，反复进行结冰和脱冰过程。在这种系统中，片状冰的表面积大，换热性能好，具有较高的释冷速率。通常情况下，即使蓄冰槽内 80%～90% 的冰被融化，仍能够保持释冷温度不高于 2℃。因此，适合于负荷集中在较短时间内，且供水温度低、供回水温差大的场合。

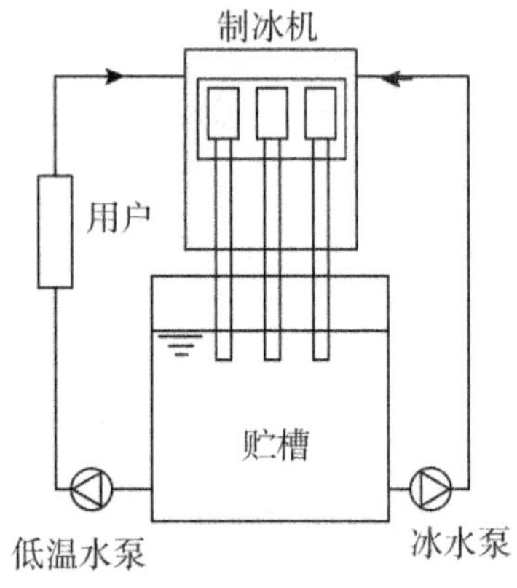

图 12-6　冰片滑落式蓄冰系统

图 12-7 为冰晶式蓄冷系统结构原理。特殊设计的制冷机将流经蒸发器的低浓度乙二醇溶液冷却到冻结点温度以下产生冰晶，此类直径约 100pm 的细微冰晶与载冷剂形成泥浆状的物质，生成的冰晶经泵输送至蓄冷槽储存。释冷时，混合溶液被融冰泵送到换热器向用户提供冷量，升温后的载冷剂回流至蓄冷槽，将槽内的冰晶融化成水。

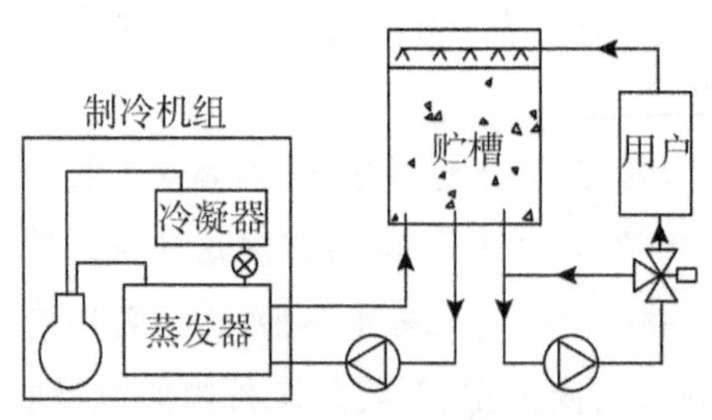

图 12-7　冰晶式蓄冷系统

目前，冰蓄冷建筑不胜枚举。例如，深圳市宝安区某 5 层综合性办公楼，建筑面积约为 30000m^2，运营时段为 9:00—22:00，空调系统使用盘管式冰蓄冷技术。系统包含 2 台螺杆式冷水机组、6 台冷却塔、6 个蓄冰槽、2 个板式换热器、9 台水泵，空调工况下的制冷量为 1430kW，功率为 260kW，蓄冷工况时制冷量为 860kW，功率为 270kW；设备监控系统具有 82 个监测点，采样时间为 0.5h，具体位置如图 12-8 所示。与用户侧直接相关的是总管冷冻水供水与回水,对应图中T_CHWS与T_CHWR,作为机组的输出与输入。

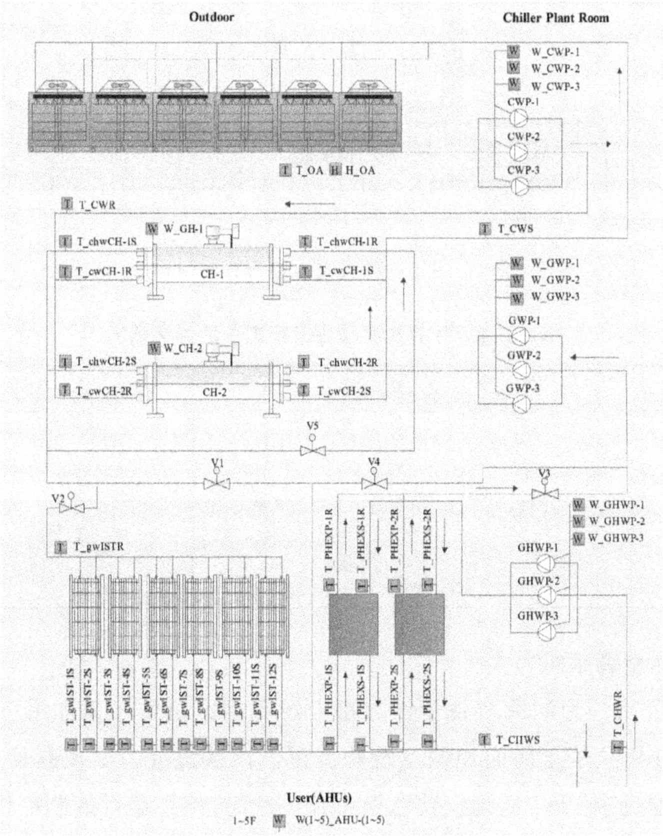

图12-8　建筑蓄冷结构案例

12.2.3　蓄冷控制流程

冰蓄冷空调系统的循环流程有并联和串联两种形式。

1.并联式蓄冰空调系统

如图12-9所示,该系统由双工况制冷机、蓄冰槽、板式换热器、初级乙二醇泵P_1、次级乙二醇泵P_2、冷水泵P_3及调节阀等组成,整个系统由两个独立的环路组成,即空调冷水环路和乙二醇溶液环路,两个环路通过板式换热器间接连接,每个环路具有独立的膨胀水箱和工作压力。融冰供冷时,当冷负荷发生变化,通过调节三通阀V_2来调节通过板式换热器的溶液流量,保证冷水供水温度不变。在负荷高峰期,需要实现融冰和制冷机联合供冷。来自板式换热器的溶液的一部分经过制冷机降温,一部分流经蓄冷槽降温,调节三通阀V_2同样可以调节通过板式换热器的溶液流量。在空调负荷较低的电力谷段时间内,系统可能要同时制冰和供冷。泵P_1使一部分溶液流经三通阀V_2供给空调用户,一部分溶液流经蓄冰槽升温后与来自板式换热器的溶液混合,然后进入制冷机,各工况的设备调节情况见表12-1。

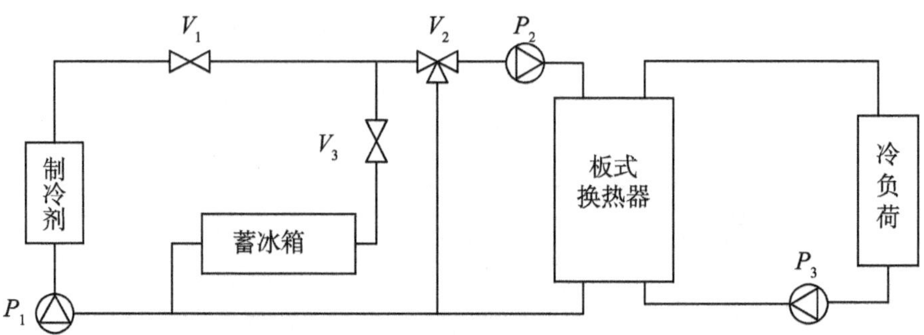

图 12-9　并联式蓄冰空调系统流程

表 12-1　并联式流程各运行工况的调节情况

工况	P_1	P_2	V_1	V_2	V_3
制冰	开	关	开	关	开
制冰同时供冷	开	开	开	调节	开
融冰供冷	关	开	关	调节	开
制冷机供冷	开	开	开	调节	关
联合供冷	开	开	开	调节	开

2. 串联式蓄冰空调系统

串联式流程可以分为制冰机位于蓄冰槽上游和制冰机位于蓄冰槽下游两种方式。图12-10所示为制冷机位于上游时串联系统的流程。该系统可以实现四种运行工况，各种运行工况的调节情况见表12-2所列。蓄冰槽单独供冷时，停止运行的制冷机仍作为系统的通路，通过调节 V_2和 V_3的相对开度来控制进入板式换热器的溶液温度，以适应负荷的变化。制冷机与蓄冰槽联合供冷时，从板式换热器流回的溶液先经过制冷机冷却后，再经过蓄冷槽释冷冷却，通过调节 V_2和 V_3的相对开度来控制进入板式换热器的溶液温度。

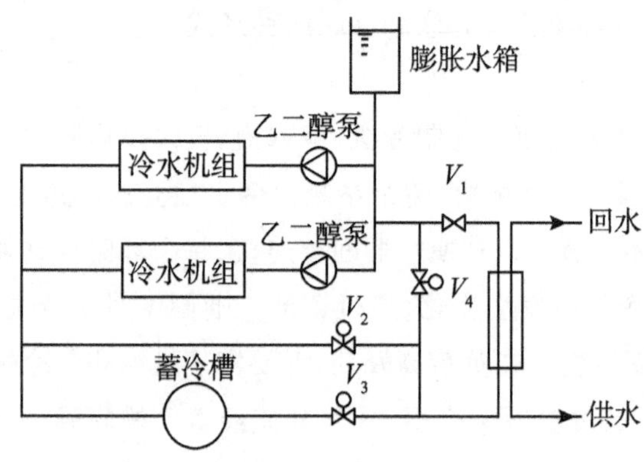

图 12-10　制冷机位于上游时串联系统的流程

表12-2　制冷机上游串联式流程各运行工况的调节情况

工况	V_1	V_2	V_3	V_4
制冰	关	关	开	开
融冰供冷	开	调节	调节	关
制冷机供冷	开	开	关	关
联合供冷	开	调节	调节	关

冰蓄冷空调系统需要最佳的运行策略来分配制冷机和蓄冷装置的释冷量，以便以最小经济性为目标，满足负荷的需求。此时存在制冷机优先策略和释冷优先策略这两种运行策略。制冷机优先策略以制冷机供冷为主，当负荷超过制冷机的供冷能力时，由蓄冰槽承担不足的部分，运行中较容易控制，但蓄冰槽的使用率低，不能充分利用电力谷段低廉的电价，运行电费高，在实际中很少采用。

释冷优先策略以蓄冰槽释冷为主，不足部分由制冷机补充，运行中控制较为复杂，如果释冷量不能被很好地控制和合理分配，有可能会造成负荷高峰时供冷量不够，或者蓄冷量未能充分利用。需要在预计逐时负荷的基础上，计算分配蓄冷槽的释冷量和制冷机的供冷量，以保证蓄冷量得到充分利用，又能够满足逐时冷负荷的要求，通常采用基本恒定的逐时释冷速率。系统设计时采用的是典型设计日的逐时负荷，而非典型设计日的逐时负荷分布是变化的，这就要求根据负荷预测的情况优化释冷速率。如果系统结构为全部蓄冷运行模式，则不存在冷量分配问题。

12.2.4　冰蓄冷空调系统设计要点

各种蓄冷空调系统的设计基本上可以按照以下几个步骤进行：

(1)可行性分析，在进行某项蓄冷空调工程设计之前，需要先进行技术和经济方面的可行性分析。要考虑的因素通常包括：建筑物的使用特点、电价、可以利用的空间、设备性能要求、使用单位意见、经济效益以及操作维护等问题。

(2)计算设计日的逐时空调负荷，按空调使用时间逐时累加，并计入各种冷损失，求出设计日内系统的总冷负荷。

(3)选择蓄冷装置的形式，目前在蓄冷空调工程中应用较多的有水蓄冷、内融冰和封装式系统。在进行系统设计时，应根据工程的具体情况和特点选择合适的形式。

(4)确定系统的蓄冷模式、运行策略及循环流程。蓄冷空调系统有多种蓄冷模式、运行策略及循环流程。如蓄冷模式中有全部蓄冷模式和部分蓄冷模式；运行策略中有主机优先和蓄冷优先策略；系统循环流程有串联和并联；在串联流程中又有主机和蓄冷槽哪一个在上游的问题。这些都需要做出明确、合理的选择，才能对设备容量进行确定。

(5)确定制冷机和蓄冷装置的容量，计算蓄冷槽的容积。

(6)系统设备的设计及附属设备选择。主要指制冷机选型、蓄冷槽设计、泵及换热器等附属设备的选择等。对于宾馆、饭店等夜间仍需要供冷的商业性建筑，往往需要配置基载冷水机组。这是由于夜间制冷机在效率低的制冰工况下运行，若同时有供冷要求，则需将0℃以下的载冷剂经换热器后供应7℃的空调冷水，制冷机的运行效率较低。如果夜间负荷很小，可以直接由蓄冰用的低温载冷剂供冷；如果夜间负荷能有合适的冷水机组可供选用，应该在空调侧水环路上设置基载冷水机组，在蓄冰时间直接供应7℃的空调冷水。

(7)经济效益分析，包括初投资、运行费用、全年运行电费的计算，求出与常规空调系统相比的投资回收期。

冰蓄冷系统的主机一般采用双工况的螺杆式制冷机，制冰工况时制冷机的冷量将会有明显的降低，当出水温度从5℃降至-5℃时，螺杆机的冷量约下降至70%。因此，在确定主机容量时必须考虑制冰工况下冷量降低带来的影响。采用制冷机优先的运行策略时，要求夜间蓄冷量和设计日内制冷机直接供冷量之和能够满足设计日内系统的总冷负荷，所需的制冷机及蓄冷槽容量最小，其制冷机容量按式(12-1)确定：

$$R=\frac{Q}{H_C\times C_1+H_D} \tag{12-1}$$

式中，R为制冷机在空调工况下的制冷量，kW；Q为设计日内系统的总冷负荷，kW·h；H_C为蓄冷装置在电力谷段的充冷时间，h；C_1为制冷剂在制冰工况下的容量系数，一般为0.65～0.7；H_D为制冷机在设计日内空调工况运行的时间，h。若出现有n个小时的空调负荷小于计算出的制冷机容量，制冷机不会在满负荷下运行，应该将这n个小时折算成满负荷运行时间，对R进行修正。折算后的H_D应修正为：

$$H'_D=(H_D-n)+\sum_{i=1}^{n}\frac{Q'}{R} \tag{12-2}$$

式中，Q'为n个小时中的第i个小时的空调负荷，kW。如果采用融冰优先的运行策略，则要求高峰负荷时的释冷量与制冷机供冷量之和能够满足高峰负荷，一般采用恒定的逐时释冷速率，则有：

$$\frac{RH_CC_1}{H_S}+R=Q_{max} \tag{12-3}$$

式中，H_S为系统在非电力谷段融冰供冷的时间，h；Q_{max}为设计日内系统的高峰负荷，kW。采用融冰优先策略时的制冷机容量为：

$$R=\frac{Q_{max}H_S}{H_C\times C_1+H_S} \tag{12-4}$$

可得蓄冰槽的容积为：

$$V=\frac{RH_CC_1b}{q} \tag{12-5}$$

式中，b为容积膨胀系数，一般取$b=1.05\sim1.15$；q为单位蓄冷槽容积的蓄冷量，取决于蓄冷装置的形式，$kW\cdot h/m^3$。

12.3　水蓄冷

水蓄冷

12.3.1　基础概念

水蓄冷利用的是水的显热来蓄冷，制冷机尽量在用电低谷期间运行，制备5～7℃的冷冻水，将冷量存储起来，结构如图12-11(a)所示。在用电高峰期间空调负荷出现时，将冷冻水抽出来，提供给用户使用。与冰蓄冷类似，水蓄冷空调系统的主要设备有蓄冷水槽、板式换热器、制冷机组等设备，对于一些大型建筑，则在建筑外部设有蓄冷水罐，如图12-11(b)所示。

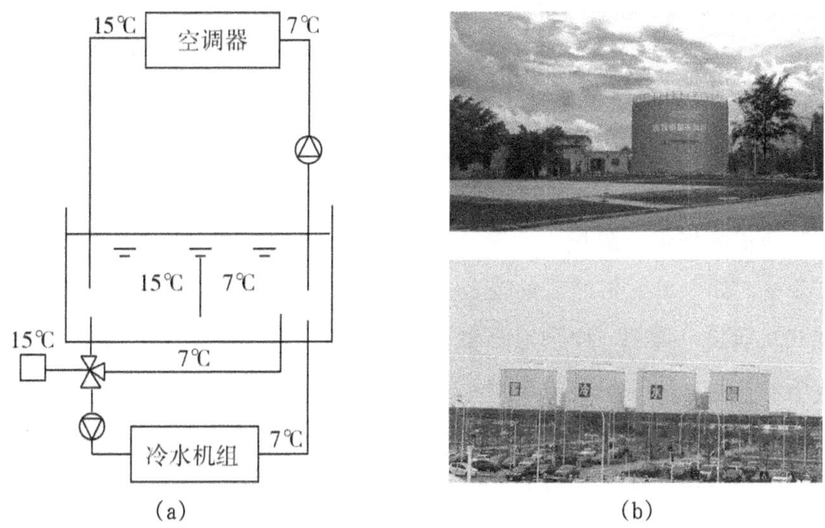

图12-11　水蓄冷系统原理图与蓄冷水罐

12.3.2　水蓄冷空调系统种类及特点

水蓄冷系统冷量的大小取决于蓄冷槽储存的冷水量与蓄冷温差。其中，蓄冷温差是指空调回水与蓄冷槽供水之间的温差，蓄冷温差的维持可以通过降低蓄冷温度，提高回水温度等措施来实现，蓄冷温度一般为4～7℃，回水温度取决于末端负荷及设备的状况，并且蓄冷槽的结构形式应能够有效地阻止回水与储存的冷水之间混合。因此，按照蓄冷槽的结构特征，水蓄冷空调可分为以下4种：

1.温度分层型

温度分层型水蓄冷槽是最简单有效的一种蓄冷槽形式，蓄冷槽中水温的分布是按照其密度自然地进行分层，温度低的水密度大，位于储槽的下部，温度高的水密度小，位于储槽的上部，如图12-12所示。为实现合理的温度分层，蓄冷槽的上下均匀分配了水流散流器。在蓄冷与释冷时，温水从上部散流器流出或流入，冷水从下部散流器流入或流出，并且控制水流缓慢地自下而上或自上而下平移运动，在蓄冷槽内形成稳定的温度分布。由于存在温度分层，因此在所难免地在蓄冷槽中间存在一个温度混合层，称为斜温层。蓄冷时，随着冷水不断从下部被送入和温水不断从上部被抽出，斜温层逐渐上移，当斜温层在蓄冷槽顶部被抽出时，抽出温水的温度急剧降低。释冷时，随着温水不断从上部流入和冷水不断从下部被抽出，斜温层逐渐下降，当斜温层在蓄冷槽底部被抽出时，蓄冷槽的供冷水温度急剧升高。

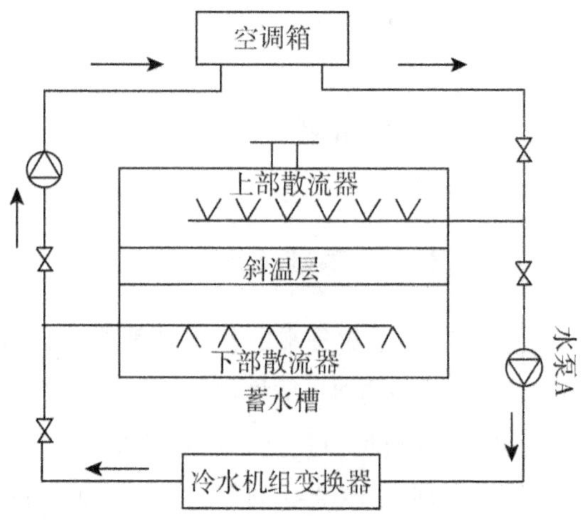

12-12　温度分层型蓄冷结构

2.迷宫型

迷宫型蓄冷槽是指采用隔板将大蓄冷槽分隔成多个单元格，水流按照设计的路线依次流过每个单元格。如果单元格的数量较多，可以控制整体蓄冷槽的冷温水的混合，蓄冷槽的供冷水温度变化缓慢。图12-13为迷宫型蓄冷槽的水流路线，蓄冷时的水流方向与释冷时的水流方向刚好相反。单元格的连接方式有堰式和连通管式两种，图12-13(c)中的断面图便是堰式连接的示意，蓄冷时的水流方向为下进上出，释冷时的水流方向为上进下出，此种结构简单，节省空间，在工程中应用较多。

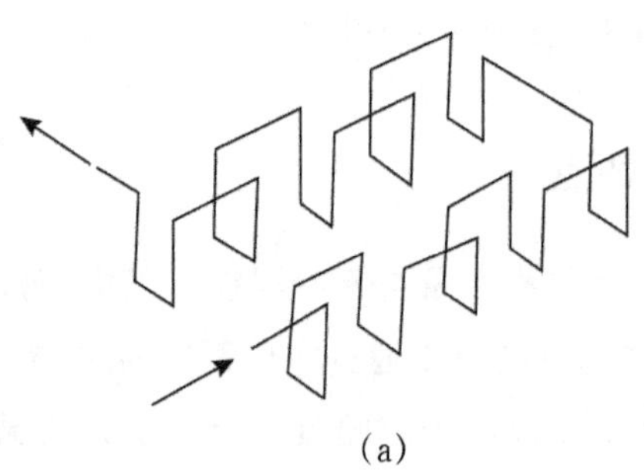

(a)

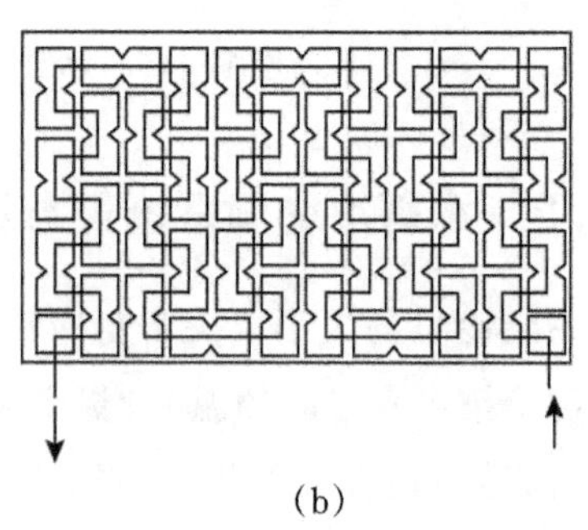

(b)

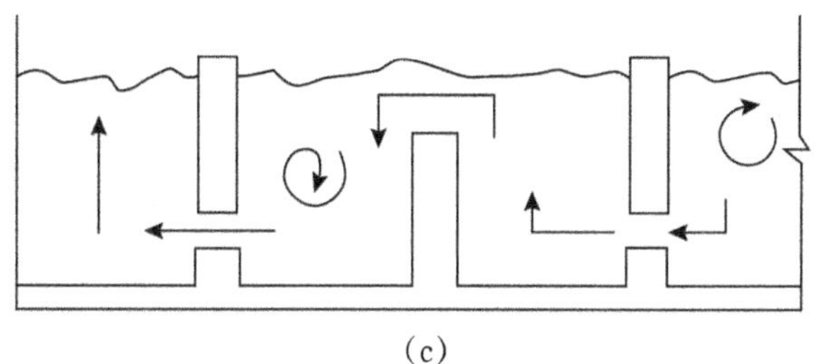

图12-13　迷宫型蓄冷槽结构

3. 多槽型

图12-14所示为多槽型水蓄冷系统流程，可见系统设有4个蓄冷槽，将冷水和温水储存在不同的蓄冷槽中，并且要保证其中一个储槽是空的。在蓄冷时，其中一个温水槽中的水经制冷机降温后送入空槽中，空槽蓄满后成为冷水槽，原温水槽成为空槽。然后重复上述过程，直至全部温水槽中的温水变成冷水。蓄冷结束时，除其中的一个储槽为空槽外，其他蓄冷槽均为冷水槽。释冷时，抽取其中一个冷水槽中的冷水，空调回水送入空槽，当空槽成为温水槽时，原冷水槽成为空槽。如冷冻水、温水此周期性地循环，以确保运行中冷水与温水不混合。此类蓄冷槽必须设置一个空槽，占用空间大；要求使用的阀门多，系统的运行管理和控制复杂，初投资和运作维护费用较高，在实际中应用较少。

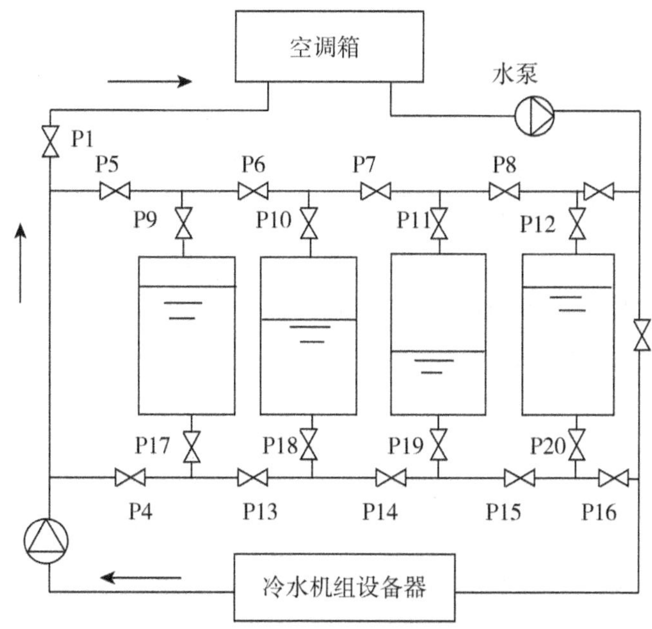

图12-14　多槽型水蓄冷系统结构

4. 隔膜型

此种蓄冷槽内部安装一个可以活动的柔性隔膜或一个可移动的刚性隔板，将蓄冷槽分隔成储存冷水和温水的两个空间,从而消除冷温水混合现象,隔膜板可水平或垂直方向设置,如图12-15所示。这种形式的缺点在于隔膜本身的导热特性会降低蓄冷槽的蓄冷效率,而且隔膜的材料要求高,水槽结构复杂。与其他的水蓄冷槽相比,其一次投资及隔膜的维护费用均较高,因此推广应用较困难,实际的应用较少。

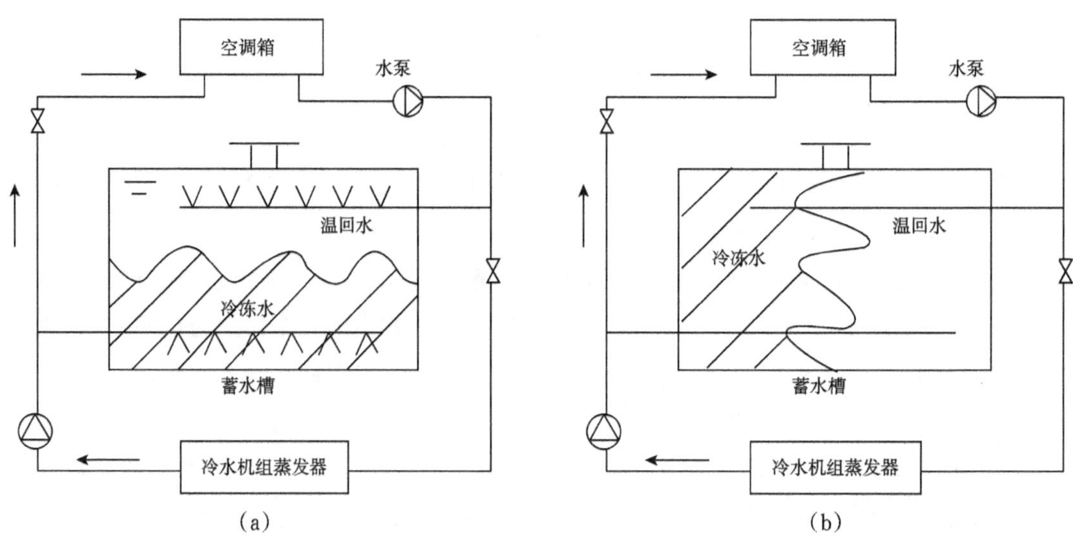

图12-15　隔膜型蓄冷结构

12.3.3　水蓄冷空调系统设计要点

水蓄冷空调在设计时主要考虑两点,分别为蓄冷槽的蓄冷量计算以及体积计算,作为基本要求,蓄冷槽的实际可用蓄冷量必须满足系统对蓄冷量的需求。系统需要的蓄冷量取决于传统空调设计时的逐时空调负荷的分布情况与系统的蓄冷模式。而蓄冷模式按照需求则可分为全部蓄冷模式与部分蓄冷模式两类。通常蓄冷系统采用部分蓄冷模式。

水蓄冷槽的体积可由式(12-6)确定:

$$V=\frac{Q_S}{\Delta T\rho c_p\varepsilon\alpha} \tag{12-6}$$

式中,V为蓄冷槽实际体积,m^3;Q_S为蓄冷槽的可用蓄冷量,kJ;ρ为蓄冷水密度,kg/m^3;c_p为水的定压比热容,kJ/(kg·℃);ΔT为释冷时回水温度与蓄冷时进水温度之间的温差,可选取为8~10℃;ε为蓄冷槽的完善度,考虑混合和斜温层等的影响,一般取为85%~90%;α为蓄冷槽的体积利用率,可取95%。温度分层型水蓄冷槽在众多蓄冷结构中应用最为广泛,因此,本节只讨论温度分层型水蓄冷槽的结构设计方法。

在温度分层型水蓄冷槽中,设计难点在于散流器的设计。散流器的作用就是使水以重力流的方式平稳地导入槽内(或由槽内引出),减少水流进入蓄冷槽时对储存水的冲击,促使并维持斜温层的形成。在0～20℃范围内,水的密度变化不大,形成的斜温层不太稳定,因此要求通过稳流器进出口水流的流速足够小,以免造成对斜温层的扰动破坏。这就需要确定恰当的弗兰德(Frande)数和稳流器进口高度,确定合理的雷诺数(*Re*)。

*Fr*数表示作用在流体上的惯性力与浮力之比的无量纲准则数,该数反映了进口水流能否形成密度流的条件,其定义式为:

$$Fr=\frac{Q}{L\sqrt{gh^3(\rho_i-\rho_a)/\rho_a}} \tag{12-7}$$

式中,Q为通过稳流器的最大流量,m^3/s;L为稳流器的有效长度,即稳流器上所有开口的总长度,m;g为重力加速度,m/s^2;h为稳流器最小进口高度,m;ρ_1为进口水密度,kg/m^3;ρ_a为周围水的密度,kg/m^3。一般要求$Fr<2$,设计时通常取$Fr=1$。当得到空调冷水循环流量和稳流器的有效长度,通过计算*Fr*数后,就可以确定稳流器所需的进口高度。

若进口稳流器单位长度的流量过大,*Re*数过大,会造成蓄冷槽上下不同温度(即不同密度)的水混合,破坏斜温层。*Re*准则数表示流体的惯性力与黏滞力的比值,稳流器进口*Re*的定义式为:

$$Re=\frac{Q}{L\nu} \tag{12-8}$$

式中,*Re*为稳流器进口雷诺数;ν为进水的运动黏度,m^2/s。稳流器的设计应控制在较低的*Re*值,较低的进口*Re*值有利于减小由于惯性流而引起的冷、温水的混合作用。一般来说,进口*Re*值取在240～800时,能取得理想的分层效果。对于高度小或带倾斜侧壁的蓄冷槽,其*Re*值下限通常取200;对高度大于5m的蓄冷槽,其*Re*值一般取为400～850。在设计中,已知蓄冷所需的循环水量时,可以通过调整稳流器的有效长度来得到所需的*Re*值。

此外,在水蓄冷槽安装时需要注意:水蓄冷槽的外表面积与容积之比越小,冷损失越小。在同样的容积下,圆柱形蓄冷槽外表面积与容积之比小于长方体或立方体蓄冷槽,在实际中应用较多的便是圆柱体蓄冷槽。此类蓄冷槽的高度与直径之比(高径比)增加,会降低斜温层体积在蓄冷槽中的比例,有利于温度分层,提高蓄冷效率,但一次投资将会提高。高径比一般通过技术经济比较来确定,据有关文献介绍,钢筋混凝土储槽的高径比宜取0.25～0.5,一般范围在0.25至0.33之间,其高度范围最小为7m,最大一般不高于14m。地面以上的钢储槽高径比采用0.5～1.2,其高度宜在12～27m范围内。蓄冷槽的材料通常选用钢板焊接、预制混凝土、现浇混凝土,必须对蓄冷槽采取有效的保温和防水措施,尽可能避免或减少槽体内因结构梁、柱形成的冷桥。由于水蓄冷采用的是显热储存,蓄冷槽的体积较冰蓄冷槽的体积要大,因此,安装位置是蓄冷槽设计时要考虑的主要因素。若蓄冷槽体积较大,而空间有限,则可在地下或半地下布置蓄冷槽。对于新建项目,蓄冷槽应与建筑物在结构上组成一体以降低初投资,这比新建一个蓄冷槽要合算。还应综合考虑水蓄冷槽兼作消防水池功能的用途。蓄冷槽应布置在冷水机组附近，靠近制冷机及冷水泵。循环冷水泵应布置在蓄冷槽水位以下的位置，以保证水泵的吸入压头。

12.4 共晶盐蓄冷技术

共晶盐蓄冷技术

12.4.1 基础概念

作为一种理想的相变材料，要求其相变温度较高，相变潜热要大，导热性能良好，无毒、无腐蚀、成本低、寿命长、使用方便，这样可使蓄冷系统中的蓄冷装置体积减小，制冷设备的性能系数提高，能耗降低，节省蓄冷系统初投资和运行费用。而共晶盐正是这样一种相变蓄冷材料。共晶盐(eutectic salt)俗称"优态盐"，是由水、无机盐和若干起成核作用和稳定作用的添加剂调配而成的混合物。它作为无机物，无毒、不燃烧，不会发生生物降解，在固－液相变过程中不会膨胀和收缩，其相变温度在0℃以上，相对冰系统制冷机效率较高，达30%。

以共晶盐作为蓄冷介质的空调系统结构的基本组成与水蓄冷相同，采用常规空调用冷水机组作为制冷设备，但是蓄冷槽内用共晶盐作为蓄冷介质，利用封闭在塑料容器内的共晶盐相变潜热进行蓄冷(共晶盐可以在较高的温度下进行相变)，如图12-16所示。蓄冷时，从制冷机出来的冷冻水流过蓄冷槽内的共晶盐塑料容器，使塑料容器内的糊状共晶盐冻结，进行蓄冷。空调使用时，再将从空调负荷端流回的冷冻水送入蓄冷槽，塑料容器内的共晶盐融化，将水温度降低，送入空调负荷端继续使用。

图12-16 共晶盐胶囊

12.4.2 共晶盐蓄冷结构及特点

共晶盐蓄冷空调基本组成和水蓄冷系统相同，它使用常规冷水机组制冷，一般也采用开式水系统和开式蓄冷槽。不同的是此时蓄冰装置使用的蓄冷介质不是水，而是封装在容器内的共晶盐溶液。

共晶盐由多重原料调配而成，适当地改变添加剂及其配方，就可以获得所需要的相变温度的溶液。目前已开发出相变温度低至-11℃,高至27℃的共晶盐材料,但对空调系统而言,5~8℃的相变温度最为适宜。因此,共晶盐蓄冷技术应用空调系统非常灵活方便。在工程应用中,将一定数量的含有共晶盐的封装盒层叠放置于蓄冷槽内,构成共晶盐蓄冷装置,使水从盒间流过,封装盒及其构件在蓄冷槽占2/3的容积,蓄冷槽同时也用作换热器,可工作20年以上。

虽然迄今为止,共晶盐蓄冷技术由于材料品种单一,价格较高,应用范围受到一定的限制,相关蓄冷介质和技术均有待进一步开发。但是由于其相变潜热比冰小,蓄冷能力比水大,也容易与常规的制冷系统结合,兼有水和冰蓄冷两种系统的优点,同时也克服了二者的一些缺点,因而共晶盐相变蓄冷技术仍然有着良好的应用前景。特征表现如下:

(1)共晶盐蓄冷槽的体积比冰蓄冷槽大,比水蓄冷小,为水蓄冷的1/3。

(2)共晶盐蓄冷材料相变温度较高,与冰蓄冷系统相比主机效率可以提高30%,同时蓄冷量大。

(3)蓄冷系统工作在0℃以上,冷水侧可采用常规冷水机组系统设计方法,且与现有空调系统极易耦合。

(4)蓄冷材料凝固温度较高,系统压降较低,设计方便,无需考虑管线冻结问题。

同时,该系统也存在着一些不足。共晶盐系统的蓄冷密度小,不足冰蓄冷的50%,蓄、放冷过程中的热交换性能较差,且设备投资也较高,所以推广应用受到一定的限制。

12.5　小　结

作为节能型空调的代表,蓄冷空调系统技术与设备越发成熟,已成为当下流行的中央空调系统。无论是新建建筑,还是改建建筑,都可适宜地采用蓄冷空调系统作为建筑室内温度调节的工具。如今,随着材料科学技术水平的不断提高,相变蓄冷材料的蓄冷量会不断地提升,未来的蓄冷空调所占的蓄冷体积也会越来越小。

思考题与习题

12-1 对比不同种类蓄冷技术的使用条件与优缺点。

12-2 简述水蓄冷空调系统的运行管理与控制流程。

12-3 试说明冰蓄冷空调制冷主机容量计算方法。

第13章　冷热电联供

13.1　能源的综合利用

在任何能源利用系统中，首先应提高能源的利用效率，减少能源的消耗。能量品位是指能源中所蕴含的能量可转换为做功能力大小的度量。电能、机械能、水力能等是高品位能量，其能级为1，即它们可以100%地转化为可用功；而化学能、热能等是较低品位的能量，能级小于1，即它们不能100%地转化为可用功。能量的品位还与能量转换装置中的物质状态参数有关。例如在热机中，热源温度越高，冷源温度越低，则循环效率就越高，即热量可转化为机械功的部分越大，也就是说，热源温度越高，能量品位也就越高。

天然气燃烧时可达到1000℃以上，是高品位能量。如果用锅炉制取60℃的热水，即使锅炉的热效率高，但它所获的热能的做功能力大大降低了，这样浪费了能源的品位。如果把天然气燃烧的高温热量首先用于发电，转换成高品位的电能，发电后300～500℃的烟气再用作吸收式冷热水机组的热源，制取冷水或热水，烟气温度降到200℃以下后，再利用其余热制取60℃的热水，如图13-1所示。如此按照温度对口的方式把能源梯级利用，不仅可以使整个能源系统有高的热效率，而且减少了能量品位的浪费，这种方式实现了燃气冷热电联产。

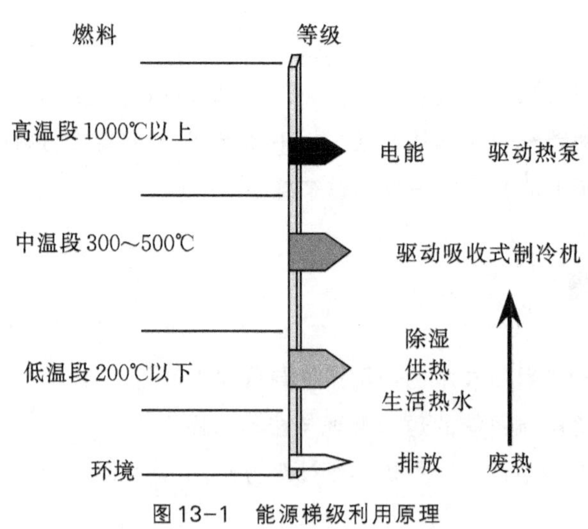

图13-1　能源梯级利用原理

13.2　冷热电联供的供应模式

13.2.1　热电联供和冷热电联供

大家熟知的供能方式是:电由发电厂生产经电网输送到用户中应用;生产、生活等所需要的热量或冷量由锅炉、制冷机等装置来生产。也就是说我们所用的电、热、冷通常是分别生产、分别供应的。冷热电联产或冷热电联供,顾名思义是指同时生产供应冷、热、电。实质上,在发电的同时,伴随着余热产生,如同时利用余热,这就是热电联产或热电联供;而热可以通过吸收式制冷机制冷,因此可以实现冷电联产(供)或冷热电联产(供)。实际上最早发展起来的是热电联产,而后才出现冷热电联产。"热电联产"(或"冷热电联产")和"热电联供"(或"冷热电联供")两个名词经常被混用。其实"联产"与"联供"是有区别的,"联产"仅指电与热(冷)是同时生产的,而联产获得的电和热(冷)并不供同一用户应用。例如,北方地区应用很广的热电厂集中供热,其热电联产获得的电输给电网,而热供给某区域建筑应用。

13.2.2　火力发电

火力发电是指把化石燃料的一次能源转换为电能,它的转换过程是化石燃料首先通过锅炉把燃料的化学能转换为热能,而后通过热力发动机转换为机械能,最后由发电机将机械能转换为电能。图13-2为最简单的火力发电原理图。从锅炉过热器出来的过热蒸气进入汽轮机中,部分热能转换为机械能,从而驱动发电机,输出电能。做功后的低压蒸气进入凝汽器放出汽化潜热后凝结成水:凝结水返回除氧水箱中,再由水泵送回锅炉,工质(水)如此周而复始地循环。这种最简单的火力发电进行的动力循环称朗肯循环,所用的汽轮机称为凝汽式汽轮机。凝汽器中低压蒸气放出的汽化潜热被冷却水带走,通过冷却塔释放到环境中去。由于凝汽器(下面称冷端)排出的热量品位太低,难于被利用,因此,火力发电的蒸气动力循环有一个无法避免的冷端损失,大量的低品位热量白白地被丢弃掉了。即使采用各种提高动力循环的措施,燃煤火力发电效率最高能达到45%左右,即能量损失约55%,扣除发电厂自身用电和锅炉发电机等损失,冷端损失约35%,仍占了发电消耗能量中相当大的份额。

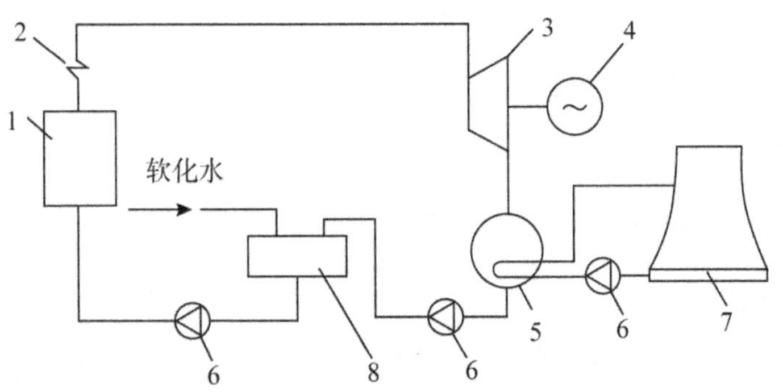

图 13-2 最简单的火力发电原理图

1-锅炉;2-过热器;3-汽轮机;4-发电机;5-凝汽器;6-水泵;7-冷却塔;8-除氧水箱

13.2.3 热电联产

如果提高汽轮机的排汽压力(提高温度),则凝汽器可生产温度较高的热水,用于建筑供暖或生产工艺过程,从而利用了本应丢弃的热量,并实现了热、电联产。这种热电联产的动力循环称背压式热电循环,所采用的汽轮机称背压式汽轮机。图 13-3 为背压式热电循环与朗肯循环在 T-s 图上的比较。图中 1-2-3-4-1 为朗肯循环,循环获得的净功为面积 1-2-3-4-1,冷端排出的热量为面积 2-3-b-a-2;汽轮机排汽压力提高后的背压式热电循环为 1-2′-3′-4-1,循环输出净功面积 1-2′-3′-4-1,循环的供热量为面积 2′-3′-c-a-2′。

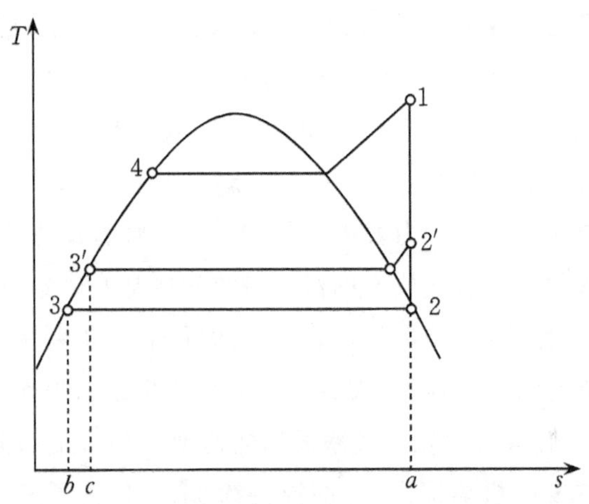

图 13-3 背压式热电循环与朗肯循环的比较

不难看到,采用背压式热电循环后,发电量减少了,实际的发电效率降低了,但充分利用了本该排放的热量。能源综合利用率(发电量+供热量与消耗燃料热量之比)提高了,考虑自身用电和锅炉、发电机效率及其他损失,理论上能源综合利用率可达到 75% 以上。

但是它最大的缺点是供热与供电互相牵制，难以同时满足用户对热能与电能的需求。即使电能可上网，而不需要随电负荷调节发电量，但热负荷通常是变化的，为此要求机组按热负荷的变化进行部分负荷运行（或称以热定电），能源综合利用率将下降，当无热负荷时，机组就无法运行。采用抽汽凝汽式汽轮机就能解决上述矛盾。图13-4为抽汽凝汽式热电联产系统原理图。进入汽轮机的高压蒸气部分膨胀到一定压力被抽出，在汽水换热器中制取温度较高的热水，供用户应用；其余蒸气在汽轮机中继续膨胀做功，低压蒸气排入凝汽器凝结成水，其汽化潜热被冷却水带走，通过冷却塔排到环境中去。不难看出，这个热电联产中一部分蒸气按背压式热电循环工作，另部分蒸气按朗肯循环工作。抽汽量可根据热负荷的变化进行调节。因此它的热电比（供热量与供电量之比）运行时是可以变化的。抽汽凝汽式热电联产的能源综合利用率低于背压式热电联产能源综合利用率，高于凝汽式汽轮机的发电效率。

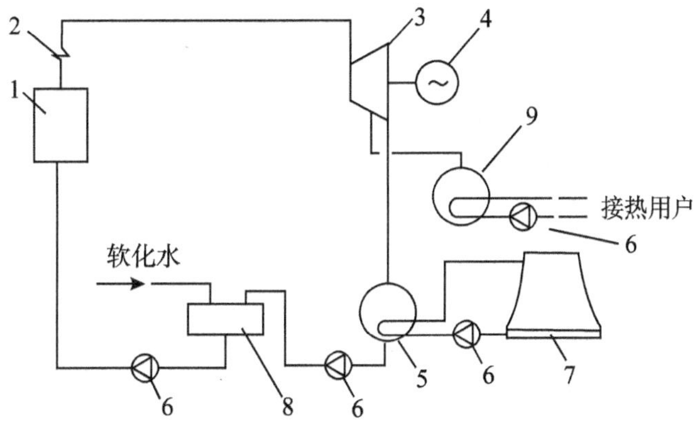

图13-4　抽气凝汽式热电联产的系统原理图

3-抽气凝汽汽轮机；9-汽/水换热器；其余符号同图13-2

以火力发电基础上发展起来的热电联产相对于热电分产（凝汽式火力发电＋分散锅炉供热），实现了能源的梯级利用，即把热能的高温段用于生产电能，低温段用于供热；而分产的热能是用高品位的化石燃料转换得来的。

图13-5比较了燃煤热电联产与分产的能源综合利用率，其中联产的发电效率η_e＝25％，供热效率η＝50％，则能源综合利用率η＝75％；分产的6MW机组全国平均发电效率为37.2％，小型燃煤锅炉效率取65％，则分产的能源综合利用率η＝52％。联产比分产的能源综合利用效率高23个百分点。

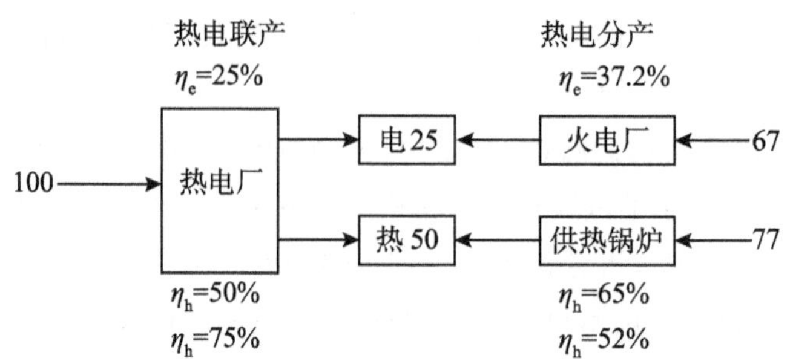

图 13-5　燃煤热电联产与分产的能源综合利用率比较

13.2.4　冷热电联供

在生产电能的同时为用户提供热的能源生产方式称为热电联供。如果利用热能来驱动以热能为动力的制冷装置，在为用户提供热水的同时，满足用户对制冷的需求，则称这种能源利用系统为冷热电三联供系统，简称冷热电联供。如图 13-6 所示是冷热电三联供系统的示意图，燃料首先通过发电装置发电，发电所产生的废热通过热交换装置产生生活热水或采暖用热水以满足建筑对热水的需求，也可生产低压蒸气或高温热水供工业生产需求。

通过换热器所产生的低压蒸气或热水还可以驱动制冷装置来生产空调冷冻水，以满足建筑夏季空调的需求。由此可见，冷热电联供系统符合能源的梯级利用，是热能利用的一种有效形式，从而提高能源的利用效率，一般三联供系统的热能利用效率可达 80% 以上。冷热电三联供系统在用户附近，以天然气为主要燃料带动燃气轮机、微燃机或内燃机发电机等燃气发电设备运行，产生的电力供应用户的电力需求，系统发电后排出的余热通过余热回收利用设备（余热锅炉或者余热直燃机等）向用户供热、供冷。

分布式能源系统分散分布在各建筑内，它规模较小，投资小，使用灵活，控制方便，可以减少大的输配电网和管网，减少电的传输损失和热的管路损失，因而，整体利用效率更高。建筑冷热电联供系统一般采用天然气或石油为燃料，采用微型燃气轮机、小型往复式内燃机或燃料电池作为发电装置。

发展冷热电三联供系统对提高能源利用效率、减少能源消耗是非常有益的。传统的热电分产系统的能源利用率只有 41%～56%，而联供系统的能源利用效率可高达 85% 以上，两者相比，联供系统比分产系统可减少能源消耗 40% 左右，可见，联供系统可大大提高能源利用效率。

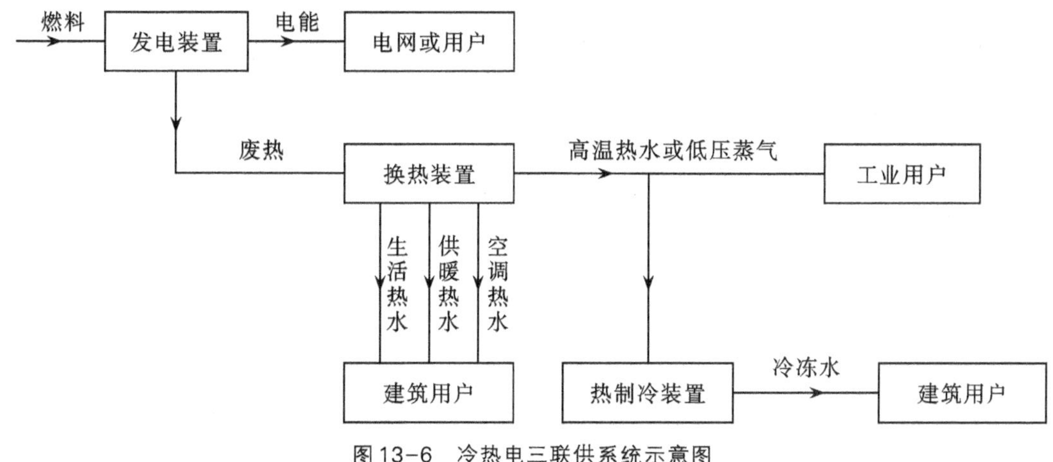

图13-6　冷热电三联供系统示意图

13.3　燃气冷热电联供系统的主要类型及设备

燃气相对于燃煤、燃油具有燃烧过程洁净、负荷调节灵活、运输污染少等特点，建筑中主要采用燃气作为冷热电联供的燃料类型。本节以燃气冷热电联供系统为例，介绍燃气冷热电联供系统的类型。

燃气冷热电联供系统按动力装置的类型可分为以下几类：①燃气轮机冷热电联供系统；②燃气内燃机冷热电联供系统；③斯特林发动机冷热电联供系统；④燃料电池冷热电联供系统。目前国内主要应用的是前两类冷热电联供系统。燃气轮机冷热电联供系统中使用的主要是小型燃气轮机和微型燃气轮机，在大型工厂、区域的冷热电联供系统中还可以应用燃气—蒸气联合循环发电机组。

13.3.1　分布式发电

1.燃气轮机

燃气轮机发电机组的输出功率的范围很大，单机功率从25kW到几百兆瓦，在燃气分布式能源中应用的主要是25～350kW的微型燃气轮机和600～20MW的小型燃气轮机发电机组。

最简单的燃气轮机装置由压气机、燃烧室和燃气轮机（或称涡轮机）组成，如图13-7所示。叶轮式压气机（轴流式或离心式）吸入空气，经多级叶轮压缩后送入燃烧室中，同时将燃料（气体燃料或液体燃料）喷入燃烧室中与高温高压空气混合，并在定压下燃烧。高温高压的燃烧产物进入燃气轮机中经多级叶轮膨胀（轴流式或向心径流式）做功，最后废气排出燃气轮机。为提高燃气轮机的发电效率，采用燃气轮机与汽轮机联合工作的方式，即把燃气轮机排出的高温烟气通过余热锅炉生产高压蒸气，再在汽轮机中膨胀做功，这种联合工作的热力循环称为燃气-蒸气联合循环，其发电效率已达58%～60%。另一种提高燃气轮机热效率的方法是采用回热循环，即把燃气轮机排出的废气用于加热经压气机压缩后的空气，降低了排气温度，也就减少了冷端损失。燃气轮机的热效率与燃气初温有密切关系，初温越高，效率就越高。20世纪五六十年代，燃气初温600～1000℃，简单循环的效率约10%～30%；20世纪70～90年代，燃气初温1050～1370℃，简单循环效率32%～40%；2000年前后，燃气初温1400～1500℃，简单循环效率>40%；21世纪正开发性能更高的燃气轮机。

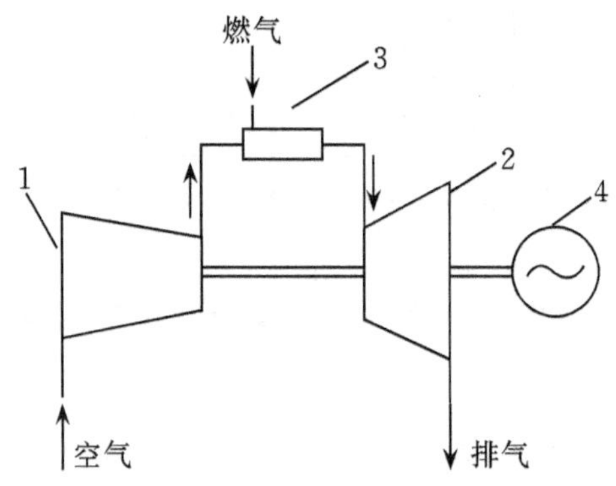

图13-7 燃气轮机装置示意图

1-压气机；2-燃气轮机；3-燃烧室；4-发电机

2.内燃机

燃气内燃机的结构如图13-8所示，它主要由汽缸、汽缸盖、活塞、连杆、曲轴、进气门、排气门等组成。燃气与空气进入汽缸内燃烧产生高压气体，推动活塞运动，连杆把活塞的往复运动转变为曲轴的旋转运动，曲轴输出机械功。热能在汽缸中转变为机械功的一次工作循环(做一次功)中活塞经历4个行程(曲轴转2周)：①吸气行程——进气门打开，活塞由上死点向下运动，吸进燃气与空气的混合物；②压缩行程——进、排气门关闭，活塞由下死点向上死点运动，对混合气体进行压缩，压缩终了时，火花塞通电点火，燃气燃烧；③膨胀行程——又称工作行程，高温高压气体对外做功，活塞由上死点向下死点运动；④排汽行程——排气阀开启，活塞由下死点向上死点运动，将废气排出。这种4行程工作的内燃机称四冲程内燃机。为提高燃气内燃机的动力性能常采用增压技术，即对吸入内燃机的气体进行预压缩和冷却，以增加其密度，以使汽缸吸入更多质量的气体，输出功率将按比例增长。目前广泛采用排汽涡轮增压器对吸入气体进行增压，即利用内燃机汽缸的排汽在涡轮中膨胀做功，拖动压气机对气体进行预压缩。压缩后的气体压力温度却升高了，通常采用两级冷却(高温段和低温段)，其中冷却高温段的冷却水温度高，利用价值高。不同公司生产的燃气内燃机增压的方式不同，有的只对空气进行增压，有的对空气与燃气的混合气体进行增压。

燃气内燃机发电机组的余热有两种——烟气和冷却水。烟气的温度一般在400～550℃左右。冷却水有冷却汽缸、汽缸盖、气门的冷却水(又称缸套水)、冷却润滑油的冷却水和冷却增压后气体的冷却水。不同型号的燃气内燃机采用的冷却方式并不一样。有的燃气内燃机只有两种冷却水:高温冷却水和低温冷却水,其中高温冷却水用于冷却增压后气体(高温段)、润滑油和汽缸套等部件,温度通常在95℃左右,低温冷却水用于冷却增压后气体的低温段部分,温度通常在40℃左右。有些燃气内燃机有三种冷却水:高温冷却水(包括冷却增压后气体的高温段部分),温度通常在95℃左右;润滑油冷却水,温度约80℃左右;低温冷却水(用于冷却增压后气体的低温段部分),温度约40℃。

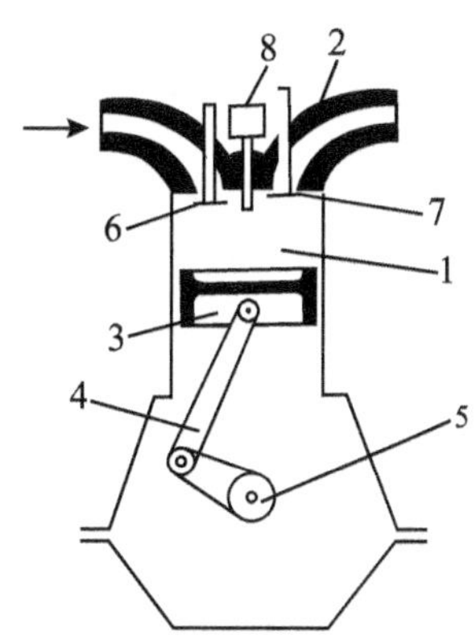

图13-8　内燃机结构示意图

1-汽缸;2-汽缸盖;3-活塞;4-连杆;5-曲轴;6-进气门;7-排气门;8-火花塞

3.分布式发电并网模式

燃气冷热电联供系统与公共电网关系有以下3种方式:

(1)孤网运行,即不与电网连接。系统发电量需满足所服务区域的全部电负荷。这种系统设备容量大,初投资高;发电设备经常在部分负荷下运行,能源综合利用率低,运行费用高,尤其在热电负荷与冷电负荷不同步时更甚。适宜用于无电网的区域。

(2)并网不上网运行,即系统接入公共电网,可向电网购电,但不向电网售电。

(3)并网且上网运行,即系统接入公共电网后,既可向电网购电,又可向电网售电。

显然最后一种与电网的关系最理想。这种方式在我国是于2013年2月27日国家电网公司发布了《分布式电源并网相关意见和规范》之后才实行的。之前只有一些省市在政策上允许分布式能源可以并网,但不上网;而有些省市不允许分布式能源并网。根据现有政策,建于用户内部的分布式能源,发电量可以全部上网、全部自用或自发自用剩余电量上网,由用户自行选择;用户不足的电量由电网提供。上、下网电量分开结算,电价执行国家相关政策。关于发电机组与电网并网的技术问题请参阅其他专门书籍。下面仅讨论燃气发电机机组余热利用的原理与系统。

发电机的余热可以用于制冷或制热作为建筑的冷热源,或生产蒸气,或生产热水。由于余热用途的不同又派生出不同类型的系统。

13.3.2 余热利用模式

1.燃气轮机

燃气轮机发电机组可利用余热为烟气,有以下几种常用余热利用模式:

(1)用烟气型溴化锂吸收式冷水机组(简称烟气机)或补燃烟气型烟气机制冷或制热,夏季用于建筑供冷,冬季用于建筑的供暖,如图13-9(a)所示。图中虚线表示采用补燃型烟气机在补充燃烧时需要供应燃气。烟气机采用补燃的作用是当发电机组余热量减少(部分负荷运行)时保持烟气机制冷(热)能力;或为了增加烟气机的制冷(热)能力,以满足建筑冷热负荷的需求。

(2)用余热蒸气锅炉生产蒸气。蒸气在工业建筑中可用于某些工艺过程,在民用建筑可用于洗衣房、医院消毒等。如蒸气有余量,可以用蒸气型溴化锂吸收式冷水机组制成制冷或汽/水换热器制热水,如图13-9(b)所示。余热锅炉有补燃型和无补燃型两类,可根据发电机组的运行条件、冷热负荷情况选用其中一类余热锅炉。在满足用户条件下,蒸气压力宜低一些,以降低排烟温度,充分利用烟气中的余热。如果用户无蒸气需求而只需供冷或供热,则不宜采用这种模式,这样不仅增加了设备,而且由于能量的多次转换,实际获得的制冷(热)量将低于直接用烟气机获得的制冷(热)量。

(3)用烟气/水换热器制热水,如图13-9(c)所示。这种模式适用于全面有热水需求的,供冷且有热水需求的场所,如宾馆、医院的生活热水供应。目前已经有微型燃气轮机的热电联产机组产品,如Capstone C65 ICHP微型燃气轮机热电联产机组在ISO标准条件下的发电量为65kW,供应60/50℃热水112kW,能量综合利用率达79%。

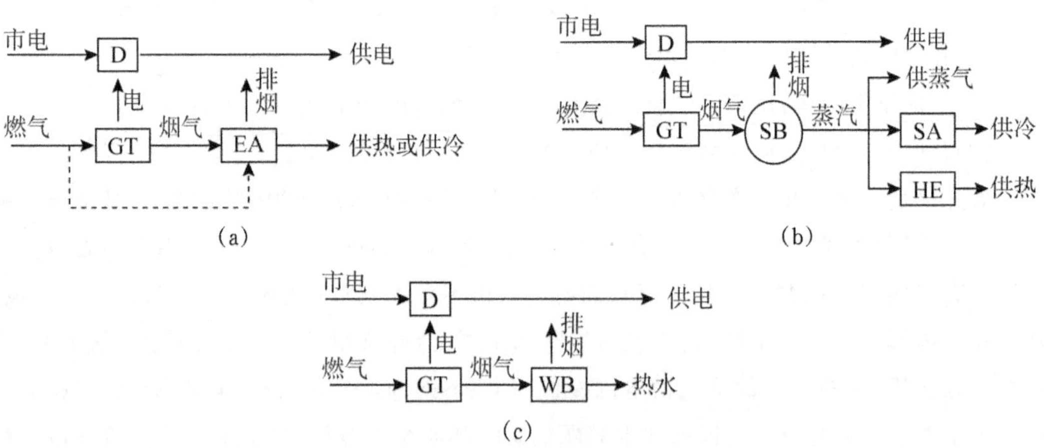

图13-9 燃气轮机发电机组烟气余热利用模式

GT-燃气轮机发电机组;EA-烟气型溴化锂吸收式冷热水机组(或补燃型烟气机);SB-余热蒸气锅炉;SA-蒸气型溴化锂吸收式冷水机组;HE-汽/水换热器;WB-余热热水锅炉(烟气/水换热器);D-并网配电柜

2.内燃机

内燃机发电机组可利用余热有烟气和高温冷却水,根据服务对象的不同有多种余热利用模式,下面列举几种余热利用模式:

(1)用烟气热水型溴化锂吸收式冷水机组(简称烟气热水机)和水/水换热器制冷和制热,用于建筑供冷和供暖,如图13-10(a)所示。烟气热水机也有补燃型和无补燃型两类,可根据发电机组运行条件和建筑冷热负荷情况选用其中之一。烟气热水机夏季运行时,烟气与高温冷却水的余热同时通过它制取冷水供空调系统应用;冬季运行时,烟气通过它制取供暖用热水,而高温冷却水通过水/水换热器制取供暖用的热水。

(2)内燃机的烟气利用烟气机制冷或制热,用于建筑供冷和供暖;高温冷却水通过水/水换热器制取热水,如图13-10(b)所示。热水可用于洗衣房、公共浴池或生活热水供应。根据具体情况,烟气机也可采用补燃型的。

(3)内燃机的烟气利用余热蒸气锅炉生产蒸气,高温冷却水利用水/水换热器制取热水,如图13-10(c)所示。蒸气可用于工业生产过程或民用建筑中蒸气用户,如洗衣房、医院消毒等。热水可用于生活热水供应、公共浴池、洗衣房等。如蒸气有余量,可以用蒸气型溴化锂吸收式制冷机组制冷或汽/水换热器制取热水。根据具体情况,余热蒸气锅炉也可采用补燃型的。

(4)内燃机的烟气和高温冷却水分别用余热热水锅炉和水/水换热器制热水,供工业或民用建筑热水用户使用。如图13-10(d)所示。

上面举例了几种燃气轮机和燃气内燃机发电机组余热利用模式,这只是比较典型的模

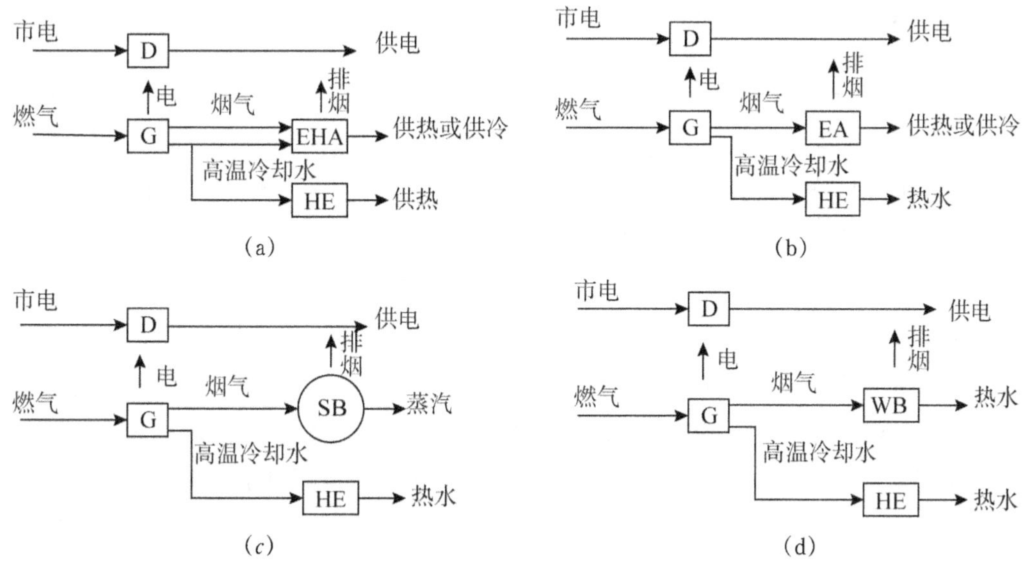

图13-10　燃气内燃机发电机组余热利用模式

c-燃气内燃机发电机组;EHA-燃气热水机;HE-水/水换热器;其余符号同图13-9

式。实际采用何种余热利用模式，则应根据用户对冷、热需求的情况、发电机组余热形态与温度来选择。

3.其他热回收技术

分布式发电技术的排气温度一般都较高，还包含有大量的可利用热能。为提高能源利用效率，可对排气中的热量进行回收，回收后的热能用于建筑供暖、空调或进行湿度控制。利用汽/水换热器，可以将排气用于提供热水或蒸气，这些热水或蒸气除直接用于为建筑供暖或提供生活热水外，还可用于驱动吸收式制冷机为建筑提供冷水，和用于再生干燥剂为建筑提供干燥空气。

(1)吸收式制冷技术。吸收式制冷的原理与电制冷相似，区别只是在于电制冷使用电动机驱动压缩机，提高制冷剂蒸气压力，而吸收式制冷是依靠热能通过发生器来加压制冷剂蒸气。吸收式制冷除溶液泵消耗很少的电之外，其主要能源是热能，因此，可以通过发电尾气的热能来驱动，组成联供系统。

吸收式制冷机的驱动热媒可以是热水、蒸气，还可以直接利用发电尾气驱动，按照燃料燃烧的部位不同，可将吸收式制冷分为直燃型和间燃型，在热电联供中主要使用间燃型，少数情况也可采用发电尾气的直燃型。按照发生器的数量不同，又将吸收式制冷机分为单效、双效和多效，效数越多，制冷系数越大，但需要的热媒温度也越高。目前使用的吸收式制冷机主要是单效和双效，三效吸收式制冷机还处在开发过程中。吸收式制冷机的工作介质主要是溴化锂水溶液或氨水溶液，其中溴化锂吸收式制冷机的效率较高，已经实现了商业化。详细的内容可参考第10章。

(2)干燥剂除湿技术。为维持一个舒适的室内环境，除必须保持室内空气在一定的温度范围内外，还必须维持室内空气保持一定的湿度。为防止发霉，抑制细菌、病毒的生长和繁殖，确保室内相对湿度低于60%是必要的。传统空调控制湿度的方法是通过用低于送风空气露点温度的冷冻水来冷却空气，使空气中的水蒸气凝结下来。然而，经这样处理后的空气温度一般较低，需要进行再热才能达到舒适水平。再热不仅需要浪费一定的能量，同时为使空气冷却到露点之下所需的冷冻水温度也必须较低，因而制冷机的COP值下降，会耗费更多的电能。

除采用冷却除湿之外，还可以采用干燥剂除湿。干燥剂除湿是让潮湿空气通过干燥剂，干燥剂吸收或吸附空气中的水蒸气而使空气湿度下降，处理后的干燥空气经冷却之后送入空调房间，以维持舒适的室内环境。然而，干燥剂吸湿之后，其含湿量增加，逐渐失去干燥能力。为使干燥剂能够继续除湿，必须对干燥剂进行再生。干燥剂再生是用干燥的热空气通过干燥剂，让干空气带走干燥剂中的水分，使干燥剂失去水分而恢复除湿能力。因而，要对干燥剂进行再生，必须要以消耗一定的热能为代价。如果用发电后的排气废热来再生干燥剂，就能起到节能的效果。

干燥剂除湿分为固体干燥剂除湿和液体干燥剂除湿。固体干燥剂除湿的流程如图13-11所示。固体干燥剂主要有硅胶、活性炭、氯化钙等，一般将干燥剂制作成蜂窝状转轮，转轮被分隔成两个区：吸附区和再生区，同时，转轮以8～10r/h的速度不断旋转。被处理空气通过吸附区、干燥剂吸附空气中的水分使被处理空气得到干燥，而干燥剂本身则逐渐失去吸湿能力，同时，由于转轮的不断旋转，这部分失去吸湿能力的干燥剂旋转到再生区，被再生空气加热再生，从而恢复吸湿能力，然后又被旋转到吸附区，如此循环工作。为节约能源，用空调排风作为再生空气，先利用换热器回收被处理空气的热量，使再生空气温度升高，然后再用发电尾气将再生空气继续加热至120℃左右，完成对干燥剂的再生。

液体干燥剂除湿系统中，液体干燥剂主要有氯化锂、氯化钙等水溶液。液体干燥剂在干燥器中从上面喷淋而下，与逆流而上的空气相接触，吸收被处理空气中的水分，使空气干燥，干燥剂本身逐渐失去干燥能力。失去干燥能力的干燥剂用泵送至再生器中，被用发电尾气加热了的再生空气再生，再生了的干燥剂又重新送回干燥器中干燥处理空气。因为液体干燥剂干燥过程要放出水蒸气潜热，因此，需要加入冷却器对干燥剂进行冷却，以使干燥剂保持一定的温度。另外，液体干燥剂在进行干燥时，还能同时起到过滤空气中的粉尘、细菌、病毒等功能，对提高室内空气品质有利。

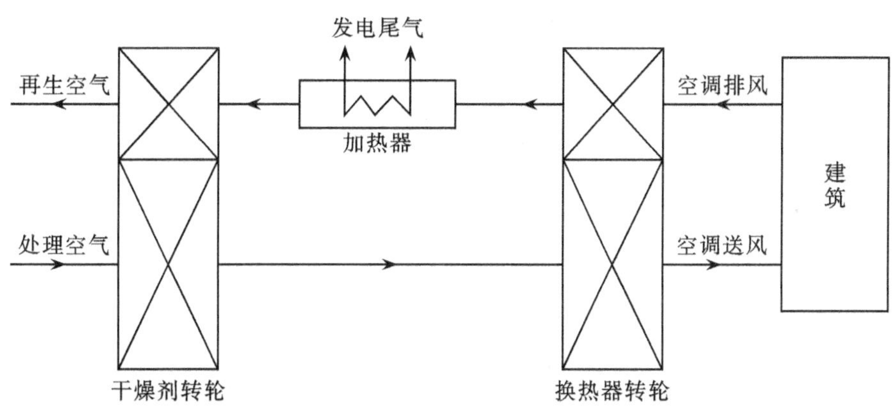

图13-11　发电尾气驱动的固体干燥剂除湿流程

思考题与习题

13-1 如何科学利用天然气等高品位能源？

13-2 试比较集中供热系统的两种常用能源(热电厂和燃煤锅炉房)的优缺点。

13-3 燃气冷热电联供有哪些特点？

13-4 列举几种燃气轮机发电机组余热利用模式。

13-5 列举几种燃气内燃机发电机组余热利用模式。

13-6 TCG2020V12燃气内燃机发电机组，输出功率为1200kW，发电效率43.7%，高温冷却水热量606kW，温度93/80℃，烟气温度414℃，烟气冷却到120℃的热量为591kW。试估计该机组冷电联供的供冷量和热电联供的制热量。

13-7 上题在获得同样的电能和冷量（或热量）条件下，试比较联供与分供的一次能耗。

第14章　冷热源机房设计

冷热源机房设计概述

14.1　冷热源机房设计概述

冷热源机房是利用一个空调项目周边可提供的能源资源，实现系统的供冷或供热，最终完成对室内环境的温湿度控制。这里所涉及的能源种类包括化石能源和可再生能源，或者是由它们生产的二次能源。从而使我们明确冷热源机房设计的目的是为室内温湿度控制提供保证；同时又需要尽可能地提高能源的利用效率。

出于篇幅的考虑，本章内容将主要介绍常规化石能源及其生产的二次能源利用。

14.1.1　冷热源种类

1.常用空调热源

热水锅炉、真空热水机组、热交换器。

空调用热交换器从使用介质分类，可分为汽/水热交换器、水/水热交换器。

从结构上分类，可分为板式热交换器、浮动盘管换热器等。

2.常用空调冷源

电动压缩式水冷(风冷)冷水机组(螺杆式冷水机组、离心式冷水机组、活塞式冷水机组、涡旋式冷水机组)。

蒸气吸收式溴化锂冷水机组。

3.常用空调冷热源(既是冷源又是热源)

各类热泵机组(风冷热泵、水源热泵、地源热泵、污水源热泵、VRF、单元式空调机组等)。

直燃型溴化锂机组(燃油、燃气型等)。

14.1.2　冷热源机房分类

首先要明确一条，不是所有的空调系统都是有机房的，如以风冷热泵为冷热源的空调系统、VRF系统、单元式空调系统等。本章内容也仅仅介绍空调系统所涉及的机房内容。

热源机房包括：

(1)锅炉房(蒸气锅炉房、热水锅炉房)；

(2)真空热水机房；

(3)热交换机房；

(4)蓄热机房(采用蓄热锅炉)。

冷源机房包括：

(1)电动压缩式制冷机房；

(2)蒸气型溴化锂吸收式制冷机房；

(3)蓄冷机房(冰蓄冷机房、水蓄冷机房)。

冷热源合用机房包括：

(1)热泵机房(水源热泵机房、地源热泵机房、污水源热泵机房等)；

(2)直燃型溴化锂冷热水机房(燃油或燃气型)；

(3)燃气冷热电三联供机房。

此外，目前在一些大型项目中还出现多种形式冷热源集一体的机房，比如在一个冷热源机房中热源包括了地源热泵机组和真空热水机组；冷源包括了地源热泵机组、常规离心式冷水机组、双工况螺杆式冷水机组加冰蓄冷装置。对于这样的冷热源机房就尤其需要采用一套群控系统，根据建筑内部负荷变化、能源价格、冷热源机组效率进行综合统筹，以此提高机房的全年综合运行效率。

14.1.3 冷热源机房基本组成

冷热源机房设备通常包括：冷源设备、热源设备、冷冻水泵、热水泵、冷却水泵、定压装置、补水装置、控制系统等。如图14-1、14-2所示。

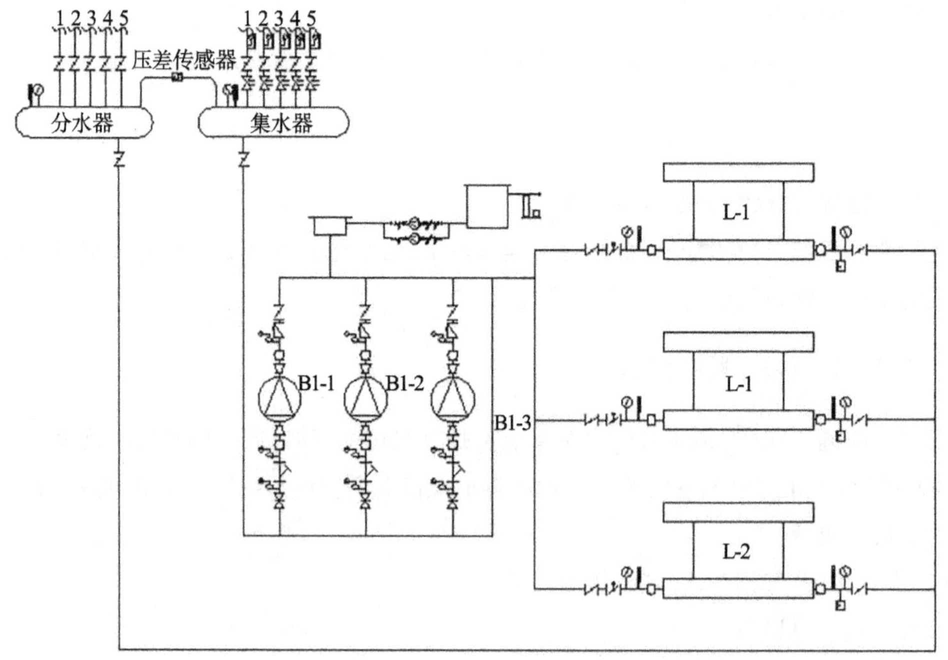

图14-1 冷源机房

L-1～3,冷水机组 B1-1～3,冷冻水泵

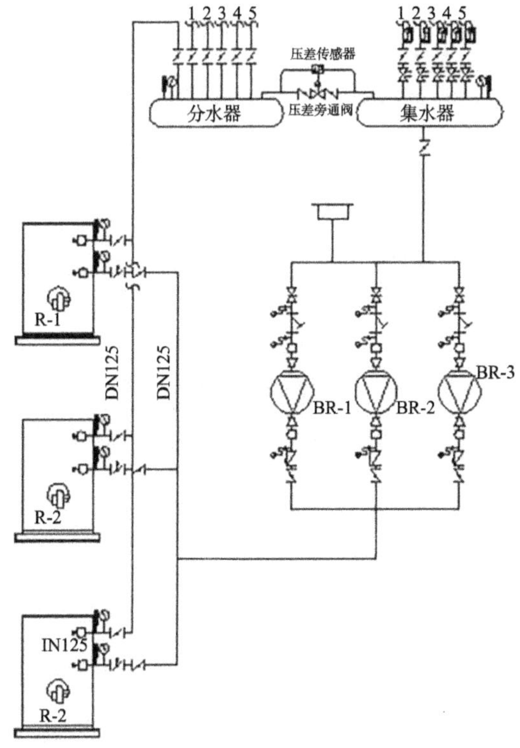

图14-2　热源机房

R-1～3,真空热水机组(或是其他形式的热源)　BR-1～3,热水泵

14.1.4　冷热源机房设计相关规范

设计规范是我们进行工程设计的依据,根据强制性程度的不同,它又分为"黑体字""应""宜"三个等级。

(1)《民用建筑供暖通风与空气调节设计规范》GB 50736-2012;

(2)《公共建筑节能设计标准》GB 50189-2015;

(3)《通风与空气调节施工质量验收规范》GB 50243-2016;

(4)《建筑设计防火》GB 50016-2014(2018年版);

(5)《锅炉房设计规范》GB 50041-2008。

另外,各省市建设主管部门也有相应的地方规范和标准。

14.2　冷热源机房设计步骤

冷热源机房设计步骤

冷热源机房设计步骤如下:

(1)确定项目的空调冷热负荷;

(2)确定机房的冷热水供回水参数;

(3)确定项目的空调冷热源方案;

(4)根据项目的全年负荷特性确定机组的台数及单台制冷量或制热量;

(5)确定机房冷水系统形式(一次泵变流量、一次泵定流量、二次泵变流量、多级泵系统等);

(6)确定冷却水系统形式及参数;

(7)绘制机房系统原理图;

(8)进行机房设备布置;

(9)进行机房管路布置、确定管径、配置阀门与配件;

(10)确定机房检测和监控的内容,确定参数和位置、明确转换的边界条件、提供控制策略。

14.3 冷热源方案选择

冷热源方案选择

设计冷热源机房前,首先需要针对当地的能源供应情况以及项目的空调负荷特点进行相关方案的比较,以确定一个在技术和经济方面相对合理的方案。

在进行方案选择之前,我们需要确定建筑的空调冷热负荷及系统供回水温度。

14.3.1 空调冷热负荷确定

空调冷热负荷计算属于“空气调节”课程范畴,这里不再详述。目前空调冷热负荷计算基本上用两种方法,一是冷负荷系数法(该方法便于手算,其实源自于传递函数法),另一种是谐波法(目前许多负荷计算软件的计算基础多源于此法)。

随着目前设计对精细化要求,越来越多的项目在设计时需要进行建筑物全年8760小时的动态模拟计算,以此来精确配置机房冷热水机组(尤其是冷水机组),从而使整个系统在全年各个负荷段都能保持高效率运行,避免大马拉小车现象。

当前国内有清华大学开发的DeST软件,国外有DOE、eQUEST、TRNSYS、EnergyPlus等可供选用。

14.3.2 机房冷热水供回水参数

1.相关规范要求

(1)冷水机组直接供冷时,冷水供水温度不宜低于5℃,空调冷水供回水温度不应小于5℃;有条件时可适当增大供回水温差。

(2)采用蓄冷空调系统时,空调冷水供水温度和供回水温差应根据蓄冷介质和蓄冷、取冷方式分别确定。

(3)采用温湿度独立控制空调系统时,负担湿热的冷水机组的空调供水温度不宜低于16℃;当采用强制对流末端设备时,空调冷水供回水温差不宜小于5℃。

(4)采用蒸发冷却或天然冷源制取空调冷水时,空调冷水的供水温度,应根据当地气象条件和末端设备的工作能力合理确定;当采用强制对流末端设备时,供回水温度不宜小于4℃。

(5)采用辐射供冷末端设备时,供水温度应以末端设备表面不结露为原则确定,供回水温差不应小于2℃。

(6)采用市政热力或锅炉供应的一次热源通过热交换器加热的二次空调热水时,其供水温度宜根据系统需求和末端能力确定。对于非预热盘管,供水温度宜采用50～60℃,用于严寒地区预热时,供水温度不宜低于70℃。空调热水的供回水温差,严寒地区和寒冷地区不宜小于15℃,夏热冬冷地区不宜小于10℃。

(7)采用直燃式冷热水机组、空气源热泵、地源热泵等作为热源时,空调热水供回水温度和温差应按设备要求和具体情况确定,并应使设备具有较高的供热性能参数。

2.关于大温差供冷的考虑

基于节能的考虑,许多项目提出了大温差供冷的方案,但是具体效益如何还需要进行经济技术分析。目前工程中应用的大温差一般有温差8℃和10℃两种;供水温度有5℃和7℃两种。一个具体项目,只有通过技术经济分析,比较初投资和运行费用,才能确定其采用大温差供冷的合理性。一般来讲,如果该项目供冷管路较长,冷冻水泵扬程较大,那么采用大温差供冷方案就比较合理。在进行初投资和运行费用比较时需要考虑以下几个因素。

(1)初投资需要考虑:

①冷水机组,由于供水温度降低,冷水机组初投资有可能提高。

②冷冻水泵,由于供回水温差提高,冷冻水流量减小,冷冻水泵初投资下降。

③管路、阀门、保温材料,由于冷冻水流量减小,冷冻水管径变小,从而使管路及配套材料的造价降低。

④末端设备,由于供回水温差增大有时会影响末端设备选型难度,使初投资提高。

(2)运行费用需要考虑:

①冷水机组,如果供水温度降低,冷水机组效率有可能降低。

②冷冻水泵,由于冷冻水流量减少,冷冻水泵运行费用减少。

③末端设备,如果由于采用大温差引起末端盘管排数增加,有可能造成风侧阻力增大,末端设备运行费用提高。

14.3.3　空调冷热源方案

在进行空调冷热源方案选择时,我们需要考虑周边能源供应的可能性和持续性、能源价格(单价与初装费)及相关优惠政策(如峰谷差价、免初装费、可再生能源补贴等)、机房面积、耗水量(如冷却水、系统日常补充水)及对周边环境的影响(如噪声等)。

目前工程中可供空调冷热源系统利用的能源种类主要有:市政蒸气、市政高温热水、电、天然气、轻(重)油等。对应不同的能源种类可以选用不同的冷热源设备。

(1)市政蒸气:热交换器(供热);蒸气型溴化锂冷水机组(供冷)。

(2)市政高温热水:热交换器(供热);热水型溴化锂冷水机组(供冷)。

(3)电:蓄热装置(供热,受规范限制);电动压缩式冷水机组(供冷,螺杆式、离心式、涡旋式、活塞式等);热泵(供冷与供热,空气源、水源、土壤源、污水源等);蓄冷装置(供冷)。

(4)天然气:热水锅炉、真空热水机组(供热);直燃型溴化锂冷热水机组(供冷与供热)。

(5)轻(重)油:热水锅炉、真空热水机组(供热);直燃型溴化锂冷热水机组(供冷与供热)。

实际工程中我们可以根据实际能源供应情况按上述"菜单"确定冷热源方式并进行比较。在确定冷热源方案的过程中,我们就同时需要根据工程全年空调负荷分布确定机组的台数和单台供热量和供冷量。有一点需要特别注意的是,按现行规范要求,电动压缩式冷水机组的总装机容量,应根据计算的空调冷负荷值直接选定,不另作附加;在设计条件下,当机组的规格不能符合计算冷负荷的要求时,所选择机组的总装机容量与计算冷负荷的比值不得超过1.1。

冷热源机房中冷热源机组台数的确定原则如下:

(1)满足系统的可靠性,机组不宜少于两台。

(2)一个机房的机组配置应能适应空调负荷全年变化规律,满足季节及部分负荷下的要求。

下面我们通过一个工程案例来分析如何确定一个实际工程的空调冷热源方案。

某商业中心,建筑面积53000平方米,包括超市、商铺、餐饮、酒吧、主力店、影院等。考虑到各类物业运行时间的差异,为提高系统效率将酒吧、影院采用独立空调冷热源,其余物业集中采用一套冷热源系统。服务建筑面积为45500平方米。

经计算,该集中系统的冷热源尖峰负荷分布为夏季冷负荷8000kW,冬季热负荷5600kW。通过调研发现,该项目周边无市政蒸气和热水,可以供应天然气,电力供应充裕。当地商用天然气价格为2.2元/m^3,商业用电电价为1.05元/kWh。天然气和电力供应均无增容费。此外,该地区电力部门尚未出台峰谷电差价。因此,在方案比较阶段仅考虑"真空燃气热水机组+电动压缩式冷水机组"和"燃气型直燃式溴化锂冷热水机组"两个方案。

项目空调供热期是每年11.01～2.15;供冷期是每年6.16～9.30。

每天空调运行时间是9:30～22:30。

全年供冷时间为1391h,全年供热时间为1391h。

表14-1为全年空调冷负荷分布表。

表14-1 全年空调冷负荷分布表

逐时空调冷负荷/kW	1600	2400	3200	4000	4800
运行时间/h	100	100	140	140	280
空调冷负荷/kW	5600	6400	7200	8000	
运行时间/h	280	280	50	21	

目前空调冷水机组的高效率调节范围是：

螺杆式冷水机组，50%～100%制冷量范围内；

离心式冷水机组，40%～100%制冷量范围内；

直燃型溴化锂冷热水机组，20%～100%制冷量范围内。

根据各类冷水机组的负荷调节能力和建筑物空调冷负荷的分布特性，可以确定上述两种方案的机房设备参数：

方案一：

供热，三台制热量2000kW真空热水机组；

供冷，三台制冷量2700kW离心式冷水机组。

方案二：

三台燃气直燃型溴化锂冷热水机组；

单台制冷量，2700kW；单台制热量2160kW。

本项目冷热源机房置于地下室，冷冻水管路较长；冷冻水管管径较大，故对于离心式冷水机组采用了大温差措施。夏季供回水温度为5～13℃；冬季供回水温度为60～50℃。

直燃型溴化锂机组因产品条件限制，仍取夏季供回水温度为7～12℃；冬季供回水温度为60～55℃。

由于项目夏季末端负荷变动较大，加上管路阻力较大故采用了二次泵系统。

下面比较一下两个方案的初投资和全年运行费用，由于真空热水机组与燃气型溴化锂机组冬季供热费用相近，故此处仅比较上述两个方案夏季供冷费用。

表14-2列出了方案一，离心式冷水机组＋真空热水机组全年夏季运行费用。

表14-3列出了方案二，燃气型直燃式冷热水机组全年夏季运行费用。

表14-2 方案一，离心式冷水机组+真空热水机组

序号	名称	主要参数	数量	单位	单价/万元	总价/万元
1	离心式冷水机组	制冷量：2700kW，功率：460kW	3	台	140	420
2	一次冷冻泵	流量：320m^3/h，功率15kW	3	台	2.5	7.5

续表

序号	名称	主要参数	数量	单位	单价/万元	总价/万元
3	二次冷冻泵	流量:180m^3/h,功率11kW	5	台	1.3	6.5
4	冷却塔	流量:580m^3/h,功率25kW	3	台	17.5	52.5
5	冷却水泵	流量:650m^3/h,功率45kW	3	台	4.5	13.5
6	真空热水机组	制热量:2000kW, 耗气量:220m^3/h 功率11	3	台	42	126
7	热水泵	流量:190m^3/h,功率11kW	3	台	1.3	6.5
	合计					632.5

表14-3　方案二,燃气型直燃式冷热水机组

序号	名称	主要参数	数量	单位	单价/万元	总价/万元
1	燃气型直燃式冷热水机组	制冷量:2700kW,耗气量:245m^3/h 功率:15kW 制热量:2000kW,	3	台	185	555
2	一次冷冻泵	流量:510m^3/h,功率22kW	3	台	3.6	10.8
3	二次冷冻泵	流量:270m^3/h,功率15kW	5	台	1.9	9.5
4	冷却塔	流量:730m^3/h,功率30kW	3	台	25.5	76.5
5	冷却水泵	流量:800m^3/h,功率55kW	3	台	5.6	16.8
	合计					668.6

通过上述两个方案的比较(见表14-4)会发现,方案二在初投资和年运行费用的两个方面的支出都大于方案一。因此,在目前许多大型项目中空调冷热源都采用真空热水机+电动压缩式冷水机组。后面的系统原理图也是按这个方案实施的。另外,目前已经有商业化的软件可以进行冷热源的分析比较,精度比手算要高,此处笔者采用手算法仅给大家提供一种分析思路和方法。

表14-4　方案一与方案二投资与年运行费用比较

	方案一	方案二
初投资(万元)	632.5	668.6
年运行费用(万元)	天然气价:无	天然气价:132.6
	电价:152	电价:47.5
	合计:152	合计:180.1

14.4　冷热源水系统介绍

冷热源水系统介绍

目前实际工程中,空调水系统按水压分类可分为开式和闭式两类。

开式系统的特点是有一个集水池,空调冷冻水(或热水)经过末端空气处理设备后依靠重力流回到集水池。空调水系统管路与室外空气相通。系统的优点是可以实现蓄冷;缺点是水泵扬程大、管路易腐蚀、系统水力平衡难度大。目前在民用建筑空调系统中已经很少出现。

闭式系统的特点是系统管路内各点均不与室外空气相通,因此,系统须设置一个定压装置来确保无论水泵启停,系统内各点均充满水。该系统是目前民用建筑空调的主流系统,具有水泵扬程低、管路不宜腐蚀、水力平衡相对较为容易。本章也以闭式系统为基础来介绍空调冷热源水系统。

14.4.1　机房冷冻水系统形式

目前采用的机房冷冻水系统形式主要有:

(1)一次泵定流量(见图14-3),该系统是在室内末端装置供水或回水管上设置电动调节阀,根据室内温度变化控制阀的开度,实现末端侧变流量;机房侧流经冷水机组的水量始终是恒定的,一次泵定流量运行。机房侧与末端侧的水流量差异,利用机房供回水主管上的压力传感器控制压差旁通阀开度来调节。这是目前最主流的系统。

(2)一级泵变流量(冷水机组变流量)(见图14-4),该系统是在室内末端装置供水或回水管上设置电动调节阀,根据室内温度变化控制阀的开度,实现末端侧变流量;机房侧流经冷水机组的水量是根据其所需提供的制冷量而变化的,一次泵变流量运行。由于通过冷水机组的水流量不能无限减少,所以在低负荷时机房侧与末端侧的水流量仍然会有差异,因此,在机房供回水主管上仍然通过设置压力传感器来控制压差旁通阀开度进行调节。这种形式对冷水机组本身提出了更高的要求(机组蒸发器在小流量下的防结冰就是一个问题),控制策略也比较复杂,但节能是显著的。

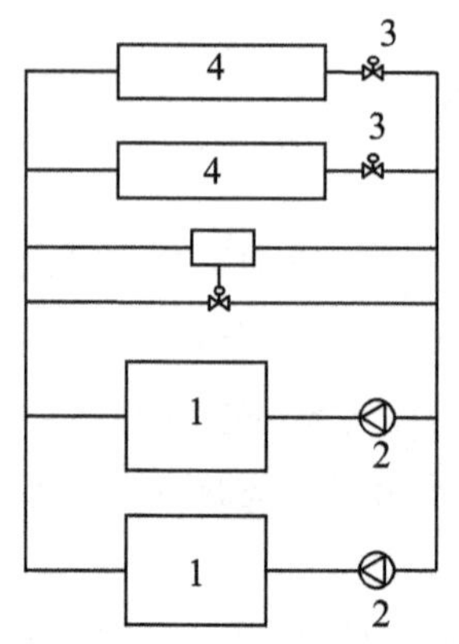

图 14-3　一次泵定流量原理图

1-冷水机组;2-冷冻水泵;3-调节阀;4-末端装置(如空调箱、风机盘管等)

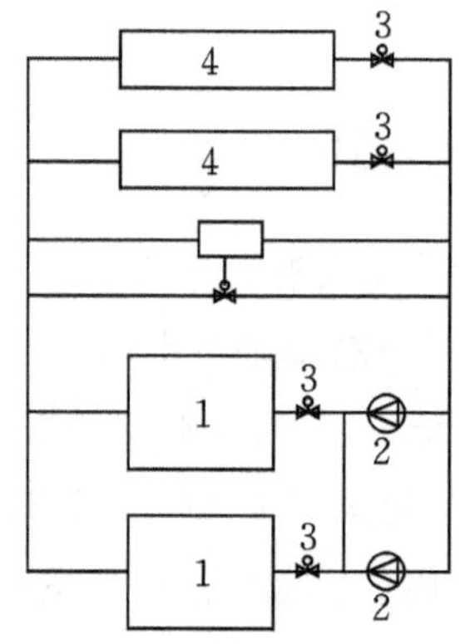

图 14-4　一次泵变流量原理图

1-冷水机组;2-冷冻水泵;3-调节阀;4-末端装置(如空调箱、风机盘管等)

(3)二次泵变流量(见图 14-5),机房侧设置二组冷冻水泵,一级泵承担机房侧冷冻水系统阻力;二级泵承担机房以外负荷侧冷冻水系统阻力。该系统是在室内末端装置供水或回水管上设置电动调节阀,根据室内温度变化控制阀的开度,实现末端侧变流量;机房侧流经冷水机组的水量始终是恒定的。一级泵定流量运行,二级泵则根据末端侧阻力变化进行变速运行,负荷侧与机房侧之间的冷冻水流量差异则通过平衡管旁通至机房冷冻水回水主管。

二次泵变流量系统适用于系统作用半径大、设计水流阻力较高的大型工程。当各个环路的设计水温一致且设计水流阻力接近时,二次泵可以机动设置;当各个环路的设计水流阻力相差较大或各系统水温或温差要求不同时,应按区域或系统分设二次泵。

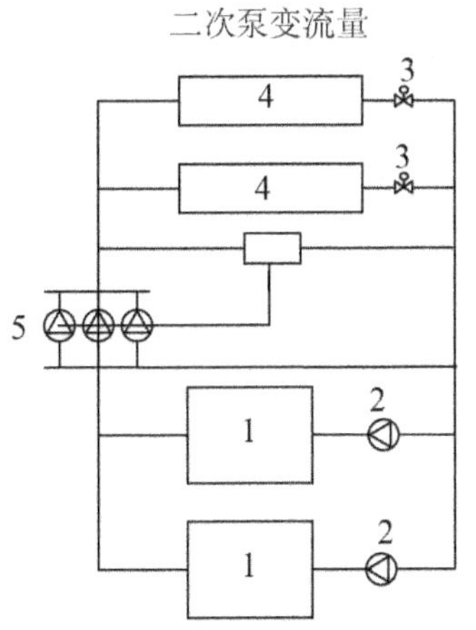

图14-5　二次泵变流量原理图

1-冷水机组;2--一次冷冻水泵;3-调节阀;4-末端装置(如空调箱、风机盘管等);5-二次冷冻水泵

(4)三次泵或多次泵,对于一些系统作用半径特别大的场合也可采用三次泵系统,目前在配置三次泵系统时,一般是由一级泵承担机房水系统阻力(定流量运行);由二级泵承担室外管网阻力(变流量运行);三级泵承担末端设备或楼宇的阻力(变流量运行)。

14.4.2　冷水机组与水泵配管方式

冷冻机组与冷冻水泵之间宜采用一对一连接方式;对于机组台数较少的系统,可在各组设备连接管之间设置手动开关阀。如图14-6和图14-7所示。

当采用一对一有困难时,可采用共用集管的连接方式,如图14-8所示。采用这种方式,当冷水泵停止运行时,应隔断对应冷水机组的冷水通路;当采用集中自控系统时,每台冷水机组的进水或出水管道上应设置与对应的冷水机组和水泵连锁开关的电动二通阀(隔断阀)。

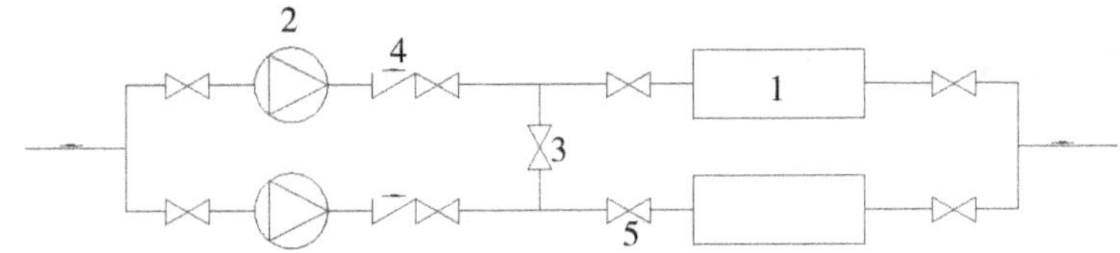

图14-6　循环水泵与冷水机组一对一接管(无备用泵)

1-冷水机组(蒸发器或冷凝器);2-冷冻水泵(或冷却水泵);3-常闭手动转换阀;4-止回阀;5-检修阀

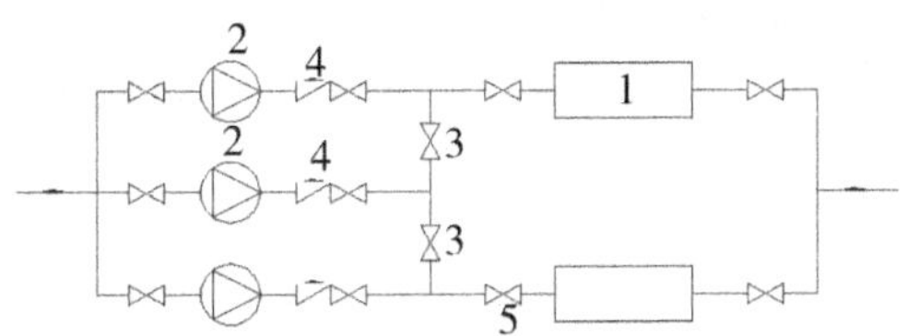

图14-7　循环水泵与冷水机组一对一接管(有备用泵)

1-冷水机组(蒸发器或冷凝器);2-冷冻水泵(或冷却水泵);3-常闭手动转换阀;4-止回阀;5-检修阀

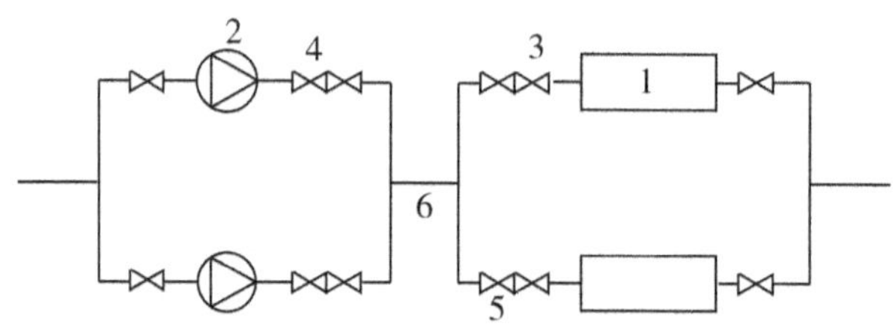

图 14-8　循环水泵与冷水机组共用集管接管连接方式

1-冷水机组(蒸发器或冷凝器);2-冷冻水泵(或冷却水泵);3-电动隔断阀;4-止回阀;5-检修阀;6-共用集管

14.4.3　冷却塔选择

目前空调工程中冷却塔的选用主要分为闭式塔和开式塔两大类，其中开式塔又分为方塔(图 14-9)和圆塔(图 14-10)。其中闭式塔的水质控制比较容易，冷却水水质较好，缺点是价格较高。开式塔与其正好相反。

从构造上可分为逆流塔、横流塔、蒸发塔、引射塔等，目前用得比较多的是逆流塔和横流塔。逆流分为圆形和方形，横流塔多为方形。蒸发塔其实就是闭式冷却塔。

图 14-9　开式逆流方形冷却塔

图 14-10　开式逆流圆形冷却塔

冷却塔从其噪声分类可以分为低噪声、超低噪声、超超低噪声，工程中可以根据项目所在地噪声要求合理选型。

工程中冷却塔与冷水机组、冷却水泵均采用相同的台数。配管方式分为两种，对于冷却水泵而言，既可采用与冷水机组一一对应的方式，也可采用冷却水泵与冷水机组独立并联后通过总管相连接的方式。而对于冷却塔而言，一般均采用冷却塔全部并联后通过冷却水总管接至冷冻机房(见图 14-11)。

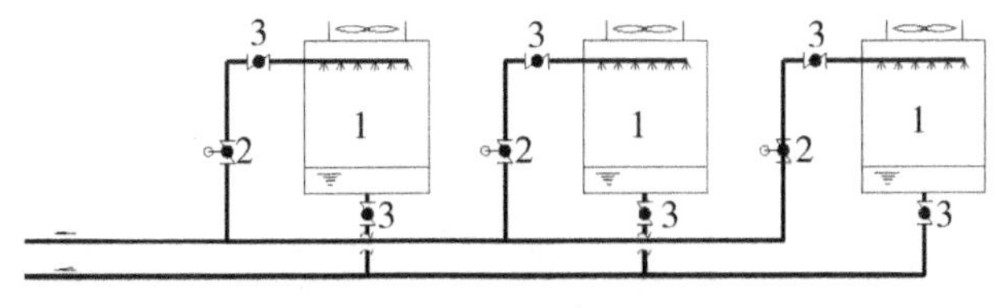

图14-11　冷却塔配管图

1-冷却塔；2-电动蝶阀；3-手动蝶阀

冷却塔的选型通常是根据冷却水流量、夏季室外计算湿球温度、冷却水进出水温差、冷却塔出水温度来选用。

目前国家标准冷却塔的设计工况是进出水温度32～37℃，进出水温差5℃，室外湿球温度是28℃。当项目实际运行参数与标准工况参数不同时，需要根据厂家提供的选型表查表选型。

例：某冷冻机房配置四台单台制冷量2700kW的离心式冷水机组，经样本查找机组冷却水额定流量580m^3/h，机组冷却水进出温度32～37℃，当地夏季空调室外计算湿球温度为29℃。我们以此进行冷却塔选型。

冷却塔厂家可提供选型图表（有些冷却塔厂家可以提供冷却塔选型专用软件，客户只需提供上述参数，厂家可以帮助选型）。

此外冷却塔的选用和布置还应注意以下几点：

(1)冷却塔的噪声应满足周围环境的要求。

(2)应选用阻燃性材料制作的冷却塔。

(3)冷却塔的设置位置应保证通风良好、远离高温和有害气体，并避免漂水对周围环境的影响。

(4)供暖室外温度在0℃以下的地区，冬季运行的冷却塔应采取防冻措施，冬季不运行的冷却塔及其室外管路应能泄空。

另外，针对冷却水系统设计应注意以下几点：

(1)应设置保证水质的水处理装置（如静电水处理装置或加药缸等）。

(2)水泵或冷水机组入口管道上应设置过滤器或除污器。

(3)采用水冷管壳式冷凝器的冷水机组，宜设置自动在线清洗装置。

(4)当开式冷却水系统不能满足制冷设备的水质要求时，应采用闭式冷却水系统。

14.4.4　水泵选择

空调冷水泵宜选用低比转速的单级离心泵，其主要形式有立式水泵（管道泵）（见图14-12）、卧式单吸泵（见图14-13）、卧式双吸泵（见图14-14）。一般工程上多选用卧式单吸泵，当流量较大（≥500m^3/h）时宜选用卧式双吸泵。对于小流量泵（功率≤30kW）也可以选用立式水泵(此类泵接管比较方便)。

图 14-12　立式水泵

图 14-13　卧式单吸泵

图 14-14　卧式双吸泵

目前空调水系统多为闭式系统,其水泵选型参数主要包括:流量、扬程、总效率、转速、比转速、承压等,对于开式系统尚应包括允许吸上真空高度。

这其中流量和扬程是主要参数,决定了水泵对于介质的输送能力。转速是影响水泵噪声的主要参数。比转速决定了水泵的性能曲线形状,从水泵的调节性能出发,性能曲线应尽可能陡一些,因此,空调泵多选用低比转速的。

此外,在选择泵时,应尽量使设计点位于水泵最高效率点处。

对于高层建筑在水泵选型时还应注意其承压能力,目前市场上主要有1.0MPa和1.6MPa两种。

空调水泵选型:

(1)流量 $G(m^3/h)$

$$G=Q/C\cdot\Delta t$$

式中,G——水泵体积流量;

Q——冷水机组制冷量(kW)或冷凝热(kW);

C——介质比热,水是4.18(kJ/kg·K);

Δt——进出水温差;

(2)扬程

对于开式系统 $H_P=h_f+h_d+h_m+h_s$

对于闭式系统 $H_P=h_f+h_d+h_m$

式中,H_p——整个水系统的扬程(mH_2O);

h_f——水系统的沿程阻力(mH_2O);

h_d——水系统的局部阻力(mH_2O);

h_m——设备水阻力(mH_2O);

h_s——开式水系统的提升高度(mH_2O)。

根据计算得出的流量和扬程,我们可以通过查阅相关样本选择水泵,在水泵选择中我们应尽可能选用在工作点效率较高的机型。

按规范要求，在完成空调冷冻水泵和热水泵选型后应分别计算空调冷热水系统的耗电输冷比和耗电输热比$EC(H)R$。具体计算公式和参数如下。

$$EC(H)R = 0.003096\Sigma(G \cdot H/\eta_b)/\Sigma Q \leqslant A(B + \alpha\Sigma L)\Delta T$$

式中：$EC(H)R$——循环水泵的耗电输冷（热）比；

G——每台运行水泵的设计流量，m^3/h；

H——每台运行水泵对应的设计扬程，m；

η_b——每台运行水泵对应设计工作点的效率；

Q——设计冷（热）负荷，kW；

ΔT——规定的计算供回水温差，按表14-5选取，℃；

A——与水泵流量有关的计算系数，按表14-6选取；

B——与机房及用户的水阻有关的计算系数，按表14-7选取；

α——与ΣL有关的计算系数，按表14-8或表14-9选取；

ΣL——从冷热源机房至该系统最远用户的供回水管道的总输送长度，m；当管道设于大面积单层或多层建筑时，可按机房出口至最远端空调末端的管道长度减去100m确定。

表14-5　ΔT值/℃

冷水系统	热水系统			
	严寒	寒冷	夏热冬冷	夏热冬暖
5	15	15	10	5

注：1.对空气源热泵、溴化锂机组、水源热泵等机组的热水供回水温差按机组实际参数确定；2.对直接提供高温冷水的机组，冷水供回水温差按机组实际参数确定。

表14-6　A值

设计水泵流量G	$G \leqslant 60m^3/h$	$200m^3/h \geqslant G > 60m^3/h$	$G > 200m^3/h$
A值	0.004225	0.003858	0.003749

注：多台水泵并联运行时，按流量较大额选取。

表14-7　B值

系统组成		四管制单冷、单热管道B值	二管制热水管道B值
一级泵	冷水系统	28	—
	热水系统	22	21
二级泵	冷水系统①	33	—
	热水系统②	27	25

①多级泵冷水系统，每增加一级泵，B值可增加5；

②多级泵热水系统，每增加一级泵，B值可增加4。

表 14-8　四管制冷、热水管道系统的 α 值

系统	管道长度 ΣL 范围/m		
	≤400m	400m<ΣL<1000m	ΣL≥1000m
冷水	$\alpha=0.02$	$\alpha=0.016+1.6/\Sigma L$	$\alpha=0.013+4.6/\Sigma L$
热水	$\alpha=0.014$	$\alpha=0.125+0.6/\Sigma L$	$\alpha=0.009+4.1/\Sigma L$

表 14-9　两管制热水管道系统的 ΣL 值

系统	地区	管道长度 ΣL 范围/m		
		≤400m	400m<ΣL<1000m	ΣL≥1000m
热水	严寒	$\alpha=0.009$	$\alpha=0.0072+0.72/\Sigma L$	$\alpha=0.0059+2.02/\Sigma L$
	寒冷	$\alpha=0.0024$	$\alpha=0.002+0.16/\Sigma L$	$\alpha=0.016+0.56/\Sigma L$
	夏热冬冷			
	夏热冬暖	$\alpha=0.0032$	$\alpha=0.0026+0.24/\Sigma L$	$\alpha=0.0021+0.74/\Sigma L$

注：两管制冷水系统 α 计算式与表 14-8 四管制冷水系统相同。

14.4.5　定压方式选择

闭式水系统，需要设置定压装置。目前常用的有三种：开式膨胀水箱(见图 14-15)、气压罐定压、变频补水泵定压。

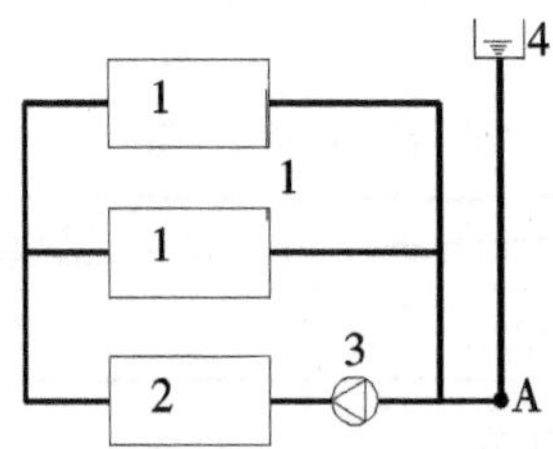

图 14-15　开式膨胀水箱配管示意图

1-空调末端；2-冷水机组；3-冷冻水泵；4-开式膨胀水箱(A-定压点)

从节能角度讲，开式膨胀水箱比较有利，所以是节能标准的推荐做法，但是采用这种方法必须将水箱设置在空调系统的最高处(一般也就是建筑屋面)，对于造型独特的建筑(如体育馆、剧院等)就有困难，这种情况下往往就须采用后两种方式了。定压点一般设置在循环水泵的吸入口。

开式膨胀水箱选型方式如下：

$$V_x = V_t + V_P \tag{14-5}$$

式中，V_x——开式膨胀水箱的有效容积，m^3；

V_t——开式膨胀水箱的调节容积，m^3；

调节容积应不小于3分钟平时运行的补水泵流量，且保持水箱调节水位高差不小于200mm；

V_P——系统最大膨胀水量，m^3；

供热时 $V_p = A \times V_c$（空调供热工况下，供回水温度60～50℃时，A 可取0.01451）；

供冷时 $V_p = B \times V_c$（空调供冷工况下，供回水温度7～12℃时，B 可取0.0053）；

V_c——系统水容量，m^3。空调系统中水容量与建筑面积的关系如表14-10所示。

表14-10　空调水系统中水容量与建筑面积的关系/（m^3*10^{-3}/m^2）（参考值）

	全空气系统	空气-水系统
供冷时	0.40～0.55	0.70～1.30
供热时	1.25～2.00	1.20～1.90

14.4.6　冷热源机房附件及其他

机房设备中除了冷热源设备、水泵、冷却塔、定压装置外还有许多附件，主要包括：

1.各类阀门、过滤器、压力表、温度计

闸阀：用于管路开关、阻力小、安装所需尺寸大。

蝶阀：用于管路开关（在一定范围内有调节能力）、阻力比闸阀大、安装所需尺寸小。

止回阀：保证流体单向流动。机房中多用于水泵出口。

电动蝶阀：与蝶阀相似，主要与自控系统配套使用。

Y形过滤器：常用于换热器和水泵入口处，过滤系统杂质，保护冷热源设备换热器。

以上设备选用时除了需要关注其接管口径应与所连接管道一致外，还应尽可能选用低阻力阀门，这对于整个系统的节能是很重要的；另外一点就是要注意阀门、过滤器的承压应与管路系统承压一致，目前有1.0MPa、1.6MPa两种规格。

2.管道材料

目前机房安装中常用的管道材料主要包括：

焊接钢管：用于管径≤100mm的管道，一般采用螺纹连接。

无缝钢管:多用于管径>100mm的管道,多采用法兰连接或卡箍连接。常采用一次镀锌二次安装方式。

热镀锌钢管:用于管径≤100mm的管道,一般采用螺纹连接。价格比焊接钢管要贵一些。

14.5 冷热源机房的设计

接下来在本节中我们将介绍一个冷热源机房的设计,我们接着14.3的案例讲下去。在14.3中我们分析比较了该商业中心项目的空调冷热源方案及冷热源机组的配置;同时根据该项目夏季末端负荷变动较大,加上管路阻力较大,故采用了二次泵系统。这样我们可以根据最终的空调冷热负荷计算书的结果查找相关厂家的样本资料进行选型(目前也可以将相关参数和工况提交给相关厂家,由制造商利用选型软件进行计算),列出冷热源机房设备清单,包括冷水机组、热水机组、冷却塔、一次冷冻水泵、二次冷冻水泵、热水泵、冷却水泵等,详细可见下述各表(热水机组和热水泵未列出,见表14-11~表14-15)。

冷热源的机房设计

表14-11 冷水机组技术参数表

编号	名称	制冷量/kW	出水温度/℃	污垢系数/(m²·K/kW)	承压/MPa	电机参数	运行重量/kg	标准工况IPLV值
L-1,2,3	离心式冷水机组	2700	冷凝器32~37 蒸发器5~13	冷凝器0.044 蒸发器0.018	1.0	功率460kW 电压:380V	12316	7.0

表14-12 冷却塔技术参数表

编号	名称	流量/(m³/h)	进出水温/℃	环境湿球温度/℃	电机参数	运行重量/kg	噪声/dBA
T-1,2,3	低噪声方形开式冷却塔	600	32~37	29	功率:5kW*5 电压:380V	15300	73

表14-13 冷却水泵技术参数表

编号	名称	流量/(m³/h)	扬程/m	频率/%	承压/MPa	电机参数	转速/(r/min)
b-1,2,3,4	卧式单吸泵(冷却泵)	650	20	80	1.0	功率:45kW 电压:380V	1450

表 14-14　冷冻水泵(一次泵)技术参数表

编号	名称	流量/(m^3/h)	扬程/m	频率/%	承压/MPa	电机参数	转速/(r/min)
B1-1,2,3,4	卧式单吸泵 (一次冷冻泵)	320	13	83	1.0	功率:15kW 电压:380V	1450

表 14-15　冷冻水泵(二次泵)技术参数表

编号	名称	流量/(m^3/h)	扬程/m	频率/%	承压/MPa	电机参数	转速/(r/min)
B2-1,2,3,4,5	卧式单吸泵 (二次冷冻泵)	180	19	75	1.0	功率:11kW 电压:380V	1450

14.5.1　机房主要设备表

在机房设备选型完成后,需要在图纸中编制设备表,表中除了设备的主要参数外,对于项目中需要控制的参数也须列入,如机房尺寸偏小就需控制机组外形尺寸等。为前面案例中部分机房设备配置。

确定了设备的型号参数及冷冻水系统形式后,可绘制空调水系统原理图。一般包括冷水系统原理图、热水系统原理图、冷却水系统原理图(目前的工程中冷却水系统一般都是一次泵定流量系统,见图 14-16~图 14-18)。

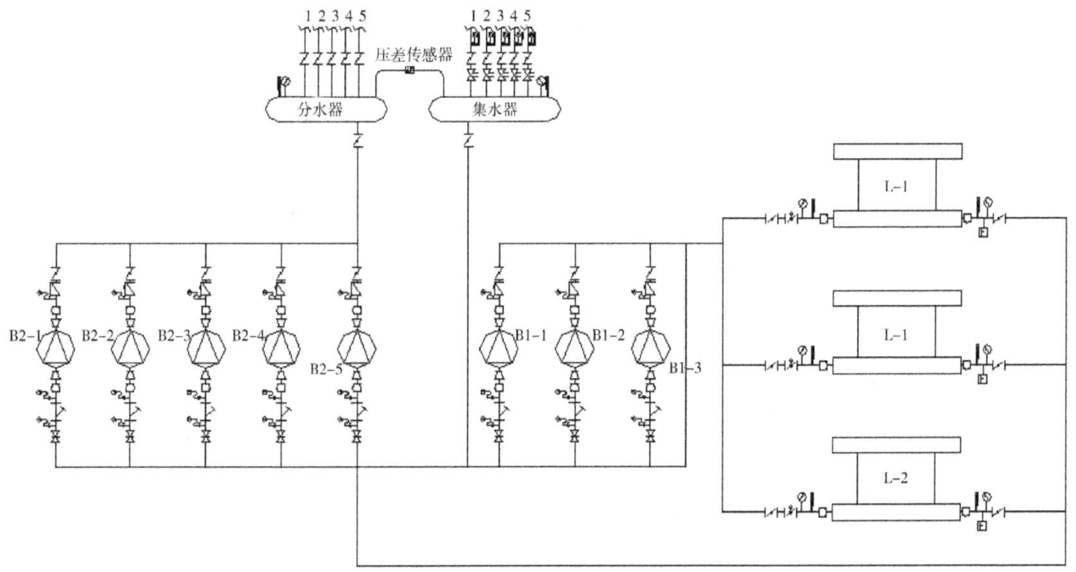

图 14-16　机房冷冻水系统原理图(二次泵变流量系统)

L—离心式冷水机组;B1—冷冻水泵(一次泵);B2—冷冻水泵(二次泵)

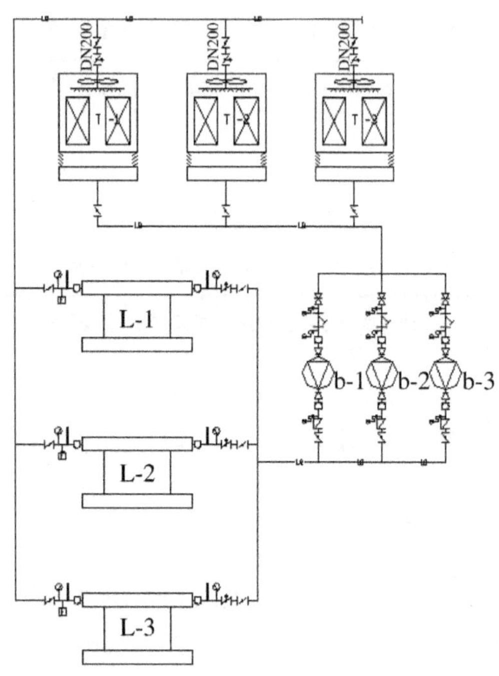

图 14-17　机房冷却水系统原理图

L—离心式冷水机组；b—冷却水泵；T—低噪声方形开式冷却塔

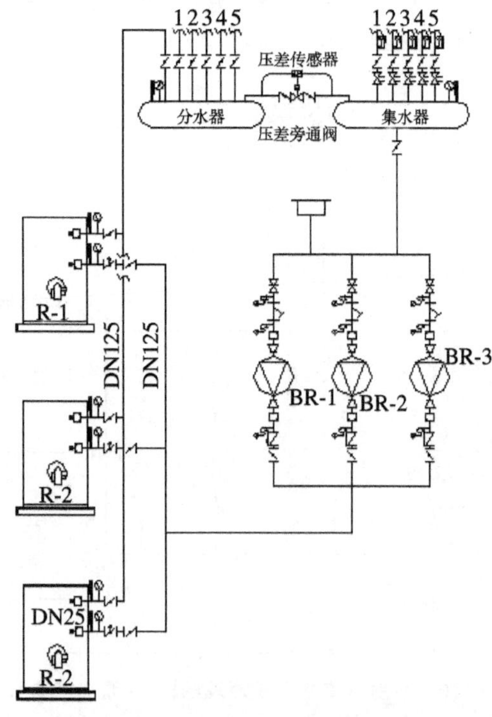

图 14-18　机房热水系统原理图(一次泵定流量系统)

R—真空热水机组；BR—热水循环泵

14.5.2　机房主要设备附件配置原则

冷热水机组换热器:进出水管设置手动蝶阀、温度计、压力表;进水管设置电动蝶阀(也有设置于出水管上)。

冷冻水泵、冷却水泵、热水泵:进水管设置手动蝶阀(或闸阀)、过滤器、压力表;出水管设置止回阀、手动蝶阀、压力表。

冷却塔:进出水管设置手动蝶阀;进水管另外设置电动蝶阀。

14.5.3　机房的位置与设备布置原则

冷冻机房和热水机房、热交换间的位置一般置于建筑的地下室或单建;对于超高层建筑也可设在设备间。

冷冻机房的面积一般可按项目建筑面积的3%～7%估算;或按机房每100平方米需1.163MW制冷量估算。

(1)大型机房宜设置值班室、中央控制室、维修间。机房应有良好的通风措施;地下机房内应设机械通风,值班室、控制室设空调。

(2)冷热源机房的净高度(梁下高度):对于小型螺杆式冷水机组,其机房净高应控制在3.6～4m;对于大型螺杆机、离心机、溴化锂机组其机房净高应控制在4.8～5.2m。有电动起吊设备时还应考虑起吊设备所需的安装和工作空间。

(3)机房应设电话和事故照明,测量仪表集中处应设置集中照明。

(4)机房应设给水和排水设施,满足水系统冲洗和排污要求。

(5)机房的设备布置和管路连接应符合工艺流程及安装、操作与维修。

①机组与机组之间或与其他设备之间的净距不应小于1.2m。

②机组与墙壁之间净距或非主要通道的宽度不应小于1.0m。兼做检修用的通道宽度应根据设备的种类和规格确定。

③机组突出部分与配电柜之间距离和主要通道的宽度不应小于1.5m。

④布置冷热源设备时,应考虑其所配换热器具有清洗和更换管束的空间。

⑤机组与其上方管道、烟道或电缆桥架的净距不应小于1.0m。

通过上面的介绍,可以对项目案例中的空调冷冻机房进行设备布置。

14.5.4　机房安全措施

锅炉房、冷冻机房、热交换机房都需要设置通风,设置通风除了排除热量保证机房温度外,对于锅炉房还需要补充燃烧所需要的空气。通风量应根据设备发热量进行计算,当条件不足时可进行估算。对于氟冷冻机房通风量取4～6次/h、燃油锅炉房(或直燃机房)通风量取3次/h、燃气锅炉房(或直燃机房)通风量取6次/h。

除此之外,冷热源机房还需设置事故通风;对于氟冷冻机房通风量取12次/h、燃油锅炉房(或直燃机房)通风量取6次/h、燃气锅炉房(或直燃机房)通风量取12次/h。

另外锅炉间还需设置占房间面积10%的泄爆口(可以采用玻璃或轻质墙体)。

14.5.5 机房设计与其他专业的关系

一个建筑项目的设计是一项系统工程,暖通专业仅仅是其中一个分支。在机房设计中有许多问题需要同其他专业协调。

建筑专业,提供机房所需的平面尺寸、净高、设备基础尺寸、排水沟的尺寸和路径、设备运输通道以及今后更换设备时可能采用的路径。

结构专业,提供大型设备、管道的荷载。

给排水专业,提供各类设备的所需补水量和补水点,所需排水点的位置。

电气专业,提供各类用电设备的功率和电压。

14.5.6 机房能量计量与监控

锅炉房、热交换机房和制冷机房应进行能量计量,具体包括:

(1)燃料的消耗量。

(2)冷水机组的耗电量。

(3)集中供热系统的供热量。

(4)补水量。

冷热源机房的控制功能应包括下列内容:

(1)应能进行冷热水机组(热泵)、水泵、阀门、冷却塔等顺序启停和连锁控制。

(2)应能进行冷热水机组的台数控制,并进一步可采用冷热量优化控制。

(3)应能进行水泵的台数控制。

(4)二级泵应能进行自动变速控制,宜根据压差控制转速,且压差宜能优化调节。

(5)能进行冷却塔风机的台数控制,宜根据室外气象参数进行变速控制。

(6)可根据室外气象参数和末端需求进行供水温度的优化控制。

(7)能按累计运行时间进行设备的轮换使用。

(8)冷热源主机达三台以上时,宜采用群控方式。

围绕着上述控制要求,可以提出各种不同的控制策略和算法,这个就是核心,也是今后发展的方向。作为暖通空调工程师在这中间至少需要向控制专业提供控制策略、控制原理图(见图14-19)和点位表(见表14-16)。

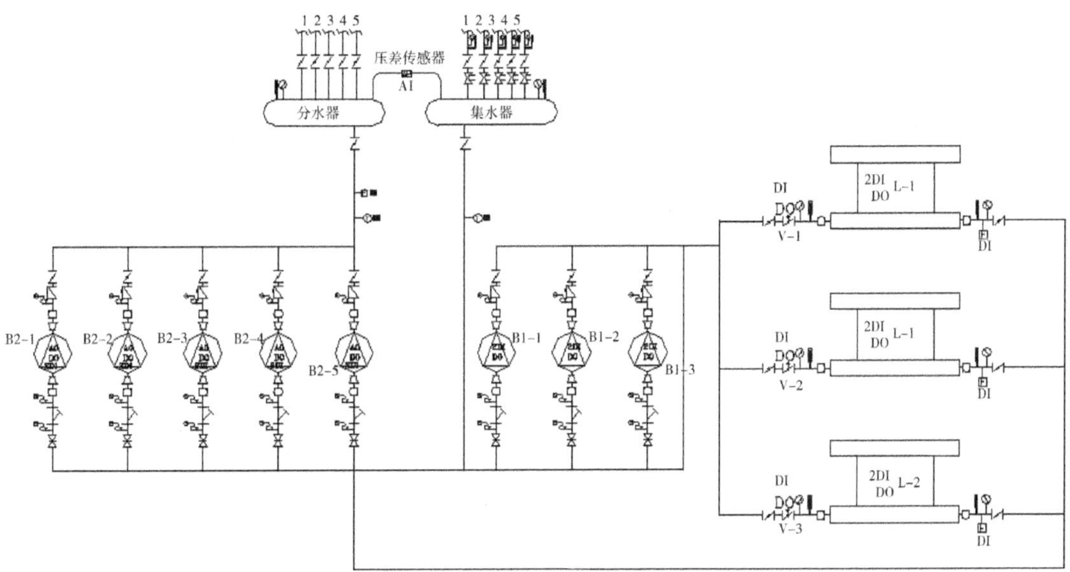

图14-19　冷冻机房控制原理图(二次泵变流量系统)

表14-16　冷冻机房控制点位表

设备名称	数量	数字量输出DO		模拟量输出AO	数字量输入DI			模拟量输入AI		
		设备启停控制	阀门开关控制	变频控制	运行状态	故障报警	水流开关状态	供水水温度	供回水压差	水管流量
冷水机组L	3	3			3	3				
冷冻水泵B1	3	3			3	3				
冷冻水泵B2	5	5		5	5	5				
冷水蝶阀	3	3			3					
流量开关	3						3			
供回水压力传感器	1								1	
供回水温度传感器	2							2		
流量传感器	1									1
合计		14		5	25			4		

思考题与习题

14-1 什么是开式冷冻水系统？什么是闭式冷冻水系统？

14-2 冷却水泵的流量及扬程应如何确定？

14-3 什么是冷冻水同程式系统及异程式系统？

参考文献

[1]郑贤德.制冷原理与装置[M].北京:机械工业出版社,2013.

[2]陆亚俊,马世君,王威.建筑冷热源[M].北京:中国建筑工业出版社,2015.

[3]陆亚俊,马最良,邹平华.暖通空调[M].北京:中国建筑工业出版社,2015.

[4]沈维道,童钧耕.工程热力学[M].北京:高等教育出版社,2016.

[5]石文星,田长青,王宝龙.空气调节用制冷技术[M].北京:中国建筑工业出版社,2016.

[6]彦启森.制冷技术及应用[M].北京:中国建筑工业出版社,2006.

[7]马一太,杨昭,吕灿仁.CO_2跨临界(逆)循环的热力学分析[J].工程热物理学报,1998,19(6):665—668.

[8]全国冷冻空调设备标准化技术委员会.制冷剂编号方法和安全性分类:GB/T 7778—2017[S].北京:中国标准出版社,2017.

[9]ASHRAE. 2002 ASHRAE Handbook: Refrigeration [M]. Atlanta: ASHRAE Inc., 2002.

[10]ASHRAE. 2005 ASHRAE Handbook: Fundamentals [M]. Atlanta: ASHRAE Inc., 2005.

[11]郭庆堂.实用制冷工程设计手册[M].北京:中国建筑工业出版社,1994.

[12]全国冷冻空调设备标准化技术委员会.活塞式单级制冷压缩机:GB/T 10079—2001[S].北京:中国标准出版社,2001.

[13]全国冷冻空调设备标准化技术委员会.螺杆式制冷压缩机:GB/T 19410—2008[S].北京:中国标准出版社,2008.

[14]将能照.空调用热泵技术及应用[M].北京:机械工业出版社,1997.

[15]周邦宁.中央空调设备选型手册[M].北京:中国建筑工业出版社,1999.

[16]ASHRAE.2000 ASHRAE Systems and Equipment Handbook[M]. Atlanta: ASHRAE Inc., 2000.

[17]刘东.小型全封闭制冷压缩机[M].北京:科学出版社,1990.

[18]董天禄.离心式/螺杆式制冷机组及其应用[M].北京:机械工业出版社,2002.

[19]李连生.涡旋压缩机[M].北京:机械工业出版社,1998.

[20]荣銮恩,袁镇福,刘志敏,等.电站锅炉原理[M].北京:中国电力出版社,2007

[21]姜湘山.燃油燃气锅炉及锅炉房设计[M].北京:机械工业出版社,2004.

[22]周强泰.锅炉原理[M].北京:中国电力出版社,2013.

[23]赵钦新,惠世恩.燃油燃气锅炉[M].西安:西安交通大学出版社,2000.

[24]韩昭沧.燃料及燃烧[M].北京:冶金工业出版社,1994.

[25]同济大学,重庆大学等.燃气燃烧与应用[M].北京:中国建筑工业出版社,2011.

[26]陈光明,陈国邦.制冷与低温原理[M].北京:机械工业出版社,2010.

[27] Perez L L, Ortiz J, Pout C. A Review on Buildings Energy Consumption Information [J]. Energy and Buildings, 2008, 40: 394－398.

[28]石文星,王宝龙,邵双全.小型空调热泵装置设计[M].北京:中国建筑工业出版社,2013.

[29]张吉礼,马良栋,马志先.建筑用制冷技术[M].北京:中国建筑工业出版社,2011.

[30]全国冷冻空调设备标准化技术委员会.单元式空气调节机:GB/T 17758－2010[S].北京:中国建筑工业出版社,2010.

[31]ASHRAE. 2013 ASHRAE Handbook: Fundamentals [M]. Atlanta: ASHRAE Inc., 2013.

[32]高田秋一,耿惠彬,戴永庆.吸收式制冷机[M].北京:机械工业出版社,1987.

[33]戴永庆.溴化锂吸收式制冷空调技术实用手册[M].北京:机械工业出版社,1999.

[34]赵庆珠.蓄冷技术与系统设计[M].北京:中国建筑工业出版社,2012.

[35]住房城乡建设部标准定额研究所.蓄能空调工程技术标准:JGJ 8－2018[S].北京:中国建筑工业出版社,2018.

[36]方贵银.蓄能空调技术[M].北京:机械工业出版社,2018.

[37]顾昌,秦虹.热、电、冷联产系统综合节能条件研究[J].区域供热.1997(06):7－11

[38]王亚茹,陆亚俊.热电冷联产系统能耗分析[J].哈尔滨建筑大学学报,2002(5):90-94.

[39]张吉政.张店热电厂实施“三联供”工程:中国电机工程学会热、电、冷联产学术交流会论文集[C/OL].(1997－08－01)[2022－01－12]. https://d.wanfangdata.com.cn/conference/243157

[40]钱北中.哈药厂热、电、冷联产应用及经济效益分析[J].节能.1996(12):37－40.

[41]住房城乡建设部标准定额研究所.燃气冷热电三联供工程技术规程:CJJ/45－2010[S].北京:中国建筑工业出版社,2010.

[42]耿克成,付林,柴沁虎,等.斯特林热电联产装置的性能试验[J].暖通空调,2005(3):107～109.

[43]陈启梅,翁一武,朱新坚.熔融碳酸盐燃料电池燃气轮机混合动力系统特性分析[J].中国机电工程学报,2007(8):94-98.

[44]窦筱欣,刘朝,田辉,等.固体氧化物燃料电池/燃气轮机混合模式的统计总述[J].燃气轮机技术,2010(2):5-11.

[45]鲁德宏.燃料电池及其在冷热电联供系统中的应用[J].暖通空调.2003(1):91-93.

[46]连之伟.热质交换原理与设备[M].北京:中国建筑工业出版社,2011.

[47]住房城乡建设部标准定额研究所.民用建筑供热通风与空气调节设计规范:GB 50736—2012[S].北京:中国建筑工业出版社,2012.

[48]住房城乡建设部标准定额研究所.蒸汽和热水型溴化锂吸收式冷水机组:GB/T 18431—2014[S].北京:中国建筑工业出版社,2014.

[49]陆耀庆.实用供热空调设计手册[M].北京:中国建筑工业出版社,2008.

[50]李娥飞.暖通空调设计与通病分析[M].北京:中国建筑工业出版社,2004.

[51]潘云钢.高层民用建筑空调设计[M].北京:中国建筑工业出版社,2011.

[52]住房城乡建设部.燃气(油)锅炉房工程设计施工图集:02R110[S].北京:中国建筑标准设计研究院,2002.

[53]住房城乡建设部.热交换站工程设计施工图集:05R103[S].北京:中国建筑标准设计研究院,2005.

[54]住房城乡建设部.空调用电制冷机房设计与施工:07R202[S].北京:中国建筑标准设计研究院,2007.

[55]住房城乡建设部.直燃型溴化锂吸收式制冷(温)水机房设计与安装:06R201[S].北京:中国建筑标准设计研究院,2006.

[56]住房城乡建设部.建筑空调循环冷却水系统设计与安装:07K203[S].中国建筑标准设计研究院,2007.

附　录

附录1　R22饱和状态下的热力性质表

附录2　R134a饱和状态下的热力性质表

附录3　R717饱和状态下的热力性质表

附录4　R22过热蒸气热力性质表

附录5　R134a过热蒸气热力性质表

附录6　R717过热蒸气热力性质表

附录7　R22压焓图

附录8　R134a压焓图

附录9　R717压焓图

附录10　机组夏季运行费用